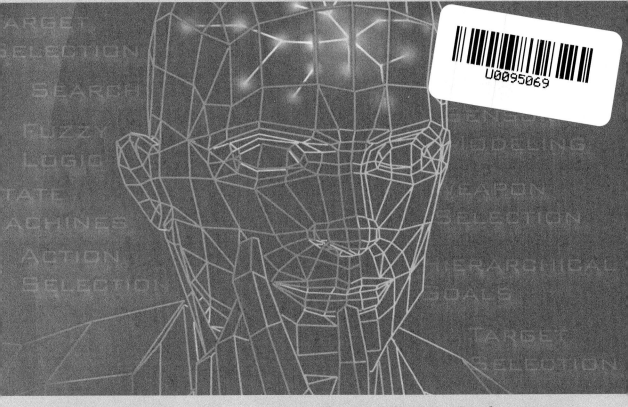

Game Design and Develop 游戏设计与开发技术丛书

U0095069

游戏人工智能编程
案例精粹(修订版)

PROGRAMMING
GAME AI BY EXAMPLE

[美] Mat Buckland 著   罗岱 等译

人民邮电出版社
北京

图书在版编目（ＣＩＰ）数据

游戏人工智能编程案例精粹 ／（美）巴克兰德
(Buckland, M.) 著；罗岱等译. -- 修订本. -- 北京：
人民邮电出版社，2012.9（2023.4重印）
ISBN 978-7-115-29113-4

Ⅰ．①游… Ⅱ．①巴… ②罗… Ⅲ．①人工智能－应
用－游戏－程序设计 Ⅳ．①TP311.5

中国版本图书馆CIP数据核字(2012)第175099号

版 权 声 明

- ♦ 著　　　[美] Mat Buckland
- 译　　　罗　岱　等
- 责任编辑　陈冀康
- ♦ 人民邮电出版社出版发行　　北京市丰台区成寿寺路 11 号
  邮编　100164　电子邮件　315@ptpress.com.cn
  网址　http://www.ptpress.com.cn
  固安县铭成印刷有限公司印刷
- ♦ 开本：800×1000　1/16
  印张：24　　　　　　　　2012 年 9 月第 2 版
  字数：702 千字　　　　　2023 年 4 月河北第 23 次印刷
  著作权合同登记号　图字：01-2012-5857 号

ISBN 978-7-115-29113-4

定价：89.80 元

读者服务热线：(010)81055410　印装质量热线：(010)81055316
反盗版热线：(010)81055315
广告经营许可证：京东市监广登字20170147号

内容提要

本书是游戏人工智能方面的经典之作，畅销多年。它展示了如何在游戏中利用专业人工智能技术，并针对实际困难问题，给出了强有力的解决方法。

本书主要讲述如何使游戏中的角色具有智能的技术。本书首先介绍游戏角色的基本属性（包括速度、质量等物理属性）及常用数学方法。接着，深入探讨游戏智能体状态机的实现。通过简单足球游戏实例，本书给出用状态机实现游戏 AI 的例子。在图论部分，本书详细介绍图在游戏中的用途及各种不同的图搜索算法，并用一章的篇幅讨论了游戏中路径规划是如何完成的。此外，本书还对目标驱动的智能体的实现、触发器与模糊逻辑在游戏中的运用进行了讨论。为使智能体行为更加丰富、灵活、易于实现，本书还介绍了游戏脚本语言的优点，并以 Lua 脚本语言为例进行了说明。

本书适合对游戏 AI 开发感兴趣的爱好者和游戏 AI 开发人员阅读和参考。

献　词

献给爸爸和妈妈，是你们给我买了第一台电脑，因此也要对我沉迷其中、面色苍白负点责任☺。

致　谢

非常感谢 Steve Woodcock（gameai.com）和 Eric Martel（Ubisoft），他们牺牲了很多的休息时间来对本书的文字和代码进行技术复审，感谢 Ron Wolf（悉尼消防队），他自愿做我的实验豚鼠。我感谢你们。

我同样要感谢 Craig Reynolds（悉尼公司）、Jef Hannan（Codemasters），以及 William Combs（波音公司），感谢他们耐心地回答我的问题；同时感谢在 Wordware 的小组提供的专家意见。

还要感谢我的老朋友 Mark Drury 帮助检查数学和物理的相关章节。

最后，特别地感谢并拥抱我的搭档也是我最好的朋友——Sharon，感谢她花费了许多的时间进行校对，每次我总是茫然地盯着她动着的嘴唇而我的思想已经溜到另一个星球了。我真不知道她是如何忍受我的。

译者序

Mat Buckland 是游戏人工智能方面的专家。他富有激情地在游戏公司开发过游戏,而同时也是一个有创造力的自由程序员和游戏人工智能咨询顾问。他对游戏人工智能非常感兴趣,并颇有研究。在游戏 AI 方面,他已经有几本书面世,而现在你手里的这一本《游戏人工智能编程案例精粹(修订版)》,则是其中令人夺目的一本,它有如下几个特点。

■ 实例丰富:书中介绍的各种游戏 AI 技术,都提供了示例的代码。你可以在自己的计算机上运行示例代码;本书对代码的解释和分析,可以使你更加深入地理解代码背后的基本原理和相关算法的特点及适用范围。

■ 深入浅出:无论 AI 还是游戏程序设计,它们都是非常复杂的技术。游戏 AI 则跨越了这两个领域,并延展出它自身的特点。本书的设计,可使你从一个温暖舒适的山脚旅馆出发,最终抵达白云飘飘的山顶。虽然你偶尔也可能会迷路,但是,你会发现作者始终抓住了技术的精髓,同时又用简洁的方式去实现它。

■ 语言幽默:技术书籍总是充满了各种奇怪的符号和晦涩的术语而让人望而却步。而你手里的这本书却有些不同。作者语言幽默,即使在叙述最为复杂的问题时,他也不会忘记给你开个小玩笑。因此,阅读本书的过程一定会非常愉快。当然,更重要的是,读完之后,你会发现自己已经学到了不少东西。

对于游戏开发爱好者来说,这是一本非常好的入门读物,你可以从质点和标量开始,一直学到用程序去实现一个 4 人足球游戏。而对于那些资深的游戏设计师和游戏程序开发人员,读一下这本书也很有益处,因为解决一个问题总是有很多办法,看了这本书,或许可以给你的项目开发带来灵感。对于那些从事游戏开发培训的教师,本书的游戏实例和相关技术的论述也组织得非常好。总之,对游戏实际制作感兴趣,那么这本书你就值得一读。

本书由北京林业大学数字媒体专业教师承担翻译工作。其中第 1 章、第 2 章由北京林业大学的付慧翻译;第 3 章、第 4 章由 EA 上海分部的黄凯锋翻译;第 5 章～第 7 章由北京林业大学的罗岱翻译;第 8 章～第 10 章由北京林业大学的蔡娟翻译。我们在翻译过程中力求准确表达原意,同时保持原著作者的幽默诙谐的行文风格。同时，我们所有译者也互相审阅了译稿，力求将错误减到最小。

我们由衷希望读者轻松愉快地阅读本书，并有所收获。由于时间仓促及译者的水平有限，本书的错误和疏漏之处在所难免，恳请读者批评指正。

罗 岱

2012 年 8 月

序

拉开窗帘，关上电视，手机也关机。听着背景音乐。泡一杯你最喜欢的"程序员的饮料"，给自己找一个既好又舒适的椅子，最喜欢的笔记本就放在旁边。你将要开始学习了。

欢迎阅读《游戏人工智能编程案例精粹（修订版）》，我必须承认当 Mat 在 2003 年关于这本书再次与我联络时，我很吃惊。我问我自己："他已经很好地在他的著作中论述了所有的新技术……还有什么好做的呢？"

当我们交换 E-mail 时，Mat 说他有一个简单的愿望，希望继他的第一本书《游戏编程的人工智能技术》之后，出一本具有完全不同侧重的书。尽管多种技术已经探索了更加"新奇的"生物技术，而游戏人工智能程序员可能还在想要知道如何才能不要陷入到计算机科学的琐碎细节中，Mat 想用实例重点介绍什么技术是人工智能程序员在他们的每日工作中实际使用的。新的技术和新的方法总是会被考虑，当然是在这样做是有意义的时候。但是开发者们必须总是具备随手可得的基础知识，才能建立起对任何一个游戏人工智能方法来说都坚实的基础。这就是本书宗旨之所在。

游戏人工智能的重要性浪潮

游戏人工智能在过去的几年里经历了一场平静的革命。它不再是当游戏产品的最后期限迫近，并且发行商在下一个重大假日之前紧催游戏发货时，大部分开发者仅仅为了项目的收尾而考虑的事情。现在游戏人工智能是有计划的，开发者特意地将它做成和游戏开发过程中与图形或音乐效果一样重要的部分。市场上流行着各种各样的游戏，而开发者正在寻找任何他们能找到的优势，来使他们的游戏被关注。一个如实地塑造了聪明的敌人或者非真人玩家角色的游戏都会自动地被注意到，不论它看起来怎么样。

通过相关于这个课题迅猛增长的书目，通过出席游戏开发人工智能圆桌会议（GDC）的人士的踊跃程度，通过互联网上游戏人工智能网站的爆炸式增长，我们已经注意到这一点。在几年以前，只有几本书涉及到人工智能技术术语，而现在有几打了。在几年以前，我们无法解除能找到一群对 GDC

感兴趣、并热衷于谈论游戏人工智能工程技术的人来填满一个单间。而现在我们不得不谢绝一些人参加，因为无法在会议中安排下所有的人。过去在因特网上只有很少（非常少的）数量的网面上专注于游戏人工智能，而现在超过了我可以计算的数目；当我写到这里时，在 Google 的一次快速搜索中显示出有数百个网页全部或部分专注于这个题目。令人惊奇，绝对令人惊奇。

每一个开发者，无论是访问这些网页的人，参加圆桌会议的人，还是买这本书的人，都会对相同的事情感兴趣。

- 其他开发者使用的是什么技术？
- 其他开发者认为什么技术最有用？
- 不同的游戏在人工智能上能做什么？他们都是胡说吗？每个人都做同样的事情吗？还有改善的空间吗？
- 其他人都撞上了什么绊脚石，而我了解后就不会重蹈复辙？更重要的是，其他人开发的解决方法（了解了它们我就不用开发了）是什么？
- 如何能使自己的人工智能更加智慧？
- 最重要的是，如何使自己的人工智能更为有趣？

这本书就是为那些寻找可靠的、实际的例子以及可靠的、实际的答案的人写的。这儿有的不仅是纯理论；更多的是有真实的、可用的案例的实用技术。

至于时间，哈？

工程师写给工程师

对一个好的软件工程师来说，最重要的事情是知道技术是怎样工作的以及背后的原理。理论是伟大的，但是演示和代码更好；一个开发者可以很快地深入到代码中，发现为什么一些东西起作用了，知道如何改写以便更好地处理自己的问题。这正是游戏人工智能开发者在每次 GDC 人工智能圆桌会议上捶墙而求的问题。而本书正好明确地传递了这类信息。

从最初的章节覆盖了"坚固"的有限状态机（FSM），到介绍探讨更为"奇异的"的模糊逻辑（FL）领域的章节，作者编写了一本教科书，它既是一本方便的参考书，也是可以为时间享用的学习资源。开发者们所应用的每一个主要的技术都在这里得到展示，使用一个新的基于智能体的人工智能引擎的环境（称作 Raven）来显示一个给定的方法是如何以及为什么工作的。基本的反应行为是最明显的，而作者非常详尽地进行了描述，使用代码显示每一个进化的迭代，并且通过演示来帮助理解。

然而，作者不像许多书中所作的那样就此止步。实例逐渐深入，包括比较有深度的方法，例如层次化的基于目标的智能体，将这些技术放在 Raven 引擎的环境中，并且基于前面给出的例子来说明它们是如何大大地改善了游戏的人工智能的。这些都是在今天的市场中仅仅在一部分游戏中应用的技术。但是如果使用正确的话，它们可以使游戏的人工智能非常出色。

这本书将会向你展示为什么它们会产生不同的效果以及如何使用它们。Mat 甚至给出了比在他的例子中所使用的方法更好的应用提示，并且总结了所论述的技术的潜在发展。为此目的，他还提供了必要的实践练习题，在特定技术的改进等方面对感兴趣的开发者加以指点，帮助记者专注于如何在他们自己的游戏中运用这些技术。总之，代码是编不完的，现在只是完成得够用了。

综上所述，我想你一定会发现这是一本非常有用的书。如果你正在找一本兼有可靠的代码和实用的技术的书，找一本概括了游戏人工智能开发者实际使用的技术和方法的书，那么这正是你要找的书。

阅读愉快！

Steven Woodcock
ferretman@gameai.com

前 言

　　你手中拿着的这本书的目标是为你的游戏人工智能学习提供一个坚实的实践基础，让你带着兴奋和乐观的心情接受新的挑战。人工智能是一个庞大的题目，因此不要希望读完这本书时，你就成为一个专家了，但是你将学会创建适合于各种游戏类型主要行为的、具有有趣的和挑战性的人工智能的必要技术。此外，你将对游戏人工智能的关键领域具有一个精深的理解，为你将进行的深入的学习提供一个坚实的基础。而且，让我告诉你，学无止境！

　　作为一个好的游戏人工智能程序员，不仅仅要知道如何使用技术。尽管单个的技术是重要的，但是如何把各种技术协同起来共同工作，对人工智能开发过程来说更为重要。为此，这本书花费了大量的时间，使你经历设计智能体的整个过程，设计能够玩团队运动游戏（Simple Soccer）的智能体和一个死亡竞赛类型枪战（Raven）的智能体，清楚地证明每种技术是如何应用和互相协调的。Simple Soccer 和 Raven 为进一步的实验提供了方便的测试平台。此外在许多章节中的结论中还提出了进行深层次开发的建议。

理论人工智能与游戏人工智能

　　理论研究的人工智能与计算机游戏中所使用的人工智能之间有着重要的区别。理论研究分成两派：强人工智能和弱人工智能。强人工智能领域所关心的是试图创建一个系统，可以模仿人类的思想过程；弱人工智能领域（今天更为普遍的）致力于应用人工智能技术解决现实世界的问题。然而，这两个领域趋向的重点是用最佳的方式解决问题，而不太关心硬件或时间限制。例如，一些人工智能研究者热衷于让一个仿真在他们拥有 1 000 个处理器的 Beowolf 计算机机群上运行几个小时、几天甚至数周，只要得到一个好的结果，这样他们就可以写一篇相关的论文。当然这是一个极端的情况，但是你明白我的意思。

　　相反，游戏人工智能程序员必须在有限的资源下工作。可用的处理器周期和内存数量从平台到平台是变化的，但是时常人工智能这个家伙会被忘记，就像 Oliver 拿出他自己的碗，想多乞讨一些。这样的结果常常是为了得到可接受的性能等级而做出的妥协。此外，成功的游戏（赚到所有的钱的游戏）有一件事非常成功：他们是娱乐游戏者（或者他们有电影版权☺）。

因此，人工智能必须是娱乐的，而为了达到这个要求，时常要设计成是次优的。毕竟，大部分的玩家很快就会被一个总是"鞭打"他们的人工智能搞得既失望又沮丧。为了变得令人愉快，一个人工智能必须要表现出好的战斗力，但是要输得多赢得少。它必须使玩家感到它是聪明的、狡猾的、可爱的和有力的。它必须使玩家从椅子上跳起来喊："拿起它来，你这个笨蛋！"

智能的假象

但是这个神秘的我们称为人工智能的东西是什么？关于游戏人工智能我可以肯定这个观点，就是如果玩家相信与他对战的智能体是有智慧的，那么它就是有智能的。就这么简单。我们的目标是设计可以提供智能假象的智能体，别无他求。

因为智能幻觉是主观臆想的，有时候无需付出太多努力。例如，Halo 的人工智能设计者发现他们的玩家测试者很容易就会被欺骗，只是简单地通过增加杀死智能体所需的击中点的数目，测试者就会认为人工智能体更具智能。在一次测试期间，他们让智能体很容易就被杀死（低的击中点数）；结果是 36%测试者认为智能体太简单了，而 8%的人认为智能体是非常具有智能。在下一次测试期间，智能体被设置成较难杀死（更高的击中点数）。只是这样小小的改变之后，没有测试者认为智能体太简单，而 43%的人认为智能体是非常具有智能！这是一个令人惊异的结果，而且清楚地显示了游戏测试在整个游戏开发周期中的重要性。

试验表明，只要给玩家一些可见的或可听到的关于智能体正"想"什么的线索，就可以相当可观地加强一个玩家对游戏智能体智能水平的感觉。例如，如果玩家进入了一个房间并且惊动了一个智能体，它应该是震惊的举动。如果你的游戏是一个秘密行动，就像贼，并且一个游戏角色听到一些可疑的声音，然后它应该开始向周围看并且可能咕哝几句，例如"那是什么？"或者"有人在吗？"甚至一些简单的例如使一个智能体的头随着相邻的智能体的移动而转动的设计，也会大大地提升玩家对人工智能的感知程度。

但是你必须很小心，当设计你的人工智能的时候不能让幻觉的伪装出差错，因为一旦让玩家对游戏中角色的信任感消失游戏就会变得了无趣味了。这是会发生的，如果人工智能看起来行动愚蠢（跑进墙里，卡在角落里，对明显的刺激没有反应）或者被发现"欺骗"（穿墙透视，仅用比人类玩家更少的金子就能建立单位，500m 外听到针落地的声音），因此你必须为避免发生这些缺陷中的任何一个而花费更多的心血。

关于代码

为这本书所编写的源代码作了必要的一些折中。对初学者，代码必须格式化，以便每一行能符合打印页的宽度。这看起来是常识，但是我看过的很多书的格式是可怕的，到处都是很大的缺口和空间，当代码迂回曲折地布满页面时非常难读。不像你的集成开发环境 IDE，打印页具有固定的宽度，打印的代码必须适合与之相符。底线就是：代码的每行必须有一个82 个字符的最大宽度。限制代码行到这个长度是一种挑战，特别是当同时使用标准模板库STL 和模板来描述类和变量名的时候。由于这个原因，我不得不使几个名字比我本来希望的要短，但是，无论如何这是必需的，对于注释部分我决定慷慨些。你可能也注意到了在代码的一些部分有大量的临时变量。这样做的原因不是为了使代码更容易阅读就是为了分开长的代码行使它们符合 82 个字符的限制，或者两者都有。

伴随这本书的代码和演示程序可以从 www.jblearning.com/catalog/9781556220784 下载。然后单击 Buckland_AISource.zip 和 Buckland_AIExecutables.zip。

附录 C 说明了如何建立你的开发环境以编译项目。

熟能生巧

如同所有的技术一样，你使用人工智能技术和设计人工智能系统的练习越多，你就能得到越好的结果。那些因为已经进入到游戏人工智能的开发中而买了这本书的人，可以很快地从你学到的东西开始——因为你们已经拥有了最好的测试台供你们练习。但是，对读者中现在还没有处在一个项目中的人，我在大部分章节的末尾都包含了"练习"，供你们亲手实践。通过创建一个小的单机的例子，或者通过修改或建立在 Simple Soccer 或 Raven 代码项目的基础上，这些都将会帮助你们对所学到的知识进行实验。

对本书的赞誉

"本书提供了针对困难问题的强有力的解决方法，这使它变得引人注目。Mat 引导读者为真实的游戏建立一个足够牢固的基础。这本书对这个领域内的任何新人来说是必备书，同时对老练的专业人士也颇有启示。我真希望我8 年前就能读到它！"

——Jeff Orkin，人工智能设计师，Monolith Produ ctions 公司，《无人永生 2》和《超能将警组》

"……许多真正有用的信息被出色地组合起来，以一种不会使我的头脑遗漏的方式整合在一起。"

——Gareth Lewis，项目经理，Lionhead 工作室，《黑与白 2》

"在 Mat 的书的每一章中，在他将一个新的思想扩展成充分成形的解决方法，并且引入详尽全面的代码和清楚表达的实例之前，会向读者渐进地介绍基本的游戏智能技术。这本书的基调对读者来说并不复杂，它给编程初学者提供机会来钻研游戏智能编程的基础，可以通过直接从理论上实现他们自己的系统或者在提供的代码实例上进行扩展来达到理解。一旦每个独立的技术被充分地理解了，本书就进一步把这些技术概念组合应用到几个完整的游戏环境，使读者能深入理解在一个成拱形的游戏体系结构中相互作用的各个系统之间的关系。"

——Mike Ducker，人工智能程序员，Lionhead 工作室，《神话》

"通过使用容易遵循和具有良好描述的实例，这本书向你展示了如何利用专业人工智能程序员使用的大多数技术。我全力向初学者推荐本书，并且它对富有经验的编程者来说也是极佳的参考！"

——Eric Martel，人工智能程序员，Vbisoft 公司《孤岛惊魂》（Xbox）

"本书对于游戏编程的新手、中级程序员，甚至专家来说都是一本极好的书——复习熟悉的基础知识并不会伤害你的自尊，不是吗？这本书简明地覆盖了所有的重要领域，包括从基础的数学和物理学，直到图论和 Lua 脚本，用需要的工具来武装每一个程序员，使他们能创造一些非常老练的智能体行为。这种类型的书是较为罕见的，游戏人工智能编程案例精粹在软件工程学方面也是扎实精深的，它用实例编码展示了大家所熟悉的设计模式在游戏中的应用。我毫不犹豫地推荐本书给每一位程序员。它是一本极佳的读物，也是给思想的一个极佳的跳板。"

——Chris Keegan，技术主管，Climax 工作室（Solent 分部）

目　录

第 1 章　数学和物理学初探 ··· 1

　1.1　数学 ·· 1

　　1.1.1　笛卡尔坐标系 ································· 1

　　1.1.2　函数和方程 ····································· 2

　　1.1.3　三角学 ·· 8

　　1.1.4　矢量 ·· 13

　　1.1.5　局部空间和世界空间 ················· 19

　1.2　物理学 ·· 20

　　1.2.1　时间 ·· 20

　　1.2.2　距离 ·· 21

　　1.2.3　质量 ·· 21

　　1.2.4　位置 ·· 21

　　1.2.5　速度 ·· 21

　　1.2.6　加速度 ··· 23

　　1.2.7　力 ··· 27

　1.3　总结 ·· 29

第 2 章　状态驱动智能体设计 ··· 31

　2.1　什么是有限状态机 ······························ 32

　2.2　有限状态机的实现 ······························ 33

　　2.2.1　状态变换表 ····································· 34

　　2.2.2　内置的规则 ····································· 35

　2.3　West World 项目 ································· 37

　　2.3.1　BaseGameEntity 类 ····················· 38

　　2.3.2　Miner 类 ·· 38

　　2.3.3　Miner 状态 ····································· 39

　　2.3.4　重访问的状态设计模式 ················· 40

2.4 使 State 基类可重用 ┈┈┈┈ 45

2.5 全局状态和状态翻转
（State Blip）┈┈┈┈┈┈ 46

2.6 创建一个 StateMachine 类 ┈┈┈47

2.7 引入 Elsa ┈┈┈┈┈┈┈┈ 49

2.8 为你的 FSM 增加消息功能 ┈┈50

　2.8.1 Telegram 的结构 ┈┈┈ 51

　2.8.2 矿工 Bob 和 Elsa 交流 ┈┈52

　2.8.3 消息发送和管理 ┈┈┈ 52

　2.8.4 消息处理 ┈┈┈┈┈ 56

　2.8.5 Elsa 做晚饭 ┈┈┈┈ 57

　2.8.6 总结 ┈┈┈┈┈┈┈ 61

第 3 章　如何创建自治的可移动游戏
智能体 ┈┈┈┈┈┈┈┈┈ 63

3.1 什么是自治智能体 ┈┈┈┈ 63

3.2 交通工具模型 ┈┈┈┈┈┈ 64

3.3 更新交通工具物理属性 ┈┈┈ 67

3.4 操控行为 ┈┈┈┈┈┈┈┈ 68

　3.4.1 Seek（靠近）┈┈┈┈ 68

　3.4.2 Flee（离开）┈┈┈┈ 69

　3.4.3 Arrive（抵达）┈┈┈┈69

　3.4.4 Pursuit（追逐）┈┈┈┈70

　3.4.5 Evade（逃避）┈┈┈┈72

　3.4.6 Wander（徘徊）┈┈┈┈72

　3.4.7 Obstacle Avoidance
（避开障碍）┈┈┈┈ 74

　3.4.8 Wall Avoidance
（避开墙）┈┈┈┈┈ 78

　3.4.9 Interpose（插入）┈┈┈80

　3.4.10 Hide（隐藏）┈┈┈┈ 81

　3.4.11 Path Following
（路径跟随）┈┈┈┈ 83

　3.4.12 Offset Pursuit（保持
一定偏移的追逐）┈┈┈84

3.5 组行为（Group Behaviors）┈┈85

　3.5.1 Separation（分离）┈┈┈86

　3.5.2 Alignment（队列）┈┈┈87

　3.5.3 Cohesion（聚集）┈┈┈88

　3.5.4 Flocking（群集）┈┈┈89

3.6 组合操控行为（Combining
Steering Behaviors）┈┈┈┈ 90

　3.6.1 加权截断总和（Weighted
Truncated Sum）┈┈┈┈91

　3.6.2 带优先级的加权截断累计
（Weighted Truncated
Running Sum with
Prioritization）┈┈┈┈ 91

　3.6.3 带优先级的抖动
（Prioritized Dithering）┈┈93

3.7 确保无重叠 ┈┈┈┈┈┈┈ 94

3.8 应对大量交通工具：空间划分┈96

3.9 平滑 ┈┈┈┈┈┈┈┈┈┈ 99

第 4 章　体育模拟（简单足球）┈┈┈┈102

4.1 简单足球的环境和规则 ┈┈┈102

　4.1.1 足球场 ┈┈┈┈┈┈ 104

　4.1.2 球门 ┈┈┈┈┈┈┈ 105

　4.1.3 足球 ┈┈┈┈┈┈┈ 106

4.2 设计 AI ┈┈┈┈┈┈┈┈┈ 110

　4.2.1 SoccerTeam 类 ┈┈┈┈112

　4.2.2 场上队员 ┈┈┈┈┈ 118

　4.2.3 守门员 ┈┈┈┈┈┈ 131

　4.2.4 AI 使用到的关键方法 ┈136

4.3 使用估算和假设 ┈┈┈┈┈ 144

4.4 总结 ┈┈┈┈┈┈┈┈┈┈ 144

第 5 章　图的秘密生命 ┈┈┈┈┈146

5.1 图 ┈┈┈┈┈┈┈┈┈┈┈ 146

　5.1.1 一个更规范化的描述 ┈147

5.1.2　树 ································ 148

5.1.3　图密度 ····················· 148

5.1.4　有向图（Digraph）····· 148

5.1.5　游戏 AI 中的图 ········· 149

5.2　实现一个图类 ··············· 153

5.2.1　图节点类（GraphNode
Class）·················· 154

5.2.2　图边类（GraphEdge
Class）·················· 155

5.2.3　稀疏图类（SparseGraph
Class）·················· 156

5.3　图搜索算法 ················· 157

5.3.1　盲目搜索（Uninformed
Graph Searches）····· 158

5.3.2　基于开销的图搜索
（cost-based graph
searchs）··············· 172

5.4　总结 ·························· 183

第 6 章　用脚本，还是不用？这是
一个问题 ················ 185

6.1　什么是脚本语言 ············ 185

6.2　脚本语言能为你做些什么 ··· 186

6.2.1　对话流 ················ 188

6.2.2　舞台指示（Stage
Direction）············· 188

6.2.3　AI 逻辑 ··············· 189

6.3　在 Lua 中编写脚本 ········ 190

6.3.1　为使用 Lua 设置
编译器 ················· 190

6.3.2　起步 ·················· 191

6.3.3　Lua 中的石头剪子布···· 197

6.3.4　与 C/C++接口 ········· 199

6.3.5　Luabind 来救援了！··· 206

6.4　创建一个脚本化的有限状态

自动机 ····················· 213

6.4.1　它如何工作？········· 213

6.4.2　状态（State）········ 216

6.5　有用的链接 ················· 218

6.6　并不是一切都这么美妙 ····· 218

6.7　总结 ·························· 219

第 7 章　概览《掠夺者》游戏 ········ 220

7.1　关于这个游戏 ··············· 220

7.2　游戏体系结构概述 ·········· 221

7.2.1　Raven_Game 类 ······· 222

7.2.2　掠夺者地图 ··········· 222

7.2.3　掠夺者武器 ··········· 224

7.2.4　弹药（Projectile）···· 225

7.3　触发器 ······················ 226

7.3.1　触发器范围类
（TriggerRegion）····· 227

7.3.2　触发器类（Trigger）··· 228

7.3.3　再生触发器（Respawning
Trigger）·············· 229

7.3.4　供给触发器
（Giver-Trigger）····· 230

7.3.5　武器供给器
（Weapon Givers）···· 230

7.3.6　健康值供给器
（Health Giver）······· 231

7.3.7　限制生命期触发器
（Limited Lifetime
Trigger）·············· 231

7.3.8　声音通告触发器（Sound
Notification Trigger）··· 232

7.3.9　管理触发器：触发器系统
（TriggerSystem）类··· 232

7.4　AI 设计的考虑 ············· 234

7.5　实现 AI ····················· 235

7.5.1 制定决策（Decision
Making）·············235
7.5.2 移动（Movement）······236
7.5.3 路径规划
（Path Planning）·····236
7.5.4 感知（Perception）·····236
7.5.5 目标选择
（Target Selection）····240
7.5.6 武器控制（Weapon
Handling）···········241
7.5.7 把所有东西整合起来·····244
7.5.8 更新 AI 组件··········245
7.6 总结·····················247

第8章 实用路径规划············248
8.1 构建导航图·············248
8.1.1 基于单元··········248
8.1.2 可视点···········249
8.1.3 扩展图形·········249
8.1.4 导航网···········250
8.2 《掠夺者》游戏导航图·····251
8.2.1 粗颗粒状的图······251
8.2.2 细粒状的图········253
8.2.3 为《掠夺者》导航图
添加物件········253
8.2.4 为加速就近查询而使用
空间分割········254
8.3 创建路径规划类·········255
8.3.1 规划到达一个位置的
一条路径········256
8.3.2 规划路径到达一个物件
类型············257
8.4 节点式路径或边式路径·····260
8.4.1 注释边类示例······261
8.4.2 修改路径规划器类以

容纳注释边·········261
8.4.3 路径平滑·········263
8.4.4 降低 CPU 资源消耗的
方法············267
8.5 走出困境状态···········277
8.6 总结···················279

第9章 目标驱动智能体行为·········280
9.1 勇士埃里克的归来·······281
9.2 实现···················283
9.2.1 Goal_Composite::Process
Subgoals ·········285
9.2.2 Goal_Composite::Remove
AllSubgoals ·······286
9.3 《掠夺者》角色所使用的
目标例子···············287
9.3.1 Goal_Wander ·······287
9.3.2 Goal_TraverseEdge ····288
9.3.3 Goal_FollowPath ·····290
9.3.4 Goal_MoveToPosition ···292
9.3.5 Goal_AttackTarget ····293
9.4 目标仲裁···············295
9.4.1 计算寻找一个健康
物件的期望值······297
9.4.2 计算寻找一种特殊
武器的期望值······298
9.4.3 计算攻击目标的期望值···299
9.4.4 计算寻找地图的期望值···300
9.4.5 把它们都放在一起·····300
9.5 扩展···················301
9.5.1 个性·············301
9.5.2 状态存储·········303
9.5.3 命令排队·········306
9.5.4 用队列编写脚本行为····308
9.6 总结···················309

第 10 章　模糊逻辑 ·············· 310

10.1　普通集合
集合运算符 ············· 312

10.2　模糊集合 ··············· 313

10.2.1　用隶属函数来定义
模糊的边界 ······· 313

10.2.2　模糊集合运算符 ······· 315

10.2.3　限制词 ············· 316

10.3　模糊语言变量 ············ 316

10.4　模糊规则 ··············· 317

10.4.1　为武器的选择设计
模糊语言变量 ····· 318

10.4.2　为武器的选择设计
规则集 ··········· 320

10.4.3　模糊推理 ··········· 320

10.5　从理论到应用：给一个
模糊逻辑模块编码 ······ 327

10.5.1　模糊模块类
（FuzzyModule）········· 327

10.5.2　模糊集合基类

（FuzzySet）············ 328

10.5.3　三角形的模糊集合类·· 329

10.5.4　右肩模糊集合类 ······· 330

10.5.5　创建一个模糊语言
变量类 ··········· 331

10.5.6　为建立模糊规则而
设计类 ··········· 333

10.6　《掠夺者》中是如何使用
模糊逻辑类的 ········· 338

10.7　库博方法 ·············· 339

10.7.1　模糊推理和库博方法·· 341

10.7.2　实现 ·············· 342

10.8　总结 ··············· 342

附录 A　C++模板 ············· 343

附录 B　UML 类图 ············· 349

附录 C　设置你的开发环境 ·········· 357

跋 ··············· 359

参考文献 ··············· 361

第 1 章　数学和物理学初探

如果你想学习人工智能，这章是不可或缺的，它将帮助你获得一些数学和物理学知识。确实，你可以用"剪切和粘贴"的方式使用许多人工智能技术，但是那对你自己毫无益处；一旦你不得不解决的问题与借来的代码有些微小差别时，你将陷入困境。如果理解技术背后的理论，那么，你将更有可能想到一种可替代的解法。此外，能够真正通晓自己所使用的工具也是令人愉快的事。除了上述这些你还需要什么更好的理由来学习本章呢？

本章面向几乎不知道关于数学或物理学知识的读者。因此如果你已经知道了其中的大部分内容，请原谅，但是我认为这种方式可以抓住每一个人，无论你的经历是怎样的。浏览这一章，直到遇到你不知道的一些事，或者你发现了需要更新的课题，从那里开始读吧。如果你已经对矢量数学和运动的物理特性很熟了，建议完全跳过这章，并且在你发现有些东西不懂时再回头阅读本章。

1.1　数　　学

我们将从数学开始，因为没有数学知识就学习物理学就如同没有翅膀却要学习飞翔一样。

1.1.1　笛卡尔坐标系

你可能对笛卡尔坐标系统已经非常熟悉了。如果你曾经写过可以在屏幕上画图像的程序，那么你肯定使用过笛卡尔坐标系统来描述构成图像的点、线、位图的位置。

在二维空间中，笛卡尔坐标系被定义成两个坐标轴成直角相交并且用单位长度标出。水平轴称为 x 轴，而垂直轴称为 y 轴，两个轴的交点称为原点，如图 1.1 所示。

如图 1.1 所示，每个坐标轴端点的箭头表示它们在每个方向上无限延伸。假想有一张无限大的纸，上面有 x 轴和 y 轴，纸就表示 xy 平面，所有二维的笛卡尔坐标系中的点都可以绘制在这个平面上。在 2D 空间中的一个点可以用一对坐标（x,y）表示。x 和 y 的值代表沿着各自的轴上的距离。如今，绘制在笛卡尔坐标系中的一系列的点或线常常作为一个图形，

这样肯定会节省很多键入的工作量。:o）

➲ 注意：为了表达三维空间，需要另外一个坐标轴——z 轴。z 轴从你的屏幕的后面延伸到你的头的后方，在途中穿过原点。如图 1.2 所示。

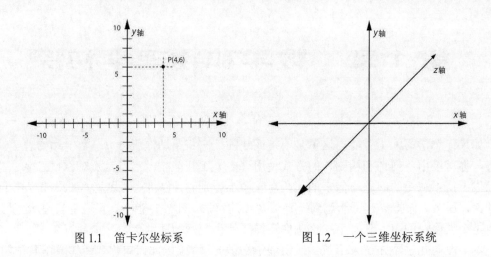

图 1.1　笛卡尔坐标系　　　　图 1.2　一个三维坐标系统

1.1.2　函数和方程

函数的概念是数学的基础。函数表达了两个（或更多个）称为变量的项之间的关系，并且典型的写法是方程的形式（一个代数表达式等于另一个代数表达式）。正如名字所示，之所以称为变量是因为它们的值是可以变化的。变量常常用字母表中的字母表达。你将看到数学公式中应用最普通的两个变量是 x 和 y（虽然任何字母或符号也是可以的）。

如果 x 的每个值都可以与 y 的一个值相关联，那么 y 就是一个关于 x 的函数。y 称作因变量（因为它的值依赖于 x 的值）。这里有两个例子：

$$y = 2x \tag{1.1}$$
$$y = mx + c \tag{1.2}$$

在第二个例子中，m 和 c 代表常数（有时叫做系数）——无论 x 的值是多少，它们的值都不会变化。它们与公式（1.1）中的 2 功能相似。因此，如果 a = 2，公式（1.1）可以写成：

$$y = ax \tag{1.3}$$

给出 x 的任何值，相应的 y 值可以通过将 x 的值放入在函数中计算出来。给出 x = 5、x = 7 和函数 y = 2x，则 y 值是：

$$y = 2(5) = 10$$
$$y = 2(7) = 14 \tag{1.4}$$

这类函数，y 值仅依赖于另一个变量，称作单变量函数。单变量函数通过将它们绘制在 xy 笛卡尔平面是可视的。画一个函数，你就是要沿着 x 轴移动，并且对每一个 x 值使用函数

计算 y 值。当然，对每一个 x 值来绘制图形是不可能的——那将会永远画下去（毫不夸张），因此必须选择一个值的范围。

图 1.3 的左边显示了函数 $y = 2x$ 在 xy 平面上绘制出来是怎样的图形，使用的 x 值的范围是 $-5.0\sim5.0$。

为了把函数 $y = mx + c$ 绘制成一个图形，你必须首先有常数 m 和 c 的一些值。我们设 $m = 2$ 和 $c = 3$，给出函数 $y = 2x + 3$。图 1.3 右边显示了结果图形。

它们的图形看起来是相似的，不是吗?那是因为 $y = mx + c$ 是定义在二维空间的所有直线的函数。常数 m 定义了直线的斜率，或者说是直线倾斜的陡峭程度，常数 c 规定了直线与 y 轴相交的位置。函数 $y = 2x$，在图中的左边，等价于当 $m = 2$ 且 $c = 0$ 时的函数 $y = mx + c$。右边的图形是几乎相同的，但是因为 c 的值是 3，则与 y 轴的交点向上移了 3 个单位。

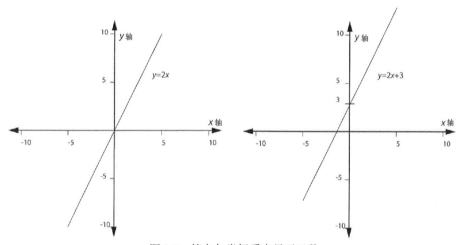

图 1.3　笛卡尔坐标系中显示函数

有时候你会看到 $y = mx + c$ 的函数写成这样：

$$f(x) = mx + c \tag{1.5}$$

符号 $f(x)$ 表示，因变量（在这个例子中是 y）依赖于在右边给出的表达式 $mx + c$ 中的变量 x。有时你会看到一个不是 f 的符号来表达函数，因此如果你遇到下面这样的情况也不必感到迷惑。

$$g(x) = x^2 + bx \tag{1.6}$$

$g(x)$ 与下面写出的方程表达的是完全相同的情况：

$$f(x) = x^2 + bx \tag{1.7}$$

函数也可以依赖于多个变量。以进行一个矩形面积计算为例。如果它的长用字母 l 表示，它的宽用 w 表示，那么面积 A 可以用如下方程给出：

$$A = lw \tag{1.8}$$

绘制一个如（1.8）式的二元函数在一个图形上，必须增加第三维 z，z 轴正交于其他的坐标轴。现在可以在 z 轴上绘制 A，x 轴绘制 l，y 轴绘制 w，如图 1.4 所示。

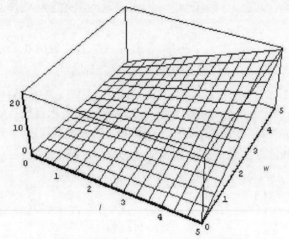

图 1.4　函数 A = lw 在三维空间绘制

立方体的体积可以由三元函数给出：

$$V = lwh \tag{1.9}$$

其中 h 代表立方体的高度。要用图形表示这个三元函数，你需要增加第 4 个坐标轴。然而，除非在精神药物的作用下，人类是看不到超过三维的空间的。但是，我们有能力可以想象这样的空间，因此如果你想要在图形中绘制多于三个变量的函数的话，这就是你需要做的。数学家们似乎认为这样做非常容易，但是许多程序员，包括我自己，都是做不到的！

　➲ 注意：一个 n 维函数所占有的平面，其中 n 大于 3，被数学家们称作超空间。

1.1.2.1　指数和幂

一个指数函数定义如下：

$$f(x) = a^x \tag{1.10}$$

a 称为底而 x 称为幂。如果口头描述此方程，就是 $f(x)$ 等于 a 的 x 次幂。这意味着 a 与自身相乘 x 次。因此 7^2 与 7×7 是相同的，而 3^4 与 $3 \times 3 \times 3 \times 3$ 的写法是相同的。幂的数值为 2 被认为是底数的平方，幂的数值为 3 被认为是立方。因此 5 的立方是：

$$5^3 = 5 \times 5 \times 5 = 125 \tag{1.11}$$

图 1.5 显示了方程（1.10）在 $a = 2$ 时绘制的图形。曲线明显地显示了 y 的值是如何随着 x 的值快速增加的。这种曲线的类型常常被称为指数增长。

　⌘ 提示：不知何时开始，数学家们决定使用字母表末尾的字母来表达变量，而表中其余的字母用来表示常量。这就是为什么在笛卡尔坐标系中的坐标轴被标为 x、y 和 z 轴。

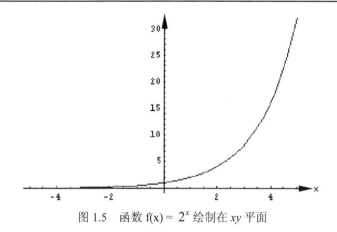

图 1.5　函数 $f(x) = 2^x$ 绘制在 xy 平面

1.1.2.2　数的根（开方）

一个数的平方根是这样一个值，当它乘以本身时结果是原数。平方根使用开方符号 $\sqrt{\ }$ 来表示。因此，4 的平方根写为：

$$\sqrt{4} = 2 \qquad (1.12)$$

我们可以对这个等式两边平方来显示幂与根的关系：

$$4 = 2^2 \qquad (1.13)$$

数的平方根也称为数的二次根。我们可以计算一个数的三次、四次、五次，或任何数的根。一个数的三次根称为立方根并且写成 $\sqrt[3]{\ }$ 。注意，"3"表明开方的根是 3 次。一个数的立方根是这样一个值：当它乘以三次幂时就是原数值。例如：

$$\sqrt[3]{27} = 3 \qquad (1.14)$$

我们可以再一次对等式的两边乘以立方次幂来显示幂和根的关系：

$$27 = 3^3 \qquad (1.15)$$

还可以把一个数的根写成为一个分数指数。例如，一个数的平方根可以写作 $x^{\frac{1}{2}}$，三次根可写作 $x^{\frac{1}{3}}$，等等。

1.1.2.3　化简方程

通常，要解一个方程必须先化简。实现化简的一个黄金定律是在方程的两边通过同时加、减、乘或除一些项来得到方程的解。（这个规则有一个例外：当进行乘或除时，该项不能为零。）只要方程两边做的运算相同，那么两边将保持相等。借助一些例子可以帮助你更好地理解方程的化简。

例 1

考虑下面的方程：

$$3x + 7 = 22 - 2x \qquad (1.16)$$

这个方程可以通过两边减去 7 来进行化简。

$$3x + 7 - 7 = 22 - 2x - 7$$
$$3x = 15 - 2x$$

（1.17）

它可以进一步通过对两边加上 $2x$ 来化简：

$$3x + 2x = 15 - 2x + 2x$$
$$5x = 15$$

（1.18）

我们同样可对两边除以 5，得出 x 的解：

$$\frac{5x}{5} = \frac{15}{5}$$
$$x = 3$$

（1.19）

让我们看一个稍复杂的例子。

例 2

假设我们想从下式中求解 y：

$$y = 2(3x - 5y) + \frac{x}{3}$$

（1.20）

首先我们去除圆括号，通过将括号内的项（$3x-5y$）与括号外的项（2）相乘实现，得到：

$$y = 6x - 10y + \frac{x}{3}$$

（1.21）

接着去除所有的分数项，通过对方程两边的所有项都乘以分数部分的分母来完成（分母就是在分数线下面的数值）。在这个例子中，方程（1.21）两边所有的项都乘以 3，得：

$$3y = 18x - 30y + x$$

（1.22）

这时有一个 y 项在左边，还有 x 与 y 项在右边。我们需要移动相似的项，使它们分放在方程的同一边。在这个例子中我们可以通过对方程两边加上 $30y$ 来实现。

$$3y + 30y = 18x - 30y + x + 30y$$
$$3y + 30y = 18x + x$$

（1.23）

现在，同类项都已经集中在一起了，我们可以合并它们，得到：

$$33y = 19x$$

（1.24）

最后，我们要对方程两边除以在未知变量前面的系数。在这个例子中，我们要解出 y，所以必须对方程的两边除以 33，得：

$$y = \frac{19}{33}x$$

（1.25）

例 3

这里有一些在化简方程时派得上用途的规则：

$$\frac{x}{y} = \frac{1}{y}(x)$$

（1.26）

$$\frac{a}{x} + \frac{b}{y} = \frac{ay + bx}{xy} \tag{1.27}$$

$$(x + y)^2 = x^2 + y^2 + 2xy \tag{1.28}$$

$$\left(\frac{x}{y}\right)^2 = \frac{x^2}{y^2} \tag{1.29}$$

$$\sqrt{\frac{x}{y}} = \frac{\sqrt{x}}{\sqrt{y}} \tag{1.30}$$

让我们看看上面的一些新规则的应用。这次要化简的方程是：

$$5x - 2y = \left(\frac{y - x}{\sqrt{x}}\right)^2 \tag{1.31}$$

使用规则（1.29）得：

$$5x - 2y = \frac{(y - x)^2}{\left(\sqrt{x}\right)^2} \tag{1.32}$$

$$5x - 2y = \frac{(y - x)^2}{x}$$

两边乘以 x 以消除掉分数部分，得：

$$x(5x - 2y) = (y - x)^2 \tag{1.33}$$

现在来消掉左边的圆括号：

$$5x^2 - 2xy = (y - x)^2 \tag{1.34}$$

为了去除右边的圆括号，我们使用（1.28）中的规则：

$$5x^2 - 2xy = x^2 + y^2 - 2xy \tag{1.35}$$

两边加上 $2xy$，得：

$$5x^2 = x^2 + y^2 \tag{1.36}$$

通过对方程两边减去 x^2，并且重新排列，我们得到化简的方程：

$$y^2 = 4x^2 \tag{1.37}$$

最后一步是两边开平方根：

$$y = 2x \tag{1.38}$$

当然，化简方程可能遇上比这些步骤更复杂的情况，但是这几个规则足以帮助你理解本书中出现的任何化简了。

1.1.3 三角学

三角学是基于三角形的研究。这个词来源于希腊词 trigon（即三角形）和 metry（即测量学）。它是数学中极为有用的一个领域，并且在计算机科学中有许多实际的应用。在游戏人工智能领域，你会发现它应用在视行（LOS）计算、碰撞检测、路经寻找的某些方面，等等。当你把人工智能浓缩时，它们中的大部分完全是依赖数学的。你要是聪明的话，就要学好数学。

1. 射线和线段

一条射线是一条只有一个端点的直线。它是无限长的并且用一个方向（常常表示成一个归一化的矢量，参见本章的矢量部分）和一个原点来定义。图 1.6 显示了在原点的射线。

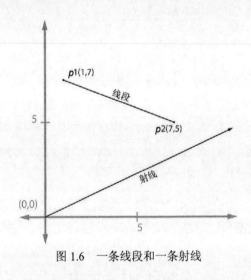

图 1.6　一条线段和一条射线

一条线段是直线的一段并且用两个端点定义。图 1.6 也显示了用两个端点 p1 和 p2 定义的线段。

2. 角

一个角定义为有公共原点的两条射线的分散度，如图 1.7 所示。

你可能习惯于用度数来想象角。例如，在大部分的家庭中墙和地面之间都是典型的 90°角，一个圆周是 360°。数学家更喜欢用弧度来度量一个角。弧度是以原点为中心的单位半径（半径为 1）圆为基准的一种度量单位。圆的半径是从圆的中心到圆周上的点的距离。在画有两条射线的同一图（见图 1.7）中作单位圆，我们得到图 1.8。在两条射线之间的曲线段的长度（在图中显示成点线的）是它们的夹角在弧度制下角的度量。

现在你知道了什么是弧度，让我们来计算一下在一个圆周内有多少弧度。你可能还记得在学校里学到的希腊符号 π(pi)。它是众所周知的并且经常使用的数学常量，它的值是 3.14159

（小数保留 5 位）。你可以使用 π 来计算一个圆的圆周长（整个圆周的长度），使用公式：

$$perimeter(周长) = 2\pi r \qquad (1.39)$$

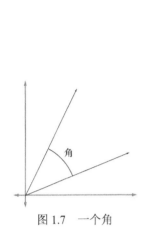

图 1.7 一个角

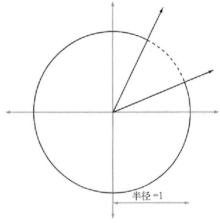

图 1.8 虚线的长度是两条射线之间的角度的弧度值

使用这个等式计算一个单位圆的周长，就可得出一个圆周的弧度数。这是因为在一个圆周中的弧度数是半径为 1 的圆的周长。因此我们只要在式（1.39）中用 1 替换 r 得到：

$$perimeter(周长) = 2\pi r = 2\pi(1) = 2\pi = num(数值) \qquad radians(弧度) \qquad (1.40)$$

因此，在每一个圆中都有 2π 弧度。

⌘ 提示：现在你知道了有多少弧度构成了一个圆，如果需要，你能够进行弧度和角度之间的转换了。在一个圆周中有 360°，因此意味着：

$$360° = 2\pi 弧度$$

两边都除以 360 我们得到：

$$1° = 2\pi/360 弧度$$

角度常用希腊字母 θ (theta) 表示。

3. 三角形

一个三角形是由三个线段端点相连组成的。一个三角形的内角之和总是等于 π 弧度（180°）。图 1.9 显示了你会遇到的不同类型的三角形。

■ 等边三角形，具有相等长度的边。具有这种特性的三角形具有相等角度的 3 个角。
■ 等腰三角形，具有两个相等的边和两个相等角度的角。
■ 直角三角形，有一个角是 π/2 弧度（90°），即直角。直角处总是用一个方框来表示。
■ 锐角三角形的内角都是锐角（小于 π/2 弧度）。
■ 钝角三角形具有一个钝角（大于 π/2 弧度）。

毕达哥拉斯定理[1]（勾股定理）

使用得最多的三角形是直角三角形。它们的很多有趣的特性都可充分利用。最著名的直角三角形的特性或许是由毕达哥拉斯发现的，这位希腊数学家（公元前 569 年～公元前 475 年），是一个非常聪明的家伙，他以表述了如下定理而著称于世：

一个直角三角形直角所对应的斜边的平方等于其他两个边的平方和。

三角形的斜边是它的最长的边，如图 1.10 所示。

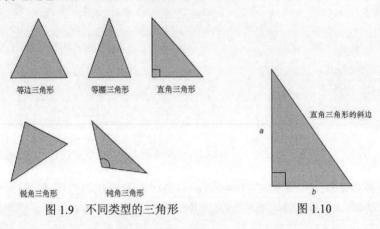

图 1.9　不同类型的三角形　　　　　　　　图 1.10

如果斜边用 h 表示，毕达哥拉斯定理可以写成：

$$h^2 = a^2 + b^2 \qquad (1.41)$$

两边取平方根得：

$$h = \sqrt{a^2 + b^2} \qquad (1.42)$$

这意味着如果我们知道一个直角三角形的任意两个边的长度，就可以轻松地找到第三边。

⌘ 提示：当设计人工智能游戏的时候，你常常会发现自己在使用毕达哥拉斯定理来计算判断智能体 A 距离一个对象是否比智能体 B 更近一些。这通常需要调用两次平方根函数，我们知道，平方根计算是很慢的，如果可能，无论何时都应避免。幸运的是，在比较两个三角形的边的长度时，如果边 A 比边 B 大，那么不论长度是否开平方根，它总是大的。这意味着我们可以避免开平方根的计算而代之以只比较平方值。这适用在求平方距离上，你将会在这本书中的代码里常常看到这种情况。

毕达哥拉斯定理的实例

假设一个弓箭手在位置 $A(8,4)$，并且他的目标在位置 $T(2,1)$。这个弓箭手只能射出最远距离为 10 的弓箭。因此，要判断他是否能击中目标，必须计算两点之间的距离。使用毕达

1　我国最早的一部数学著作《周髀算经》记载了一小段周公与商高（公元前 1100 年的西周时期）请教数学知识的对话，其中叙述了勾股定理的特例及一般情形。——译者注

哥拉斯定理则很容易判断。首先，计算显示在图 1.11 中边 TP 和 AP 的长度。

为了找到 AP 的距离，弓箭手位置的 y 坐标值要减去目标位置的 y 坐标值：

$$AP = 4 - 1 = 3 \tag{1.43}$$

为了找到 TP 之间的距离，我们同样处理，但是使用 x 坐标值：

$$TP = 8 - 2 = 6 \tag{1.44}$$

现在 TP 和 AP 都为已知，弓箭手和目标间的距离就可以用毕达哥拉斯定理计算出来了。

$$
\begin{aligned}
TA &= \sqrt{AP^2 + TP^2} \\
&= \sqrt{3^2 + 6^2} \\
&= \sqrt{9 + 36} \\
&= 6.71
\end{aligned}
\tag{1.45}
$$

完全在瞄准目标的范围之内，射吧！

SohCahToa 揭秘

如果已知直角三角形一条边的长度和其余两个角中的一个角的度数，就可以使用三角学确定这个三角形中的任何其他成分。图 1.12 显示了直角三角形每个边的名称。

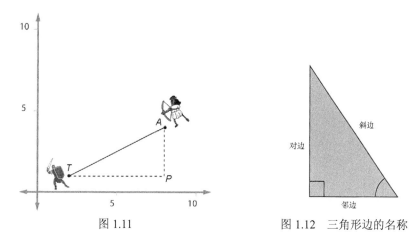

图 1.11　　　　　　　　　　图 1.12　三角形边的名称

图中与角相对的边称作对边，在该角和直角之间的边称为邻边。有 3 个三角函数可以帮助计算直角三角形的特征。它们是正弦、余弦和正切，常常简写成 sin、cos 和 tan。它们的表达式如下所示：

$$\sin(\theta) = \frac{opposite(\text{对边})}{hypotenuse(\text{斜边})} \tag{1.46}$$

$$\cos(\theta) = \frac{adjacent(\text{邻边})}{hypotenuse(\text{斜边})} \tag{1.47}$$

$$\tan(\theta) = \frac{opposite(\text{对边})}{adjacent(\text{邻边})} \tag{1.48}$$

记住这样 3 个关系式将会使你受益良多，因为你将会经常用到。我的数学老师教我用一种方式记住它们：Soh-Cah-Toa[1]，发音为 "sowcahtowa"（其中 "sow" 和 "tow" 与 "know" 的韵脚相同）。虽然它看起来很奇怪，但它很容易说，并且也很容易记。

掌握正弦、余弦和正切函数的最佳方法是看一下它们在几个例子中的应用。

⌘ 提示：当使用计算器来解决下面的问题时，应确认计算器被设置成使用弧度单位而不是角度！

如图 1.13 所示，已知角的角度和邻边长度，求对边的长度。从 SohCahToa 中我们可以想到一个角的正切等于角的对边比邻边。重新整理一下等式得到：

$$o = a\tan(\theta) \tag{1.49}$$

因此我们需要做的所有事情就是得到 o，拿起一个计算器（用来计算正切）并且输入数字，像这样：

$$\begin{aligned} o &= 6\tan(0.9) \\ &= 7.56 \end{aligned} \tag{1.50}$$

非常简单。好了，再尝试解一道题，这次你要先解出它来。

计算如图 1.14 所示中 h 边的长度。

你能解出它吗？在这个例子中我们知道角和对边。记住 SohCahToa，我们知道应该使用正弦函数，因为角度的正弦等于对边比斜边。重新整理等式得到：

$$h = \frac{o}{\sin(\theta)} \tag{1.51}$$

代入数值得：

$$\begin{aligned} h &= \frac{3}{\sin(0.3)} \\ &= 10.15 \end{aligned} \tag{1.52}$$

到现在为止，一直还不错。在图 1.15 中显示的问题要怎样解决呢？此时你需要求出已知邻边和斜边长度的角的角度是多少。

这次是余弦函数，但是代入数值后出现了一个问题。

$$\cos(?) = \frac{10}{13} = 0.769 \tag{1.53}$$

---

[1]　S 代表 sin 是正弦，C 代表 cos 是余弦，T 代表 tan 是正切；o 代表 opposite 是对边，h 代表 hypotenuse 是斜边，a 代表 adjacent 是邻边。——译者注

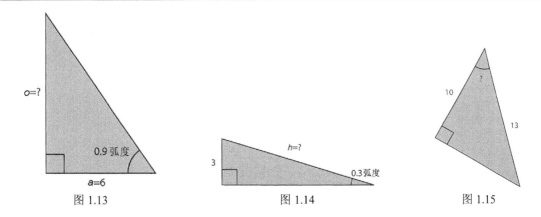

图 1.13　　　　　　　　　　图 1.14　　　　　　　　　　图 1.15

我们知道角度的余弦值是 0.769，但是角度本身是多少呢？怎样才能求得呢？好，角度是用反余弦来得到的。通常的写法是 $\cos^{-1}$。因此，你所能做的就是利用在计算器上的反余弦按钮（如果在计算器上看不到 $\cos^{-1}$，你需要在按下余弦按钮之前按下反运算按钮）来得到结果：

$$? = \cos^{-1}(0.769) = 0.693 \tag{1.54}$$

到这里要结束三角学的课程了。虽然它是一个非常庞大的题目，但毕达哥拉斯定理和 SohCahToa 就包括了你在本书的后续内容中所需要的全部的三角理论。

1.1.4　矢量

设计游戏的人工智能时，常用到矢量数学。从计算一个游戏智能体射击的方向到表达一个神经网络的输入输出，矢量无处不在。矢量是你的朋友，你应该好好了解它们。

你已经知道在笛卡尔平面中的一个点可以用两个数来表达，就像这样：

$$p = (x, y) \tag{1.55}$$

一个二维矢量写出来形式也几乎一样：

$$v = (x, y) \tag{1.56}$$

然而，虽然相似，但一个矢量表达了两个性质：方向和大小。图 1.16 右边显示了位于原点处的矢量（9，6）。

➲ 注意：矢量通常表示成粗体字或者用一个字母上面带一个箭头，就像这样：$\vec{v}$。全书使用粗体符号来表示矢量。

箭头的方向显示了矢量的方向，线的长度代表了矢量的大小。好，到目前为止一切顺利。但是矢量的意义是什么？它的用处是什么呢？对于初学者来说，一个矢量可以代表一辆车的速度。矢量的大小代表了车辆的速度，而方向代表了车行的方向。仅从两个数 (x, y) 中就可以得到相当多的信息。

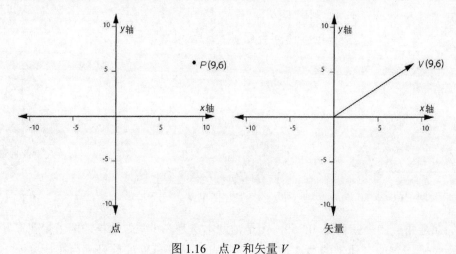

图 1.16　点 P 和矢量 V

矢量也不仅限于二维。它们完全可以是任何维数的。例如，你可以使用一个三维矢量 (x, y, z) 代表一个在三维空间中运动的交通工具的速度，例如直升飞机。

让我们看一下你可以用矢量做什么事情。

1. 矢量加减

假设你是一个电视真实游戏中的竞争者。你站在丛林的一块空地上，几个其他的竞争者站在你的旁边。你们都非常紧张而兴奋，因为获胜者可以与卡梅隆·迪亚茨约会，而输的人只能看着。汗水从你的前额滴下，你的手心是湿的，而且你神经紧张地瞥了一眼其他的竞争者。青铜色的电视频道的主持人走向前来并且给每个竞争者分发了一个金色信封。他走回去并且命令你们所有的人撕开信封。第一个完成任务的人就是获胜者。你疯狂地撕开信封。里面的字条上写着：

我在一个秘密的地方等着你。请快点来，这里非常热。你可以通过下面的矢量到达这个地方：$(-5, 5)$，$(0, -10)$，$(13, 7)$，$(-4, 3)$。

卡梅隆

你面带微笑看着其他的竞争者沿着第一个矢量的方向狂奔而去。你在信封的背后做了一点计算后，沿着一个完全不同的方向从容地漫步而行。当其他的竞争者大汗淋漓、气喘吁吁地到达卡梅隆的隐藏之处时，他们可以听到你顽皮的笑声和洗冷水浴的水花飞溅声……

你能打败对手是因为你知道如何将矢量加在一起。图 1.17 显示了其他的竞争者沿着卡梅隆字条中指示的矢量所走过的路线。

然而，你知道如果将所有的矢量加在一起，会得到一个单一的矢量：一个能够带领你到达最终目的地的矢量。进行矢量相加，你可以简单地将所有矢量的 x 值加在一起作为结果矢量的 x 值，然后对 y 值也进行相同的操作得到结果矢量的 y 值。将卡梅隆字条中的 4 个矢量加在一起我们得到：

$$new\, x = (-5) + (0) + (13) + (-4) = 4$$
$$new\, y = (5) + (-10) + (7) + (3) = 5$$

（1.57）

得到矢量（4，5），就像我们分别沿着每个矢量走一样，是完全相同的结果，如图 1.18 所示。

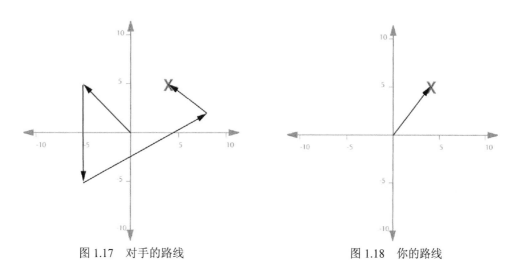

图 1.17　对手的路线　　　　　　　　　　图 1.18　你的路线

2．矢量数乘

矢量数乘是一件很容易的事。你只要对矢量的每个分量都用该数值相乘即可，例如，矢量 $(4,5)$ 用 2 相乘得 $(8,10)$。

3．计算矢量的大小

矢量的大小（模）是它的长度。在前面的例子中矢量 $v(4,5)$ 的大小是从出发点到卡梅隆的隐藏地的距离。

使用毕达哥拉斯定理是很容易计算的。

$$模 = \sqrt{4^2 + 5^2} = 6.403 \qquad （1.58）$$

如果你有一个三维的矢量，就可以使用相似的公式：

$$模 = \sqrt{x^2 + y^2 + z^2} \qquad （1.59）$$

数学家用两个垂直的线放在矢量的两边来表示矢量的长度。

$$模 = |v| \qquad （1.60）$$

4．矢量归一化

当一个矢量被归一化了，它还保持着它的方向但是

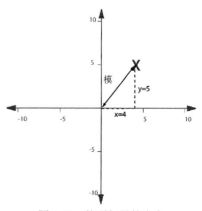

图 1.19　找到矢量的大小

它的大小被重新计算，变成单位长度的（长度为 1）。要实现归一化你要用矢量的模除矢量的每个分量。数学家给出下面这样的公式：

$$N = \frac{v}{|v|} \tag{1.61}$$

因此，要归一化矢量（4，5），你会这样做：

$$new\,x = 4/6.403 = 0.62$$
$$new\,y = 5/6.403 = 0.78 \tag{1.62}$$

这可能看起来像是对矢量做了一件奇怪的事情，但是实际上，归一化矢量具有难以置信的用处。很快你就会发现为什么要这样做。

5. 矢量分解

使用三角学是可以将一个矢量分解成两个分离的矢量，一个平行于 x 轴而另一个平行于 y 轴。参见图 1.20 中的矢量 v，它表示了喷气式战斗机的攻击路线。

为了分解 v 成为它的 x/y 分量，我们需要找到 Oa 和 Ob。这会使我们分别得到飞机攻击沿着 y 轴飞行的位移和沿着 x 轴飞行的位移。另一种解释方式就是 Oa 是攻击行动沿 x 轴的分量，而 Ob 是沿 y 轴的分量。

首先，计算攻击沿 y 轴的分量 Oa。根据三角学我们知道：

$$\cos(\theta) = \frac{Oa}{|v|} \tag{1.63}$$

重新整理，得到：

$$Oa = |v|\cos(\theta) = y\ \text{分量} \tag{1.64}$$

使用下面的方程来计算 Ob：

$$\sin(\theta) = \frac{Ob}{|v|} \tag{1.65}$$

得：

$$Ob = |v|\sin(\theta) = x\ \text{分量} \tag{1.66}$$

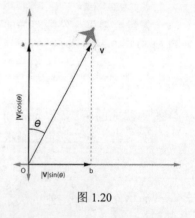

图 1.20

6. 点乘

点乘得到两个矢量之间的夹角——在编写人工智能程序时你常常会需要计算夹角。给出两个二维矢量 u 和 v，等式如下所示：

$$u \cdot v = u_x v_x + u_y v_y \tag{1.67}$$

符号·表示点乘。虽然等式（1.67）并没有给出一个角度。我保证有一个角度，因此你会得到的！这里有另一种方式计算点乘：

$$u \cdot v = |u||v|\cos(\theta) \tag{1.68}$$

整理后我们得到：

$$\cos(\theta) = \frac{\boldsymbol{u} \cdot \boldsymbol{v}}{|\boldsymbol{u}||\boldsymbol{v}|} \tag{1.69}$$

记住，一个矢量两侧的垂直线表示它的大小。现在你可以发现归一化矢量的一个有用的应用了。如果 $\boldsymbol{v}$ 和 $\boldsymbol{u}$ 都是归一化的，那么等式可以极大地化简成：

$$\cos(\theta) = \frac{\boldsymbol{u} \cdot \boldsymbol{v}}{1 \times 1} \tag{1.70}$$
$$= \boldsymbol{u} \cdot \boldsymbol{v}$$

将等式（1.67）代入等式的右边得：

$$\cos(\theta) = \boldsymbol{u} \cdot \boldsymbol{v} = u_x v_x + u_y v_y \tag{1.71}$$

我们得出一个等式用于计算两矢量间的夹角。

点乘的一个重要用途是它能很快地告诉你一个实体在另一个实体的朝向平面的后面还是前面。怎么会这样呢？参看图 1.21 所示。

图中显示了一个游戏智能体面对正北。水平线是对应于智能体的，并且画出了智能体的朝向平面。位于这条线前面的任何物体都被认为在智能体前面。

使用点乘能够很容易地判断一个对象是位于智能体前面还是后面。如果对象在智能体朝向平面的前面，则智能体方向矢量和从智能体到对象的矢量的点乘为正；如果对象在智能体朝向平面的后面，则点乘为负。

7. 矢量数学的实例

下面通过实例实践一些矢量方法的协同运用。假设你有一个游戏智能体，Eric 是一个洞窟巨人，他站在位置 T（原点）而且面对的方向由归一化矢量 $\boldsymbol{H}$（用于方向）给出。他可以嗅到在位置 P 处有一个无助的公主，而且很想在把她撕成碎片前向她扔棍子来使她安静一些。为了这样做，他需要知道必须转过多少弧度才能面对她。图 1.22 显示了这种情况。

你已经知道可以使用点乘来计算两个矢量之间的夹角。但是，在这个问题上开始时你只有一个矢量 $\boldsymbol{H}$。因此我们需要确定矢量 $\overrightarrow{TP}$——直接朝向公主的矢量。这可以通过从点 P 减去点 T 来计算。因为 T 在原点 $(0,0)$。在这个例子里 $P-T=P$。但是，答案 $P-T$ 是矢量，因此让我们用粗体来显示它并称之为 $\boldsymbol{P}$。

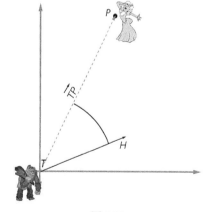

图 1.22

我们知道洞窟巨人需要转向公主的角度的余弦等于 H 和 P 的点乘，条件是这两个矢量是归一化的。H 是已经归一化的，因此我们只需要归一化 P。记住，要归一化一个矢量，矢量的成分要用它的大小来除。结果，P 的归一化矢量（N_p）是：

$$N_p = \frac{P}{|P|} \tag{1.72}$$

此时可以用点乘来确定角度。

$$\cos(\theta) = N_p \cdot H \tag{1.73}$$

因此

$$\theta = \cos^{-1}(N_p \cdot H) \tag{1.74}$$

为了说明这个过程，让我们代入一些数字重新将整个过程做一遍。我们假设洞窟巨人站在原点 $T(0,0)$ 并且面对一个方向 $H(1,0)$。公主站在点 $P(4,5)$。洞窟巨人需要转过多少弧度才能面对公主？

我们可以用等式（1.74）来计算夹角，但首先需要确定在洞窟巨人和公主之间的矢量，TP，并且归一化它。为了获得 TP，我们从 P 减去 T，结果得到矢量 $(4,5)$。为了归一化 TP，我们用它的大小去除它本身。这个计算在前面的公式（1.62）显示，得到结果 $N_{TP}(0.62,0.78)$。

最后我们在等式（1.74）中输入数字，代入等式（1.71）进行点乘。

$$\theta = \cos^{-1}(N_{TP} \cdot H)$$
$$\theta = \cos^{-1}((0.62 \times 1) + (0.78 \times 0))$$
$$\theta = \cos^{-1}(0.62)$$
$$\theta = 0.902 \text{ 弧度}$$

8. Vector2D 结构

本书中给出的所有的例子都使用数据结构 Vector2D。它非常简单并且能够实现我们讨论的所有矢量操作。此处列出它声明的主要部分，你可以自己熟悉一下。

```
struct Vector2D
{
  double x;
  double y;
  Vector2D():x(0.0),y(0.0){}
  Vector2D(double a, double b):x(a),y(b){}
  //置 x 和 y 为 0
  inline void Zero();
  //如果 x 和 y 都为 0 的话返回 TRUE
  inline bool isZero()const;
  //返回矢量的长度
  inline double Length()const;
  //返回矢量长度的平方（从而可以避免开方运算）
  inline double LengthSq()const;
  inline void Normalize();
```

```
//返回 this 和 v2 的点乘值
inline double Dot(const Vector2D& v2)const;
//如果 v2 在 this 矢量的顺时针方向返回正值
//如果在逆时针方向返回负值(假设 Y 轴的箭头是指向下面的,X 轴指向右边就像一个窗口应用)
inline int Sign(const Vector2D& v2)const;
//返回与 this 矢量正交的矢量
inline Vector2D Perp()const;
//调整 x 和 y 使矢量的长度不会超过最大值
inline void Truncate(double max);
//返回 this 矢量与一个作为参数被传递的矢量之间的距离
inline double Distance(const Vector2D &v2)const;
//上面的平方
inline double DistanceSq(const Vector2D &v2)const;
//返回与 this 矢量相反的矢量
inline Vector2D GetReverse()const;
//我们需要的一些操作
const Vector2D& operator+=(const Vector2D &rhs);
const Vector2D& operator-=(const Vector2D &rhs);
const Vector2D& operator*=(const double& rhs);
const Vector2D& operator/=(const double& rhs);
bool operator==(const Vector2D& rhs)const;
bool operator!=(const Vector2D& rhs)const;
};
```

1.1.5　局部空间和世界空间

理解局部空间和世界空间的不同是非常重要的。世界空间代表的就是你在屏幕上看到的渲染的东西。每个对象用世界坐标系统的相对于原点的位置和方向来定义（见图 1.23）。例如，一个士兵在用栅格参考来描述一个坦克的位置时使用的是世界空间。

然而，局部空间是用来描述对象相对于指定实体的局部坐标系统的位置和方向。在二维空间中，一个实体的局部坐标系统可以定义为一个朝向矢量和一个侧面矢量（各自代表局部 x 轴和 y 轴），原点位于实体的中心（对三维来说，需要一个额外的向上的矢量）。图 1.24 显示了描述箭形对象的描述局部坐标系的坐标轴。

我们可以使用局部坐标系来变换世界坐标系，这样在世界坐标系中的所有对象都可以用相对于它的位置和方向来描述（见图 1.25）。这就像是通过实体

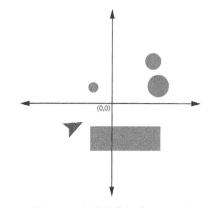

图 1.23　在世界空间中显示一些障碍和一辆车

的眼睛来观看世界。当士兵们用像"目标 50m 远 10 点钟方向"的话来描述一个物体时，他们使用的是局部空间。他们根据目标相对于自己的位置和朝向来描述目标的位置。

在书中后面你会看到，这种对象在局部和全局空间转换的能力可以帮助你简化很多计算。（虽然你需要理解这个概念，但它实际是怎样工作的已经超出了本书的范围，可参看计算机图形学图书中有关矩阵变换的章节。）

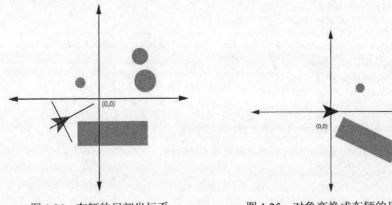

图 1.24　车辆的局部坐标系　　　　图 1.25　对象变换成车辆的局部空间

1.2　物　理　学

在本书中定义物理学如下：

质量和能量以及它们之间互相作用的科学。

游戏人工智能程序员常常会运用物理定律进行工作，特别是与运动有关的物理定律，即在这部分会介绍的内容。你常常会发现自己在创建算法来预测未来的某时对象或智能体在何处，来计算什么是武器发射的最佳角度，或者一个智能体应该采用什么方向和力度传球给一个接球者。这当然不是人工智能的本质，但它是创建的智能假想的全部，并且通常这是人工智能程序员工作量的一部分，因此你需要了解这些内容。

让我们来看看物理中使用的一些基础概念。

1.2.1　时间

时间是一个标量（用它的大小就可以完全确定，没有方向），用秒来度量，简写成 s。直到最近，1s 依据地球的旋转来定义，但是因为地球每年的旋转都会略有减慢，到 20 世纪 60 年代末期，这已经成为日益需要在实验中增加度量精度的科学家的问题。因此，今天 1s 的度量为：

对应于铯 133 原子在基态的两个超精细级别之间转换的 9，192，631，770 个辐射周期的持续时间。

这个定义为今天的科学家们提供了在他们的精确实验中所需要的恒定的时间间隔。

在计算机游戏中时间的度量可以是两种方法中的一个，或者用秒（就如同真实世界中一样），或者使用更新之间的时间间隔作为一种*虚拟秒*。后一种度量方法可以简化许多公式，但是你不得不小心，因为，除非更新速率是锁定的，否则在速度不同的机器之间这个物理量是不同的！因此，如果你选择使用虚拟秒，确保你的游戏的物理更新频率锁定为一个合理的频率——通常是你开发的最慢的机器的频率。

➲ 注意：不久以前，大多数的计算机游戏都使用一个固定的帧率，并且每个成分（渲染、物理、人工智能等等）都用同样的频率更新。然而，今天许多复杂的游戏对每个成分指定一个特有的频率。例如，物理过程可能一秒钟更新 30 次，人工智能一秒钟更新 10 次，并且便渲染编码的运行速度与它所在的机器一样快。因此，无论何时我在文中提到一个"更新频率"，如果没有指定一个背景环境的话，它将是在我谈论的问题的背景环境之中。

1.2.2　距离

距离（一个标量）的标准单位是 m（米）。

1.2.3　质量

质量是一个标量，用千克度量，简写成 kg。质量是一个事物的总量的度量。这是一个令人迷惑的度量特性，因为物体的质量是通过称量它来计算的，但是质量又不是一个重量单位；它是一个物质的单位。一个物体的重量是有多少重力施加在物体上面的度量。但是重力从一个地方到另一地方是会产生变化的（甚至在地球上也是如此），这意味着一个物体的重量在不同的地方会有变化，但是它的质量是从来不会改变的。因此质量怎样才能够准确度量呢？

科学家们通过创建一个铂铱圆柱体来解决这个问题，并认同称它为标准千克。巴黎保存着这个圆柱体，并且做了关于它的所有的度量。换句话说，你可以到法国去并且拥有自己复制的千克，它的重量与标准千克完全相同。现在你知道了无论你身处何地，无论重力是多少，你复制的东西具有与法国的标准千克完全一样的质量。问题解决了。

1.2.4　位置

你可能认为一个对象的位置是一个容易度量的属性，但是你要从哪里来确切地度量它的位置呢？例如，如果你想说明你的身体在空间中的位置，你要从哪里来度量呢？是从你的脚，你的胃，还是你的头呢？这提出了一个问题，因为你的头和你的脚的位置之间存在很大的不同。

物理学家通过采用物体质量的中心作为它的位置解决了这个问题。质量的中心是物体的平衡点。假想在这一点上系一根绳子悬挂物体，物体可以在任何一个位置都保持平衡。另一个想象质心的好方法是把它看作物体内所有质量的平衡位置。

1.2.5　速度

速度是一个矢量（一个具有大小和方向的量），表达了距离相对于时间的变化率。度量速度的标准单位是 m/s（米每秒）。它用数学公式表达为：

$$v = \frac{\Delta x}{\Delta t} \tag{1.75}$$

希腊大学字母 Δ，读作 delta，在数学中用来表示量的变化。因此，Δt 在公式（1.75）表达了时间上的变化（一个时间间隔），而 Δx 是距离上的变化（一个位移）。Δ 是用后面的量减去前面的量来计算。因此如果一个物体的位置在 $t=0$ 时是 2（前面）在 $t=1$ 时是 5（后面），Δx 是 $5-2=3$。这可能会产生负值的结果。例如，如果一个物体的位置在 $t=0$ 时为 7（前面）而在 $t=1$ 时为 3（后面），Δx 是 $3-7=-4$。

⭕ 注意：Delta 的"弟弟"，小写的字母 delta，写作 δ，被用来表达非常小的变化。你常常会看到 δ 被用在微积分中。因为 δ 看起来与字母 d 很相似，为了避免混淆，数学家们倾向于避免在他们的公式中使用 d 来表达距离或者位移。而是代之以较少引起误解的符号，例如使用 Δx。

使用公式（1.75）计算一个物体的平均速度是很容易的。让我们假设你要计算出一个在两个点之间滚动的球的平均速度。首先计算这两个点之间的位移，然后被球滚过该距离所花费的时间除。例如，如果在两点之间的距离是 5m 并且球在两点之间滚过的时间是 2s，那么速度是：

$$v = \frac{5}{2} = 2.5\,\text{m/s} \tag{1.76}$$

如果我们知道了物体的平均速度和它行进所用的时间，计算一个物体行进了多远也很容易的。假设你正以每小时 35km 的速度开车，你想知道你在过去的半小时里走了多远。重新排列公式（1.75）得：

$$\Delta x = v\Delta t \tag{1.77}$$

代入数字得：

$$走过的距离 = 35 \times \frac{1}{2} = 17.5\,\text{km} \tag{1.78}$$

将这个公式应用于计算机游戏，如果你有一辆车在位置 P，在时间 t 以一个恒定的速度 V 行进，我们可以计算它在下一个更新步骤（在时间 $t+1$）的位置，通过：

$$P_{t+1} = P_t + V\Delta t \tag{1.79}$$

其中 $V\Delta t$ 代表了在更新步骤之间的位移，见公式（1.77）。

通过描述一个代码的例子会使这个概念更清楚一些。下面是一个 Vehicle 类的列表，其中把车辆概括为以匀速行进。

```
class Vehicle
{
  //在空间中用一个矢量表现车的位置
  vector m_vPosition;
```

```
  //一个矢量表现车的速度
  vector m_vVelocity;
public:
  //调用每一帧更新车的位置
  void Update(float TimeElapsedSinceLastUpdate)
  {
    m_vPosition += m_vVelocity * TimeElapsedSinceLastUpdate;
  }
};
```

➲ 注意：如果你的游戏对物理学特性使用的是固定的更新频率，正如在本书中的很多例子做的一样，Δt 将是恒定的并且可以从公式中除去。这样就产生了如下简化的更新方法：

```
//使用一个恒定的更新步长进行模拟更新
void Vehicle::Update()
{
  m_vPosition += m_vVelocity;
}
```

不过要记住，如果你选择这样来消除 Δt，你在任何计算中使用的时间单位将不再是秒而是更新步骤间的时间间隔。

1.2.6　加速度

加速度是一个矢量，表达的是在时间段上速度的变化率，用米每二次方秒来度量，写作 m/s^2。加速度可以用数学式表达为：

$$a = \frac{\Delta v}{\Delta t} \tag{1.80}$$

这个公式规定了加速度等于一个物体的速度的改变被发生速度改变的时间间隔除。

例如，如果一辆小汽车从静止开始并且加速度为 $2m/s^2$，那么每秒中有 $2m/s$ 被增加到它的速度上，如表 1.1 所示。

表 1.1

时间（s）	速度（m/s）
0	0
1	2
2	4
3	6
4	8
5	10

把这些数据画在速度与时间的关系图上，我们得到图 1.26。如果我们查看一段时间间隔，假设间隔是在 $t=1$ 和 $t=4$ 之间，我们可以发现倾斜的梯度，由 $\dfrac{\Delta v}{\Delta t}$ 求得，等于该间隔

的加速度。

你早先已经学过公式 $y = mx + c$ 在二维笛卡尔平面是怎样定义所有的直线的，其中 m 是斜率而 c 是在 y 轴上的截距。因为我们可以从图 1.26 中推断出匀加速总是画成一条直线，我们可以应用这个公式到车的加速度上。我们知道 y 轴代表速度 v，而 x 轴代表时间 t。我们也知道斜率 m 与加速度相关。得到公式：

$$v = at + u \qquad (1.81)$$

常量 u 代表了车在时间 $t = 0$ 时的速度，可以用直线在 y 轴上的截距来显示。例如，如果在例子里车以速度 3m/s 出发，则图将会是同样的，只是向上偏移了 3，如图 1.27 所示。

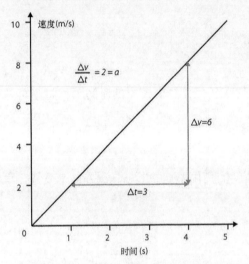

图 1.26　小汽车的相对于时间的速度的绘图

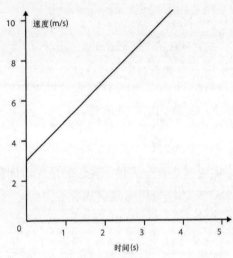

图 1.27　同样的车只是在时间 t = 0 以初始速度 $3m/s$ 开始行进

为了测试这个公式，让我们判断一个以速度 3m/s 开始并且加速度是 $2m/s^2$ 的小汽车在 3 秒后的速度是多少。在公式（1.81）中代入数字得：

$$v = 2 \times 3 + 3$$
$$v = 9\,m/s \qquad (1.82)$$

这恰是我们可以从图中推断出来的结果，如图 1.28 所示。

关于速度-时间图的另一个有趣的特点是：在两个时间点之间的图的下方面积等于物体在这段时间中行进的距离。首先让我们看一个简单的例子。图 1.29 显示了汽车的时间与速度的关系图，汽车以 4m/s 行驶了 2s 后停止。

图下方的面积（灰色阴影区）是由高×宽得出的，

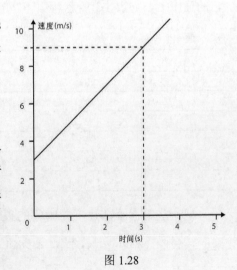

图 1.28

等于速度×时间，正如你可以看到的结果是 8m。这与使用公式 $\Delta x = v\Delta t$ 的结果一样。

图 1.30 显示了前面的一个例子，汽车从静止以一个恒定的加速度 2m/s^2 行进。假设我们想计算在时间 $t = 1$ 和 $t = 3$ 之间内行驶的距离。

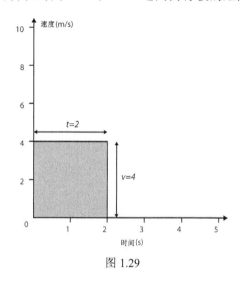

图 1.29

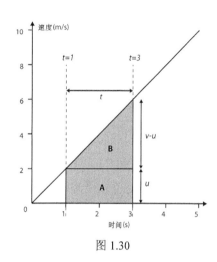

图 1.30

我们知道在 $t = 1$ 和 $t = 3$ 之间的行驶的距离是图中在那两个时间之间的下方区域的面积。在图中已经清楚地显示了，这是矩形 A 和三角形 B 的面积和。

A 的面积是由时间位移 t 乘以开始的速度 u，写作：

$$A的面积 = \Delta t \times u \tag{1.83}$$

三角形 B 的面积，等于用三角形的边描述的矩形面积的一半。三角形的一边是时间位移 t 结束速度和开始速度的差，由 $v - u$ 给出。于是有：

$$B的面积 = \frac{1}{2}(v - u)\Delta t \tag{1.84}$$

因此，在两个时间点 $t = 1$ 和 $t = 3$ 之间的图下面的整个面积等于行驶的距离，是这两项的和，得到算式为：

$$\Delta x = u\Delta t + \frac{1}{2}(v - u)\Delta t \tag{1.85}$$

我们知道 $v - u$ 等于速度 Δv 的改变量，并且，从公式（1.80）

$$v - u = \Delta v = a\Delta t \tag{1.86}$$

$v - u$ 的值可以代入公式（1.85），我们得到一个距离与时间和加速度关系的公式。

$$\Delta x = u\Delta t + \frac{1}{2}a\Delta t^2 \tag{1.87}$$

在公式中代入数值，得：

$$\Delta x = 2 \times 2 + \frac{1}{2} \times 2 \times 2^2$$
$$\Delta x = 4 + 4 \qquad\qquad (1.88)$$
$$\Delta x = 8\,m$$

我们可以用这个公式做另一件有用的事：可以将参数时间去掉而给出一个关于速度与行驶的距离的公式。下面告诉你如何去做。

从公式（1.81）我们知道：

$$\Delta t = \frac{v - u}{a} \qquad\qquad (1.89)$$

我们可以在公式（1.87）中代入 Δt 的这个值，得：

$$\Delta x = u\left(\frac{v - u}{a}\right) + \frac{1}{2}a\left(\frac{v - u}{a}\right)^2 \qquad\qquad (1.90)$$

这个看来讨厌的公式可以很大程度被简化。（如果你是代数学的新手，我建议你自己来试着化简。如果你发现你自己被卡住了，则整个的化简过程在本章末尾给出。）

$$v^2 = u^2 + 2a\Delta x \qquad\qquad (1.91)$$

这个公式极为有用。例如，我们可以用它来判断一个球从帝国大厦中掉落，在坠地时它行驶得有多快（假设没有由于风或速度造成的空气阻力）。掉落物体的加速度是源于地球的重力场施加在物体身上的力，约等于 $9.8\,m/s^2$。球的开始速度为 0 并且帝国大厦的高度是 381m。将这些值代入方程，得：

$$v^2 = 0^2 + 2 \times 9.8 \times 381$$
$$v = \sqrt{7467.6} \qquad\qquad (1.92)$$
$$v = 86.41\,m/s$$

前面的公式适用于所有具有恒定加速度的运动物体，当然它对于具有变化的加速度的运动物体也是适用的。例如，一架飞机从跑道起飞时在它飞行的开始具有很高的加速度（你可以感到就像有一个力把你推进后面的座位里），当达到发动机的动力极限时加速度会下降。这种类型的加速度看起来就像图 1.31 中显示的。

作为另一个例子，图 1.32 显示了一幅汽车的速度与时间的关系图，加速到 30km/h 后，为避免撞上一只流浪狗而紧急刹车，然后速度又回到 30km/h。

当你具有类似这样的变化的加速度时，则只可能在一个指定的时间来判断加速度。通过计算在那点的曲线的正切的斜率可得到该加速度。

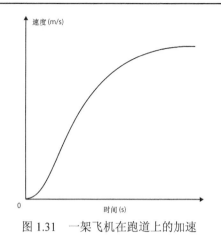

图 1.31　一架飞机在跑道上的加速

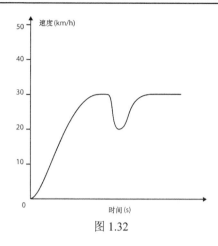

图 1.32

1.2.7　力

根据英国物理学家牛顿的学说：

外力是为了改变物体的静止或匀速直线运动的状态而施加在物体上的作用。

因此，力（Force）是可以改变物体的速度或者运动线路的量。虽然力与运动本身没什么关系。例如，一个飞行的箭不需要一个恒定的力作用在它的身上就能保持它的飞行（正如亚里士多得想的一样）。力只表现在运动发生改变的地方，例如当箭被一个物体挡住而停了下来或者当拔河选手顺着绳子的方向增加速度。力的单位是牛顿，简写作 N，被定义为：

在 1s 内使 1kg 的质量从静止到以 1m/s 的速度运动所需要的力。

存在两种不同类型的力：接触的和非接触的力。接触力出现在互相接触的两个物体之间，例如在雪和滑降比赛的滑雪者的滑雪撬之间的摩擦力。非接触力是在没有互相接触的物体对象之间的力，例如地球施加在你的身体上的重力或者地球施加在指南针上的磁力。

需要说明的是很多力可以同时施加在一个单独的物体上。如果这些力的和等于零，物体保持以相同的速度和相同的方向的运动状态。换句话说，如果一个物体是静态的或者保持匀速直线运动，所有作用在它身上的力的和一定是零。但是，如果所有力的和不等于零，物体将会沿着合力的方向加速而去。这可能会产生混淆，特别是涉及静态的物体。例如，怎么可能有任何力施加在一个放在桌子上的苹果上呢？毕竟，它是不动的！答案是存在着两个力施加在苹果上：重力试图将苹果拉向地球而来自桌子的一个大小相等方向相反的力将苹果推离地球。这就是苹果保持静止的原因。图 1.33 显示了施加在日常物体上不同数量的作用力的例子。

我们知道如果施加在一个物体上的力的合力是非零的，就在该力的方向上产生了一个加速度；但是加速度是多少？答案是加速度的大小 a 与物体的质量 m 成反比，与所施加的合力 F 成正比。这个关系可以用下式给出：

$$a = \frac{F}{m} \tag{1.93}$$

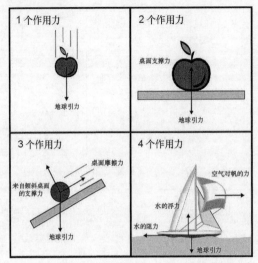

图 1.33 从左到右，从上到下：一个下落的苹果，桌子上
静止的苹果，从倾斜的桌子上滚下的球，水上航行的帆船

更多情况下，你将会看到写成这样的公式：

$$F = ma \qquad (1.94)$$

使用这个公式，如果我们知道一个物体的加速度有多大，并且知道它的质量，就可以计算施加在它上面的合力。例如，如果在图 1.33 中的船具有 2000kg 的质量，并且它的加速度是 $1.5\text{m}/\text{s}^2$，施加在它上面的合力是：

$$F_{total} = 2000 \times 1.5 = 3000\text{N}$$

同样用这个公式可以求力、加速度、速度和位置，如果我们知道施加在物体上面的力有多大，就可以依据力和物体更新的位置以及对应的速度来确定加速度。

例如，假设有一个 Spaceship（太空船）类，并已知它的质量、当前的速度以及当前的位置等属性。表示如下：

```
class SpaceShip
{
private:
  vector m_Position;
  vector m_Velocity;
  float m_fMass;
public:
…
};
```

给出从最后一次更新以来的时间间隔和所施加的力，我们可以创建一个方法来更新飞船的位置和速度。实现如下：

```
void SpaceShip::Update(float TimeElapsedSinceLastUpdate, float ForceOnShip)
{
```

```
float acceleration = ForceOnShip / m_fMass;
```

首先，使用公式（1.93）依据力计算加速度。

```
m_Velocity += acceleration * TimeElapsedSinceLastUpdate;
```

接着，使用公式（1.80）利用加速度来更新速度。

```
m_vPosition += m_Velocity * TimeElapsedSinceLastUpdate;
}
```

最后，使用公式（1.77）用更新的速度来更新位置。

1.3 总 结

这一章论述了大部分的基本知识。如果这些材料中有许多对你来说都是新的，你可能会感到有点糊涂，并且也许有点畏难心里。可是不用担心。坚持读下去，当你通读这本书时，会看到每个原理是怎样应用于一个实际的问题的。当看到理论应用于真实世界的环境中时，你会发现它好懂多了。

化简公式（1.90）

下面展示那个看起来烦人的公式是如何被化简的。全过程如下。

$$\Delta x = u\left(\frac{v-u}{a}\right) + \frac{1}{2}a\left(\frac{v-u}{a}\right)^2$$

首先，让我们先处理最右端的项。从公式（1.29）显示的规则我们知道可以这样改变这个公式：

$$\Delta x = u\left(\frac{v-u}{a}\right) + \frac{1}{2}a\frac{(v-u)^2}{a^2}$$

现在我们稍微整理一下有关 a 的项：

$$\Delta x = u\left(\frac{v-u}{a}\right) + \frac{(v-u)^2}{2a}$$

现在让我们使用公式（1.28）给出的规则。去除在 $(v-u)^2$ 项中的圆括号。

$$\Delta x = u\left(\frac{v-u}{a}\right) + \frac{v^2+u^2-2vu}{2a}$$

让我们也去除另一个圆括号。

$$\Delta x = \frac{uv - u^2}{a} + \frac{v^2 + u^2 - 2vu}{2a}$$

现在通过把每一项都乘以 $2a$ 去除分数部分：

$$2a\Delta x = 2a\left(\frac{uv - u^2}{a}\right) + 2a\left(\frac{v^2 + u^2 - 2vu}{2a}\right)$$

$$2a\Delta x = 2uv - 2u^2 + v^2 + u^2 - 2vu$$

现在就差不多了！我们只需要合并同类项。

$$2a\Delta x = v^2 - u^2$$

重新排列得到最后的公式。

$$v^2 = u^2 + 2a\Delta x$$

第 2 章　状态驱动智能体设计

有限状态机，常常称作 FSM，多年来已经作为人工智能编程者们选用的工具用于设计具有智能幻觉的游戏智能体。你会发现从视频游戏的早期开始，这种或那种 FSM 正是每个游戏所选中的架构；尽管更专业的智能体结构越来越普及，但 FSM 架构还将在今后很长时间内无处不在。为何会这样？原因如下。

编程快速简单。 有很多方法编码一个有限状态机，并且几乎所有的有限状态机实现都相当的简单。在本章中你会看到几个可替换方法的描述和使用它们的利弊。

易于调试。 因为一个游戏智能体的行为被分解成简单的易于管理的块，如果一个智能体开始变得行动怪异，会通过对每一个状态增加跟踪代码来调试它。用这种方法，人工智能程序员可以很容易跟踪错误行为出现前的事件序列，并且采取相应的行动。

很少的计算开销。 有限状态机几乎不占用珍贵的处理器时间，因为它们本质上遵守硬件编码的规则。除了 if-this-then-that 类型的思考处理之外，是不存在真正的"思考"的。

直觉性。 人们总是自然地把事物思考为处在一种或另一种状态。并且我们也常常提到我们自己处在这样那样的状态中。有多少次你"使自己进入一种状态"或者发现自己处于"头脑的正确状态"。当然人类并不是像有限状态机一样工作，但是有时候我们发现在这种方式下考虑我们的行为是有用的。相似地，将一个游戏智能体的行为分解成一些状态并且创建需要的规则来操作它们是相当容易的。出于同样的原因，有限状态机能够使你很容易地与非程序员（例如与游戏制片人和关卡设计师）来讨论你的人工智能的设计，能够更好地进行设计概念的沟通和交流。

灵活性。 一个游戏智能体的有限状态机可以很容易地由程序员进行调整，来达到游戏设计者所要求的行为。同样通过增添新的状态和规则也很容易扩展一个智能体的行为的范围。此外，当你的人工智能技术提高了，你会发现有限状态机提供了一个坚固的支柱，使你可以用它来组合其他的技术，例如模糊逻辑和神经网络。

2.1 什么是有限状态机

从历史上来说，有限状态机是一个被数学家用来解决问题的严格形式化的设备。最著名的有限状态机可能是艾伦·图灵假想的设备——图灵机，他在 1936 年论文《关于可计算数字》中写道：这是一个预示着现代可编程计算机的机器，它们可以通过对无限长的磁带上的符号进行读写和擦除操作来进行任何逻辑运算。

幸运的是，作为一个人工智能程序员，我们可以放弃有限状态机的正式的数学定义；一个描述性的定义就足够了：

一个有限状态机是一个设备，或是一个设备模型，具有有限数量的状态，它可以在任何给定的时间根据输入进行操作，使得从一个状态变换到另一个状态，或者是促使一个输出或者一种行为的发生。一个有限状态机在任何瞬间只能处在一种状态。

因此，有限状态机背后的概念是要把一个对象的行为分解成为易于处理的"块"或状态。例如，在你墙上的灯的开关，是一个非常简单的有限状态机。它有两种状态：开或关。状态之间的变换是通过你手指的输入产生的。向上按开关，产生从关到开的状态变换，向下按开关，产生从开到关的状态变换。

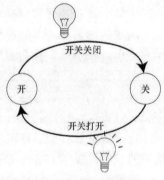

图 2.1 一个电灯开关是一个有限状态机

关闭状态没有相关的输出或行动（除非你考虑灯泡不亮也作为一个行动），但是当它处在开状态时，允许电流流过开关并且通过电灯泡里的灯丝点亮你的房间，见图 2.1。

当然，一个游戏智能体的行为常常要比一个电灯泡复杂的多。这里有一些关于有限状态机是如何应用在游戏中的例子。

- 在 Pac-Man 中幽灵行动的实现就是一个有限状态机。存在一个规避状态，这对所有的幽灵都是相同的，并且每个幽灵都有自己的追踪状态，追踪行动的实现对于每个幽灵来说都是不同的。玩家吃了一个强力药丸的输入就是从追踪状态变换为规避状态的条件。

- 类似雷神之槌中的角色类型也可以作为一个有限状态机来实现。它们具有诸如找到武器、找到健康、寻求掩护和走开的状态。甚至雷神之槌中的武器也实现了它们自己的小型有限状态机。例如，火箭可以实现如移动、接触物体和消失的状态。

- 运动员仿真例如足球游戏 FIFA2002，是作为有限状态机来实现的。他们具有状态例如碰撞、运球、追球和盯住对方队员。此外，球队本身也常常作为 FSM 来实现，并且具有状态如开球、防卫，或者从场地上走开。

- NPC 们（非玩家角色）在 RTS（实时策略游戏）中，例如 Warcraft 也利用有限状态机。他们具有移动到位、巡逻和沿路经前进等状态。

2.2　有限状态机的实现

有一些方法来实现有限状态机。一种幼稚的方法就是使用一系列的 if-then 语句或者对 switch 语句稍加整理。使用一个具有枚举类型的 switch 语句来表达状态的代码如下所示。

```
enum StateType{RunAway, Patrol, Attack};
void Agent::UpdateState(StateType CurrentState)
{
  switch(CurrentState)
  {
  case state_RunAway:
      EvadeEnemy();
      if (Safe())
      {
        ChangeState(state_Patrol);
      }
      break;
  case state_Patrol:
      FollowPatrolPath();
      if (Threatened())
      {
        if (StrongerThanEnemy())
        {
          ChangeState(state_Attack);
        }
        else
        {
          ChangeState(state_RunAway);
        }
      }
      break;
  case state_Attack:
    if (WeakerThanEnemy())
    {
      ChangeState(state_RunAway);
    }
    else
    {
      BashEnemyOverHead();
    }
    break;
  }//switch 结束
}
```

虽然初看之下，这个方法是合理的，但当实际应用到任何一个比最简单的游戏对象稍复杂的情况，switch/if-then 解决方法就变成了一个怪物，它潜伏在阴影中等待着突袭。随着更多的状态和条件被加入，这种结构就像意大利式面条一样跳转得非常快，使得程序流程很难理解并且产生一个调试噩梦。此外，它不灵活，难以扩展超出它原始设定的范围，我们都知道这是常常需要的。当你第一次计划状态机时，除非你设计一个有限状态机来完成非常简单的行为（或者你是一个天才），你几乎肯定会发现，在设计的行为实现你认为将要得到的结果之前，你首先会去调整智能体来应对计划外的情况。

此外，作为一个人工智能编程者，当处于初始进入状态或者退出状态时，你会常常需要一个状态完成一个指定的行动（或多个行动）。例如，当一个智能体进入逃跑状态，你可能会希望它向空中挥动着胳膊并且喊道"啊!"，当它最后逃脱了并且改变成为巡逻状态，你可能希望它发出一声叹息，擦去额头的汗水，并且说"呦!"这些行为只能是在进入或退出逃跑状态时出现的，而不会发生在通常的更新步骤中。因此，这个附加的函数必须被理想地建立在你的状态机架构中。要想在 switch 或 if-then 架构中做到这些，你必定会咬牙切齿，恶心反胃，并写出实在是非常糟糕的代码。

2.2.1 状态变换表

一个用于组织状态和影响状态变换的更好的机制是一个*状态变换表*。它正如名称所示：一个条件和那些条件导致的状态的表。表 2.1 显示的例子是前面所述例子的状态和条件映射图。

表 2.1　　　　　　　　　　　　　　一个简单的状态变换表

当 前 状 态	条　　件	状 态 转 换
逃跑	安全	巡逻
攻击	比敌人弱	逃跑
巡逻	受到威胁并比敌人强	攻击
巡逻	受到威胁并比敌人弱	逃跑

这个表可以被一个智能体在规则的间隔内询问，使得它能基于从游戏环境中接受到的刺激进行必需的状态转换。每个状态可以模型化为一个分离的对象或者存在于智能体外部的函数，提供了一个清楚的和灵活的结构。这个表与前面讨论的 if-then/switch 方法相比，将少有出现意大利面条式的失控情况。

有人曾经告诉我一个生动且天真形象化的方法，能够帮助人们来理解一个抽象概念。让我们看它是否有效。

假想一个机器人小猫。它闪闪发光、娇小可爱，长着金属的胡子并且在它的胃里有个插槽，可以插入模块（用以控制类似它的状态）。这些模块都是用逻辑编程的，使小猫完成特殊的行动集。每个行动集编码一个不同的行为。例如，"玩线绳"、"吃鱼"，或者"趴在地毯上"。如果没有一个模块，小猫就会是一个死气沉沉的金属雕塑品，只会像金属米老鼠那样静坐着，看起来很可爱。

小猫是非常灵巧的，并且它具有自治能力来调换模块，我们只要指示它这样去做。通过提供指示何时应该转换模块的规则，就可以把能够产生所有类型的有趣复杂的行为的模块的插入序列串在一起。这些规则被编程放在置于小猫头内的一个微小的芯片上，与我们前面讨论过的状态转换表类似。芯片与小猫的内部函数交流来找到必要的信息以处理规则（例如小猫有多么饿或它觉得有多么好玩）。

因此，状态转换芯片可以用类似这样的规则来编程：

```
IF Kitty_Hungry AND NOT Kitty_Playful
    SWITCH_CARTRIDGE eat_fish
```

所有在表中的规则在每个时间步都进行测试并且将命令送给小猫来相应地转换模块。

这类结构非常灵活，可以容易地通过增加新的模块来扩展小猫的指令表。每当一个新的模块被加入的时候，主人只需要用螺丝起子打开小猫的头部来取出，芯片并重新编程状态转换规则。无需干扰任何其他的内部电路。

2.2.2　内置的规则

另一种方法就是将状态转换规则嵌入到状态本身的内部。应用这个概念到机器小猫，可以省掉状态变换芯片而把规则直接嵌入模块。例如，模块"玩线绳"可以监控小猫饥饿的等级并且当它感到饥饿等级上升时指导它转换状态到"吃鱼"。"吃鱼"模块接着可以监控小猫的碗并且当它感到排便的等级达到危险的高度时，指导它转换到"在地毯上排便"。

虽然每个模块可以意识到任何其他模块的存在，但每一个模块是一个独立的单位并且不依赖任何外部的逻辑来决定它是否应该允许自己交换到一个替代状态。因此增加状态或者用一个完全新的集合来交换整个的模块集是简单易行的（可能是使得小猫的行为像个猛禽的新集合）。这样就无需再用螺丝刀打开小猫的头，只要改变一些模块本身即可。

让我们看看在一个视频游戏的环境中这个方法是怎样实现的。就像小猫的模块一样，状态是封装成对象，包含推动状态变换需要的逻辑。此外，所有的状态对象共享一个通用的接口：一个称为 State 的纯虚类。这里是提供一个简单接口的版本。

```
class State
{
public:
    virtual void Execute (Troll* troll) = 0;
};
```

现在想象一个 Troll 类，它具有成员变量表示特征，例如健康、发怒、毅力等，还一个接口允许客户询问并调整那些值。一个 Troll 类可以被赋予有限状态机的功能性，只要增加一个指向 State 类继承对象的实例的指针和允许用户改变指针指向的实例的方法。

```
class Troll
{
  /*省略的属性*/
  State* m_pCurrentState;
public:
  /*省略的属性的接口*/
  void Update()
  {
    m_pCurrentState->Execute(this);
  }
  void ChangeState(const State* pNewState)
```

```
  {
    delete m_pCurrentState;
    m_pCurrentState = pNewState;
  }
};
```

当 Troll 类的更新方法被调用时，它反过来用 this 指针调用当前状态类型中的 Execute 方法。当前的状态然后可能使用 Troll 接口来询问它的主人，来调整它的主人的特性，或者产生一个状态转换。换句话说，一个 Troll 类当更新时有怎样的行为可以完全依赖于它当前状态的逻辑。用实例可以最佳地阐明这一点，让我们创建一对状态，使 troll 在感到危险时从敌人身边逃跑，并且当它感到安全时变为睡觉。

```
//--------------------------------逃跑状态
class State_RunAway : public State
{
public:
  void Execute(Troll* troll)
  {
    if (troll->isSafe())
    {
      troll->ChangeState(new State_Sleep());
    }
    else
    {
      troll->MoveAwayFromEnemy();
    }
  }
};
//--------------------------------睡觉状态
class State_Sleep : public State
{
public:
  void Execute(Troll* troll)
  {
    if (troll->isThreatened())
    {
      troll->ChangeState(new State_RunAway())
    }
    else
    {
      troll->Snore();
    }
  }
};
```

正如你看到的，当更新时，一个 troll 将依赖于状态中 m_pCurrentState 指向哪里而产生不同的行为。两个状态都作为对象封装并且它们都给出了影响状态变换的规则。一切都很简洁严谨。

这个结构被称为状态设计模式，它提供了一种优雅的方式来实现状态驱动行为。尽管这偏离了数学形式化的 FSM，但它是直觉的，编码简单，并且很容易扩展。它也可以非常容易地为每个状态增加进入和退出的动作；你需要做的所有的事就是创建 Enter 和 Exit 方法并且相应地调整智能体的 ChangeState 方法。你不久就会看到准确地实现这种结构的代码。

2.3 West World 项目

作为一个关于使用有限状态机创建一个智能体的实际例子,我们将着眼于一个游戏的环境,是智能体居住的一个古老的西部风格的开采金矿的小镇,称作 West World。最初可能只有一个居民(一个挖金矿工,叫做矿工 Bob)。但是在本章的后面他的妻子将也会出现。因为 West World 是作为一个简单的基于文本的控制台应用实现的,所以你将不得不想象遍地的风滚草,叽叽嘎嘎的矿井支柱,时有荒漠的灰尘吹进你的眼睛。任何状态的改变或者状态动作的输出将作为文本传送到控制台窗口。我使用这种只有普通的文本的方法是因为它能将有限状态机的机制演示清楚而不会由于更复杂的环境而增加编码混乱。

在 West World 中有 4 个位置:一个金矿,一个银行使 Bob 可以在那存放他找到的天然金块,一个酒吧间使他可以解除干渴,还有家(甜蜜的家)——使他在疲劳后可以睡觉。他准确地向哪走,他到达后要干什么,这都由 Bob 当前的状态决定。他将依赖于变量如口渴、疲劳和在金矿下面他找到了多少金子来改变他的状态。

在我们钻研源码前,检查一下如下 West World 实例执行程序的输出信息。

```
Miner Bob: Pickin' up a nugget
Miner Bob: Pickin' up a nugget
Miner Bob: Ah'm leavin' the gold mine with mah pockets full o' sweet gold
Miner Bob: Goin' to the bank. Yes siree
Miner Bob: Depositin' gold. Total savings now: 3
Miner Bob: Leavin' the bank
Miner Bob: Walkin' to the gold mine
Miner Bob: Pickin' up a nugget
Miner Bob: Ah'm leavin' the gold mine with mah pockets full o' sweet gold
Miner Bob: Boy, ah sure is thusty! Walkin' to the saloon
Miner Bob: That's mighty fine sippin liquor
Miner Bob: Leavin' the saloon, feelin' good
Miner Bob: Walkin' to the gold mine
Miner Bob: Pickin' up a nugget
Miner Bob: Pickin' up a nugget
Miner Bob: Ah'm leavin' the gold mine with mah pockets full o' sweet gold
Miner Bob: Goin' to the bank. Yes siree
Miner Bob: Depositin' gold. Total savings now: 4
Miner Bob: Leavin' the bank
Miner Bob: Walkin' to the gold mine
Miner Bob: Pickin' up a nugget
Miner Bob: Pickin' up a nugget
Miner Bob: Ah'm leavin' the gold mine with mah pockets full o' sweet gold
Miner Bob: Boy, ah sure is thusty! Walkin' to the saloon
Miner Bob: That's mighty fine sippin' liquor
Miner Bob: Leavin' the saloon, feelin' good
Miner Bob: Walkin' to the gold mine
Miner Bob: Pickin' up a nugget
Miner Bob: Ah'm leavin' the gold mine with mah pockets full o' sweet gold
Miner Bob: Goin' to the bank. Yes siree
Miner Bob: Depositin' gold. Total savings now: 5
Miner Bob: Woohoo! Rich enough for now. Back home to mah li'l lady
```

```
Miner Bob: Leavin' the bank
Miner Bob: Walkin' home
Miner Bob: ZZZZ...
Miner Bob: ZZZZ...
Miner Bob: ZZZZ...
Miner Bob: ZZZZ...
Miner Bob: What a God-darn fantastic nap! Time to find more gold
```

在游戏的输出中，每次你看到矿工 Bob 改变位置即表示他在改变状态。所有其他的事件都是发生在状态中的动作。我们只用一会儿时间来检查矿工 Bob 的每个潜在状态，但是现在，让我们解释一下演示的编码结构。

2.3.1　BaseGameEntity 类

West World 的所有居民是从基类 BaseGameEntity 继承来的。这是一个简单的带有一个用于存储 ID 号码的私有变量的类。它也指定了一个纯虚成员函数 Update，必须由所有的子类执行。Update 是一个函数，在每个更新步骤它都要被调用，并且被子类用来更新它们的状态机以及在每个更新步骤中必须更新的任何其他数据。

BaseGameEntity 类声明如下：

```
class BaseGameEntity
{
private:
    //每个实体具有一个唯一的识别数字
    int           m_ID;
    //这是下一个有效的 ID。每次 BaseGameEntity 被实例化这个值就被更新
    static int m_iNextValidID;
    //在构造函数中调用这个来确认 ID 被正确设置。在设置 ID 和增量前，它校验传递给方法的值是//大于还是
    等于下一个有效的 ID。
    void SetID(int val);
public:
    BaseGameEntity(int id)
    {
      SetID(id);
    }
    virtual ~BaseGameEntity(){}
    //所有的实体必须执行一个更新函数
    virtual void Update()=0;
    int     ID()const{return m_ID;}
};
```

当你读到本章的后续内容，就会发现显而易见的原因，即在游戏中每一个实体都有一个唯一的标识符是非常重要的。因此在实例化时，传递给构造函数的 ID 在 SetID 方法中进行测试来确保 ID 是唯一的。如果它不是，程序就会发出错误警告并退出。本章实例中，实体将使用一个枚举值作为它们唯一的标识符。这些可以在文件 EntityNames.h 中作为 ent_Miner_Bob 和 ent_Elsa 被找到。

2.3.2　Miner 类

Miner 类是从 BaseGameEntity 类中继承的，并且包含着代表矿工拥有的各种各样的特性

数据成员，例如它的健康、它的疲劳程度、它的位置，等等。类似于本章的前面介绍的 troll 例子。一个 Miner 除了拥有一个指针指向一个 State 类的实例，此外还有一个方法用于改变指针指向的某个状态。

```
class Miner : public BaseGameEntity
{
private:
  //指向一个状态实例的指针
  State*                m_pCurrentState;
  //矿工当前所处的位置
  location_type         m_Location;
  //矿工的包中装了多少天然金块
  int                   m_iGoldCarried;
  //矿工在银行存了多少钱
  int                   m_iMoneyInBank;
  //价值越高，矿工越口渴
  int                   m_iThirst;
  //价值越高，矿工越累
  int                   m_iFatigue;
public:
  Miner(int ID);
  //这是必须被执行的
  void Update();
  //这个方法改变当前的状态到一个新的状态
  void ChangeState(State* pNewState);
  /*省略了大量的接口*/
};
```

Miner::Update 方法是直接的，在调用当前状态的 Execute 方法之前它只是增加了 m_iThirst 的值。方法看起来是这样的：

```
void Miner::Update()
{
 m_iThirst += 1;
 if (m_pCurrentState)
 {
 m_pCurrentState->Execute(this);
 }
}
```

现在你已经了解了 Miner 类是如何操作的，下面看看一个矿工可能处于的每一种状态。

2.3.3　Miner 状态

金矿工人可能会进入 4 种状态中的一种。这里给出那些状态的名字，随后是动作的描述以及在这些状态中发生的状态变换。

- **EnterMineAndDigForNugget**：如果矿工没有在金矿里，他改变位置。如果已经在金矿里了，他挖掘天然金块。当他的口袋装满了，Bob 改变状态到 **VisitBankAndDepositGold，**并且如果挖掘时他发现自己很渴，他会停下来并且改变状态到 **QuenchThirst**。

- VisitBankAndDepositGold：在这个状态里，矿工将会走到银行并且存储他携带的所有天然金矿。之后如果他认为他自己已经足够有钱了，他将会改变状态到 GoHome

AndSleepTilRested。否则他会改变状态到 EnterMineAndDigForNugget。

- **GoHomeAndSleepTilRested**：在这个状态里，矿工将会回到他的小木屋睡觉直到他的疲劳等级下降到一个可以接受的等级之下。然后他会改变状态到 **EnterMine AndDigForNugget**。
- **QuenchThirst**：如果在任何时候矿工感到口渴（挖掘金矿就是这样的工作，你不知道吗），他改变他的状态并且造访酒吧为自己买一杯威士忌。当解除了他的口渴问题，他改变状态到 **EnterMine AndDig ForNugget**。

通过这样的文本描述很难领会状态逻辑的流动，此时拿起笔和纸来为你的游戏智能体画一个状态转换图，这通常是很有帮助的。图 2.2 显示了一个金矿工人的状态转换图。方框代表着单独的状态，它们之间的线是可用的变换。

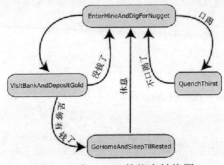

图 2.2　矿工 Bob 的状态转换图

这样的一张图可视性更好，并且可以非常容易地发现任何逻辑流上的错误。

2.3.4　重访问的状态设计模式

前面简述了这个设计模式。每一个游戏的智能体的状态是作为一个唯一的类实现的，并且每个智能体拥有一个指针指向它的当前状态的实例。智能体也实现一个 ChangeState 成员函数，无论何时需要状态变换时可以被调用来促成状态变换。决定任何状态变换的逻辑包含在每个 State 类中。所有的状态类是从一个抽象的基类继承来的，因此定义了一个通用的接口。到目前为止一切都好。这部分内容你已经知道很多了。

在本章的前面提到过，每个状态有相关联的进入和退出动作常常是很好的。这允许程序员编写只在状态的进入或退出时执行一次的逻辑，并且大大的增加了一个 FSM 的灵活性。记着这些特征，让我们看一看一个加强的 State 基类。

```
class State
{
public:
  virtual ~State(){}
  //当状态被进入时执行这个
  virtual void Enter(Miner*)=0;
```

```
//每一更新步骤这个被矿工更新函数调用
virtual void Execute(Miner*)=0;
//当状态退出时执行这个
virtual void Exit(Miner*)=0;
}
```

这些增加的方法只在矿工改变状态时被调用。当一个状态变换发生时，Miner::Change State 方法首先调用当前状态的 Exit 方法，然后它分配一个新的状态给当前的状态，并且以调用新状态（现在已经是当前状态了）的 Enter 方法结束。我认为在这个例子中代码比语句更清楚，因此这里列出了 ChangeState 方法的代码：

```
void Miner::ChangeState(State* pNewState)
{
//在试图开始调用它们的方法前确认两个状态都是有效的
assert (m_pCurrentState && pNewState);
//调用现有状态的退出方法
m_pCurrentState->Exit(this);
//改变状态到新的状态
m_pCurrentState = pNewState;
//调用新状态的进入方法
m_pCurrentState->Enter(this);
}
```

注意一个矿工 Miner 是如何将 this 指针传递给每个状态的，这使得状态可以用矿工 Miner 的接口来访问任何相关的数据。

⌘ 提示：状态设计模式对构造游戏流程的主要成分也是有用的。例如，你应该有一个菜单状态、一个保存状态、一个暂停状态、一个选项状态、一个运行状态，等等。

一个矿工可以访问的 4 个可能的状态中每一个都是从 State 类继承来的，并提供具体的类：EnterMineAndDigForNugget，VisitBankAndDepositGold，GoHomeAndSleepTilRested，和 QuenchThirst。Miner::m_pCurrentState 指针可以指向这些状态中的任何一个。当 Miner 中的 Update 方法被调用，它接着调用当前活动状态的 Execute 方法，以 this 指针作为参数。如果你仔细观察显示在图 2.3 中的简化后的 UML 类图，这些类的关系就能轻松理解。

每个具体的状态被简化为一个 Singleton 对象。这是为了确保每一个状态只有一个实例，这是智能体共享的（Singleton 是什么，参见 Singleton 设计模式的补充说明）。使用 Singleton 使得设计更为有效，因为它消除了在状态每次改变时分配和释放内存的需要。如果你有很多的智能体共享一个复杂的 FSM，和（或）你正在为只有有限的资源的机器进行开发时，这是非常重要的。

➲ 注意：笔者更喜欢将 Singleton 用于状态，但是它有一个缺点。因为它们在客户之间是共享的，Singleton 状态无法使用自身局部的、智能体专用的数据。例如，如果一个智能体使用一个状态，当进入状态应该移动它到一个任意的位置，这个位置不能被存储在状态当中（因为对于每个使用这个状态的智能体来说，位置可能是不同的），而是不得不在外部某处存储并且状态要经由智能体的接口才能访问。如果你的智能体访问的仅仅是一两个数据，这还不是个问题，但是如果发现你设计的状态要重复地访问大量的外部数据，就应该考虑放弃 Singleton 设计模式，并且写一些代码行来管理分配和释放状态内存。

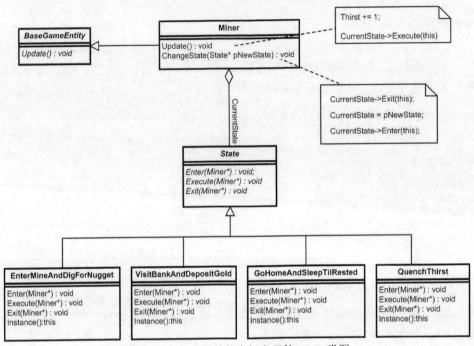

图 2.3　矿工 Bob 的状态机实现的 UML 类图

Singleton 设计模式

你常常会发现它非常有用，因为它确保了一个对象只能实例化一次，和（或）它是全局可访问的。例如，在游戏设计中设计的是包含许多不同实体类型的环境（玩家、怪物、抛射体，植物区域，等等，常常需要存在一个"管理者"对象来完成创建，删除，和管理这些对象的工作。具有这个对象（一个 Singleton）的一个实例是必要的，对它可以进行全局访问是方便的，因为许多其他的对象会需要访问它。

Singleton 模式确保了这两个性质。有许多实现一个 singleton 的方法（在 google.com 上做一个搜索，你会明白我的意思）。我宁愿采用一个静态的方法——Instance，它返回一个指针指向这个类的一个静态实例。这里有一个例子：

```
/* ------------------ MyClass.h -------------------- */
#ifndef MY_SINGLETON
#define MY_SINGLETON
class MyClass
{
private:
    //数据成员
    int m_iNum;
```

```
    //构造器是私有的
    MyClass(){}
    //拷贝 ctor 和分配应该是私有的
    MyClass(const MyClass &);
    MyClass& operator=(const MyClass &);
public:
    //严格的说，singleton 的解析函数应该是私有的，但是一些编译器处理这种情况会出现问题，//因此在这本书中
所有的例子里我让它们作为公有的。
    ~MyClass();
    //方法
    int GetVal()const{return m_iNum;}
    static MyClass* Instance();
};
#endif
/* -------------------- MyClass.cpp -------------------- */
//下面的代码必须出现在 cpp 文件中；如果出现在头文件中，则每个包含该头文件的 cpp 文件中都
//会创建一个实例
MyClass* MyClass::Instance()
{
static MyClass instance;
return &instance;
}
```

经由如下的 Instance 方法，成员变量和方法现在可以被访问：

```
int num = MyClass::Instance()->GetVal();
```

为了不在每次访问一个 singleton 时都写出所有的语法，常常使用#define，像这样：

```
#define MyCls MyClass::Instance()
```

使用这个新的语法就可以简写为：

```
int num = MyCls->GetVal();
```

简单多了，你不认为吗？

◯　注意：如果 Singleton 对你来说是一个新的概念，并且你决定搜索互联网来寻找更多的信息，你会发现它们激起了许多关于面向对象的软件设计的争论。是的，程序员热衷于争论这个问题，并且没有什么是比讨论全局变量或者伪装成全局变量的对象，例如 Singleton 更能挑起一个争论。无论在什么情况下，只要是它们提供了方便就使用它们，并且在不能损害设计的前提下。尽管如此，还是建议你读一读支持的或反对的论点，并得出你自己的结论。一个好的起点在这里：

```
http://c2.com/cgi/wiki?SingletonPattern
```

通过仔细阅读一种矿工状态的完整代码，我们看看每一件事是如何适配在一起的。

EnterMineAndDigForNugget 状态

*在这个状态矿工应该改变位置到金矿里面。一旦在金矿中，他应该挖掘金子直到把口袋装满，这时他应该改变状态到 **VisitBankAndDepositNugget**。如果在挖掘过程中矿工觉得口渴，他应该改变状态到 **QuenchThirst**。*

因为具体的状态仅仅实现了定义在虚基类 State 中的接口，它们的声明是非常直接的：

```
class EnterMineAndDigForNugget : public State
{
private:
  EnterMineAndDigForNugget(){}
  /* 省略了拷贝 ctor 和分布 op */
public:
  //这是一个 singleton
  static EnterMineAndDigForNugget* Instance();
  virtual void Enter(Miner* pMiner);
  virtual void Execute(Miner* pMiner);
  virtual void Exit(Miner* pMiner);
};
```

正如你所见，它只是一个形式。让我们依次看看每一种方法。

EnterMineAndDigForNugget::Enter

EnterMineAndDigForNugget 中的 Enter 方法的代码如下：

```
void EnterMineAndDigForNugget::Enter(Miner* pMiner)
{
  //如果矿工还没有处于金矿中，他必须改变位置到金矿中
  if (pMiner->Location() != goldmine)
  {
    cout << "\n" << GetNameOfEntity(pMiner->ID()) << ": "
         << "Walkin' to the gold mine";
    pMiner->ChangeLocation(goldmine);
  }
}
```

当一个矿工第一次进入 EnterMineAndDigForNugget 状态时该方法被调用。它确保了挖金矿工处于金矿中。一个智能体存储它的位置作为一个枚举类型，并且 ChangeLocation 方法改变这个值以便改变位置。

EnterMineAndDigForNugget::Execute

Execute 方法是有一点复杂，它包含可以改变矿工状态的逻辑（不要忘记 Execute 方法就是 Miner::Update 的每一更新步骤要调用的方法）。

```
void EnterMineAndDigForNugget::Execute(Miner* pMiner)
{
  //矿工挖掘寻找金子直到拿到的金子达到最大天然金块数
  //如果在挖掘时感到口渴了，他会停止工作并且改变状态去酒吧间喝一杯威士忌
  pMiner->AddToGoldCarried(1);
  //挖掘是一项艰`难的工作
  pMiner->IncreaseFatigue();
  cout << "\n" << GetNameOfEntity(pMiner->ID()) << ": "
       << "Pickin' up a nugget";
  //如果开采了足够的金子，去把它放在银行里
  if (pMiner->PocketsFull())
  {
    pMiner->ChangeState(VisitBankAndDepositGold::Instance());
  }
  //如果口渴了去买一杯威士忌
```

```
    if (pMiner->Thirsty())
    {
        pMiner->ChangeState(QuenchThirst::Instance());
    }
}
```

注意这里使用 QuenchThirst 或者 VisitBankAndDepositGild 的实例成员是怎样调用 Miner::ChangeState 方法的，它提供了一个指向那个类的唯一实例的指针。

EnterMineAndDigForNugget::Exit

EnterMineAndDigForNugget 中的 Exit 方法输出了一个信息告诉我们挖金子的矿工正在离开金矿。

```
void EnterMineAndDigForNugget::Exit(Miner* pMiner)
{
cout << "\n" << GetNameOfEntity(pMiner->ID()) << ": "
     << "Ah'm leavin' the gold mine with mah pockets full o' sweet gold";
}
```

希望通过下面的练习帮助你消除对前述的 3 个方法可能感到的任何困惑。这样你就可以了解每个状态是怎样改变一个智能体的行为的或者产生到另一个状态的变换。你可能发现在这个阶段它是有用的，装载 WestWorld1 项目到 IDE 中并且细看代码。特别注意的是，检查在 MinerOwnedStates.cpp 中的所有状态并且检查 Miner 类来使你熟悉它的成员变量。除了上面的这些，在学习任何更多的内容前确定你理解了状态设计模式是怎样工作的。如果不确定，就需要花时间去复习前面的内容直到理解了概念。

你已经了解了怎样使用状态设计模式来创建一个非常灵活的机制用于状态驱动的智能体。按照需求来增加一个额外的状态是非常简单的。实际上，你会希望这样吗，你可以交换一个智能体整个的实体状态结构成另一个可替换的。如果一个非常复杂的设计可以由几个独立的小的状态机集成，这将非常实用。例如，第一人射击（FPS）像 Unreal2 的状态机趋向于大的和复杂的。当设计一个这种类型的人工智能游戏时，你会发现它更可取的是依据几个更小的代表功能性的如 "defend the flag" 或 "explore map" 的状态机来思考，当适当的时候它可以被选择成加入或去除。状态设计模式可以轻松实现这些。

2.4　使 State 基类可重用

从设计的立场，它必须创建一个分离的 State 基类，使每个角色类型从它继承状态。另一个方法是通过使它变成一个类的模板，我们可以使它可重用。

```
template <class entity_type>
class State
{
public:
```

```
  virtual void Enter(entity_type*)=0;
  virtual void Execute(entity_type*)=0;
  virtual void Exit(entity_type*)=0;
  virtual ~State(){}
};
```

对一个具体的类的声明（使用 EnterMineAndDigForNugget 矿工状态作为一个例子）现在看起来像这样：

```
class EnterMineAndDigForNugget : public State<Miner>
{
public:
  /* 省略了 */
};
```

这个，就像你看到的那么简短，使得今后的工作变得更为容易。

2.5 全局状态和状态翻转（State Blip）

当设计一个有限状态机时，你往往会因为在每一个状态中复制代码而死掉。例如，在流行的游戏 Maxis 公司的《模拟人生》（The Sims）中，Sim 可能会感到本能的迫切要求，不得不去洗手间去方便。这种急切的需求会发生在 Sim 的任何状态或任何可能的时间。假设当前的设计，是为了把这类行为赋予挖金矿工，复制条件的逻辑将会被加进他的每一个状态，或者，放置进 Miner::Update 函数。虽然后面的解决方法是可接受的，但最好创建一个全局状态，这样每次 FSM 更新时就会被调用。那样，所有用于 FSM 的逻辑被包含在状态中并且不在拥有 FSM 的智能体类中。

为了实现一个全局状态，需要一个额外的成员变量：

```
//注意，现在状态是一个类模板，我们不得不怎样的声明一个实体类型
State<Miner>* m_pGlobalState;
```

除了全局行为之外，偶尔地让智能体带着一个条件进入一个状态也会带来方便，条件就是当状态退出时，智能体返回到前一个状态。我们称这种行为为状态翻转（State Blip）。例如，正如在 Sims 中，你可能会坚持你的智能体可以在任何时候去到洗手间，但要确保他总能返回先前的状态。为了赋予 FSM 这种类型的功能，必须保持前一个状态的纪录，从而使状态翻转可以回到前一个状态。这非常容易做到，因为所需要做的就是在 Miner::ChangeState 方法中增加另一个成员变量和一些附加的逻辑。

那么到现在，为了实现这些附加的成分，Miner 类已经获得两个额外的成员变量和一个附加的方法。Miner 类就是像下面这样结束的（省略无关系的细节）。

```
class Miner : public BaseGameEntity
{
private:
```

```
   State<Miner>* m_pCurrentState;
   State<Miner>* m_pPreviousState;
   State<Miner>* m_pGlobalState;
   ...
public:
   void ChangeState(State<Miner>* pNewState);
   void RevertToPreviousState();
   ...
};
```

2.6　创建一个 StateMachine 类

通过把所有与状态相关的数据和方法封装到一个 StateMachine 类中，可以使得设计更为简洁。这种方式下一个智能体可以拥有一个 StateMachine 类的实例，并且委托它管理当前状态、全局状态、前面的状态。

下面看看 State Machine 类模板。

```
template <class entity_type>
class StateMachine
{
private:
    //指向拥有这个实例的智能体的指针
    entity_type* m_pOwner;
    State<entity_type>* m_pCurrentState;
    //智能体处于的上一个状态的记录
    State<entity_type>* m_pPreviousState;
    //每次 FSM 被更新时，这个状态逻辑被调用
    State<entity_type>* m_pGlobalState;
public:
    StateMachine(entity_type* owner):m_pOwner(owner),
                                     m_pCurrentState(NULL),
                                     m_pPreviousState(NULL),
                                     m_pGlobalState(NULL)
    {}
    //使用这些方法来初始化 FSM
    void SetCurrentState(State<entity_type>* s){m_pCurrentState = s;}
    void SetGlobalState(State<entity_type>* s) {m_pGlobalState = s;}
    void SetPreviousState(State<entity_type>* s){m_pPreviousState = s;}
    //调用这个来更新 FSM
    void Update()const
    {
        //如果一个全局状态存在，调用它的执行方法
        if (m_pGlobalState) m_pGlobalState->Execute(m_pOwner);
        //对当前的状态相同
        if (m_pCurrentState) m_pCurrentState->Execute(m_pOwner);
    }
    //改变到一个新状态
    void ChangeState(State<entity_type>* pNewState)
    {
        assert(pNewState &&
              "<StateMachine::ChangeState>: trying to change to a null state");
        //保留前一个状态的记录
        m_pPreviousState = m_pCurrentState;
```

```
    //调用现有的状态的退出方法
    m_pCurrentState->Exit(m_pOwner);
    //改变状态到一个新状态
    m_pCurrentState = pNewState;
    //调用新状态的进入方法
    m_pCurrentState->Enter(m_pOwner);
  }
  //改变状态回到前一个状态
  void RevertToPreviousState()
  {
    ChangeState(m_pPreviousState);
  }
  //访问
  State<entity_type>* CurrentState() const{return m_pCurrentState;}
  State<entity_type>* GlobalState() const{return m_pGlobalState;}
  State<entity_type>* PreviousState() const{return m_pPreviousState;}
  //如果当前的状态类型等于作为指针传递的类的类型，返回 true
  bool isInState(const State<entity_type>& st)const;
};
```

一个智能体所需要做的全部事情就是去拥有一个 StateMachine 类的实例，并且为了得到完全的 FSM 功能，实现一个方法来更新状态机。

改进的 Miner 类如下所示：

```
class Miner : public BaseGameEntity
{
private:
  //state machine 类的一个实例
  StateMachine<Miner>* m_pStateMachine;
  /* 无关系的细节被省略了 */
public:
  Miner(int id):m_Location(shack),
                m_iGoldCarried(0),
                m_iMoneyInBank(0),
                m_iThirst(0),
                m_iFatigue(0),
                BaseGameEntity(id)
  {
    //建立 state machine
    m_pStateMachine = new StateMachine<Miner>(this);
    m_pStateMachine->SetCurrentState(GoHomeAndSleepTilRested::Instance());
    m_pStateMachine->SetGlobalState(MinerGlobalState::Instance());
  }
  ~Miner(){delete m_pStateMachine;}
  void Update()
  {
   ++m_iThirst;
   m_pStateMachine->Update();
  }
  StateMachine<Miner>* GetFSM()const{return m_pStateMachine;}
  /* 无关系的细节被省略了 */
};
```

当一个 StateMachine 被实例化时，注意当前状态和全局状态是如何必须被明确设置的。此时类的层次化，如图 2.4 所示。

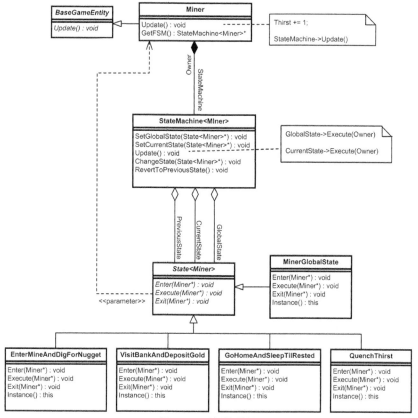

图 2.4 更新的设计

2.7 引入 Elsa

为了演示这些改进，本章创建第二个项目——WestWorld WithWoman。在这个项目中，West World 已经拥有了另一个居民，Elsa，她是矿工的妻子。Elsa 现在还不需要做很多；她主要是全神贯注地清洁小木屋并且倒空她的膀胱（她喝太多的咖啡了）。Elsa 的状态转换图，如图 2.5 显示。

做家务当你装载了这个项目到你的集成开发环境（IDE）时，注意 VisitBathroom 状态是如何作为一个翻转状态（即，它总是返回到前面的状态）实现的。同样要注意一个全局状态 WifesGlobal State 也被定义了，它包含了对 Elsa 去厕所需要的逻辑。这个逻辑之所以包

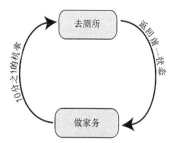

图 2.5 Elsa 的状态转换图。全局状态没有显示在图中因为它的逻辑是有效地实现在任何一个状态中并且从不改变的

含在一个全局状态中是因为 Elsa 可能在任何状态、任何时候感到有这种自然的需求。

这里是一个从 WestWorldWithWoman 中输出的例子，Elsa 的行动用斜体字显示。

```
Miner Bob: Pickin' up a nugget
Miner Bob: Ah'm leavin' the gold mine with mah pockets full o' sweet gold
Miner Bob: Goin' to the bank. Yes siree
Elsa: Walkin' to the can. Need to powda mah pretty li'l nose
Elsa: Ahhhhhh! Sweet relief!
Elsa: Leavin' the john
Miner Bob: Depositin' gold. Total savings now: 4
Miner Bob: Leavin' the bank
Miner Bob: Walkin' to the gold mine
Elsa: Walkin' to the can. Need to powda mah pretty li'l nose
Elsa: Ahhhhhh! Sweet relief!
Elsa: Leavin' the john
Miner Bob: Pickin' up a nugget
Elsa: Moppin' the floor
Miner Bob: Pickin' up a nugget
Miner Bob: Ah'm leavin' the gold mine with mah pockets full o' sweet gold
Miner Bob: Boy, ah sure is thusty! Walkin' to the saloon
Elsa: Moppin' the floor
Miner Bob: That's mighty fine sippin' liquor
Miner Bob: Leavin' the saloon, feelin' good
Miner Bob: Walkin' to the gold mine
Elsa: Makin' the bed
Miner Bob: Pickin' up a nugget
Miner Bob: Ah'm leavin' the gold mine with mah pockets full o' sweet gold
Miner Bob: Goin' to the bank. Yes siree
Elsa: Walkin' to the can. Need to powda mah pretty li'l nose
Elsa: Ahhhhhh! Sweet relief!
Elsa: Leavin' the john
Miner Bob: Depositin' gold. Total savings now: 5
Miner Bob: Woohoo! Rich enough for now. Back home to mah li'l lady
Miner Bob: Leavin' the bank
Miner Bob: Walkin' home
Elsa: Walkin' to the can. Need to powda mah pretty li'l nose
Elsa: Ahhhhhh! Sweet relief!
Elsa: Leavin' the john
Miner Bob: ZZZZ...
```

2.8　为你的 FSM 增加消息功能

设计精度的游戏趋向于事件驱动。即当一个事件发生了（发射了武器，搬动了手柄，一个犯错的警告，等等），事件被广播给游戏中相关的对象。这样它们可以恰当地做出反应。这些事件一般是以一个数据包的形式送出，数据包包括关于事件的信息例如什么事件发送了它，什么对象应该对它做出反应，实际的事件是什么，一个时间戳，等等。

事件驱动结构被普遍选取的原因是因为它们是高效率的。没有事件处理，对象不得不持续地检测游戏世界来看是否有一个特定的行为已经发生了。使用事件处理，对象可以简单地继续它们自己的工作，直到有一个事件消息广播给它们。然后，如果消息是与已相关的，它们可以遵照它行事。

聪明的游戏智能体可以使用同样的概念来相互交流。当具有发送、处理和对事件作出反应的机制，很容易设计出如下行为。

- 一个巫师向一个妖魔扔火球。巫师发出一个消息给妖魔，通知它迫近的命运，因此它可能会做出相应的反应。例如，壮烈地死去。
- 一个足球运动员从队友旁边通过。传球者可以发送一个消息给接收者，让他知道应该移动到什么位置来拦截这个球，什么时间他应该出现在那个位置。
- 一个受伤的步兵。他发送一个消息给他的每一个同志寻求帮助。当一个救助者来到了，另一个消息要广播出去通知其他的人，以便他们可以重新开始行动了。
- 一个角色点燃了火柴来照亮他所走的幽暗走廊。一个延迟的消息发送出警告：他在30s 内火柴将会烧到他的手指。当他收到这个消息时，如果他还拿着火柴，他的反应是扔掉火柴并悲伤地喊叫。

很好，不是么？本章剩余的部分将会演示智能体是如何被赋予了处理这样的消息的能力的。但是在我们能够领会到如何传递和处理它们之前，第一件要做的事就是定义消息究竟是什么。

2.8.1　Telegram 的结构

消息是简单的枚举类型。这几乎可以是任何事。你可能拥有智能体能发送像 Msg_ReturnToBase，Msg_MoveToPosition，或 Msg_HelpNeeded 这样的消息。附加的信息同样需要与消息一起被打包。例如，我们可以记录关于谁发送消息的，谁是接受者，实际的消息是什么，一个时间戳，等等。为了完成这些，所有相关的信息被保存在一起放在一个称为 Telegram 的结构中。代码在下面显示。仔细查看每个成员变量并且体会游戏智能体将要传送的是什么类型的信息。

```
struct Telegram
{
  //发送这个 telegram 的实体
  int        Sender;
  //接收这个 telegram 的实体
  int        Receiver;
  //信息本身。所有的枚举值都在文件中
  //"MessageTypes.h"
  int        Msg;
  //可以被立即发送或者延迟一个指定数量的时间后发送的消息
  //如果一个延迟是必须的，这个域打上时间戳，消息应该在此时间后被发送
  double     DispatchTime;
  //任何应该伴随着消息的额外信息
  void*      ExtraInfo;
  /* 省略构造器 */
};
```

Telegram 结构应是可重用的，但是因为它不可能提前知道未来的游戏设计需要传递的消息的附加信息是什么类型，因此提供一个空指针 ExtraInfo。它被用于在角色之间传递任何数量的附加信息。例如，如果一个排长给他的手下发送 Msg_MoveToPosition 消息，ExtraInfo

可以用于存储那个位置的坐标。

2.8.2　矿工 Bob 和 Elsa 交流

基于本章的主旨，下面将维持矿工 Bob 和 Elsa 之间的简单交流。他们只有两条消息可用，消息是如下的枚举值：

```
enum message_type
{
  Msg_HiHoneyImHome,
  Msg_StewReady
};
```

金矿工人会发出消息 Msg_HiHoneyImHome 给他的妻子，让她知道他回到小屋了。妻子用 Msg_StewReady 来通知自己什么时候要将晚饭从烤箱中拿出来，以及通知矿工 Bob 食物已经放在桌子上了。

Elsa 新的状态转换图显示在图 2.6 中。

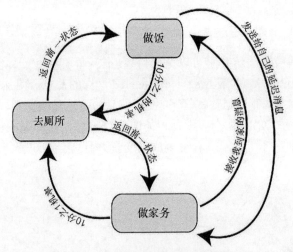

图 2.6　Elsa 的新的状态转换图

在说明 telegram 事件是如何被一个智能体处理之前，先让我演示它们是如何被创建，管理和发送的。

2.8.3　消息发送和管理

创建、发送和管理 telegram 是由名为 MessageDispatcher 的类完成的。一个智能体无论何时需要发送一条消息，它会调用 MessageDispatcher::DispatchMessage 并附上所有必须的信息，例如消息的类型、消息被发送的时间、接受者的 ID，等等。MessageDispatcher 使用这个信息来创建 Telegram，它或者很快地被发送，或者存储在一个队列中等待在正确的时间被发送。

在它可以发送一个消息之前，MessageDispatcher 必须获得一个指向由发送者指定的实体的指针。因此，必须有某种实例化实体的数据库提供给 MessageDispatcher 参考——一种类似电话本的类型其中指针指向通过它们的 ID 交叉参考的智能体。在演示中使用的数据库是一个 singleton 类称作 EntityManager。它的声明是如下这样的。

```
class EntityManager
{
private:
  //to save the ol' fingers
  typedef std::map<int, BaseGameEntity*> EntityMap;
private:
  //促进更快的寻找存储在 std::map 中的实体，其中指向实体的指针是利用实体的识别数值来交叉参考的
  EntityMap m_EntityMap;
  EntityManager(){}
  //拷贝 ctor 和分配应该是私有的
  EntityManager(const EntityManager&);
  EntityManager& operator=(const EntityManager&);
public:
  static EntityManager* Instance();
  //该方法存储了一个指向实体的指针在 std::vector 中
  //m_Entities 在索引位置上由实体的 ID 显示（获得更快速的访问）
  void RegisterEntity(BaseGameEntity* NewEntity);
  //给出 ID 作为一个参数，返回一个指向实体的指针
  BaseGameEntity* GetEntityFromID(int id)const;
  //该方法从列表中移除实体
  void RemoveEntity(BaseGameEntity* pEntity);
};
//提供了对 EntityManager 的一个实例的访问
#define EntityMgr EntityManager::Instance()
```

当一个实体被创建时它是像这样作为实体管理者被注册的：

```
Miner* Bob = new Miner(ent_Miner_Bob); //enumerated ID
EntityMgr->RegisterEntity(Bob);
```

一个客户机程序现在需要一个指针通过传递它的 ID 给方法 EntityManager::GetEntityFromID 来指向一个特定的实体，以这种方式：

```
Entity* pBob = EntityMgr->GetEntityFromID(ent_Miner_Bob);
```

客户机程序可以使用这个指针来调用适合那个特定的实体的消息处理程序。随即会有更多关于这个的介绍，但是先让我们来看看消息被创建和在实体之间发送的方式。

MessageDispatcher 类

这个管理着消息的发送的类，是一个 singleton，称作 MessageDispatcher。参看这个类的声明：

```
class MessageDispatcher
{
private:
  //一个 std::set 被用于作为延迟的消息的容器，因为这样的好处是可以自动地排序和避免产生//重复。
```

按照消息的发送时间给它们排序。

```
std::set<Telegram> PriorityQ;
//该方法被 DispatchMessage 或者 DispatchDelayedMessages 利用。该方法用最新创建的
//telegram 调用接收实体的消息处理成员函数 pReceiver.
void Discharge(Entity* pReceiver, const Telegram& msg);
MessageDispatcher(){}
public:
//这是一个 singleton 类
static MessageDispatcher* Instance();
//向另一个智能体发送消息.
void DispatchMessage(double delay,
int sender,
int receiver,
int msg,
void* ExtraInfo);
//发送任何延迟的消息。该方法每次通过主游戏循环被调用。
void DispatchDelayedMessages();
};
//使生活更舒适...
#define Dispatch MessageDispatcher::Instance()
```

MessageDispatcher 类处理要立刻被发送的消息和打上时间戳的消息，即消息在将来某个指定的时刻被发送。这类的消息的都由同样的方法：DispatchMessage 来创建和管理。让我们仔细查看源码。(与这个方法伴随的文件中有一些附加的代码行，它们用来在控制台上输出一个信息文本。这里为了清晰起见将其省略。)

```
void MessageDispatcher::DispatchMessage(double  delay,
                                        int     sender,
                                        int     receiver,
                                        int     msg,
                                        void*   ExtraInfo)
{
```

当一个实体发送一个消息给另一个实体时，这个方法被调用。消息发送者必须提供用于创建 Telegram 结构所需的详细信息作为参数。除了发送者的 ID、接收者的 ID 和消息本身之外，要是有时间的延迟和一个指向任何附加信息的指针的话，还必须提供这些信息给这个函数。如果消息将要立刻发送，使用一个零或负的延迟来调用该方法。

```
//得到一个指向信息接收者的指针
Entity* pReceiver = EntityMgr->GetEntityFromID(receiver);
//创建一个 telegram
Telegram telegram(delay, sender, receiver, msg, ExtraInfo);
//如果不存在延迟，立即发送 telegram
if (delay <= 0.0)
{
  //发送 telegram 到接收器
  Discharge(pReceiver, telegram);
}
```

在通过实体管理者获得指向接收者的指针，并且用适当的信息创建了一个 Telegram 结构之后，消息就准备好发送了。如果消息是要立刻发送的，Discharge 方法直接被调用。Discharge 方法传送这个新创建的 Telegram 给接收实体的消息处理方法(稍后再描述这一点)。你的智能体将发送的大部分消息都是以这种方式被创建并立刻发送。例如，如果一个 troll

用棍子打向一个人的头部上方，它可能会发出一个立即的消息给这个人，告之已经被打了。这个人将会以恰如其分的行为、声音和动作做出反应。

```
//否则，当 telegram 应该被发送的时候计算时间
else
{
  double CurrentTime = Clock->GetCurrentTime();
  telegram.DispatchTime = CurrentTime + delay;
  //并且将它放入队列
  PriorityQ.insert(telegram);
}
}
```

如果消息将在以后的某个时刻被发送，那么这几行代码计算它应该被发送的时间，然后这个新的 telegram 被插入到一个优先级队列——一种数据结构，能够保持它的成员按优先顺序存储。在这个例子中我已经使用了一个 std::set 作为优先级队列因为它能自动地丢弃复制的 telegram。

Telegrams 依据它们的时间戳来存储，就这个功能来说，你可以查看 Telegram.h，你会发现里面塞满了"<"和"=="操作符。也请注意差别少于四分之一秒的带有时间戳的 telegrams 是怎样被认为是一样的。这样就防止了许多相似的 telegram 聚集在队列中并且被一起传送，从而用同样消息淹没一个智能体。当然，这个差别将根据你的游戏而变化。一个具有大量动作的游戏产生很高的消息频率，可能会需要一个较小的差别。

每个更新步骤中通过 DispatchDelayedMessage 方法检查排队的 telegram。这个函数检查优先级队列的前部，看是否有任何的 telegram 的时间戳过期了。如果有，他们被发送到它们的接收者并且从队列中移除。这个方法的代码看起来是这样：

```
void MessageDispatcher::DispatchDelayedMessages()
{
  //首先得到当前的时间
  double CurrentTime = Clock->GetCurrentTime();
  //查看队列中是否有 telegram 需要发送。从队列的前端移除所有的已经过期的//telegram.
  while( (PriorityQ.begin()->DispatchTime < CurrentTime) &&
         (PriorityQ.begin()->DispatchTime > 0) )
  {
    //从队列的前面读 telegram
    Telegram telegram = *PriorityQ.begin();
    //找到接收者
    Entity* pReceiver = EntityMgr->GetEntityFromID(telegram.Receiver);
    //发送 telegram 到接收者
    Discharge(pReceiver, telegram);
    //并且从队列中移除它
    PriorityQ.erase(PriorityQ.begin());
  }
}
```

对这个方法的调用必须被放在游戏的主更新循环中，以正确地和及时地发送任何定时的消息。

2.8.4 消息处理

用于创建和发送消息的系统到位后，消息的处理就相对容易了。必须修改 BaseGameEntity 类以便任何子类可以接收消息。这可以通过声明另一个纯虚函数 HandleMessage 来达到，所有继承的类都必须实现它。修改的 BaseGameEntity 基类如下所示。

```
class BaseGameEntity
{
private:
  int             m_ ID;
  /* 为清晰起见，移除无关系的细节*/
public:
    //所有的子类可以使用消息交流
    virtual bool HandleMessage(const Telegram& msg)=0;
    /*为清晰起见移除无关系的细节*/
};
```

此外，State 基类也必须修改，以便 BaseGameEntity 的状态可以选择来接收和处理消息。修改的 State 类包括一个额外的 OnMessage 方法如下：

```
template <class entity_type>
class State
{
public:
    //如果智能体从消息发送器中接收了一条消息执行这个
    virtual bool OnMessage(entity_type*, const Telegram&)=0;
    /*为清晰起见移除无关系的细节*/
};
```

最后，修改 StateMachine 类以便包括 HandleMessage 方法。当一个 telegram 被一个实体接收到了，它首先发送到实体的当前状态。如果当前状态没有代码适当地处理消息，它会发送到实体的全局状态的消息处理者。你可能注意到 OnMessage 方法返回一个布尔型值。这是为了指出消息是否被成功地处理了，是否使代码相应地按情况修改发送消息。

这里列出了 StateMachine::HandleMessage 方法：

```
bool StateMachine::HandleMessage(const Telegram& msg)const
{
  //首先看看当前的状态是否是有效的并且可以处理消息
  if (m_pCurrentState && m_pCurrentState->OnMessage(m_pOwner, msg))
  {
   return true;
  }
  //如果不是，且如果一个全局状态被执行，发送消息给全局状态
  if (m_pGlobalState && m_pGlobalState->OnMessage(m_pOwner, msg))
  {
    return true;
  }
  return false;
}
```

这是 Miner 类是怎样按特定路线转送发送给它的消息的：

```
bool Miner::HandleMessage(const Telegram& msg)
{
  return m_pStateMachine->HandleMessage(msg);
}
```

图 2.7 显示了新的类结构。

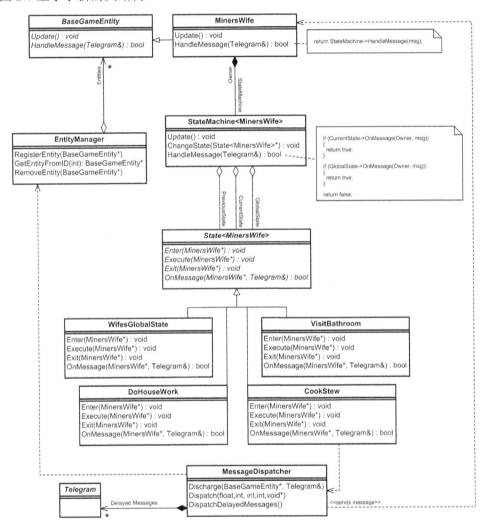

图 2.7　加入了消息系统的更新设计

2.8.5　Elsa 做晚饭

此时来看一个具体的关于消息如何起作用的例子可能是个好主意，让我们来仔细看看消息是怎样被集成到 West World 项目中的。在这个所演示的最终版本 WestWorld With Messaging 里，存在一个消息序列，像下面这样运行。

步骤 1. 矿工 Bob 进入小木屋并且发出消息 Msg_HiHoneyImHome 给 Elsa，让她知道他已经到家了。

步骤 2. Elsa 接收到消息 Msg_HiHoneyImHome 后，停止她正在做的活儿，变换状态到 CookStew。

步骤 3. 当 Elsa 进入到 CookStew 状态时，她将炖肉放入烤箱，发出一个延迟消息 Msg_StewReady 给她自己来提醒炖肉需要在未来的某个指定的时间拿出来。（通常要炖好一锅肉至少花费一个小时，但是在计算机世界中 Elsa 可以只用几分之一秒搞定一顿饭！）

步骤 4. Elsa 接到消息 Msg_StewReady。她通过从烤箱里取出炖肉，并且发送一个消息给矿工 Bob 通知晚饭准备好了，来对这个消息做出反应。矿工 Bob 如果处于 GoHomeAndSleepTilRested 状态中，他将仅仅对这个消息做出反应（因为在这个状态他总是位于小木屋的）。如果他在其他的任何地方，例如在金矿或者在酒吧间，这个消息会被发送和解除。

步骤 5. 矿工 Bob 接收到消息 Msg_StewReady 并且改变状态为 EatStew。

下面浏览代码，执行每一步。

1. 步骤 1

矿工 Bob 进入小木屋并且发出消息 Msg_HiHoneyImHome 给 Elsa，让她知道他已经到家了。

附加的代码已经被添加到 **GoHomeAndSleepTilRested** 状态的 Enter 方法中，使发送消息给 Elsa 变得更为容易，如下。

```
void GoHomeAndSleepTilRested::Enter(Miner* pMiner)
{
  if (pMiner->Location() != shack)
  {
    cout << "\n" << GetNameOfEntity(pMiner->ID()) << ": "
         << "Walkin' home";
    pMiner->ChangeLocation(shack);
    //让妻子知道我回家了
    Dispatch->DispatchMessage(SEND_MSG_IMMEDIATELY, //time delay
                              pMiner->ID(),          //发送者的 ID
                              ent_Elsa,              //接收者的 ID/名字
                              Msg_HiHoneyImHome,     //消息
                              NO_ADDITIONAL_INFO);   //没有附加的额外信息
  }
}
```

当矿工 Bob 改变到这个状态时，他要做的第一件事就是变换位置，然后通过调用 singleton 类的 DispatchMessage 方法发送 Msg_HiHoenyImHome 消息给 Elsa。因为消息是立刻发送的，DispatchMessage 的第一个参数设置为 0。没有额外的信息被附加在 telegram 中。（在文件 MessageDispatcher.h 中定义常量 SEND_MSG_IMMEDIATELY 和 NO_ADDITIONAL_INFO 的值都为 0，使程序易读。）

⌘ 提示：不必将消息系统限制在游戏的角色上面，例如魔兽、弓箭手、巫师。假设一个对象是从一个类中继承的对象，该类强制为一个唯一的标识符（如 BaseGameEntity），它

可能会发送消息给对象，例如，宝物柜、陷阱、不可思议的门或者甚至树都是可获益于接收和处理消息的能力的对象。

你可以从 BaseGameEntity 类中继承一个 OakTree 类，并且实现一个消息处理函数来对如 HitWithAxe 或 StormyWeather 这样的消息做出反应。例如，橡树可以通过倾倒或者树叶吱吱作响对这些消息做出反应。利用这种消息系统来构筑有限状态机的可能性是无穷的。

2. 步骤 2

Elsa 接收到消息 Msg_HiHoneyImHome 后，停止手中正在做的家务，变换状态到 **CookStew**。

因为她从没有离开小木屋，Elsa 在任何状态时都应该对 Msg_HiHoneyImHome 做出反应。最简单的实现方法就是让她的全局状态处理这个消息。（记住，全局状态伴随着当前状态的每次更新而执行。）

```cpp
bool WifesGlobalState::OnMessage(MinersWife* wife, const Telegram& msg)
{
  switch(msg.Msg)
  {
   case Msg_HiHoneyImHome:
   {
     cout << "\nMessage handled by " << GetNameOfEntity(wife->ID())
          << " at time: " << Clock->GetCurrentTime();
     cout << "\n" << GetNameOfEntity(wife->ID()) <<
          ": Hi honey. Let me make you some of mah fine country stew";
     wife->GetFSM()->ChangeState(CookStew::Instance());
   }
   return true;
   }// switch 结束
   return false;
}
```

3. 步骤 3

当 Elsa 进入到 **CookStew** *状态时，她将炖肉放入烤箱并发出一个延迟消息 Msg_Stew Ready 给自己作为提醒，以便在炖肉烧焦和在 Bob 心烦前将它拿出来。*

下面是如何使用一个延迟的消息的演示。在这个例子中，Elsa 将炖肉放在烤箱里，然后发出一个延迟消息给自己作为要将炖肉拿出来的提醒。正如我们之前讨论的，为了在正确的时间发送，这个消息将被打上时间戳并存储在一个优先级队列中。每一次贯穿游戏的循环都会调用 MessageDispatcher::DispatchDelayMessages。这个方法检查是否有任何 telegram 已经超过了它的时间戳并在必要时将其发送给指定接收者。

```cpp
void CookStew::Enter(MinersWife* wife)
{
  //如果还没有做饭，将炖肉放入烤箱
  if (!wife->Cooking())
  {
   cout << "\n" << GetNameOfEntity(wife->ID())
        << ": Puttin' the stew in the oven";
     //发送一个延迟的消息给我自己，这样我就知道什么时候应该从烤箱中拿出炖肉。
     Dispatch->DispatchMessage(1.5,                  //时间延迟
```

```
                              wife->ID(),              //发送者 ID
                              wife->ID(),              //接收者 ID
                              Msg_StewReady,           //消息
                              NO_ADDITIONAL_INFO);     //没有附加的额外信息
        wife->SetCooking(true);
    }
}
```

4. 步骤 4

*Elsa 接到消息 Msg_StewReady，她通过从烤箱里取出炖肉并发送一个消息给矿工 Bob 通知他晚饭准备好了等行动对这个消息做出反应。矿工 Bob 如果处于 **GoHomeAndSleepTilRested** 状态中，他将仅仅对这个消息做出回应（为了确定他位于小木屋中）。*

矿工 Bob 没有仿生学的耳朵，他在家才能听到 Elsa 叫他吃晚饭。因此，如果 Bob 处于状态 **GoHomeAndSleepTilRested** 中时，他将只对这个消息做出回应。

```
bool CookStew::OnMessage(MinersWife* wife, const Telegram& msg)
{
  switch(msg.Msg)
  {
    case Msg_StewReady:
    {
      cout << "\nMessage received by " << GetNameOfEntity(wife->ID()) <<
           " at time: " << Clock->GetCurrentTime();
      cout << "\n" << GetNameOfEntity(wife->ID())
           << ": Stew ready! Let's eat";
      //让丈夫知道炖肉已经好了
      Dispatch->DispatchMessage(SEND_MSG_IMMEDIATELY,
                                wife->ID(),
                                ent_Miner_Bob,
                                Msg_StewReady,
                                NO_ADDITIONAL_INFO);
      wife->SetCooking(false);
      wife->GetFSM()->ChangeState(DoHouseWork::Instance());
    }
    return true;
  }//switch 结束
  return false;
}
```

5. 步骤 5

*矿工 Bob 接收到消息 Msg_StewReady 并改变状态为 **EatStew**。*

当矿工 Bob 接收到消息 Msg_StewReady，无论他在做什么都会停下来并改变状态为 **EatStew**，坐到桌子旁边开始吃一满碗美味的炖肉。

```
bool GoHomeAndSleepTilRested::OnMessage(Miner* pMiner, const Telegram& msg)
{
  switch(msg.Msg)
  {
    case Msg_StewReady:
    cout << "\nMessage handled by " << GetNameOfEntity(pMiner->ID())
         << " at time: " << Clock->GetCurrentTime();
    cout << "\n" << GetNameOfEntity(pMiner->ID())
         << ": Okay hun, ahm a-comin'!";
```

```
        pMiner->GetFSM()->ChangeState(EatStew::Instance());
        return true;
    }//switch 结束
    return false;  //发送消息给全局消息处理者
}
```

下面的例子是从 WestWorldWithMessageing 程序中输出的，帮助你清楚地查看哪里是前述的消息序列出现的地方。

```
Miner Bob: Goin' to the bank. Yes siree
Elsa: Moppin' the floor
Miner Bob: Depositin' gold. Total savings now: 5
Miner Bob: Woohoo! Rich enough for now. Back home to mah li'l lady
Miner Bob: Leavin' the bank
Miner Bob: Walkin' home
Instant telegram dispatched at time: 4.20062 by Miner Bob for Elsa. Msg is
HiHoneyImHome
Message received by Elsa at time: 4.20062
Elsa: Hi honey. Let me make you some of mah fine country stew
Elsa: Puttin' the stew in the oven
Delayed telegram from Elsa recorded at time 4.20062 for Elsa. Msg is StewReady
Elsa: Fussin' over food
Miner Bob: ZZZZ...
Elsa: Fussin' over food
Miner Bob: ZZZZ...
Elsa: Fussin' over food
Miner Bob: ZZZZ...
Elsa: Fussin' over food
Queued telegram ready for dispatch: Sent to Elsa. Msg is StewReady
Message received by Elsa at time: 5.10162
Elsa: Stew ready! Let's eat
Instant telegram dispatched at time: 5.10162 by Elsa for Miner Bob. Msg is
StewReady
Message received by Miner Bob at time: 5.10162
Miner Bob: Okay hun, ahm a-comin'!
Miner Bob: Smells reaaal goood, Elsa!
Elsa: Puttin' the stew on the table
Elsa: Time to do some more housework!
Miner Bob: Tastes real good too!
Miner Bob: Thank ya li'l lady. Ah better get back to whatever ah wuz doin'
Elsa: Washin' the dishes
Miner Bob: ZZZZ...
Elsa: Makin' the bed
Miner Bob: All mah fatigue has drained away. Time to find more gold!
Miner Bob: Walkin' to the gold mine
```

2.8.6　总结

本章介绍了为游戏创建一个非常灵活的且可扩展的有限状态机所需要的技术。正如所述，消息的加入使得智能的假像得到巨大的加强，从 WestWorldWithMessaging 程序的输出开始看起来像是两个真实的人的行为和交互，这只是一个非常简单的例子。利用有限状态机创建的行为的复杂性只受限于你的想象力。不要将你的游戏智能体只限制在一个有限状态机。有时候，使用两个 FSMs 并行工作会是个好主意：一个 FSM 控制一个角色的行动，另一个控制武器的选择，例如，瞄准和射击。甚至有可能一个状态本身就包含一个状态机，这称之为层次化的状态机。例如，你的游戏智能体可能具有状态搜索 Explore，战斗 Combat 和巡逻 Patrol。依次地，Combat 状态又可能拥有一个状态机来管理为了战斗 Combat 而需要的状态，例如躲闪 Dodge，追踪敌人 ChaseEnemy 和射击 Shoot。

熟能生巧

在你冲出去开始为你自己的有限状态机编码之前，你会发现在 WestWorldWithMessaging 项目中包含一个增加的角色，它是一个很好的项目扩展练习。例如，你可能增加一个酒吧苍蝇来烦扰在酒吧的矿工 Bob，让其之间陷入战斗。在编写代码之前，拿一支铅笔和一张纸，为每一个新角色勾画出状态转化图。祝你愉快！

第 3 章　如何创建自治的可移动游戏智能体

在 20 世纪 80 年代晚期，BBC Horizon 一期纪录片，主要讲述了经典的计算机图形和动画。片中呈现的内容精彩纷呈，令人兴奋，其中最生动的莫过于一群鸟的群集行为。它的原理其实十分简单，但看上去的确很自然逼真。节目的设计者叫 Craig Reynolds。他称群鸟为"boids"，称那些简单原理为操控行为（Steering Behaviors）。

从那以后，Reynolds 发表了几篇关于研究不同操控行为的文章，均受到好评。他所介绍的大多数操控行为与游戏直接关联，笔者决定不惜笔墨地介绍，让你了解如何使用它们，以及如何用代码加以实现。

3.1　什么是自治智能体

对于自治智能体的定义，有许多不同的版本，但是如下这个可能是最好的。

一个自治智能体是这样一个系统，它位于一个环境的内部，是环境的一部分，且能感知该环境对它有效实施的作用，并永远按此进行，为未来的新感知提供条件。

本章提到的"自治智能体"指拥有一定自治动作的智能体。倘若一个自治智能体偶尔发现意外的状况，如发现一堵墙挡住了去路，马上会做出反应，根据情况调整动作。比方说，你可能会设计两个自治智能体，一个可以像兔子那样行为，另一个能像狐狸。假设兔子正在愉快地享受一片湿润的嫩草，忽然看见了狐狸，它会自治地逃走，同时狐狸也会自治地追捕兔子。所有的动作都是自行完成，中间不需要设计者介入。一旦开始后，自治智能体都可以简单地自行处理。

这并不是说自治智能体绝对可以应付任何情况（虽然那可能是你的目标之一），但它可以非常有效地应付许多情况。例如，在编写寻路代码时经常出现处理动态障碍的问题。动态障碍就是那些在游戏世界里游来游去、不时更换位置的物体，如其他的智能体、滑门，等等。

如果存在一个合适的环境，将正确的操控行为安插到游戏角色上，就能很好地避免为处理动态障碍而编写特定的代码（自治智能体总能在必要的时候处理这些问题）。

自治智能体的运行过程可以分解成以下三个小环节。

- **行动选择**：该部分负责选定目标、制定计划。它告诉我们"到这来"和"做好 A、B，然后做 C"。
- **操控**：该环节负责计算轨道数据，服务行动选择环节制定的目标和计划。由操控行为执行。操控行为产生了一个操控力，它决定智能体往哪移动及如何快速移动。
- **移动**：最后环节。主要表现一个智能体运动的机械因素，即如何从 A 到 B。比如，如果你掌握了骆驼、坦克和金鱼的机械学原理，并命令它们向北走，它们会依据各种不同的力学方法来产生动作，即使它们有相同的意向。将移动环节与操控环节区分开来，就很有可能以相同的操控行为来完成迥然不同的移动，而几乎不需要修正。

Reynolds 在他的论文 "*Steering Behaviors for Autonomous Characters*" 中，运用了一个精彩的类比阐述以上三环节的各自作用。

"打个比方，设想一群牛仔在山间牧牛。有一头牛走出牛群，老板让一个牛仔去把它找回来，牛仔对他的马说了一声"驾"，骑着马来到走开的牛的旁，他在途中可能还要绕开障碍。在这个例子里，老板就是行动选择环节：注意到世界情形已改变（牛离开了牛群），于是选定一个目标（找到牛）。操控部分由这个负责寻牛的牛仔来担当，他将目标分解成几个子目标来完成（靠近牛，绕开障碍，牵牛回来）。一个子目标要符合牛仔和马团队的操控行为。运用多样的控制信号（语音指令，策马前进、勒紧缰绳），牛仔骑上马朝目标出发。一般来说，这些信号代表一些含义，比如，速度快点、慢点、向右走、向左走等。而马执行移动环节。它被输入了牛仔给它的控制信号，朝着指示方向运动，这种运动是马的官能相互复杂作用的结果。有马的视觉感知、平衡感，还有使马的腿关节活动的肌肉。就工程学的角度来看，有腿的移动是个不好解决的问题，即使这样，牛仔和马都没有给出仔细的再思考。"

自治智能体并不容易实现，操控行为的执行会给程序员带来无数的困难。一些行为会带来繁重的参数微调工作，还有一些其他行为则需要细心编码从而避免占用大量的 CPU 时间。当我们组合使用行为时，一定要注意两个或两个以上的行为有可能会踢掉对方。虽然大多数的问题都有对应的方法来解决（对微调[1]除外，但是微调的过程是有趣的），而且通常操控行为的益处远多于它带来的弊端。

3.2　交通工具模型

在我们讨论各个操控行为之前，先将介绍交通工具模型（运动）的编码和类设计。

1　对于一些参数的设置，有时候只能通过微调得到，没有更好的解决方案。——译者序

MovingEntity 是一个基类，所有可移动的游戏智能体都继承于它。它封装一些数据，用来描述为质点的基本交通工具。类的声明如下：

```
class MovingEntity : public BaseGameEntity
{
protected:
```

MovingEntity 类继承于 BaseGameEntity 类，后者是一个定义了 ID、类型、位置、包围半径和缩放比例的实体。从现在开始，本书中所有游戏实体都将继承于 BaseGameEntity。BaseGameEntity 还有一个额外的成员布尔变量 m_bTag，该变量有多种用途，稍后将会介绍。在这里不列出该类的声明，推荐你在阅读本章时快速浏览 BaseGameEntity.h 文件。

```
SVector2D    m_vVelocity;

//一个标准化向量，指向实体的朝向
SVector2D    m_vHeading;

//垂直于朝向向量的向量
SVector2D    m_vSide;
```

朝向向量和侧向向量定义了可移动实体的局部坐标系。在本例中，交通工具的朝向向量将总是与速度一致（例如，火车的朝向和速度一致）。这些值将经常用在操控行为的算法中，而且每帧都被更新。

```
    double      m_dMass;

    //实体的最大速度
    double      m_dMaxSpeed;

    //实体产生的供以自己动力的最大力（想一下火箭和发送机推力）
    double       m_dMaxForce;

    //交通工具能旋转的最大速率（弧度每秒）
    double      m_dMaxTurnRate;

public:

    /* 忽略无关细节 */
};
```

尽管这些数据足够表述一个可移动的对象，但是还需可以访问不同种类的操控行为。创建一个继承于 MovingEntity 的类 Vehicle，它拥有操控行为类 SteeringBehaviors 的实例。SteeringBehaviors 封装了所有不同的操控行为，稍后我们将在本章中详细讨论。现在让我们看一下 Vehicle 类的声明。

```
class Vehicle : public MovingEntity
{
private:

  //a pointer to the world data enabling a vehicle to access any obstacle
  //path, wall, or agent data
```

```
GameWorld*        m_pWorld;
```

GameWorld 类包含智能体所在环境的所有数据和对象，例如，墙、障碍物等。为了节约笔墨在这里不列出声明，但是你最好查看一下 IDE 中的 GameWorld.h，以便对它有所领悟。

```
//the steering behavior class
SteeringBehaviors* m_pSteering;
```

Vehicle 可以通过它自己的操控行为实例来访问所有可用的操控行为。

```
public:

  //updates the vehicle's position and orientation
  void         Update(double time_elapsed);
  /* EXTRANEOUS DETAIL OMITTED */
};
```

通过图 3.1 中的简单 UML 图，你可以清楚地看到类之间的关系。

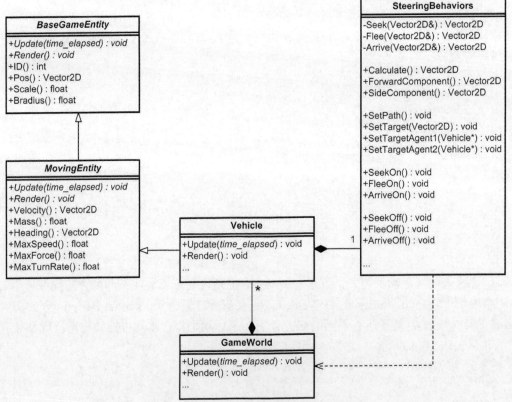

图 3.1　Vehicle 和 SteeringBehaviors 的类关系

3.3　更新交通工具物理属性

在我们继续讨论操控行为本身之前，先看一下 Vehicle::Update 方法。理解这个函数很重要，因为它是 Vehicle 类的核心。（如果你还不知道牛顿运动定律，推荐你在继续阅读前看一下第 1 章相关内容。）

```
bool Vehicle::Update(double time_elapsed)
{
 //计算操控行为的合力
 SVector2D SteeringForce = m_pSteering->Calculate();
```

首先计算此时的操控力。Calculate 方法计算所有被激活的操控行为的总和，返回一个总的操控力。

```
 //加速度 = 力/质量
 SVector2D acceleration = SteeringForce / m_dMass;
```

使用牛顿定律，把操控力转化为加速度（参考第 1 章中的公式 1.93）。

```
 //更新速度
 m_vVelocity += acceleration * time_elapsed;
```

通过加速度更新交通工具的速度（参考第 1 章中的公式 1.81）。

```
 //确保交通工具不超过最大速度
 m_vVelocity.Truncate(m_dMaxSpeed);

 //更新位置
 m_vPos += m_vVelocity * time_elapsed;
```

用新的速度更新交通工具的位置（参考第 1 章的公式 1.77）。

```
 //如果速度远大于一个很小值，那么更新朝向
 if (m_vVelocity.LengthSq() > 0.00000001)
 {
  m_vHeading = Vec2DNormalize(m_vVelocity);

  m_vSide = m_vHeading.Perp();
 }
```

之前说过，MovingEntity 有一个每帧都被更新的局部坐标系。因为交通工具的朝向总是与速度一致，所以需要更新，使其等于速度的标准向量。但是（这很重要）只有交通工具的速度大于一个很小的阈值时，才能计算出朝向。这是因为如果速度为 0，程序将出现除 0 错误，如果速度不为 0，但是很小，交通工具可能（取决度平台和操作系统）在停下来后还会不规则地移动几秒。

我们通过调用 SVector2D::Perp 很容易计算出局部坐标系的侧向向量。

```
//把屏幕看作环（toroid）
WrapAround(m_vPos, m_pWorld->cxClient(), m_pWorld->cyClient());
}
```

最后，显示区域是从上到下、从左到右是环绕的（wrap around，如果你在 3D 中想象，这将是环形的，油炸圈饼形）。因此，我们要检查更新后的位置是否超出屏幕边界。如果是的，位置将被相应地环绕。

这有些离题乏味，让我们往下看些更有趣的内容。

3.4　操　控　行　为

下面将分别介绍每个操控行为，并解释封装它们的 SteeringBehaviors 类，教你如何不同地组合它们。章末还将列出一些高效使用操控行为的技巧。

3.4.1　Seek（靠近）

seek 操控行为返回一个操控智能体到达目标位置的力。这很容易用程序实现。代码如下（注意，m_pVehicle 指向拥有 SteeringBehaviors 类的 Vehicle 类）：

```
Vector2D SteeringBehaviors::Seek(Vector2D TargetPos)
{
  Vector2D DesiredVelocity = Vec2DNormalize(TargetPos m_pVehicle->Pos())
                             * m_pVehicle->MaxSpeed();

  return (DesiredVelocity m_pVehicle->Velocity());
}
```

首先计算预期的速度。这个速度是智能体在理想化情况下到达目标位置所需的速度。它是从智能体到目标的向量，大小为智能体的最大速度。

该方法返回的操控力是所需要的力，当把它加到智能体当前速度向量上就得到预期的速度。所以，你可以简单地从预期速度中减去智能体的当前速度，见图 3.2。

通过运行 Seek.exe 可执行文件，你可以看到这个行为。单击鼠标左键，改变目标的位置。从中可以看到，智能体穿过目标，然后转向并再次靠近。穿过的次数取决于 MaxSpeed 和 MaxForce 的比率。你可以通过 Ins/Del 和 Home/End 键来改变这两个值的大小。

seek 行为在各种情况中都能派上用场，许多其他操控行为都会使用到它。

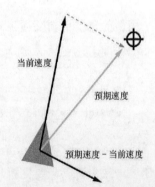

当前速度

预期速度

预期速度－当前速度

图 3.2　计算 seek 行为的向量。虚线向量加到当前速度后就可以产生预期结果。

3.4.2　Flee（离开）

flee 和 seek 相反。flee 产生一个操控智能体离开的力，而不是产生靠近智能体的力。代码如下：

```
Vector2D SteeringBehaviors::Flee(Vector2D TargetPos)
{
  Vector2D DesiredVelocity = Vec2DNormalize(m_pVehicle->Pos() TargetPos)
                           * m_pVehicle->MaxSpeed();

  return (DesiredVelocity m_pVehicle->Velocity());
}
```

由此可见，它们唯一的区别是 DesiredVelocity 是用指向相反方向的向量计算的（是 m_pVehicle->Pos() − TargetPos，而不是 TargetPos − m_pVehicle->Pos()）。

通过额外的几行代码，我们可以调整一下 flee，使其只有当交通工具进入目标的一定范围内才产生离开力。

```
Vector2D SteeringBehaviors::Flee(Vector2D TargetPos)
{
  //如果目标在恐慌距离之内，那么离开，用距离平方计算
  const double PanicDistanceSq = 100.0 * 100.0;
  if (Vec2DDistanceSq(m_pVehicle->Pos(), target) > PanicDistanceSq)
  {
    return Vector2D(0,0);
  }

  Vector2D DesiredVelocity = Vec2DNormalize(m_pVehicle->Pos() - TargetPos)
                           * m_pVehicle->MaxSpeed();

  return (DesiredVelocity - m_pVehicle->Velocity());
}
```

从上面代码可知，到目标的距离是以平方计算的。和第 1 章一样，这是为了省去计算平方根的开销。

3.4.3　Arrive（抵达）

seek 行为对于让一个智能体向正确方向移动很有用，但是很多情况是，希望智能体徐缓地停在目标位置。如你所看到的，seek 行为不能很好地慢慢停下来。Arrive 行为是一种操控智能体慢慢减速直至停在目标位置的行为。

这个函数接受两个参数：目标位置，一个枚举类型 Deceleration 的值。

```
enum Deceleration{slow = 3, normal = 2, fast = 1};
```

arrive 通过这个值得到智能体到达目标位置所希望的时间。然后我们可以计算出在给定的时间内必须以多大的速度运行才能到达目标位置。接下来，计算过程就像 seek 那样。

```
Vector2D SteeringBehaviors::Arrive(Vector2D   TargetPos,
```

```
                              Deceleration deceleration)
{
  Vector2D ToTarget = TargetPos - m_pVehicle->Pos();

  //计算到目标位置的距离
  double dist = ToTarget.Length();

  if (dist > 0)
  {
    //因为枚举 Deceleration 是整数 int，所以需要这个值提供调整减速度
    const double DecelerationTweaker = 0.3;

    //给定预期减速度，计算能达到目标位置所需的速度
    double speed = dist / ((double)deceleration * DecelerationTweaker);

    //确保这个速度不超过最大值
    speed = min(speed, m_pVehicle->MaxSpeed());

    //这边的处理和 Seek 一样，除了不需要标准化 ToTarget 向量，
    //因为我们已经费力地计算了它的长度：dist
    Vector2D DesiredVelocity = ToTarget * speed / dist;

    return (DesiredVelocity - m_pVehicle->Velocity());
  }

  return Vector2D(0,0);
}
```

在了解 arrive 之后，让我们看一下示例程序。从中可以发现，当交通工具离目标很远时，arrival 行为就和 seek 一样，只有当交通工具接近目标时，才有减速的效果。

3.4.4　Pursuit（追逐）

当智能体要拦截一个可移动的目标时，pursuit 行为就变得很有用。当然它能向目标的当前位置靠近，但是这不能制造出智能的假象。想象你还是个小孩，在操场上玩"单脚抓人"游戏。当想抓住某人时，你不会直接移向他们的当前位置（有效地靠近他们）。你预测他们的未来位置，然后移向那个偏移位置，其间通过不断调整来缩短差距。图 3.3 演示了这一行为。

pursuit 函数的成功与否取决于追逐者预测逃避者的运动轨迹有多准。这可以变得很复杂，所以做个折衷以得到足够的效率但又不会消耗太多的时钟周期。

追逐者可能会碰到一种提前结束（enables an early out）的情况：如果逃避者在前面，几乎面对智能体，那么智能体应该直接向逃避者当前位置移动。这可以通过点积快速算出（参考第 1 章）。在示范代码中，逃避者朝向的反方向和智能体的朝向必须在 20°内（近似）才被认为是面对着的。

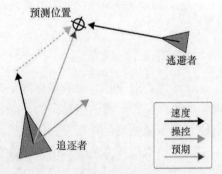

图 3.3　计算追逐操控行为的向量。再次，虚线向量加到当前速度后就可以产生预期结果

一个好的预测的难点之一就是决定预测多远。很明显，这个"多远"应该正比于追逐者与逃避者的距离，反比于追逐者和逃避者的速度。一旦这"多远"确定了，我们就可以估算出追逐者 seek 的位置。让我们看一下这个行为的代码：

```
Vector2D SteeringBehaviors::Pursuit(const Vehicle* evader)
{
  //如果逃避者在前面，而且面对着智能体，
  //那么我们可以正好靠近逃避者的当前位置
  Vector2D ToEvader = evader->Pos() - m_pVehicle->Pos();

  double RelativeHeading = m_pVehicle->Heading().Dot(evader->Heading());

  if ((ToEvader.Dot(m_pVehicle->Heading()) > 0) &&
      (RelativeHeading < -0.95))  //acos(0.95)=18 degs
  {
    return Seek(evader->Pos());
  }

  //预测逃避者的位置

  //预测的时间正比于逃避者和追逐者的距离；反比于智能体的速度和
  double LookAheadTime = ToEvader.Length() /
                         (m_pVehicle->MaxSpeed() + evader->Speed());

  //现在靠近逃避者的被预测位置
  return Seek(evader->Pos() + evader->Velocity() * LookAheadTime);
}
```

⌘ 提示：一些运动模型也可能需要你考虑使智能体转向偏移位置所需的时间。通过给 LookAheadTime 加上一个正比于两个朝向向量的点积和最大转弯率的值，可以非常简单地实现。就像这样：

```
LookAheadTime += TurnAroundTime(m_pVehicle, evader->Pos());
```

函数 TurnAroungTime 实现如下：

```
double TurnaroundTime(const Vehicle* pAgent, Vector2D TargetPos)
{
  //确定到目标的标准化向量
  Vector2D toTarget = Vec2DNormalize(TargetPos - pAgent->Pos());
  double dot = pAgent->Heading().Dot(toTarget);
  //改变这个值得到预期行为。
  //交通工具的最大转弯率越高，这个值越大。
  //如果交通工具正在朝向到目标位置的反方向，
  //那么 0.5 这个值意味着这个函数返回 1 秒的时间以便让交通工具转弯。
  const double coefficient = 0.5;

  //如果目标直接在前面，那么点积为 1，
  //如果目标直接在后面，那么点积为 -1，
  //减去 1，除以负的 coefficient，得到一个正的值，
  //且正比于交通工具和目标的转动角位移
  return (dot - 1.0) * -coefficient;
}
```

在 pursuit 行为的示例程序中，一个小的交通工具正在被一个大的追逐。十字准线位置

正是我们预测的逃避者的下一个位置。（逃避者用 wander 操控行为实现运动，稍后将做介绍）。

我们通过把目标的指针传给相关方法来为追逐者设置猎物。示例程序中有两个智能体，一个追逐，一个徘徊，就像这样：

```
Vehicle* prey = new Vehicle(/* params omitted */);
prey->Steering()->WanderOn();

Vehicle* predator = new Vehicle(/* params omitted */);
predator->Steering()->PursuitOn(prey);
```

明白了吗？让我们讨论 pursuit 的相反行为——evade（逃避）。

3.4.5　Evade（逃避）

除了逃避者远离预测的位置这一点，evade 几乎和 pursuit 一样。

```
Vector2D SteeringBehaviors::Evade(const Vehicle* pursuer)
{
  /* 没有必要检查面向方向 */

  Vector2D ToPursuer = pursuer->Pos() - m_pVehicle->Pos();

  //预测的时间正比于追逐者与逃避者的距离；反比于智能体的速度和
  double LookAheadTime = ToPursuer.Length() /
                           (m_pVehicle->MaxSpeed() + pursuer->Speed());

  //现在逃离追逐者预测的位置
  return Flee(pursuer->Pos() + pursuer->Velocity() * LookAheadTime);
}
```

注意，这次没有必要检查面向方向。

3.4.6　Wander（徘徊）

当创建智能体的行为时，你经常会发现 wander 行为很有用。它产生一个操控力，使智能体在环境中随机走动。

一个幼稚的做法是每帧都计算出一个随机的驱动力。但这会产生抖动，不能达到持久的转弯（事实上，一个好的随机函数，Perlin 噪声，可以产生光滑转弯，但是 CPU 的开销会很大。当然当你没有其他办法时，这仍然是个办法，Perlin 噪声有很多应用程序）。

Reynolds 的解决方案是在交通工具的前端凸出个圆圈，目标被限制在该圆圈上，然后我们移向目标。每帧给目标添加一个随机的位移，随着时间的推移，沿着圆周移来移去，以创建一个没有抖动的往复运动。利用不同的圆圈尺寸、到交通工具的距离、每帧的随机位移的大小，这个方法可以产生所有范围的随机运动，从非常光滑的波状式转弯到狂野的 *Strictly Ballroom* 式旋转，再到以脚尖立地的旋转。图 3.4 可以帮助你更好地理解。

下面一步一步地为你讲解代码。首先是 wander 使用的 3 个成员变量：

```
double m_dWanderRadius;
```

这是 wander 圈的半径。

```
double m_dWanderDistance;
```

这是 wander 圈凸出在智能体前面的距离。

```
double m_dWanderJitter;
```

最后，m_dWanderJitter 是每秒加到目标的随机位移的最大值。

接下来是方法本身：

```
SVector2D SteeringBehaviors::Wander()
{
  //首先，加一个小的随机向量到目标位置
  // （RandomClamped 返回-1 至 1 之间的一个数）
  m_vWanderTarget += SVector2D(RandomClamped() * m_dWanderJitter,
                               RandomClamped() * m_dWanderJitter);
```

m_vWanderTarget 是一个点，被限制半径为 m_dWanderRadius 的圈上，以交通工具为中心（m_vWanderTarget 的初始位置在 SteeringBehaviors 构造函数中设置）。我们每帧都给 wander 目标位置添加一个小的随机的位移，如图 3.5A 所示。

```
  //把这个新的向量重新投影回单元圆周上
  m_vWanderTarget.Normalize();
  //使向量的长度增加 wander 圆周的半径长度
  m_vWanderTarget *= m_dWanderRadius;
```

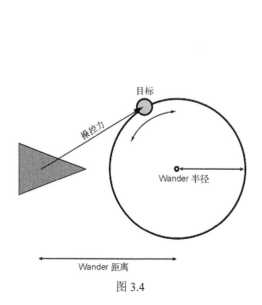

图 3.4

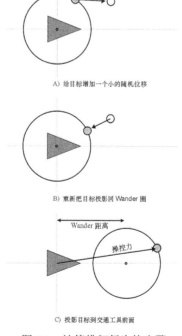

A) 给目标增加一个小的随机位移

B) 重新把目标投影回 Wander 圈

C) 投影目标到交通工具前面

图 3.5　计算徘徊行为的步骤

下一步，通过把标准化向量再乘上 wander 圈的半径，就可以把新的目标重新投影到 wander 圈上，如图 3.5B 所示。

```
//移动目标到智能体前面 WanderDist 的位置
SVector2D targetLocal = m_vWanderTarget + SVector2D(m_dWanderDistance, 0);

//把目标投影到世界空间
SVector2D targetWorld = PointToWorldSpace(targetLocal,
                                          m_pVehicle->Heading(),
                                          m_pVehicle->Side(),
                                          m_pVehicle->Pos());

//移向它
return targetWorld - m_pVehicle->Pos();
}
```

最后，新的目标移到交通工具的前面距离等于 m_dWanderDistance 的位置，投影到世界空间。然后，计算向量移动到这个位置所需的操控力，如图 3.5C 所示。

如果你在计算机旁，推荐观看一下这个行为的示例程序。绿色的圈是限定的 wander 圈，红色的点是目标。这个示例程序允许调整 wander 圈的尺寸、抖动的数量、wander 距离。所以你可以观察到它们不同的作用。注意 wander 距离和这个方法返回的操控力的角度变化之间的关系。当 wander 圈离交通工具很远时，这个方法使角度发生小变化，因此交通工具只能小转弯。当圈被移近交通工具时，它就可以大转弯了。

⌘ 3D 提示：如果想让智能体在三维空间（像空中飞船在它的领地上巡逻）wander，你所要做的是限制 wander 目标为一个球体，而不是圆周。

3.4.7 Obstacle Avoidance（避开障碍）

obstacle avoidance 行为操控交通工具避开路上的障碍。障碍物是任何一个近似圆周（在 3D 中，将是球体）的物体。我们保持长方形区域（检测盒，从交通工具延伸出的）不被碰撞，就可以躲避障碍了。检测盒的宽度等于交通工具的包围半径，它的长度正比于交通工具的当前速度（它移动得越快，检测盒就越长）。

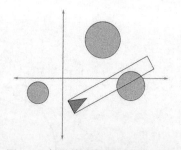

在深入讲解处理过程之前，先看一下图 3.6，图中有一个交通工具、多个阻挡物和计算中用到的检测盒。

图 3.6　躲避障碍操控行为的设置

寻求最近的相交点

检查与障碍物的相交点的过程相当复杂，所以下面逐步讲解。

A. 交通工具只考虑那些在检测盒内的障碍物。最初，避开障碍算法迭代游戏世界中所有的障碍物，标记那些在检测盒内的障碍物以作进一步分析。

B. 算法然后把所有已标记的障碍物转换到交通工具的局部空间（关于局部空间的解释，

可参考第 1 章）。转换坐标后，那些 x 坐标为负值的物体将不被考虑，所以问题就变得简单多了。

C. 接下来，该算法必须测试障碍物是否和检测盒重叠。使障碍物的包围半径扩大检测盒（交通工具的包围半径）宽度的一半。然后测试该障碍物的 y 值是否小于这个值（即障碍物的包围半径，加上检测盒宽度的一半）。如果不小于，那么该障碍将不会与检测盒相交，可以不予继续讨论。

图 3.7 中列出了前面 3 步。图中障碍物上的字母 A、B、C 和前面的描述相对应。

D. 此时，只剩下那些会与检测盒相交的障碍物了。接下来，我们找出离交通工具最近的相交点。我们将再一次在局部空间中计算，C 步骤扩大了障碍物的包围半径。我们用简单的线-圆周相交测试方法可以得到被扩大的圈和 x 轴的相交点。如图 3.8 所示，有两个相交点（我们不用担心和交通工具相切的情况，交通工具将擦过障碍物）。注意如下情况，在交通工具前面可能有个障碍物，但和交通工具相交在交通工具的后部，如图 3.8 中的障碍物 A，和交通工具的后部有个交点。该算法将不处理这种情况，只考虑在 x 轴上的交点。

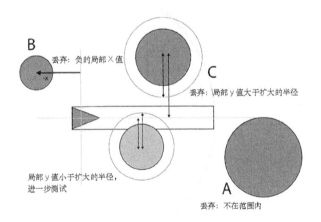

图 3.7　步骤 A、B 和 C

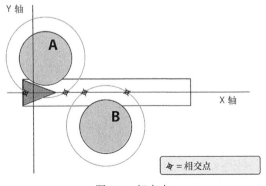

图 3.8　相交点

此算法测试所有剩下的障碍物，从中找出一个有最近的（正的）相交点的障碍物。

在讲解如何计算操控力之前，先列出实现躲避障碍算法中从步骤 A 到步骤 B 的相关代码。

```
Vector2D
SteeringBehaviors::ObstacleAvoidance(const std::vector<BaseGameEntity*>
    &obstacles)
{
  //检测盒长度正比于智能体的速度
  m_dDBoxLength = Prm.MinDetectionBoxLength +
                  (m_pVehicle->Speed()/m_pVehicle->MaxSpeed()) *
                   Prm.MinDetectionBoxLength;
```

项目中使用到的所有参数都是从初始化文件 params.ini 读取的，存储在单体类 ParamLoader 中。这个类中所有数据都是公有的，通过宏定义 Prm（#define Prm（*ParamLoader::Instance()）) 很容易存取。如果需要更深入地了解，可查看 ParamLoader.h 文件。

```
  //标记在范围内的所有障碍物
  m_pVehicle->World()->TagObstaclesWithinViewRange(m_pVehicle, m_dDBoxLength);

  //跟踪最近的相交的障碍物（CIB）
  BaseGameEntity* ClosestIntersectingObstacle = NULL;
  //跟踪到 CIB 的距离
  double DistToClosestIP = MaxDouble;

  //记录 CIB 被转化的局部坐标
  Vector2D LocalPosOfClosestObstacle;

  std::vector<BaseGameEntity*>::const_iterator curOb = obstacles.begin();

  while(curOb != obstacles.end())
  {
    //如果该障碍物被标记在范围内
    if ((*curOb)->IsTagged())
    {
      //计算这个障碍物在局部空间的位置
      Vector2D LocalPos = PointToLocalSpace((*curOb)->Pos(),
                                            m_pVehicle->Heading(),
                                            m_pVehicle->Side(),
                                            m_pVehicle->Pos());

      //如果局部空间位置有个负的 x 值，那么它肯定在智能体后面
      //（这种情况，它可以被忽略）
      if (LocalPos.x >= 0)
      {
        //如果到物体到 x 轴的距离小于它的半径+检查盒宽度的一半
        //那么可能相交
        double ExpandedRadius = (*curOb)->BRadius() + m_pVehicle->BRadius();

        if (fabs(LocalPos.y) < ExpandedRadius)
        {
          //现在做线/圆周相交测试。圆周的中心是（cX,cY）。
          //相交点的公式是 x=cX +/-sqrt(r^2-cY^2) 此时 y=0。
          //我们只需要看 x 的最小正值，因为那是最近的相交点
          double cX = LocalPos.x;
          double cY = LocalPos.y;

          //我们只需要一次计算上面等式的开方
```

```
double SqrtPart = sqrt(ExpandedRadius*ExpandedRadius - cY*cY);

double ip=ASqrtPart;

if (ip <= O)
{
  ip=A+ SqrtPart;
}

//测试是否这是目前为止最近的,
//如果是, 记录这个障碍物和它的局部坐标
if (ip < DistToClosestIP)
{
  DistToClosestIP = ip;

  ClosestIntersectingObstacle = *curOb;
  LocalPosOfClosestObstacle = LocalPos;
 }
   }
  }

 ++curOb;
}
```

计算操控力

计算操控力是容易的，通常分成两部分：侧向操控力和制动操控力，如图 3.9 所示。

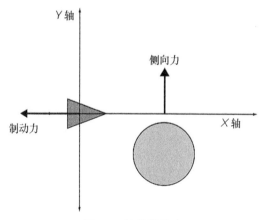

图 3.9　计算操控力

我们有许多方法可以计算侧向操控力，此处建议如下这种：障碍物包围半径减去其在局部空间的 y 值。这会产生一个侧向操控力使其远离障碍物，它会随着障碍物到 x 轴的距离而减少。该力正比于交通工具到障碍物的距离（因为交通工具离障碍物越近，反应越快）。

操控力的另一部分是制动力。该力沿着图中的负 x 轴方向，其大小正比于交通工具到障碍的距离。

最后，把操控力转换到世界空间，就是该方法的返回的结果。代码如下：

```
//如果我们找到一个相交的障碍物，计算一个远离它的操控力
Vector2D SteeringForce;

if (ClosestIntersectingObstacle)
{
  //智能体离物体越近，操控力就应该越强
  double multiplier = 1.0 + (m_dDBoxLength - LocalPosOfClosestObstacle.x) /
                      m_dDBoxLength;

  //计算侧向力
  SteeringForce.y = (ClosestIntersectingObstacle->BRadius()-
                    LocalPosOfClosestObstacle.y) * multiplier;

  //施加一个制动力，它正比于障碍物到交通工具的距离
  const double BrakingWeight = 0.2;

  SteeringForce.x = (ClosestIntersectingObstacle->BRadius() -
                    LocalPosOfClosestObstacle.x) *
                    BrakingWeight;
}

//最后，把操控向量从局部空间转换到世界空间
return VectorToWorldSpace(SteeringForce,
                          m_pVehicle->Heading(),
                          m_pVehicle->Side());
}
```

⌘ 提示：在三维空间实现躲避障碍时，使用球体来近似障碍物，使用圆柱体替代检测盒。在数学上，和球体的检测不会比和圆的检测难多少。一旦障碍物被转化到局部空间，步骤 A 和步骤 B 如你之前看到的一样，步骤 C 要增加检测另一个轴。

3.4.8 Wall Avoidance（避开墙）

一堵墙就是一条线段（在 3D 中，是一个多边形），该线段的法线为墙的朝向。wall avoidance 行为可避免与墙碰撞的可能。我们在交通工具前面凸出 3 根触须，分别测试它们是否和游戏世界中的任何墙相交。如图 3.10 所示，墙中间出现的小"树桩"就是墙的法线方向。这和猫科动物、啮齿动物使用它们的胡须在黑暗环境中导航相似。

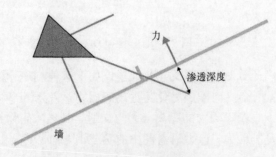

图 3.10 避免撞墙

当我们找到离交通工具最近的相交的墙时（如果有的情况下），就要计算操控力。我们就可以知道操控力的大小为触须前端穿透墙的距离，操控力的方向为墙的法线方向。

```
Vector2D SteeringBehaviors::WallAvoidance(const std::vector<Wall2D>& walls)
{
  //触须包含在 std::vector m_Feelers
  CreateFeelers();

  double DistToThisIP    = 0.0;
  double DistToClosestIP = MaxDouble;

  //保存 walls 的向量的索引
  int ClosestWall = -1;

  Vector2D SteeringForce,
           point,           //used for storing temporary info
           ClosestPoint;  //holds the closest intersection point

  //逐个检查每个触须
  for (int flr=0; flr<m_Feelers.size(); ++flr)
  {
    //跑过每堵墙，检查相交点
    for (int w=0; w<walls.size(); ++w)
    {
      if (LineIntersection2D(m_pVehicle->Pos(),
                             m_Feelers[flr],
                             walls[w].From(),
                             walls[w].To(),
                             DistToThisIP,
                             point))
      {
        //这是目前为止最近的吗？如果是，记录它
        if (DistToThisIP < DistToClosestIP)
        {
          DistToClosestIP = DistToThisIP;

          ClosestWall = w;

          ClosestPoint = point;
        }
      }
    }//下一堵墙

    //如果检测到一个相交点，那么计算出一个使其远离的力
    if (ClosestWall >=0)
    {计算智能体凸出位置会穿透墙的距离。
     Vector2D OverShoot = m_Feelers[flr] - ClosestPoint;

      //在墙的法线方向，以 OverShoot 大小创建一个力
      SteeringForce = walls[ClosestWall].Normal() * OverShoot.Length();
    }

  }//下一个触须

  return SteeringForce;
}
```

使用 3 根触须的方法可以得到很好的结果。但如果为了效率考虑，可以只用 1 根触须在交通工具前方的不断地左右扫描。这完全取决于你要花多少处理器周期，和你所需要的行为

精确度。

➲ 注意：如果你已经看了代码，可能会注意到源代码中最后的更新函数比前面列出的基本更新函数要复杂。这是因为加入了许多在本章后面要讲述的技巧，包括添加甚至修改这个函数。然而在接下来的一些页面中列出的所有操控行为仍然使用这基本框架。

3.4.9 Interpose（插入）

interpose 行为返回一个操控力，该力操控交通工具移到两个智能体（或者空间中的两点，或者一个智能体，一个点）的中点。保镖拿枪保护他的老板或者足球运动员截球都是这类行为的典型例子。

像 pursuit 那样，交通工具必须估算出这两个智能体在时刻 T 时到达的位置。然后才能移到那个位置。但是我们如何知道 T 的最佳值？答案是，我们没办法知道，所以只好用经过计算的猜测来替代。

计算此力的第一步，是要得到连接两智能体当前位置的线的中点。计算出到交通工具该点的距离，然后除以交通工具的最大速度，就得到走完这段距离要花的时间。即我们的 T 值，如图 3.11（上方）所示。

我们使用 T 推断出智能体的未来位置，然后得到这些预测位置的中点，最后交通工具使用 arrive 行为移向该点，如图 3.11（下方）所示。

图 3.11　预测相交点

下面是列出的代码：

```
Vector2D SteeringBehaviors::Interpose(const Vehicle* AgentA,
                                      const Vehicle* AgentB)
{
  //首先，我们需要算出在未来时间 T 时，这个两个智能体的位置。
  //交通工具以最大速度到达中点所花的时间近似于 T
  Vector2D MidPoint = (AgentA->Pos() + AgentB->Pos()) / 2.0;

  double TimeToReachMidPoint = Vec2DDistance(m_pVehicle->Pos(), MidPoint) /
                               m_pVehicle->MaxSpeed();

  //现在我们有 T，我们假设智能体 A 和智能体 B 将继续径直前行，
  //推断得到它们将来的位置
  Vector2D APos = AgentA->Pos() + AgentA->Velocity() * TimeToReachMidPoint;
  Vector2D BPos = AgentB->Pos() + AgentB->Velocity() * TimeToReachMidPoint;

  //计算这些预测位置的中点
  MidPoint = (APos + BPos) / 2.0;

  //然后到达那里
  return Arrive(MidPoint, fast);
}
```

注意，调用 arrive 时，我们使用 fast 减速，允许交通工具尽快到达目标位置。

在该行为的示例程序中，一个红色的交通工具企图从两个蓝色的 wander 交通工具中穿过。

3.4.10　Hide（隐藏）

hide 行为旨在找到一个位置使得障碍物总是在交通工具和它想躲开的智能体（猎人）之间。当你需要一个能躲开玩家的 NPC（如开火时找个遮挡处）或者一个溜到玩家身后的 NPC 时，你可以使用这种行为。例如，你可以创建一个 NPC，使其能穿过黑暗森林，飞奔于树丛中，追捕玩家。

推荐用如下方法来实现上面这种行为。

第一步，对于每个障碍物，计算出一个隐藏点，如图 3.12 所示。

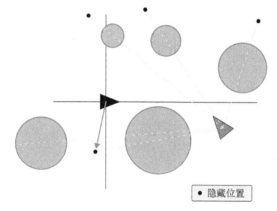

● 隐藏位置

图 3.12　潜在的隐藏点

这通过方法 GetHidingPosition 计算，看上去这样：

```
SVector2D SteeringBehaviors::GetHidingPosition(const SVector2D& posOb,
                                               const double     radiusOb,
                                               const SVector2D& posTarget)
{
  //计算智能体离选中的障碍物的包围半径有多远
  const double DistanceFromBoundary = 30.0;

  double DistAway = radiusOb + DistanceFromBoundary;

  //计算从目标到物体的朝向
  SVector2D ToOb = Vec2DNormalize(posOb - posTarget);
  //确定大小并加到障碍物的位置，得到隐藏点
  return (ToOb * DistAway) + posOb;
}
```

给定目标的位置、障碍物的位置和半径，该方法计算距离物体的包围半径为 DistanceFromBoundary 且直接背对目标的位置。它是这样做的：标准化"到障碍物"的向量，接着使该向量大小为到障碍物中心的距离，最后把结果加到障碍物的位置。图 3.12 中的黑

点显示了这个方法返回的隐藏点。

第二步，计算出到每个隐藏点的距离。然后，交通工具使用 arrive 行为移向最近处。如果找不到合适的障碍物，交通工具 evade 目标。

下面是具体实现的代码：

```
SVector2D SteeringBehaviors::Hide(const Vehicle*          target,
                                  vector<BaseGameEntity*>& obstacles)
{
  double    DistToClosest = MaxDouble
  SVector2D BestHidingSpot;

  std::vector<BaseGameEntity*>::iterator curOb = obstacles.begin();
  while(curOb != obstacles.end())
  {
    //计算这个障碍物的隐藏点位置
    SVector2D HidingSpot = GetHidingPosition((*curOb)->Pos(),
                                             (*curOb)->BRadius(),
                                             target->Pos());
    //用距离平方找到离智能体最近的隐藏点
    double dist = Vec2DDistanceSq(HidingSpot, m_pVehicle->Pos());

    if (dist < DistToClosest)
    {
      DistToClosest = dist;

      BestHidingSpot = HidingSpot;
    }

    ++curOb;
  }//结束 while

  // 如果没有合适的障碍物，那么逃避目标
  if (DistToClosest == MaxDouble)
  {
    return Evade(target);
  }

  //否则在隐藏点上使用 Arrive
  return Arrive(BestHidingSpot, fast);
}
```

示例程序中有两个交通工具躲开一个慢慢地徘徊的交通工具。

下面是这个算法可以进行修改的地方。

1. 只有目标在可视范围内，你才允许交通工具隐藏。不过，这不会让人满意，因为交通工具就像一个孩子藏在被子底下躲怪兽。也许你记得这种感觉（以为你看不见它，它就看不见你的效果）。这对于孩子，是可行的，但是这种行为会让交通工具看上去很笨拙。通过添加时间因素可以稍微有所改善，如果目标可见或者在最近几秒内看到过目标，交通工具将隐藏。这给它一种似乎有记忆的感觉，产生合理的行为。

2. 和上面一样，但是这次只有交通工具可以看到目标，同时目标也可以看到交通工具，它才隐藏。

3. 可能想产生一个力，使交通工具总隐藏在追逐者的侧面或者后面。通过使用点积来

调整从 GetHiding Position 返回的距离，我们很容易实现它。

4．在任何方法的开始，检查目标是否在威胁距离内，然后再作更深入的计算。如果目标没有威胁，该方法立刻返回 0 向量。

3.4.11　Path Following（路径跟随）

Path Following 行为产生一个操控力，使交通工具沿着构成路径的一系列路点（waypoint）移动。有时候，路径有起点和终点；而其他时候，路径是循环的，是一个永不结束的封闭路径，如图 3.13 所示。

你会发现游戏无数次使用路径。使用路径，你可以创建在地图上重要区域巡逻的智能体，也可以使智能体横穿不同的地形，还可以帮助赛车在赛道上导航。它们适用于大多数需要智能体访问一系列检查点的情况。

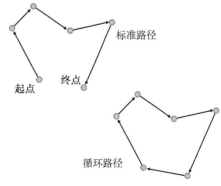

图 3.13　不同类型的路径

本章交通工具用到的路径是一个 Vector2D 类型的 std::list。另外，交通工具也需要知道当前的路点是什么、是否是封闭的路径，从而在交通工具到达最后一个路点时，可以采取相应的动作。如果是封闭的路径，应该回到第一个路点重新开始。如果是开放的路径，交通工具减速停（arrive）在最后的路点上。

Path 是实现所有这些细节的类。你可以在 IDE 中查看 Path，在 Path.h 中找到。

最简单的沿着路径而行是设置当前路点为链表中的第一个节点，用 seek 操控靠近，直到到达它的目标距离之内。然后找到下一个路点，靠近它，如此下去，直到当前的路点是链表中的最后一个。这时，交通工具或者 arrive 到当前的路点，或者如果路径是封闭的环路，当前路点再次被设为链表中的第一个，交通工具只是继续 seek。下面是实现路径跟随的代码：

```
SVector2D SteeringBehaviors::FollowPath()
{
  //如果离当前目标足够近，移到下一个目标（用距离平方计算）
  if(Vec2DDistanceSq(m_pPath->CurrentWaypoint(), m_pVehicle->Pos()) <
                     m_WaypointSeekDistSq)
  {
    m_pPath->SetNextWaypoint();
  }

  if (!m_pPath->Finished())
  {
    return Seek(m_pPath->CurrentWaypoint());
  }
  else
  {
    return Arrive(m_pPath->CurrentWaypoint(), normal);
  }
}
```

当你在实现 path following 时，要特别小心。该行为对于最大操控力/最大速度比率和变量 m_WaypointSeekDistSq 很敏感。它的示例程序允许你改变这些值以观察不同的效果。你会发现，很容易就会生成一种不含时宜的行为。你需要多么紧密的 path following 完全依赖游戏环境。如果你的游戏有许多阴暗的紧密的走廊，那么你可能需要比目标环境是撒哈拉沙漠的游戏更精确的 path following。

3.4.12　Offset Pursuit（保持一定偏移的追逐）

offset pursuit 行为计算出一个操控力，使交通工具与目标交通工具之间保持指定偏移。这对于创建编队特别有用。当你观赏飞行表演时，如 British Red Arrows，许多壮观的演习都需要飞机保持和领头飞机不变的相对距离。如图 3.14 所示，这就是我们想模拟的行为。

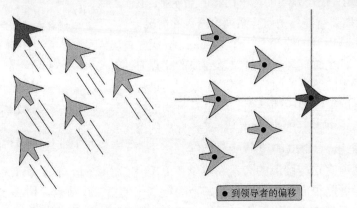

图 3.14　保持一定偏移的追逐。领导者以深灰色显示

偏移总是定义在"领头飞机"空间，所以当计算这个操控力时，我们要做的第一件事是得到在世界空间的偏移位置。然后如同 pursuit 那样处理：预测偏移的下一个位置，交通工具要达到那个位置。

```
SVector2D SteeringBehaviors::OffsetPursuit(const Vehicle* leader,
                                           const SVector2D offset)
{
  //在世界空间中计算偏移的位置
  SVector2D WorldOffsetPos = PointToWorldSpace(offset,
                                               leader->Heading(),
                                               leader->Side(),
                                               leader->Pos());
  SVector2D ToOffset = WorldOffsetPos - m_pVehicle->Pos();

  //预期的时间正比于领队与追逐者的距离；
  //反比于两个智能体的速度之和
  double LookAheadTime = ToOffset.Length() /
                    (m_pVehicle->MaxSpeed() + leader->Speed());

  //现在到达偏移的预测位置
```

```
    return Arrive(WorldOffsetPos + leader->Velocity() * LookAheadTime, fast);
}
```

Arrive 被用来替代 seek，因为它能提供更流畅的动作，且与最大速度和最大力的设置无关。seek 有时能给出一些非常奇异的结果（使有序的编队变得看上去像一群蜜蜂攻击一个编队领头一样）。

Offset pursuit 适用于各种各样的情况。下面列出一些：

- 在体育仿真中盯住对方队员
- 对接空中飞船
- 跟踪一架飞机
- 实现战斗组队

在 offset pursuit 的示例程序中有 3 个小的交通工具试图与大的领头交通工具保持偏移。领头交通工具使用 arrive 来跟随十字准线（单击鼠标左键来定位十字准线）。

3.5　组行为（Group Behaviors）

组行为是考虑游戏世界中一些或者所有的其他交通工具的操控行为。本章前面讲述的群集行为，是一个很好的例子。事实上，群集是 3 个组行为（Cohesion、Separation 和 Alignment）在一起工作的组合。稍后我们将详细讲述这些行为，在这之前先看一下组的定义。

为了得到组行为的操控力，交通工具将在一个以自我为中心且以一个预定义尺寸为半径的圆形区域内（称为邻近半径）考虑所有其他交通工具。图 3.15 可以帮助你理解。白色的交通工具是操控的智能体，灰色的圆显示邻近的范围。因此，所有黑色的交通工具是它的邻居，但灰色交通工具不是。

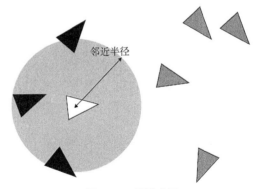

图 3.15　邻近半径

在计算操控力之前，我们必须先得到交通工具的邻居，或者存储在一个容器中，或者做个标记准备处理。在本章的示例程序代码中，我们通过 BaseGameEntity::Tag 方法来标记交通工具的邻居。这都在函数模板 TagNeighbors 中完成，代码如下：

```
template <class T, class conT>
void TagNeighbors(const T* entity, conT& ContainerOfEntities, double radius)
{
  //迭代所有实体，检查范围
  for (typename conT::iterator curEntity = ContainerOfEntities.begin();
      curEntity != ContainerOfEntities.end();
```

```
             ++curEntity)
    {
       //首先清除当前的标记
       (*curEntity)->UnTag();

       Vector2D to = (*curEntity)->Pos() - entity->Pos();

       //考虑其他的包围半径，把它加到范围，
       double range = radius + (*curEntity)->BRadius();

       //如果实体在范围内，标记它，作进一步考虑
       // （为了避免开方，用平法计算）
       if (((*curEntity) != entity) && (to.LengthSq() < range*range))
       {
          (*curEntity)->Tag();
       }

    }//下一个实体
}
```

大部分组行为都使用相似的邻近半径，所以我们在调用任何组行为之前，先调用这个方法，从而节约一些时间。

```
if (On(separation) || On(alignment) || On(cohesion))
{
  TagNeighbors(m_pVehicle, m_pVehicle->World()->Agents(), ViewDistance);
}
```

⌘ 提示：你可以给智能体增加可视域（field-of-view）的限制，从而增加组行为的真实性。例如，对于邻近区域内的交通工具，你可以只标记那些在可视域内的，比方说，在操控智能体朝向的 270° 范围内的。你可以通过测试智能体的朝向向量与到潜在邻居的向量的点积，容易地实现这个功能。

我们甚至可以动态地调整智能体的 FOV，把这点加到 AI 的属性中。例如，在战争游戏中，士兵的 FOV 可能会受到疲劳的影响，因此影响它察觉环境的能力。

知道了组是如何定义的，接下来让我们看一下在组行为中操作的一些行为。

3.5.1 Separation（分离）

Separation 行为产生一个力，操控交通工具离开在它的邻近区域中的那些交通工具。当应用在许多交通工具上时，它们将向四周展开，尽量和其他每个交通工具拉开距离，见图 3.16（上方）。

这是个容易实现的行为。在调用 Separation 之前，所有在交通工具邻近区域的智能体被标记。然后 Separation 迭代检查每个被标记的智能体，标准化（中间的）交通工具到其他被标记智能体的向量，接着除以其到邻居的距离，再加到操控力上。

```
Vector2D SteeringBehaviors::Separation(const std::vector<Vehicle*>& neighbors)
{
  Vector2D SteeringForce;
```

```
  for (int a=0; a<neighbors.size(); ++a)
  {
    //确保计算中没有包含这个智能体,
    //确保正在被检查的智能体足够近
    if((neighbors[a] != m_pVehicle) && neighbors[a]->IsTagged())
    {
      Vector2D ToAgent = m_pVehicle->Pos() - neighbors[a]->Pos();

      //力的大小反比于智能体到它邻居的距离
      SteeringForce += Vec2DNormalize(ToAgent)/ToAgent.Length();
    }
  }

  return SteeringForce;
}
```

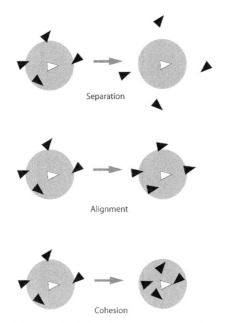

图 3.16　组行为：分离，队列和聚集

3.5.2　Alignment（队列）

Alignment 行为企图保持交通工具的朝向与邻居一致，见图 3.16（中间）。我们通过迭代所有邻居，平均它们的朝向向量来计算出一个力，这就是我们想要的朝向，所以我们只要减去交通工具的朝向就可以得到操控力。

```
Vector2D SteeringBehaviors::Alignment(const std::vector<Vehicle*>& neighbors)
{
  //用来记录 neighbors 的朝向的平均值
  Vector2D AverageHeading;

  //用来计数邻近的交通工具数目
```

```
int    NeighborCount = 0

//迭代所有标记的交通工具，计算朝向向量的总和
for (int a=0; a<neighbors.size(); ++a)
{
  //确保计算中没有包含这个智能体
  //确保正在被检查的智能体足够近
  if((neighbors[a] != m_pVehicle) && neighbors[a]->IsTagged)
  {
    AverageHeading += neighbors[a]->Heading();

    ++NeighborCount;
  }
}

//如果邻近包含一个或多个交通工具，平均它们的朝向向量
if (NeighborCount > 0)
{
  AverageHeading /= (double)NeighborCount;

  AverageHeading -= m_pVehicle->Heading();
}

return AverageHeading;
}
```

沿着路开动的汽车就是个 Alignment 类型的行为。在它们尽量和其他车辆保持最小距离时，它们也用到了 Separation。

3.5.3　Cohesion（聚集）

Cohesion 行为会产生一个操控力，使交通工具移向邻居的质心，见图 3.16（下方）。一只羊在羊群后面跑动就是 cohesion 行为。通过这个力保持一组交通工具在一起。

除了这次我们计算邻居的位置向量的平均值外，这个方法的处理过程和上个相似。至于这平均值，就是我们邻居的质心（交通工具想去的位置），所以它 seek 到那个位置。

```
Vector2D SteeringBehaviors::Cohesion(const std::vector<Vehicle*>& neighbors)
{
  //首先，找到所有智能体的质心
  Vector2D CenterOfMass, SteeringForce;

  int NeighborCount = 0;

  //迭代 neighbors，计算所有位置向量的总和
  for (int a=0; a<neighbors.size(); ++a)
  {
    //确保在计算中，没有包含这个智能体，
    //确保正在被检查的智能体是邻居
    if((neighbors[a] != m_pVehicle) && neighbors[a]->IsTagged())
    {
      CenterOfMass += neighbors[a]->Pos();

      ++NeighborCount;
    }
  }
```

```
    if (NeighborCount > 0)
    {
      //质心是位置总和的平均值
      CenterOfMass /= (double)NeighborCount;
      //现在靠近那个位置
      SteeringForce = Seek(CenterOfMass);
    }

    return SteeringForce;
}
```

没有包含 Separation、Cohesion 和 Alignment 的示例程序，你可能会有点失望。原因是：像 Itchy 和 Scratchy[1]，单个看它们并不有趣，但是当它们组合在一起时，就会很有趣，把我们带入群集的意境。

3.5.4 Flocking（群集）

本章开始提及了 flocking 这一行为。这个精彩的行为就是凸现行为（Emergent Behavior）。凸现行为对于外行是复杂的和/或者有目的的，但是事实上它只用到了一些非常简单的规则。对于遵守规则的低级实体并不知道总体目标；它们只知道它们自己，可能还有一些它们的邻居。

Chris Melhuish 和 Owen Holland 曾在西英格兰大学做过一个实验，是个很好的凸现行为的例子。那时 Melhuish 和 Holland 对于群体筑巢行为（stigmergy）的研究领域很感兴趣，该领域主要涉及群居昆虫（如蚂蚁，白蚁，蜜蜂）的凸现行为。其中蚂蚁把尸体、蛋和其他材料运到洞里的行为使他们感兴趣，尤其是 *Leptothorax* 蚂蚁。因为它们生活和工作在石头缝隙中，事实上，在二维空间，就像一个有齿轮的机器人。当在实验室的模拟缝隙（两片玻璃）中观察 *Leptothorax* 蚂蚁时，他们注意到蚂蚁们倾向于把小的颗粒石头材料放到一起，于是他们想是否可以设计出同样这么做的机器人。

经过一段时间的辛苦后，他们设法创建在非常简单规则上操作的机器人。机器人能随机地聚到一起，它们之间互相不认识，它们不知道什么是群，甚至不知道什么是飞盘玩具。它们不能看到飞盘，只能用在它们前方的 U 型的手来推飞盘。

所以群类行为是如何发生的？当机器人被开启时，它们在碰到飞盘前，不断地徘徊。一个飞盘不能改变机器人的行为。然后，当正在推飞盘的机器人碰到第二个飞盘时，它立刻把飞盘放下来，向后移动一点，随机地转一下弯，然后继续徘徊。只使用这些简单的规则，一段时间后，机器人把所有飞盘推到一起，就像蚂蚁一样。

我们结束对于飞盘的讨论，回到 Flocking 上。最初 Reynolds 提出的 Flocking 只是前面 3 个组行为的组合：separation、alignment 和 cohesion。这是对的，但是由于交通工具的可视距离的限制，很可能一个智能体和它的群集隔绝了。如果发生了这种情况，它将停下来什么都不做。为了防止这种情况的发生，希望把 wander 行为加进来，那样，所有智能体可以总保持运动。

---

[1] 卡通片 The Simpsons 内有一套片中片 Itchy and Scratchy Show，其中的主人公就是 Itchy 和 Scratchy。——译者注

对每个行为的量值作一些调整，可以带来不同的效果，比如成群的鱼、自由盘旋的鸟群、一群熙熙攘攘的组织紧密的羊群。我甚至曾经设法生成过上百个密集聚集的小粒子，就像水母一样。因为这种行为看到的效果要比描述的要好，打开示例程序程序，操作一下。小心，群集会上瘾的（这可能就是为什么许多动物喜欢这么做的原因）。你可以通过 A/Z, S/X, D/C 键调节每个行为的影响度。另外，你可以通过 G 键查看某个智能体的邻居。

  ⊃ 趣事：操控行为通常被用来为电影生成特别的效果。第一部使用群集行为的电影是《蝙蝠侠归来》（Batman Returns），那里你可以看到群居的蝙蝠和企鹅群。最近用到操控行为的电影是 Peter Jackson 导演的《魔戒》（The Lord of the Rings）三部曲，电影通过 Massive 软件使用操控行为实现了兽人军队的移动。

既然你已经看到了组行为带来的好处，那么让我们继续了解操控行为到底是如何被组合的。

3.6 组合操控行为（Combining Steering Behaviors）

为了得到理想的行为，经常会组合使用操控行为。单独使用一个行为是很罕见的。例如，你可能想实现一个 FPS 机器人，从 A 跑到 B（path following），同时要避开试图阻碍它行程的其他机器人（separation）和墙（wall avoidance）参看第 7 章："概览《掠夺者》游戏"。或者你可能想实现羊，作为 RTS 游戏中的食物资源，它们群居在一起（flocking），同时在环境中徘徊（wander），避开树（obstacle avoidance），当遇到人类或者狗走近时就四处逃散（evade）。

所有在本章描述的操控行为都是类 SteeringBehaviors 的方法。Vehicle 有一个这个类的实例，通过存取方法把不同行为的开关开启或者关闭，从而激活或者注销该行为。例如，对于前段讲到的羊，我们可能这么设置（假设狗的智能体已经被创建）：

```
Vehicle* Sheep = new Vehicle();

Sheep->Steering()->SeparationOn();
Sheep->Steering()->AlignmentOn();
Sheep->Steering()->CohesionOn();
Sheep->Steering()->ObstacleAvoidanceOn();
Sheep->Steering()->WanderOn();
Sheep->Steering()->EvadeOn(Dog);
```

从现在开始，羊就可以自我照顾啦（不过到了夏天，可能还要由你来给它剪羊毛）。

  ⊃ 注意：由于给本章创建的示例程序数目，所以 StringBehvaiors 类庞大无比。对于设计的每个游戏，都不会用到这么多的行为。因此，在后面使用操控行为时，将为手头任务定制精简版本的 SteeringBehaviors 类。建议你也这么做（另一个方法是为每一个行为定义不同的类，然后当你需要时，把它们加到 std::container 中）。

在 Vehicle::Update 方法的内部，你将会看到这行代码：

```
SVector2D SteeringForce = m_pSteering->Calculate();
```

这个调用计算所有已激活的行为的合力。它不是简单地把所有操控力加起来。不要忘了交通工具有最大操控力的限制，所以我们要以某种方式截短这个总和，以确保它的值不超过限制。有很多种方法可以做到这点，而且不能说一个方法总比另一个方法好，因为这取决你需要用什么行为和你有多少空余的 CPU 资源。它们都各有自己的优缺点，强烈建议你自己来尝试。

3.6.1　加权截断总和（Weighted Truncated Sum）

最简单的方式是给每一种操控行为乘上一个权值，把它们加在一起，然后把结果截断到可允许的最大操控力。像这样：

```
SVector2D Calculate()
{
  SVector2D SteeringForce;

  SteeringForce += Wander()            * dWanderAmount;
  SteeringForce += ObstacleAvoidance() * dObstacleAvoidanceAmount;
  SteeringForce += Separation()        * dSeparationAmount;

  return SteeringForce.Truncate(MAX_STEERING_FORCE);
}
```

这种方式很好，但会出现一些问题。第一个问题是，因为每一个被激活的行为每帧都要进行计算，这是一个非常昂贵的方法。另外，很难调节行为的权值最大的问题发生在有相互冲突力（一个常见的情景是，交通工具被许多其他的交通工具逼到一堵墙）的时候。在这个例子中，要使交通工具离开邻近区域交通工具的分离力可能大于墙的抵挡力，结果交通工具被推过墙的边界。这当然是不好的。当然你可以把 wall avoidance 的权值增大，那么下次当交通工具再单独靠近墙时，就会发生奇怪的行为。正如前文所述，调节加权和的参数值很难。

3.6.2　带优先级的加权截断累计（Weighted Truncated Running Sum with Prioritization）

太绕口了！本书中所有例子都用这种方法来计算操控力。之所以选用它，是因为它在速度和精确度之间有一个很好的折衷。它会计算出一个带优先级的加权的累计（running total），在每个力被加起来后，为了确保操控力不超过最大值，必须把它截断。

既然认为有些行为比其他行为重要些，那么操控行为也是有优先级的。打个比方，有个交通工具正在使用 separation、alignment、cohesion、wall avoidance 和 obstacle avoidance 行为。wall avoidance 和 obstacle avoidance 行为的优先级应该要高些，因为交通工具应尽量不要与墙或者障碍物相交（避免与墙相撞比与其他交通工具排成队列更重要）。如果为了避开墙而使队列不整齐了，那也没问题，这当然比与墙相撞好。还有，交通工具保持相互分离

separation 也要比队列更重要。但是它的重要性要比避开墙低些。每个行为都有优先级，按优先顺序处理。先处理优先级高的行为，后处理优先级低的行为。

除了优先级，这个方法迭代每一个被激活的行为，计算力（有权值）的总和。在计算完每个新行为之后，把合力和累计传给 AccumulateForce 方法。这个方法首先确定剩下的最大可用的操控力是多少，然后发生下列情况之一。

■ 如果有剩余额，新的力被加到累计中。

■ 如果没有剩余的力，方法返回 false。此时，Calculate 立刻返回 m_vSteeringForce 的当前值，不考虑任何进一步的行为。

■ 如果还有一些操控力可用，但是剩余力的数量比新的力来得少，在被加入之前，新的力被截断到剩余力的数量。

下面是 SteeringBehaviors::Calculate 方法的代码片断，可以帮助你更好地理解我们正在谈论的内容。

```
SVector2D SteeringBehaviors::Calculate()
{
  //重置力
  m_vSteeringForce.Zero();

  SVector2D force;
  if (On(wall_avoidance))
  {
    force = WallAvoidance(m_pVehicle->World()->Walls()) *
            m_dMultWallAvoidance;

    if (!AccumulateForce(m_vSteeringForce, force)) return m_vSteeringForce;
  }

  if (On(obstacle_avoidance))
  {
    force = ObstacleAvoidance(m_pVehicle->World()->Obstacles()) *
            m_dMultObstacleAvoidance;

    if (!AccumulateForce(m_vSteeringForce, force)) return m_vSteeringForce;
  }

  if (On(separation))
  {
    force = Separation(m_pVehicle->World()->Agents()) *
            m_dMultSeparation;

    if (!AccumulateForce(m_vSteeringForce, force)) return m_vSteeringForce;
  }

  /* 忽略无关操控力 */
  return m_vSteeringForce;
}
```

这里只列出部分操控力，从中你可以明白大体的概念。如果你想了解所有的行为和它们的优先级顺序，可查看 IDE 中的 SteeringBehaviors::Calculate 方法。代码中还很好地解释了 AccumulateForce 方法。花时间看一下这个方法，确保理解它。

```
bool SteeringBehaviors::AccumulateForce(Vector2D &RunningTot,
                                        Vector2D ForceToAdd)
{
  //计算目前为止交通工具用了多少的操控力
  double MagnitudeSoFar = RunningTot.Length();

  //计算还剩多少操控力可以被这个交通工具使用
  double MagnitudeRemaining = m_pVehicle->MaxForce() - MagnitudeSoFar;

  //如果没有剩下的力可以使用,那么返回假
  if (MagnitudeRemaining <= 0.0) return false;

  //计算我们想要加的力的大小
  double MagnitudeToAdd = ForceToAdd.Length();

  //如果 ForceToAdd 和累积和没有超过这个交通工具可用的最大力,
  //那么把它们加起来。否则,不用检查最大值,尽量加上 ForceToAdd 向量
  if (MagnitudeToAdd < MagnitudeRemaining)
  {
    RunningTot += ForceToAdd;
  }

  else
  {

    //把它加到操控力
    RunningTot += (Vec2DNormalize(ForceToAdd) * MagnitudeRemaining);
  }

  return true;
}
```

3.6.3　带优先级的抖动 (Prioritized Dithering)

在 Reynolds 的论文中，他建议一种计算合力的方法，称为带优先级的抖动。该方法检查第一优先的行为是否将在这个模拟步中被求值，这取决于预设的概率。如果是要求值且结果非零，那么方法返回计算后的力，不考虑其他激活的行为。如果结果是 0 或者该行为因为不可能发生而被忽略了，那么考虑下一个优先级的行为，然后针对所有激活的行为依次类推。下面的代码可以帮你理解：

```
SVector2D SteeringBehaviors::CalculateDithered()
{
  //重置操控力
  m_vSteeringForce.Zero();

  //行为的概率
  const double prWallAvoidance     = 0.9;
  const double prObstacleAvoidance = 0.9;
  const double prSeparation        = 0.8;
  const double prAlignment         = 0.5;
  const double prCohesion          = 0.5;
  const double prWander            = 0.8;

  if (On(wall_avoidance) && RandFloat() > prWallAvoidance)
  {
    m_vSteeringForce = WallAvoidance(m_pVehicle->World()->Walls()) *
```

```
                        m_dWeightWallAvoidance / prWallAvoidance;

    if (!m_vSteeringForce.IsZero())
    {
      m_vSteeringForce.Truncate(m_pVehicle->MaxForce());

      return m_vSteeringForce;
    }
  }

  if (On(obstacle_avoidance) && RandFloat() > prObstacleAvoidance)
  {
    m_vSteeringForce += ObstacleAvoidance(m_pVehicle->World()->Obstacles()) *
                        m_dWeightObstacleAvoidance / prObstacleAvoidance;

    if (!m_vSteeringForce.IsZero())
    {
      m_vSteeringForce.Truncate(m_pVehicle->MaxForce());

      return m_vSteeringForce;
    }
  }

  if (On(separation) && RandFloat() > prSeparation)
  {
    m_vSteeringForce += Separation(m_pVehicle->World()->Agents()) *
                        m_dWeightSeparation / prSeparation;

    if (!m_vSteeringForce.IsZero())
    {
      m_vSteeringForce.Truncate(m_pVehicle->MaxForce());

      return m_vSteeringForce;
    }
  }

/* ETC ETC */
```

比起其他方法，该方法需要较少的 CPU 时间，但会损失一些精确度。另外，在你得到想要的行为之前，需要调整该行为的发生概率。不过，如果资源较少，而且智能体没必要很精确地移动，那么这个方法当然是值得尝试的。通过运行示例程序 Big Shoal/Big Shoal.exe，你可以看到这 3 种不同计算方法带来不同的效果。示例程序中有 300 个小的交通工具（想象成鱼）警惕一个大的徘徊的交通工具（想象成鲨鱼）。通过在不同计算方法中切换，你可以观察到相应不同的帧速率和不同的行为精确度。你还可以在环境中添加墙或者障碍物，从而可以看到智能体在不同计算方法下的不同处理方式。

3.7　确保无重叠

当组合行为时，交通工具将偶然和另一个交叠。单凭 separation 操控力将无法阻止这一事件的发生。大部分时候这是可行的（小的交叠不会被玩家注意），但有时必须要确保无论怎么样，交通工具不能穿过其他交通工具的外接圆半径。我们可以使用非渗透约束条件（non-penetration constraint）来确保这点。这个函数测试交叠，如果有，交通工具向远离相交点的方向移动（不考虑它们的质量、速度或其他物理约束条件），见图 3.17。

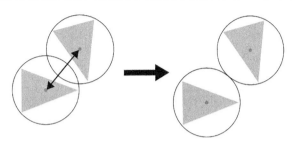

图 3.17　进行中的非渗透约束条件

用一个函数模板实现了约束条件，任何继承于 BaseGameEntity 的对象都可以使用这个函数。你能在 EntityFunctionTemplates.h 头文件中找到相关代码，它看上去如下所示：

```cpp
template <class T, class conT>
void EnforceNonPenetrationConstraint(const T&   entity,
                                     const conT& ContainerOfEntities)
{
  //迭代所有实体，检查是否和外接圆半径有重叠
  for (typename conT::const_iterator curEntity =ContainerOfEntities.begin();
       curEntity != ContainerOfEntities.end();
       ++curEntity)
  {
    //确保不是检查自己
    if (*curEntity == entity) continue;

    //计算实体间的距离
    Vector2D ToEntity = entity->Pos() - (*curEntity)->Pos();

    double DistFromEachOther = ToEntity.Length();

    //如果这个距离小于它们半径的总和，
    //那么这个实体必须平行于 ToEntity 向量方向移动
    double AmountOfOverLap = (*curEntity)->BRadius() + entity->BRadius() -
                             DistFromEachOther;

    if (AmountOfOverLap >= 0)
    {
      //按重叠距离的大小移开实体
      entity->SetPos(entity->Pos() + (ToEntity/DistFromEachOther) *
                     AmountOfOverLap);
    }
  }//下一个实体
}
```

通过运行 Non Penetration Constraint.exe 这一示例程序，你可以看到使用非渗透约束条件的作用。尝试改变 separation 的数量，从而了解它对交通工具的影响。

➲ 注意：对于大量的密集的交通工具，例如，非常拥挤的群体，非渗透约束条件将偶尔失败，会有一些重叠。幸运的是，这通常不是个问题，因为人类眼睛很难看出这种重叠。

3.8　应对大量交通工具：空间划分

当你有许多交互的交通工具时，再通过比较与其他每个交通工具的间隔来标记邻近实体，将变得异常地低效。在算法理论中，大 O 符号被用来表述被处理对象的数目和处理时间的关系。当前我们所使用的寻求邻近交通工具的所有点对（all-pairs）方法的复杂度是 $O(n^2)$。这就意味着随着交通工具数量的增长，比较所花的时间正比于其数量的平方增长。你可以很容易地看到所需时间是如何快地增长。如果处理一个对象要花 10s，那么处理 10 个对象就要花 100s。这对于处理一群数以百计的鸟，就不是很理想。

通过划分世界空间处理速度可以有很大的改进。有许多不同的技巧可以被选择使用。其中，你可能听过一些（BSP 树、四叉数、八叉数等），甚至还使用过一些，在这种情况下你应该熟悉它们的优势。这里使用的方法是单元空间分割（cell-space partitioning），有时叫做bin-space partitioning（随便提一下，那不是 binary space partitioning 的缩写，在这种情况下，bin 真的就是 bin）。使用这种方法，二维空间被分割成为若干个单元。每个单元包含一个指针链表，其中存放指向该单元所包含的实体的指针。当实体的位置改变时，它会被更新（在实体的更新方法中）。如果一个实体移到一个新的单元，那么就要把它从旧的单元的链表中删除，然后加到当前单元的链表中。

这样，不需要每个交通工具都与所有其他交通工具作测试。我们只要确定交通工具的邻近范围内有哪些单元，然后与那些单元中的交通工具作测试。具体步骤如下。

1．首先，实体的包围范围模拟为一个盒子，见图 3.18。

2．测试与这个盒子相交的单元，了解他们是否包含实体。

3．检查第二步中的所有实体，看它们是否在邻近范围内。如果是，它们被加到邻居链表中。

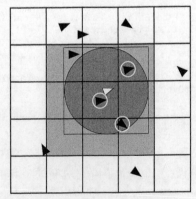

图 3.18　单元空间分割。画上圆圈的交通工具是
在白色交通工具的邻近区域内

⟹ 3D 注意：如果你在 3D 中使用，只要简单地使每个单元成为立方体，并用球体作为邻近区域。

如果实体间有最小间隔距离，那么每个单元可以容纳的实体数目将是有限的，单元空间划分的时间复杂度为 O(n)。这意味着这个算法的处理时间直接正比于所处理对象的数目。如果对象数目成倍增加，那么花费的时间也仅是加倍，而不像 O(n^2)那样呈平方级数增长。这就是空间划分带来的好处。这意味着空间划分技术比标准的所有点对（all-pairs）技术能有多大优越性取决于你要移动多少个智能体。对于小数量，比方说少于 50 个，它没有真正的优势，但是对于大数量，单元空间分割将变得很快。即使实体间没有维持最小间隔距离，并且偶有交叠，一般来说这个算法还是表现得比 O(n^2)好很多。

用一个类模板实现了单元空间分割：CellSpacePartition。该类用到了另一个类模板：Cell，来定义单元结构：

```
template <class entity>
struct Cell
{
  //存在于这个单元的所有实体
  std::list<entity>    Members;

  //单元的包围盒子（这是倒转的，
  //因为 windows 默认坐标系统的 y 轴是随着下降而增加）
  InvertedAABBox2D     BBox;
  Cell(Vector2D topleft,
       Vector2D botright):BBox(InvertedAABBox2D(topleft, botright))
  {}
};
```

Cell 是个非常简单的结构。它包含一个包围盒子的实例，和一个指针链表，该链表存放指向在包围区域内的所有实体的指针。

CellSpacePartition 类定义如下：

```
template <class entity>
class CellSpacePartition
{
private:

  //空间中需要的单元数目
  std::vector<Cell<entity> >    m_Cells;

  //当智能体搜索它的邻近空间时，这用来存储任何有效的邻居
  std::vector<entity>           m_Neighbors;

  //这个迭代器被方法 next 和 begin 用来遍历上面的邻居向量
  std::vector<entity>::iterator  m_curNeighbor;

  //实体所在世界空间的宽度和长度
  double  m_dSpaceWidth;
  double  m_dSpaceHeight;

  //空间要被分成的单元数目
  int     m_iNumCellsX;
```

```
int     m_iNumCellsY;

double  m_dCellSizeX;
double  m_dCellSizeY;


//给定游戏空间的一个位置，这个方法得到相应单元的索引
inline int  PositionToIndex(const Vector2D& pos)const;

public:
CellSpacePartition(double width,      //width of the environment
                   double height,     //height ...
                   int   cellsX,      //number of cells horizontally
                   int   cellsY,      //number of cells vertically
                   int   MaxEntitys); //maximum number of entities to add

//通过分配它们到合适的单元，把实体加到类里
inline void AddEntity(const entity& ent);

//通过在实体的 Update 方法中调用这个方法，更新实体所在的单元
inline void UpdateEntity(const entity& ent, Vector2D OldPos);

//这个方法计算所有的目标的邻居，把它们存在邻居向量中。
//调用这个方法，你可以使用 begin,next,和 end 方法迭代这个向量
inline void CalculateNeighbors(Vector2D TargetPos, double QueryRadius);

//返回邻居向量中第一个实体的引用
inline entity& begin();

//返回邻居向量中的下一个实体
inline entity& next();

//如果找到向量的最后元素，那么返回真（用 0 标记最后）
inline bool   end();

//清空所有单元
void         EmptyCells();
};
```

初始化 m_Neighbors 为游戏世界中实体总数的最大值。迭代方法 begin、next 和 end，和 CalculateNeighbors 方法可以访问该 vector 中每个有效元素。我们知道不断调用 std::vector::clear()和 std::vector::push_back()将引起内存分配和释放的开销，造成运行速度减慢。为了避免这个问题，我们重用前面的值，并用 0 标记 vector 的最后一个元素。

下面列出 CalculateNeighbors 方法。从中可以看到，它按照前面讨论的步骤得到交通工具的邻居。

```
template<class entity>
void CellSpacePartition<entity>::CalculateNeighbors(Vector2D TargetPos,
                                                    double  QueryRadius)
{
  //创建一个迭代器，设置它为邻近链表的开始
  std::list<entity>::iterator curNbor = m_Neighbors.begin();

  //创建查询盒，是目标的查询区域的包围盒
  InvertedAABBox2D QueryBox(TargetPos - Vector2D(QueryRadius, QueryRadius),
                            TargetPos + Vector2D(QueryRadius, QueryRadius));
```

```
//迭代每一个单元，测试它的包围盒是否和查询盒重叠
//如果是，且含有实体，那么做进一步邻近测试
std::vector<Cell<entity> >::iterator curCell;
for (curCell=m_Cells.begin(); curCell!=m_Cells.end(); ++curCell)
{
  //测试这个单元是否含有成员，是否与查询盒子重叠
  if (curCell->pBBox->isOverlappedWith(QueryBox) &&
    !curCell->Members.empty())
  {
    //在查询半径内找到的实体，被加入到邻近列表
    std::list<entity>::iterator it = curCell->Members.begin();
    for (it; it!=curCell->Members.end(); ++it)
    {
      if (Vec2DDistanceSq((*it)->Pos(), TargetPos) <
          QueryRadius*QueryRadius)
      {
        *curNbor++ = *it;
      }
    }
  }
}//下一个单元

  //标记链表的最后为 0
  *curNbor = 0;
}
```

在 Common/misc/CellSpacePartition.h 中你能找到这个类的完整实现。单元空间分割的功能已加到示例程序 Big_Shoal.exe 中，现在叫做 Another_Big_Shoal.exe。你可以开启或关闭分割功能，了解其对帧速率的影响。还有一个选项你可以用来查看空间是如何划分的（默认7×7）、查看智能体的查询盒子和邻近半径。

⌘ 提示：当对一些交通工具类型使用操控力时，把操控向量分成前向的和侧向的向量很有用。例如，对于一辆车，类似地可以分别创建一个节流力（throttle）和一个操控力。为此，你可以在本章附带项目中用到的 SteeringBehaviors 类（2D 版本）中找到方法ForwardComponent 和 SideComponent。

3.9　平　　滑

当运行示例程序时，你可能会注意到当交通工具的不同行为有冲突时，它就会有点抽搐或抖动。例如，运行一个 Big Shoal 示例程序时，开启障碍物和墙的开关，有时你会发现当"大鲨鱼"智能体靠近墙或者障碍物时，它的凸出部分会有一些抖动。这是因为在当前更新步中，躲避障碍行为返回一个远离障碍物的力，然而在下一个更新步骤中，障碍物已不在威胁区域了，所以这个智能体的某个其他行为可能返回一个把其推向障碍物的力，如此反复，产生了一个不需要的抖动。图 3.19 演示在只有躲避障碍和靠近这两种冲突行为的情况下是如何开始抖动的。

　　这种抖动通常不太明显。不过有的时候，不发生抖动会更好。那么如何让它不发生呢？因为交通工具的速度总是和它的朝向一致，所以阻止这种抖动是很重要的。要使图 3.19 中的动作平滑，交通工具需要提前预见到冲突，然后相应地改变行为。尽管可以这么做，但该解决方案需要很多的计算量和额外的内存空间。索尼的 Robin Green 建议：把朝向向量和速度向量分开，通过若干次更新步骤得到朝向向量的平均值。虽然这个方案不是很完美，但可以用较低的开销获得比较满意的结果。为了容易实现，Vechicle 类需要增加一个变量：m_vSmoothed Heading。这个向量记录交通工具的朝向向量的平均值，每帧都需要更新（Vehicle::Update）我们是通过 Smoother 类（在一个范围内采样，然后返回平均值）得到平均值，看上去这样：

```
if (SmoothingIsOn())
{
  m_vSmoothedHeading = m_pHeadingSmoother->Update(Heading());
}
```

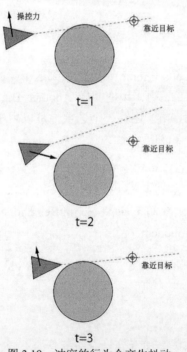

图 3.19　冲突的行为会产生抖动

　　在渲染的调用中，转换交通工具的顶点到屏幕上的坐标转换函数使用了平滑朝向向量。在 Smoother 计算平均值时，需要的更新次数在 params.ini 中设定，并赋给变量 NumSamplesForSmoothing。在调节这个值时，你可以尝试使其尽量小，从而避免不必要的计算和内存使用。如果使用非常高的值会引起诡异的行为。尝试设置 NumSamplesForSmoothing 为 100，你会明白笔者的用意。引用《银河之漫游指南》中的一段：

"你知道。"亚瑟带着轻微的咳嗽声说道,"如果是在南方,它会发生一些很奇怪的事..."

"你是说大海是平静的而高楼一直处于上下颠簸中?" 福特说道。"是的,我也觉得这很奇怪。"

如果运行了 Another_Big_Shoal 程序,你会看到平滑起到的重要作用。

熟能生巧

在 Reynolds 的论文 *Steering Behaviors for Autonomous Characters* 中,他讲述一个叫做跟随主(leader following)的行为。跟随主产生一个操控力,使多个交通工具保持在一个领头交通工具的后面形成一列纵队移动。如果你看过小鸽子跟着它们的妈妈,你就知道我说的意思啦。为了创建这类行为,跟随者必须 arrive 前方交通工具之后的偏移位置,同时使用 separation 来和另一个交通工具保持距离,如图 3.20 所示。

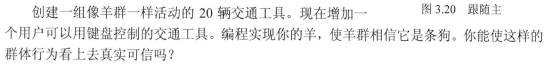

如果发现一个交通工具在领头的路径上,那么通过创建一个行为,使其从侧面远离领头的方向。这样可以更好地改进跟随主行为。

图 3.20　跟随主

创建一组像羊群一样活动的 20 辆交通工具。现在增加一个用户可以用键盘控制的交通工具。编程实现你的羊,使羊群相信它是条狗。你能使这样的群体行为看上去真实可信吗?

第 4 章　体育模拟（简单足球）

设计团体性运动的 AI，特别是足球运动的 AI，是很不容易的。创建能像专业运动员那样的智能体（agent）需要大量的辛勤工作。自从 20 世纪 90 年代早期，就有许多来自全球著名大学的高科技团队参加机器人足球比赛 Robocup。这个比赛的目标是，到 2050 年前能够创造出一个能赢得世界杯的机器人（这可不是在开玩笑），除了机器人外还有仿真的足球锦标赛，那些仿真足球队员在虚拟的草皮上比赛。他们中的很多团队都使用了前沿的 AI 技术，其中许多都是特别为足球开发的。如果参加这种比赛，你会不经意间听到小组间在讨论 fuzzy-Q learning 的好处，multi-agent 协作图和基于情形策略布阵的设计。

很幸运，作为游戏程序员，我们可以不用关注仿真足球的全部细节。我们的目标不是赢得世界杯，而是创造出一个能把球踢好的智能体，从而为游戏玩家提供愉悦的挑战。本章将带你领略如何创建一个能玩简单版本足球（简单足球）的游戏智能体，只使用你到目前为止在本书中学到的技术。

本书不会示范每一种足球的战术和技巧，但会向你展示如何设计和实现一个可扩展的团体性运动 AI 框架。请记住，书中会让简单足球的游戏环境和规则很简单，也会选择性地忽略一些显而易见的战术。一方面是为了降低 AI 的复杂性，从而使你容易地理解状态机逻辑的流程，另一方面，更重要的是为了让决定做本章习题的读者有机会在这一真实的、全面的游戏 AI 项目中学到技术。

读完这一章，你将可以创建大部分团体性运动的 AI 智能体：冰球、橄榄球、板球、美式足球、甚至夺旗游戏等，你可以为其实现富有乐趣的 AI。

4.1　简单足球的环境和规则

游戏的规则不复杂。有两个队：红队和蓝队。每队有 4 个场上队员和一个守门员。游戏的目标是尽可能多地进球。把球踢过对方的球门线就算进球。

简单足球的活动区域的四边被墙围住（像冰球的场地），所以球不会出界，但会简单地从墙上回弹。这就意味着：不像正常足球那样，没有角球，没有投球，肯定也没有越位的规则。图 4.1 展示了一个典型的游戏开场布局。

游戏环境由下列项组成：

- 1 个足球场
- 2 个球门
- 1 个球
- 2 个球队
- 8 个场上队员
- 2 个守门员

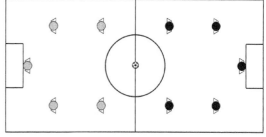

图 4.1　开球位置（为了看清，运动员被放大显示）

每一项都被封装到一个对象中。通过学习图 4.2 的简单 UML 类图，你将会看到它们之间的关联。

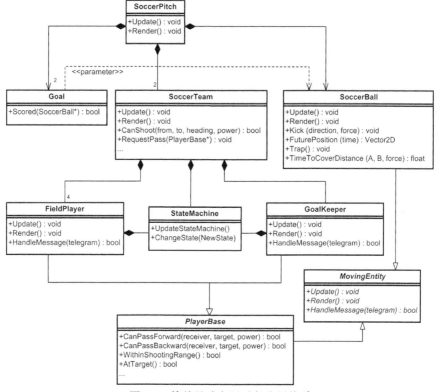

图 4.2　简单足球高层对象分层体系

运动员对象、守门员对象与本书中已经学过的游戏智能体相似。稍后我将详细讲述，首先我想给你说明一下足球场、球门、足球的实现。先了解游戏智能体所处的环境，然后再转到琐碎的 AI 本身。

4.1.1 足球场

足球场是一个被墙围住的长方形赛场。在场地的两端中央各有一个球门，如图 4.1 所示。在赛场中央的小圆圈被称为中点（center-spot）。在每场比赛开始的时候，球被放在这上面。当球进了，两队没有了球的控制权，球被重新放在中点，等待另一次开球。

赛场被封装在类 SoccerPitch 中。这个类的单一实例是在 main.cpp 中被实例化。SoccerPitch 对象拥有 SoccerTeam、SoccerBall 和 Goal 对象的实例。

以下是类的声明：

```
class SoccerPitch
{
public:

  SoccerBall*        m_pBall;

  SoccerTeam*        m_pRedTeam;
  SoccerTeam*        m_pBlueTeam;

  Goal*              m_pRedGoal;
  Goal*              m_pBlueGoal;
```

上面几个成员通过名字就知道是什么意思，我会用若干篇幅详细说明相关类。

```
//边界墙的容器
std::vector<Wall2D> m_vecWalls;
```

简单足球环境的场地边界是用 Wall2D 表示的。墙由一个线段和这个线段的法线（呈现朝向）组成。你可以通过避开墙（wall avoidance）操控行为的描述回忆起它们。

```
//定义赛场的尺寸
Region*            m_pPlayingArea;
```

Region 对象被用来描述足球场的尺寸。Region 中存有所声明区域的左上角、右下角和中央位置的点，还有一个标记号（ID）。

```
std::vector<Region*> m_Regions;
```

足球运动员必须知道它们在足球场上的位置，尽管 x, y 坐标能给我们很明确的位置，但把场地分成球员可实现策略的区域也很有用。为了做到这点，场地被分成图 4.3 中显示的 18 个区域。

在游戏开始时，每个队员都被分配到一个区域，称为它的初始区域（Home Region）。在进球后或者完成一次配合后它将回到该区域。在比赛中，队员的初始区域可能随着球队策略而改变。例如，进攻时球队占据前场位置比防守时来得好。

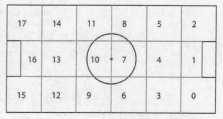

图 4.3　场地被分成多个区域

```
bool               m_bGameOn;
```

球队可以通过查询这个值来判断游戏是否在进行中。如果球进了，比赛将中断，所有队员回到自己的初始位置。

```
bool            m_bGoalKeeperHasBall;
```

如果任何一队的守门员拿了球，这个值将被设为真。队员可以通过查询这个值来帮助它们选择合适的行为。例如，如果守门员控制了球，旁边的对方队员将不会再踢球。

```
/* 忽略无关细节 */

public:

  SoccerPitch(int cxClient, int cyClient);

 ~SoccerPitch();

 void Update();

 bool Render();

 /* 忽略无关细节 */

};
```

函数 SoccerPitch::Update 和 SoccerPitch::Render 在更新和渲染层次体系的顶部。每一次更新，这些方法都会在游戏主循环中被调用，其他所有游戏实体对应的 Render 和 Update 方法也被依次调用。

4.1.2　球门

真实足球场上的球门有左右两根球门柱。只要球的任何部位跨过了球门线（连接两球门柱的线），球就算进了。在每个球门前面的长方形区域画着对应球队的颜色，从而容易区分每个球队所在的边。球门线就是这个长方形后部的那条边。

下面是类的声明：

```
class Goal
{
private:

  Vector2D    m_vLeftPost;
  Vector2D    m_vRightPost;

  //球门的朝向向量
  Vector2D    m_vFacing;

  //球门线的中间位置
  Vector2D    m_vCenter;

  //每次 Scored()检测到进球，它将增 1
  int         m_iNumGoalsScored;

public:
```

```
Goal(Vector2D left, Vector2D right):m_vLeftPost(left),
                                     m_vRightPost(right),
                                     m_vCenter((left+right)/2.0),
                                     m_iNumGoalsScored(0)
  {
    m_vFacing = Vec2DNormalize(right-left).Perp();
  }

//给定球的当前位置, 和上次球的位置,
//如果球跨过球门线, 该方法返回真, 并使m_iNumGoalsScored增1
inline bool Scored(const SoccerBall*const ball);

  /* 忽略存取方法 */
};
```

每次更新，每个球门的 Scored 方法都在 SoccerPitch::Update 中被调用。如果它检测到进球了，那么队员和球被重置到它们初始位置，准备开球。

4.1.3 足球

足球会更有趣。足球的数据和方法都被封装在 SoccerBall 类中。足球会移动，这个类继承于第 3 章中我们用到的 MovingEntity 类。除了 MovingEntity 提供的功能，SoccerBall 还有记录球上次更新位置的成员数据，以及踢球、碰撞检测、计算球的下一个位置的方法。

当一个真实足球被踢时，因为受到地面的摩擦和空气的阻力，它会逐渐减速，直到停止。简单足球的球并不是真实足球，但我们可以通过给球的运动引入一个常量减速度（负的加速度）来模拟相似的效果。减速度的大小通过 params.ini 中的 Friction 值来设置。

下面是 SoccerBall 类的完整声明，其中包含一些重要方法的描述。

```
class SoccerBall : public MovingEntity
{
private:

  //记录在上一次更新中球的位置
  Vector2D                  m_vOldPos;

  //指向持球的队员（或守门员）的指针
  PlayerBase*               m_pOwner;

  //组成足球场边界的墙的本地引用（用作碰撞检测）
  const std::vector<Wall2D>& m_PitchBoundary;

  //测试球是否和墙碰撞, 相应地反射球的速度
  void TestCollisionWithWalls(const std::vector<Wall2D>& walls);
```

足球只与场地边界做碰撞检测，并不与队员做碰撞检测，因为球必须能在它们的脚下运动自如。

```
public:
  SoccerBall(Vector2D             pos,
             double               BallSize,
             double               mass,
             std::vector<Wall2D>& PitchBoundary):
```

```
//设置基类
MovingEntity(pos,
             BallSize,
             Vector2D(0,0),
             -1.0,                    //max speed - unused
             Vector2D(0,1),
             mass,
             Vector2D(1.0,1.0),    //scale - unused
             0,                       //turn rate - unused
             0),                      //max force - unused
m_PitchBoundary(PitchBoundary),
m_pOwner(NULL)
{}

//实现基类 Update
void      Update(double time_elapsed);

//实现基类 Render
void      Render();

//足球不需要处理消息
bool      HandleMessage(const Telegram& msg){return false;}

//该方法对球施加一个有方向的力（踢球）
void      Kick(Vector2D direction, double force);

//给定一个踢球力和通过起点和终点定义的移动距离，
//该方法计算球经过这段距离要花多久
double    TimeToCoverDistance(Vector2D  from,
                              Vector2D  to,
                              double    force)const;

//该方法计算在给定时间后球的位置
Vector2D FuturePosition(double time)const;

//这被场上队员和守门员用于停球，停球队员被认为控制了球，
//所以相应地调整 m_pOwner
void      Trap(PlayerBase* owner){m_vVelocity.Zero(); m_pOwner = owner;}

Vector2D OldPos()const{return m_vOldPos;}

//设置球的位置，并重置速度为 0
void      PlaceAtPosition(Vector2D NewPos);
};
```

在讲述运动员和小组类之前，我先复习一下 SoccerBall 的一些公有方法，以确保你理解其中的数学原理。这些方法被运动员们频繁地使用，用来预测球在将来某个时刻的位置，或预测球要多久才能到达指定位置。当设计体育游戏或仿真的 AI 时，你会用到许多数学和物理知识。所以如果对其不了解，那么现在就回到第 1 章阅读那些内容，否则你将会迷失其中。

➲ 3D 注意：这个演示实例是二维的，但你也可以同样地把这些技巧用到三维游戏中。这会变得稍微复杂些，因为球会弹跳，可能跳到球员的头上，所以必须添加一些额外的球员技能，如头球，这主要是物理方面考虑的事项，至于 AI，情况基本是一样的；你只需要在计算截球时，给 FSM 添加一些新的状态，并增加一些额外的逻辑来检测球的高度。

1. SoccerBall::FuturePosition

给定时间的长度，FuturePosition 计算在未来的那个时刻球的位置（假设它的轨迹将一直不受干扰）。不要忘记，球会受到地面的摩擦力，必须要考虑这点。摩擦力被表示成一个反向的常量加速度（也就是，减速度）。params.ini 中的 Friction 定义了该变量。

为了得到球在 t 时刻的位置 P_t，我们必须用第 1 章中的公式（1.87）来计算它的运动距离：

$$\Delta x = u\Delta t + \frac{1}{2}a\Delta t^2 \tag{4.1}$$

Δx 是运动距离，u 是球被踢时的速度，a 是因摩擦力而引起的减速度，见图 4.4。

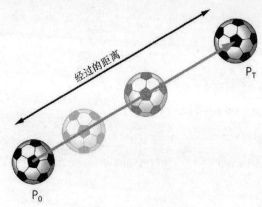

图 4.4 计算运动距离

一旦算出球的运动距离，我们就知道加多少速度到球的位置，但不知道是哪个方向。然而，我们知道球正在向速度向量方向运动。因此，如果标准化（normalize）球的速度向量，然后乘上运动的距离，我们将得到一个有距离和方向的向量。如果把这个向量加到球的位置，结果就是被预测的位置。下面是有关计算的代码：

```
Vector2D SoccerBall::FuturePosition(double time)const
{
  //使用公式 x=ut+ 1/2at^2，其中 x 为距离，a 为摩擦加速度，u 为初始速度
  //计算 ut 项，这是个向量
  Vector2D ut = m_vVelocity * time;

  //计算 1/2at^2 项，这是个标量
  double half_a_t_squared = 0.5 * Prm.Friction * time * time;

  //通过乘上速度的标准化向量（因为有方向），把标量转变为向量
  Vector2D ScalarToVector = half_a_t_squared * Vec2DNormalize(m_vVelocity);

  //预测位置为球的位置加上这两项
  return Pos() + ut + ScalarToVector;
}
```

➲ 注意：本书中的许多函数都使用了没必要的临时变量。这主要是为了帮助你的理解，如果把它们移除，计算会变得混乱，还有一个原因是这可以防止代码行过长而无法在页面中清晰显示。

2. SoccerBall::TimeToCoverDistance

给定两个位置 A 和 B，以及一个踢球力。这个方法返回一个 double 值，即两点间运动所需的时间。当然，给定一个长的距离和一个小的力，球可能根本无法走完这段距离，方法返回一个负值。

这次用这个公式：

$$v = u + a\Delta t \tag{4.2}$$

移项，得出花费时间的等式：

$$\Delta t = \frac{v - u}{a} \tag{4.3}$$

我们知道 a 为摩擦力，所以我们必须还要知道 v 和 u，其中 v 为 B 点的速度，u 为球被踢时刻的速度。在简单足球中，速度不会累积的。假定球被踢一刹那前的速度为 0。虽然在技术上这是不切实际的（如果球是传过来的，速度将不会是 0），在实践中，这种方法使得计算容易，同时看上去的效果还蛮真实。注意，u 等于球被踢时的瞬间加速度。因此：

$$u = a = \frac{F}{m} \tag{4.4}$$

既然我们已经算出 u 和 a，那么接下来我们只需计算 v，所有 3 个值代入等式（4.3）得到 Δt。为得到 v（B 点的速度），我们用下面的等式：

$$v^2 = u^2 + 2a\Delta x \tag{4.5}$$

两边开方：

$$v = \sqrt{u^2 + 2a\Delta x} \tag{4.6}$$

不要忘了 Δx 是 A 和 B 之间的距离，如果 $u^2 + 2a\Delta x$ 项为负值，速度将不再是一个实数（你不能计算负数的开方。虽然事实上你可以，但是需要引入复数的概念。本书并不打算这么做）。这意味着球不能跑完 A 与 B 之间的距离。如果其为正数，那么我们算出 v，然后简单地代入等式（4.3），就可以算出 Δt。

下面的源代码可供参考：

```
double SoccerBall::TimeToCoverDistance(Vector2D A,
                                       Vector2D B,
                                       double force)const
{
  //如果队员传球了，那么这将是球的下一步的速度
  double speed = force / m_dMass;

  //使用公式计算在 B 处的速度
  //
```

```
// v^2 = u^2 + 2ax
//
//首先计算 s（两个位置间的距离）
double DistanceToCover = Vec2DDistance(A, B);

double term = speed*speed + 2.0*DistanceToCover*Prm.Friction;

//如果 (u^2 + 2ax)是负值，这意味着球无法到达点 B
if (term <= 0) return -1.0;

double v = sqrt(term);

//球可以到达 B，且我们知道当球到达那时的速度，
所以现在我们简单地用公式计算时间
//
//     t = v-u
//        ---
//         a
//
return (v-speed)/Prm.Friction;
}
```

4.2   设计 AI

在简单足球球队中有两类足球运动员：场上队员和守门员。这两种类型都继承于相同的基类 PlayerBase。它们都用到你在第 3 章学到的 SteeringBehaviors 类的删减版本，而且都拥有自己的有限状态机，每个状态机都有自己的一套状态，如图 4.5 所示。

虽然书中并没有画出每个类的所有方法，但这足以让你了解其中的设计理念。PlayerBase 和 SoccerTeam 中列出的大多数方法构成了运动员状态机用来路由它的 AI 逻辑的接口（为了使这张图恰好能在一页中完整显示，书中略去了每个方法的参数）。

从中可见，SoccerTeam 也拥有一个 StateMachine，因此小组能依照游戏的当前状态来改变自身的行为。除了在队员级别，还在小组级别实现 AI，这就是所谓的分层 AI（tiered AI）。这类 AI 被用于各类电脑游戏。你会经常在 RTS 实时战略游戏中看到分层 AI，那里敌人的 AI 通常在多个层次上实现，比如说部队、军队、指挥官。

还可以看到，运动员和它们的球队都可以发送消息。一个队员可以发送消息给另一个队员（包括守门员）或者球队发送消息给队员。在这个 demo 中，运动员不发送消息给其球队（尽管没有理由说明它们为什么不能，但如果有一个很好的理由解释运动员需要发送消息给其球队，那么就实现它）。所有传送到场上队员或者守门员的消息都在每个类各自的全局状态中处理，稍后你将在本章中会看到。

既然队员的球队状态在某种程度上决定了队员的行为，那么我们的简单足球 AI 之旅将从描述 SoccerTeam 类开始。在理解了球队的工作原理后，下面将讲解队员和守门员如何展开他们的球技。

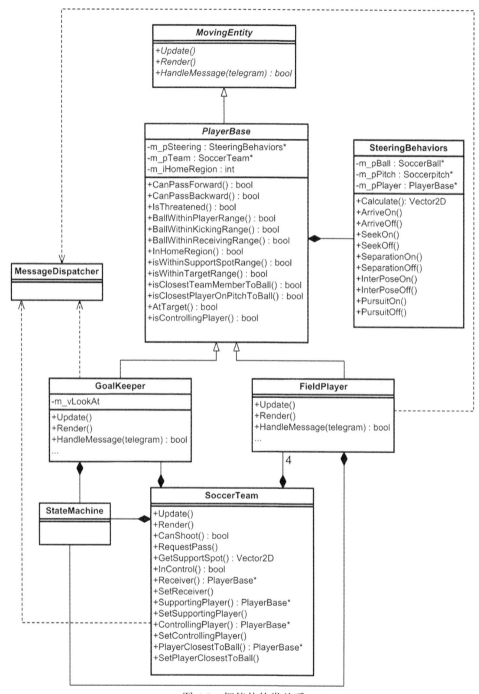

图 4.5 智能体的类关系

4.2.1 SoccerTeam 类

SoccerTeam 类拥有组成足球队队员的实例，有指向足球场地、对方球队、自己球队球门、对方球队球门的指针。另外，还有指向场上关键队员的指针。所有队员可以查询它们的球队，然后在它们的状态机逻辑中使用这些信息。

先将讲述一下这些关键队员的角色，然后讨论简单足球球队使用的不同状态。

下面是关键队员的指针在类中的声明：

```
class SoccerTeam
{
private:

    /* 忽略无关细节 */

    //指向关键队员的指针
    PlayerBase*              m_pReceivingPlayer;
    PlayerBase*              m_pPlayerClosestToBall;
    PlayerBase*              m_pControllingPlayer;
    PlayerBase*              m_pSupportingPlayer;

    /* 忽略无关细节 */
};
```

1. 接球队员

当一名队员把球踢给另一名队员，显然那名等待接球的队员就是接球队员。任何时候只能指派一名接球队员。如果没有指派接球队员，这个值将被设为 NULL。

2. 离球最近的队员

这个指针指向球队中当前离球最近的队员。可以想象，当队员要决定是自己追球还是传球给另一名队员时，知道这方面信息很有用。每个时间步（Time Step）中，球队都将计算哪名队员离足球最近，并维持对这个指针的不断更新。因此，在比赛过程中 m_pPlayerClosestToBall 从来不会为 NULL。

3. 控球队员

控球队员是控制足球的队员。一个明显的例子，正要传球给队友的队员是控球队员。一个不太明显的例子，一旦开始了"传球"这个动作，等待接球的队员就是控球队员。在后一个例子中，即使接球队员离球很远，这名球员还是控球队员，除非球被对手截走，接球队员是下一个能踢球的队员。当控球队员跑到前场，通常被称为进攻队员。如果这个球队没有控制球，那么该指针将被设为 NULL。

4. 接应队员

当一名队员控制了球，球队将指派一名接应队员。这名接应队员企图移到前场的有利位置。接应位置通过某些因素来评定，如进攻队员传球到这个位置的难易程度、在这个位置进球的可能性。例如，图 4.6 中的位置 B 被认为是一个好的接应位置（很好的视野，容易传球）

位置 C 是一个一般的接应位置（一般的视野，不容易传球），位置 D 是一个非常烂的接应位置（不太可能传球，不能射门，不在进攻方的前场）。

如果没有指派接应队员，那么该指针将为 NULL。通过下面一系列步骤我们可以计算得到接应位置：在赛场上采样一系列位置，对采样结果进行一些测试，得到一个累积的分数，最后积分高的位置就是最佳接应点（Best supporting Spot，缩写为 BBS）。SupportSpotCalculator 类实现了整个计算过程。下面简单介绍一下这个类。

计算最佳接应点

SupportSpotCalculator 类通过给从对方半场上采样的接应点计分来计算 BSS。默认的接应点（对于红队）如图 4.7 所示。

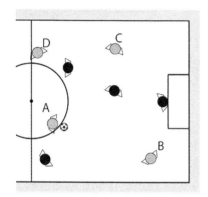

图 4.6 接应位置（好的，不好的，极不好的）

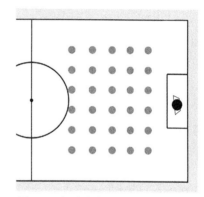

图 4.7 红队考虑这些潜在的接应点

如你所看到的那样，所有接应点都在对方的半场上。没有必要采样后场的点，因为接应队员总是尽量找有最佳射门机会的接应点，这就不可避免地定位在接近对方球门的地方。

一个接应点有位置和积分，就像：

```
struct SupportSpot
{
  Vector2D  m_vPos;

  double    m_dScore;

  SupportSpot(Vector2D pos, double val):m_vPos(pos),
                                   m_dScore(value)
  {}
};
```

我们逐个检查每一个点，并根据一些因素给它打分，例如，是否可以在那个位置射门进球，控球队员离该点的距离。给每个因素的打分都是累积的，最高分的点就是最佳接应点。接应队员移向 BSS 位置，准备接球。

⊃ 注意：每一次更新都计算 BSS 是没有必要的，因此我们通过 params.ini 中的 Support SpotUpdateFreq 值来定义计算频率，默认值为每秒 1 次。

为了明确地知道这些因素究竟是什么，你要像足球运动员那样思考。如果你在足球场上跑动，尽可能把你自己放到一个有利的接应位置，你要考虑什么因素？你可能会考虑你同伴把球传到什么位置。你可以想象你自己在每一个位置，而那些对于进攻者能安全地传球给你的位置就是好位置。SupoortSpotCalculator 将给满足这个条件的点赋予等于 Spot_CanPassScore 的值的分数（params.ini 中设为 2.0）。图 4.8 显示了在球赛中的一些典型的位置，高亮显示了所有可能传球的点。

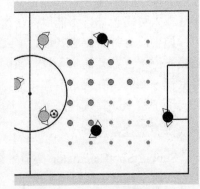

图 4.8　按照传球的潜能打分

另外，我们要关注能进球的位置。因此 SupportSpotCalculator 类给那些通过"可以直接射门"这项测试的每个位置加上 Spot_CanScoreFromPositionScore 分。我不是足球专家（远不如），但是我认为能传球的优先级要高于能进球（毕竟，在射门前，进攻队员必须把球传给接应队员）。记住，Spot_CanScoreFromPositionScore 的默认值为 1.0。图 4.9 中显示的位置和图 4.8 中相同，不过图 4.9 中的点是按适合射门的可能性估分的。

接应队员需要考虑的另一点因素是目标位置和队友的距离。太远会造成传球难有风险，太近则会不能充分利用传球的功效。

将 200 像素的值作为接应队员离控球队员的最佳距离值。在这个距离上的点将得到 Spot_DistFrom ControllingPlayerScore 的最佳分（默认 2.0），随着距离的缩短或者增长，能得到的分数都将减少，如图 4.10 所示。

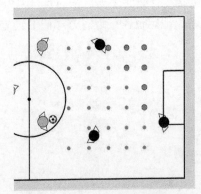

图 4.9　按照射门进球的潜能打分

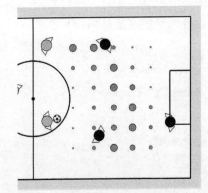

图 4.10　按照到进攻队员的距离打分。点越大，积分越高

在检查完每一个位置，所有分数都被累加在一起后，拥有最高分的点被认为是最佳接应点，接应队员将跑到并占据那个位置，等待接球。

方法 SupportSpotCalculator::DetermineBestSupportingPosition 实现了计算 BSS 的过程。

下面是供你参考的源代码：

```
Vector2D SupportSpotCalculator::DetermineBestSupportingPosition()
{
  //每几帧更新该位置
  if (!m_pRegulator->AllowCodeFlow()&& m_pBestSupportingSpot)
  {
    return m_pBestSupportingSpot->m_vPos;
  }

  //重置最佳接应点
  m_pBestSupportingSpot = NULL;

  double BestScoreSoFar = 0.0;

  std::vector<SupportSpot>::iterator curSpot;

  for (curSpot = m_Spots.begin(); curSpot != m_Spots.end(); ++curSpot)
  {
    //首先删除之前的分数（分数被设为1，从而可以看到所有点的位置）
    curSpot->m_dScore = 1.0;

    //测试1：传球到这个位置是否安全?
    if(m_pTeam->isPassSafeFromAllOpponents(m_pTeam->ControllingPlayer()
                                             ->Pos(),
                                           curSpot->m_vPos,
                                           NULL,
                                           Prm.MaxPassingForce))
    {
      curSpot->m_dScore += Prm.Spot_PassSafeStrength;
    }

    //测试2：是否可以在这个位置射门进球
    if(m_pTeam->CanShoot(curSpot->m_vPos,
                         Prm.MaxShootingForce))
    {
      curSpot->m_dScore += Prm.Spot_CanScoreStrength;
    }

    //测试3：计算这个点离控球队员多远。越远，分数越高。
    //任何远于OptimalDistance像素的距离无法接到球。
    if (m_pTeam->SupportingPlayer())
    {
      const double OptimalDistance = 200.0;

      double dist = Vec2DDistance(m_pTeam->ControllingPlayer()->Pos(),
                                  curSpot->m_vPos);

      double temp = fabs(OptimalDistance - dist);

      if (temp < OptimalDistance)
      {

        //标准化距离，把它加到分数中
        curSpot->m_dScore += Prm.Spot_DistFromControllingPlayerStrength *
                    (OptimalDistance-temp)/OptimalDistance;
      }
    }
    //检查到目前为止这个点是否为最高分
    if (curSpot->m_dScore > BestScoreSoFar)
```

```
    {
      BestScoreSoFar = curSpot->m_dScore;

        m_pBestSupportingSpot = &(*curSpot);
      }

  }

  return m_pBestSupportingSpot->m_vPos;
}
```

之前我们一直在介绍 SoccerTeam 如何实现的，曾提到 SoccerTeam 有一个状态机，它因此能通过状态来改变行为。现在让我们弄清楚球队的可用状态以及它们是如何影响队员的行为。

5. SoccerTeam 状态

任何时刻一个球队都处在三种状态之一：Defending（防守）、Attacking（进攻）和 PrepareForKickOff（准备开球）。这些状态的逻辑非常简单（目的是教给你如何实现分层 AI，而不是向你示范如何创建复杂的足球战术），但是你也可以轻松地通过添加或者修改状态来创建你能想到的任何类型的团队行为。

之前提到，队员使用"区域"这个概念来帮助运动员在赛场上正确地定位自己。如果队员不控球、不接应、不进攻，那么球队状态让它们移到这些区域。例如，在防守时，足球队使队员接近自己的球门是明智之举；而在进攻时，队员应该移到前场，接近对方球门。

以下是每个球队状态的详细描述。

PrepareForKickOff（准备开球）

进球后球队立刻进入这个状态。方法 Enter 将所有关键队员的指针为设置为 NULL，改变它们的初始位置为开球位置，给每个队员发送消息，请求它们回到自己初始位置。事实上就像这样：

```
void PrepareForKickOff::Enter(SoccerTeam* team)
{
  //重置关键队员的指针
  team->SetControllingPlayer(NULL);
  team->SetSupportingPlayer(NULL);
  team->SetReceiver(NULL);
  team->SetPlayerClosestToBall(NULL);

  //给每个队员发送 Msg_GoHome 消息
  team->ReturnAllFieldPlayersToHome();
}
```

每个 Execute 周期，都要等到两个队的所有队员都回到它们自己的初始位置后，才能改变状态到 Defending，比赛重新开始。

```
void PrepareForKickOff::Execute(SoccerTeam* team)
{
  //如果两队都到位了，开始游戏
```

```
  if (team->AllPlayersAtHome() && team->Opponents()->AllPlayersAtHome())
  {
    team->ChangeState(team, Defending::Instance());
  }
}
```

Defending

Defending 状态的 Enter 方法改变球队所有队员的位置到自己半场，使球队所有队员靠近己方的球门，从而使对方球队难以带球射门。图 4.11 显示了红队在 Defending 状态时的初始位置。

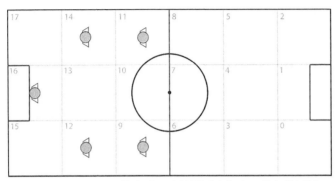

图 4.11　Defending 状态时，队员回到它们自己的初始区域

```
void Defending::Enter(SoccerTeam* team)
{
  //为每个队员，定义该状态的初始区域
  const int BlueRegions[TeamSize] = {1,6,8,3,5};
  const int RedRegions[TeamSize] = {16,9,11,12,14};

  //设置队员的初始区域
  if (team->Color() == SoccerTeam::blue)
  {
    ChangePlayerHomeRegions(team, BlueRegions);
  }
  else
  {
    ChangePlayerHomeRegions(team, RedRegions);
  }

  //如果队员在 Wait 状态或 ReturnToHomeRegion 状态，
  //它的操控目标必须被更新到新的初始区域
  team->UpdateTargetsOfWaitingPlayers();
}
```

Defending 状态的 Execute 方法判断球队是否获得球的控制权。一旦球队获得球的控制权，球队状态就立刻改变为 Attacking。

```
void Defending::Execute(SoccerTeam* team)
{
  //如果在控球中，那么改变状态
  if (team->InControl())
```

```
  {
    team->ChangeState(team, Attacking::Instance()); return;
  }
}
```

Attacking

Attacking 状态的 Enter 方法看上去和 Defending 状态的一样，此处不赘述。它们之间仅有的差别是队员被分配到不同的初始区域。图 4.12 显示了红队进攻时队员被分配到的区域。

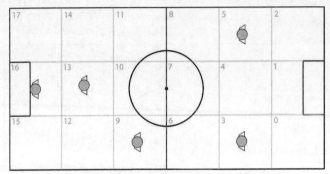

图 4.12　Attacking 状态时，队员在它们的初始区域

正如你所看到的，队员不断移向对方球门，把球控制在对方半场，从而有更多射门进球的机会。从图 4.12 中可见，一名队员保持在后场，在守门员的正前方，这是为了提供基本的防御，防止对方抢到球后单刀进球。

Attacking 状态的 Execute 方法和 Defending 状态相似，但还有一项补充。当球队获得球的控制权，就立刻迭代所有队员，决定谁能为进攻队员提供最佳接应。如我们前面讨论的那样，一旦指派了接应队员，这名接应队员将移到最佳接应点。

```
void Attacking::Execute(SoccerTeam* team)
{
  //如果该球队不再控制球，那么改变状态
  if (!team->InControl())
  {
    team->ChangeState(team, Defending::Instance()); return;
  }

  //给接应队员计算最佳位置
  team->DetermineBestSupportingPosition();
}
```

对于 SoccerTeam 类的讲述暂且就这样。接下来让我们看一下如何实现场上队员的。

4.2.2　场上队员

场上队员是在场上跑动、传球、向对方球门灌球的人，分两类场上队员：进攻的和防守的。它们都通过同一个类 FieldPlayer 实例化，但是通过一个枚举变量来确定它们的角色。防守队员主要在后方保护它们的球门，进攻队员能更自由地在场上向对方球门跑动。

1. 场上队员的移动

队员有一个与速度方向一致的朝向，他使用操控行为来移动到位，来追球。当不跑动时，场上队员要不断地旋转方向以面对着球，他这样做并非是为了感知到球的位置，因为通过直接查询游戏状态，他总是可以知道球的位置。这样做是因为截球后立刻传球会有更好的进攻机会，而且让人看起来更可信。记住，这是为了创造出智能的假想，而不是纯学术研究的真正核心的人工智能。大多数游戏玩家会假设电脑玩家是用他的头部在跟踪球，那么他就必须看着球。创建总是在跟踪球的玩家，我们也必须保证不会发生任何奇怪的现象。比如当球员背对着球时却能接到并控制住球。这种事情必将粉碎游戏人物具有智能的幻觉，使得玩家感到受骗和不满。我肯定你在玩游戏的时候，有过这种感觉。一个小小的瑕疵也会使玩家对AI 丧失信心。

场上队员在场上移动时，利用 arrive 行为和 seek 行为移向目标位置，或者使用 pursuit 行为来追球。任何需要的操控行为一般在状态的 Enter 方法中开启，在 Exit 方法中关闭。接下来，让我们讨论一下场上队员的状态。

2. 场上队员状态

在现实生活中，足球运动员必须学习一套技术来很好地控制球，以便于能跟全队协作进球。他们通过无数时间的练习和重复千篇一律的移动来做到这点。简单足球的运动员不需要练习，但是他们要依靠你——程序员，赐予他们娴熟的技术。

场上队员的有限状态机涉及以下 8 个状态。

- GlobalPlayerState（全局队员状态）
- Wait（等待）
- ReceiveBall（接球）
- cKickBall（踢球）
- Dribble（带球）
- ChaseBall（追球）
- ReturnToHomeRegion（回位）
- SupportAttacker（接应）

我们可以通过下面两种方式改变状态：其一，状态的逻辑本身；其二，一名队员收到另一名队员的信息（例如接到球）。

GlobalPlayerState

场上队员全局状态的主要目的是成为一个消息路由器。尽管队员的许多行为可以在每个状态的逻辑里实现，但通过消息系统来实现一些队员的协作也是需要的。一个很好的例子是，当接应队员发觉自己处在一个有利的位置，请求队友的传球。为了便于队员通讯，我们应用了第 2 章学到的可信赖的消息系统。

在简单足球中我们使用了 5 类消息。它们分别是：

- Msg_SupportAttacker

- Msg_GoHome
- Msg_ReceiveBall
- Msg_PassToMe
- Msg_Wait

SoccerMessages.h 列出了这些消息。让我们弄清楚它们是如何进行处理的。

```
bool GlobalPlayerState::OnMessage(FieldPlayer* player, const Telegram& telegram)
{
  switch(telegram.Msg)
  {
  case Msg_ReceiveBall:
    {
      //设置目标
      player->Steering()->SetTarget(*(Vector2D*)(telegram.ExtraInfo));

      //改变状态
      player->ChangeState(player, ReceiveBall::Instance());

      return true;
    }

    break;
```

当传球时 Msg_ReceiveBall 消息被发送给接球队员。传球的目标位置被存储起来作为接球者的操控行为目标。接球队员通过改变状态为 ReceiveBall 来确认收到该消息。

```
  case Msg_SupportAttacker:
    {
      //如果已经在接应，那么返回
      if (player->CurrentState() == SupportAttacker::Instance()) return true;

      //设置目标为最佳接应位置
      player->Steering()->SetTarget(player->Team()->GetSupportSpot());

      //改变状态
      player->ChangeState(player, SupportAttacker::Instance());

      return true;
    }

    break;
```

为了把球移向前场，控球队员发送 Msg_SupportAttacker 消息请求接应。当队员收到此消息时，它设置操控目标（steering target）为最佳接应点，然后改变状态为 Support Attacker。

```
  case Msg_GoHome:
    {
      player->SetDefaultHomeRegion();

      player->ChangeState(player, ReturnToHomeRegion::Instance());

      return true;
    }

    break;
```

当一个球员收到这个消息，回到自己的初始区域。这条消息经常是在射门前由守门员广播，或者由"场地"在通知队员回到它们的开球位置时广播。

```
case Msg_Wait:
  {
    //改变状态
    player->ChangeState(player, Wait::Instance());

    return true;
  }

  break;
```

Msg_Wait 指示一名队员在当前位置等待。

```
case Msg_PassToMe:
  {
    //得到请求传球的队员的位置
    FieldPlayer* receiver = (FieldPlayer*)(telegram.ExtraInfo);

    //如果球不在球员可触及范围，或请求队员不具备射门的条件，该队员不能传球给请求队员
    if (!player->BallWithinKickingRange())
    {
      return true;
    }

    //传球
    player->Ball()->Kick(receiver->Pos() - player->Ball()->Pos(),
                         Prm.MaxPassingForce);

    //通知接球队员，将要开始传球
    Dispatch->DispatchMsg(SEND_MSG_IMMEDIATELY,
                          player->ID(),
                          receiver->ID(),
                          Msg_ReceiveBall,
                          NO_SCOPE,
                          &receiver->Pos());

    //改变状态
    player->ChangeState(player, Wait::Instance());

    player->FindSupport();

    return true;
  }

  break;
```

Msg_PassToMe 适用于多种情况，主要用于当接应队员移动到一个有好的射门机会的位置。当队员收到这个消息时，他将把球传给请求队员（如果可以安全地传球给对方）。

```
  }//结束 switch

  return false;
}
```

除了 OnMessage 外，全局状态还实现了 Execute 方法。为了仿真足球运动员控制球时会

放慢速度移动，所以当队员靠近足球时，Execute 方法会降低它的最大速度。

```
void GlobalPlayerState::Execute(FieldPlayer* player)
{
  //如果球员占有并接近球，那么降低他的最大速度
  if((player->BallWithinReceivingRange()) &&
    (player->Team()->ControllingPlayer() == player))
  {
    player->SetMaxSpeed(Prm.PlayerMaxSpeedWithBall);
  }

  else
  {
    player->SetMaxSpeed(Prm.PlayerMaxSpeedWithoutBall);
  }
}
```

ChaseBall

当队员在 ChaseBall 状态时，他会靠近（seek）球的当前位置，试图到达能踢球的范围。当队员进入这个状态时，他的 seek 行为像这样被激活：

```
void ChaseBall::Enter(FieldPlayer* player)
{
  player->Steering()->SeekOn();
}
```

在 Execute 方法的执行期间，如果球进入球员能踢到的范围，队员将改变状态为 KickBall。如果球不在该范围内，那么只要队员还是球队中离球最近的，他将继续追赶球。

```
void ChaseBall::Execute(FieldPlayer* player)
{
  //如果球在他能踢到范围，那么该队员改变状态为 KickBall
  if (player->BallWithinKickingRange())
  {
    player->ChangeState(player, KickBall::Instance());

    return;
  }

  //如果该队员离球最近，那么继续追球
  if (player->isClosestTeamMemberToBall())
  {
    player->Steering()->SetTarget(player->Ball()->Pos());

    return;
  }

  //如果该队员不是离球最近的，
  //那么他应该回到自己的初始位置，等待下一次机会
  player->ChangeState(player, ReturnToHomeRegion::Instance());
}
```

当队员退出这个状态，seek 行为将失效。

```
void ChaseBall::Exit(FieldPlayer* player)
{
```

```
    player->Steering()->SeekOff();
}
```

Wait

当队员在 Wait 状态时，他将等待在操控行为的目标位置。如果一名队员被另一名队员挤出自己的位置，它将连忙移回。

这个状态的若干退出条件如下。

- 如果一名等待队员发觉自己在控球队友的前场，它会给该队员发送消息请求传球。这是因为他想尽快把球移向更前场。如果安全，队员将传球，等待队员将改变状态为 ReceiveBall。

- 如果比起其他队员，球离等待队员更近，并且没有指派其他的接球队员，那么他将改变状态为 ChaseBall。

```
void Wait::Execute(FieldPlayer* player)
{
  //如果该队员被挤出位置，那么要回到位置
  if (!player->AtTarget())
  {
    player->Steering()->ArriveOn();

    return;
  }

  else
  {
    player->Steering()->ArriveOff();

    player->SetVelocity(Vector2D(0,0));

    //该队员应该盯着球
    player->TrackBall();
  }

  //如果该队员的球队正在控制着球，
  //该队员不是进攻队员，并且
  //该队员比进攻队员更靠近前场，
  //那么他应该请求传球。
  if ( player->Team()->InControl()    &&
  (!player->isControllingPlayer()) &&
      player->isAheadOfAttacker() )
  {
    player->Team()->RequestPass(player);

    return;
  }

  if (player->Pitch()->GameOn())
  {
  //如果该队员是球队中离球最近的，球队也没有分配接球队员，同时
  //守门员没有拿着球，那么去追球
  if (player->isClosestTeamMemberToBall() &&
      player->Team()->Receiver() == NULL  &&
      !player->Pitch()->GoalKeeperHasBall())
  {
```

```
      player->ChangeState(player, ChaseBall::Instance());

      return;
    }
  }
}
```

ReceiveBall

当处理 Msg_ReceiveBall 消息时，队员将进入 ReceiveBall 状态。这个消息由传球队员发送给接球队员。Telegram 的 ExtraInfo 域包含球的目标位置，所以接球队员的操控目标（steering target）才能相应设定，使得接球队员移向该位置，并准备接球。

每个队只能有一名队员处于 ReceiveBall 状态（有两名或多名队员拦截同一个球不是一个好的战术）。首先，这个状态的 Enter 方法做的是更新相应的 SoccerTeam 指针，从而使其他队友在必要时查询它们。

为了使玩法更有趣更合乎常情，这里有两种方法接球。一种方法是使用 arrive 行为来操控移向球的目标位置。另一种方法是使用 pursuit 行为来追逐。队员可以依赖下列因素选择其中的一种方法：Chance OfUsingArriveTypeReceiveBehavior 值；对方队员是否在威胁范围；接球队员是否是场上离对方球门第三近的队员（称这个区域为"热点区域"）。

```
void ReceiveBall::Enter(FieldPlayer* player)
{
  //让球队知道，这个队员正在接球
  player->Team()->SetReceiver(player);

  //该队员现在也是控球队员
  player->Team()->SetControllingPlayer(player);

  //有两类接球行为。1.用 arrive 指导接球队员到达传球队员发送的消息中指定的位置
  //2.用 pursuit 行为来追逐球。
  //这个语句依据 ChanceOfUsingArriveTypeReceiveBehavior 的可能性选择其一，
  //判断是否有对方队员靠近接球队员，
  //是否接球队员在对方的热区（所有队员中离对方球门第三近的）
  const double PassThreatRadius = 70.0;
  if ((player->InHotRegion() ||
      RandFloat() < Prm.ChanceOfUsingArriveTypeReceiveBehavior) &&
     !player->Team()->isOpponentWithinRadius(player->Pos(), PassThreatRadius))
  {
    player->Steering()->ArriveOn();
  }
  else
  {
    player->Steering()->PursuitOn();
  }
}
```

Execute 方法是直截了当的。接球队员将移到那个位置，并停留在那儿，除非足球已进入指定距离之内或者自己的球队失去了对球的控制权，那时他的状态将变为 ChaseBall 状态。

```
void ReceiveBall::Execute(FieldPlayer* player)
{
  //如果他离球足够近或者他的球队失去球的控制权，那么他应该改变状态去追球
  if (player->BallWithinReceivingRange()   || !player->Team()->InControl())
```

```
    {
      player->ChangeState(player, ChaseBall::Instance());

      return;
    }
    //如果 pursuit 操控行为被用来追球，那么该队员的目标必须随着球的位置
    //不断地被更新
    if (player->Steering()->PursuitIsOn())
    {
      player->Steering()->SetTarget(player->Ball()->Pos());
    }

    //如果该队员到达了操控目标位置，那么它应该等在那里，并转向面对着球
    if (player->AtTarget())
    {
      player->Steering()->ArriveOff();
      player->Steering()->PursuitOff();
      player->TrackBall();
      player->SetVelocity(Vector2D(0,0));
    }
}
```

KickBall

如果足球运动员有比喝醉和互相拥抱更喜欢做的事，那就是射门，对，他们喜欢射门。简单足球队员也不会不一样。它们不会喝醉，也不会互相拥抱，但是他们确实喜欢射门。

简单足球的队员必须能以不同的方式控制球、踢球。他必须能向对方球门射门，还要在必要时能传球给另一名队员，还要能带球。当队员获得球的控制权时，他必须随时选择最佳方式射门。

KickBall 状态实现了射门和传球的逻辑。如果由于某些原因队员不能射门或者没有必要传球，队员的状态将变为 Dribble。队员保持 KickBall 状态不能长于一个更新周期。无论踢不踢球，队员将总要通过状态逻辑改变其状态。如果球进入 PlayerKickingDistance 范围，队员进入 KickBall 状态。

让我们看一下源代码：

```
void KickBall::Enter(FieldPlayer* player)
{
  //使球队知道该队员正在控制球
  player->Team()->SetControllingPlayer(player);

  //该队员每秒只能进行有限次数的踢球
  if (!player->isReadyForNextKick())
  {
    player->ChangeState(player, ChaseBall::Instance());
  }
}
```

Enter 方法首先让球队知道这名队员正在控制球，然后检测这名队员在这个更新步是否被允许踢球。1 秒钟内队员只能有 PlayerKickFrequency 次的踢球机会。如果队员不能射门，他的状态将改变为 ChaseBall，并继续跟着球跑动。

要限制队员每秒踢球次数从而防止异常的行为。例如，如果没有限制，在踢球位置会有

这样的情形发生：队员进入 wait 状态，然后因为球还在踢球范围内，一刹那后队员会再次踢球。因为球这样被处理的物理过程，就导致了球的可笑而不自然的运动。

```
void KickBall::Execute(FieldPlayer* player)
{
  //计算指向球的向量与球员自己的朝向向量的点积
  Vector2D ToBall = player->Ball()->Pos() - player->Pos();
  double    dot   = player->Heading().Dot(Vec2DNormalize(ToBall));

  //如果守门员控制了球，或者球在该队员的后面，
  //或者已经分配了接球队员，就不能踢球。所以只是继续追球
  if (player->Team()->Receiver() != NULL    ||
      player->Pitch()->GoalKeeperHasBall() ||
      (dot<0) )
  {
    player->ChangeState(player, ChaseBall::Instance());
    return;
  }
```

当进入 Execute 方法时，计算出队员的朝向和指向球的向量间的点积，从而确定球是在队员的后面还是前面。如果球在后面，或者已经有一名队员在等待接球，又或者一名守门员拿到了球，那么队员的状态被改变，使得队员继续追赶球。

如果这名队员能踢球，状态逻辑决定是否有可能射门。毕竟进球是游戏的目的，所以当队员控制球时，这自然是首要考虑的事情。

```
/* 试图射门 */

//点积用来调整射门力。球越在队员的正前方，踢球的力将越大
double power = Prm.MaxShootingForce * dot;
```

由此可见，射门力和球在队员正前方的程度成正比。如果球在侧面，射门力将降低。

```
//如果可以射门，这个向量用来存放该队员瞄准的在对方球门线上的位置
Vector2D  BallTarget;

//如果确认该队员可以在这个位置射门，或者无论如何他都该踢一下球，
//那该队员则试图射门
if (player->Team()->CanShoot(player->Ball()->Pos(),
                             power,
                             BallTarget)                    ||
    (RandFloat() < Prm.ChancePlayerAttemptsPotShot))
{
```

CanShoot 方法决定是否有可能射门（我们将在本章最后详细讲解 CanShoot 方法）。如果可以射门，CanShoot 将返回 true，并把命中位置存储在向量 BallTarget。如果返回 false，我们检测是否可以摆摆样子地"乱射"（BallTarget 保存上次 CanShoot 测试认为无效的位置，所以我们知道这次射门保证失败）。这样做是因为偶尔的乱射会生动游戏玩法，看上去更刺激；如果电脑玩家百发百中，很快就会让玩家感到单调乏味。偶尔随机的乱射增加一些不确定性，使游戏更有愉悦的体验。

```
//给射门增加一些干扰。我们不想让队员踢得太准。
```

```
//通过改变 Prm.PlayerKickingAccuracy 值可以调整干扰的数量。
BallTarget = AddNoiseToKick(player->Ball()->Pos(), BallTarget);

//这是踢球的方向
Vector2D KickDirection = BallTarget - player->Ball()->Pos();

player->Ball()->Kick(KickDirection, power);
```

我们通过以预期的朝向为参数来调用 SoccerBall::Kick 方法踢球。因为总能完美射门的完美运动员，看起来不是很真实，因此要给踢球的方向添加一些干扰，这样可以确保运动员偶然踢踢烂球。

```
//改变状态
player->ChangeState(player, Wait::Instance());

player->FindSupport();

return;
}
```

一旦球被踢出，队员改变状态为 Wait 状态，通过调用 PlayerBase::FindSupport 方法向其他队友请求接应。FindSupport 寻找球队中的最佳接应队友，并通过消息系统向其发送请求，让其进入 SupportAttacker 状态。然后状态将控制返还给球员的 Update 方法。

如果射门是不可能的，那么队员考虑传球。只有当受到对方队员威胁时，队员才会考虑这个选项。当两者之间的距离少于 PlayerComfortZone 像素，且对手在队员的面向平面的前面时，队员被认为受到威胁。Params.ini 中的默认值为 60 像素。更大的值会导致队员做更多的传球，更小的值会导致更成功的战术。

```
/* 试图传球 */

//如果找到接球队员，那么这将指向他
PlayerBase* receiver = NULL;

power = Prm.MaxPassingForce * dot;

//测试是否有任何潜在的候选人可以接球
if (player->isThreatened() &&
    player->Team()->CanPass(player,
                            receiver,
                            BallTarget,
                            power,
                            Prm.MinPassDist))
{
  //给踢球增加一些干扰
  BallTarget = AddNoiseToKick(player->Ball()->Pos(), BallTarget);
  Vector2D KickDirection = BallTarget - player->Ball()->Pos();

  player->Ball()->Kick(KickDirection, power);

  //使接球队员知道要传球了
  Dispatch->DispatchMsg(SEND_MSG_IMMEDIATELY,
                        player->ID(),
                        receiver->ID(),
                        Msg_ReceiveBall,
```

```
                    NO_SCOPE,
                    &BallTarget);
```

方法 FindPass 从所有队友中找到一个位于最前场的、并且可以安全地给他传球的队员。（你将在本章最后看到 FindPass 方法的详细描述）。如果存在有效的传球对象，那就传（像以前那样加上干扰），并发送消息给接球者，通知其改变状态为 ReceiveBall。

```
//该队员应该等在他的当前位置，除非另有指示
player->ChangeState(player, Wait::Instance());

player->FindSupport();

return;
}
```

如果游戏逻辑流程到这步时，既找不到合适的传球对象，也找不到射门的机会，而队员还是拿着球，那么进入 Dribble 状态（值得注意的，这不是唯一的传球时机，队员们可以向队员发送消息请求传球）。

```
//不能射门和传球，所以带球到前场
else
{
  player->FindSupport();

  player->ChangeState(player, Dribble::Instance());
}
}
```

Dribble

Dribbling 的意思是婴儿们擅长的流口水。这个词被用在足球游戏中，称为运球，用来描述用一系列轻踢和短跑在场上带球的艺术。利用运球这个技巧，队员能够一边控制着球，一边绕着一个点转动或者敏捷地越过对手旁边。

本章末尾的一个习题就是让你改进这个技巧，此处只实现一种简单方式的 dribbling，使队员可以以合理的速度来进行着游戏。

Enter 方法只是让球队内其他队友知道运球队员控制了球。

```
void Dribble::Enter(FieldPlayer* player)
{
  //让球队知道该队员正在控制球
  player->Team()->SetControllingPlayer(player);
}
```

Execute 方法包含大部分的 AI 逻辑。首先，检查球是否在队员和自家球门之间（球员的后场）。这不是我们想要的情形，因为队员想尽可能往前场运球。所以，队员需要一边控球，一边转向。为了做到这点，队员在偏向当前朝向 $\frac{\pi}{4}$（45°）的方向不断轻踢球。在每次轻踢后，队员改变状态为 ChaseBall。在几次快速连续的动作后，队员和球都会转而朝向正确的方向（向着对方球门）。

如果球在队员的前场，队员将轻轻地把球向前踢一小段，然后改变状态为 ChaseBall，以便跟着球跑。

```
void Dribble::Execute(FieldPlayer* player)
{
  double dot = player->Team()->HomeGoal()->Facing().Dot(player->Heading());

  //如果球在队员和自己方球门之间，他需要通过多次轻踢，小转弯，
  //使球向正确方向移动
  if (dot < 0)
  {
    //队员的朝向稍微转一下（Pi/4），然后在那个方向踢球
    Vector2D direction = player->Heading();

    //计算队员的朝向和球门的朝向之间角度的正负号（+/-），
    //使得队员可以转到正确方向
    double angle = QuarterPi * -1 *
                 player->Team()->HomeGoal()->Facing().Sign(player->Heading());

    Vec2DRotateAroundOrigin(direction, angle);

    //当队员正在试图控制球，且同时转弯时，这个值起到很好的作用
    const double KickingForce = 0.8;

    player->Ball()->Kick(direction, KickingForce);
  }
  //踢球
  else
  {
    player->Ball()->Kick(player->Team()->HomeGoal()->Facing(),
                       Prm.MaxDribbleForce);
  }

  //该队员已经踢球了，所以他必须改变状态去追球
  player->ChangeState(player, ChaseBall::Instance());

  return;
}
```

SupportAttacker

当队员控制了球，他立刻通过调用 PlayerBase::FindSupport 方法来请求接应。FindSupport 依次检查球队内的每个队员，找到离最佳接应点最近（每几个周期用 SupportSpotCalculator 计算）的队员，发送消息给那个队员使其改变状态为 SupportAttacker。

当进入这个状态时，队员的 arrive 行为被启动，它的操控目标被设为 BBS 的位置。

```
void SupportAttacker::Enter(FieldPlayer* player)
{
  player->Steering()->ArriveOn();

  player->Steering()->SetTarget(player->Team()->GetSupportSpot());
}
```

Execute 方法的逻辑由多种情形组成。让我们逐步分析这些情形。

```
void SupportAttacker::Execute(FieldPlayer* player)
{
```

```
//如果自己球队失去了对球的控制权，球员回到起始区域
if (!player->Team()->InControl())
{
  player->ChangeState(player, ReturnToHomeRegion::Instance());
  return;
}
```

如果队员的球队失去了球的控制权，队员将改变状态以跑回它的初始位置。

```
//如果最佳接应点改变了，那么改变操控目标
if (player->Team()->GetSupportSpot() !=
  player->Steering()->Target())
  {
  player->Steering()->SetTarget(player->Team()->GetSupportSpot());

  player->Steering()->ArriveOn();
}
```

正如你已经看到的，最佳接应点的位置依据许多因素而改变，所以接应队员必须总要不断更新以确保它的操控目标与最新位置保持一致。

```
//如果这名队员可以射门，且进攻队员可以把球传给他，
//那么把球传给该队员
if(player->Team()->CanShoot(player->Pos(),
                            Prm.MaxShootingForce) )
{
  player->Team()->RequestPass(player);
}
```

大部分时候接应队员在对方半场，观察着射门的机会。这几行代码使用 SoccerTeam::CanShoot 方法来确定是否可以射门。如果答案是肯定的，队员可向控球队员请求传球。反之，如果 RequestPass 断定控球队员给这个队员传球是可能的，不会被截走，将发送消息 Msg_ReceiveBall 消息，队员将相应改变状态，准备接球。

```
//如果这名队员在接应点，且它的球队仍控制球，
//他应该停在那，转向面对着球
if (player->AtTarget())
{
  player->Steering()->ArriveOff();

  //队员盯住球
  player->TrackBall();

  player->SetVelocity(Vector2D(0,0));

  //如果没有受到其他队员威胁，那么请求传球
  if (!player->isThreatened())
  {
    player->Team()->RequestPass(player);
  }
}
```

最后，如果接应队员到达 BSS 位置，他就等待着，并确保总是面对着球。如果附近没有对方队员，他没有感到威胁，则向控球队员请求传球。

➲ 注意：请求对方传球并不意味着就可以传球，只有在断定安全的情况下才可以传球。

4.2.3 守门员

守门员的工作是让球不越过球门线。为了做到这点，守门员使用一组与场上队员不同的技巧，因此在一个单独的类 GoalKeeper 中实现。平时，守门员将在球门口来回移动，当球进入特定的范围时，他跑向球试图把球截住。如果守门员获得球的控制权，它把球踢给一个合适的队友，把球放回游戏中。

简单足球的守门员被分配到与球队球门交叠的区域。因此红队守门员分配到区域 16，蓝队守门员分配到区域 1。

1. 守门员动作

除了状态与场上队员完全不同，GoalKeeper 类的运动也要做不一样的设置。如果你看过足球守门员，你会注意到他几乎总是盯着球看，并左右移动，不像场上队员那样沿着朝向方向运动。因为使用操控行为的实体的速度和朝向一致，所以守门员使用另一个向量 m_vLookAt 来决定他的朝向。为了转换守门员的顶点，把这个向量传给 Render 函数。最终结果是实体似乎总是面对着球，并且能沿着朝向轴左右侧向移动，见图 4.13。

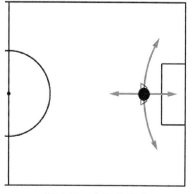

图 4.13　守门员移动

2. 守门员的运动状态

守门员用到了 5 个状态，他们是：

- GlobalKeeperState（全局守门员状态）
- TendGoal（守球门）
- ReturenHome（回到初始位置）
- PutBallBackInPlay（把球传回到赛场中）
- InterceptBall（截球）

让我们详细地看一看每个状态，从而明白守门员的逻辑。

GlobalKeeperState

如同 FieldPlayer 的全局状态，GoalKeeper 全局状态被用作他所能收到消息的路由器。守门员只侦听两类消息：Msg_GoHome 和 Msg_ReceiveBall。

下面代码不言而喻：

```
bool GlobalKeeperState::OnMessage(GoalKeeper* keeper, const Telegram& telegram)
{
  switch(telegram.Msg)
  {
    case Msg_GoHome:
    {
      keeper->SetDefaultHomeRegion();
```

```
      keeper->ChangeState(keeper, ReturnHome::Instance());
    }

    break;

    case Msg_ReceiveBall:
      {
        keeper->ChangeState(keeper, InterceptBall::Instance());
      }

    break;

  }//结束 switch

  return false;
}
```

TendGoal

当在 TendGoal 状态时，守门员将在球门口前面侧向移动，试图用身体挡住球。下面是该状态的 Enter 方法：

```
void TendGoal::Enter(GoalKeeper* keeper)
{
  //激活 interpose
  keeper->Steering()->InterposeOn(Prm.GoalKeeperTendingDistance);
  //interpose 将使智能体处在球和目标之间，该调用设置目标
  keeper->Steering()->SetTarget(keeper->GetRearInterposeTarget());
}
```

首先，激活 interpose 操控行为。Interpose 行为将返回一个操控力，试图使守门员位于球和球门口的某位置之间。该位置可以通过 GoalKeeper::GetRearInterposeTarget 方法计算得到，"它和球门长度"的比例与"球和球场宽度上"的比例一致，希望图 4.14 能帮助你的理解。从守门员的角度，球越在左边，插入的后方目标（interpose rear target）越在球门线的左边。随着球向守门员的右边移动，插入的后方目标也向球门的右边移动。

黑色的双向箭头是守门员企图保持它自己和球网后方的距离。你可以通过 params.ini 中的 GoalKeeper TendingDistance 来设置该距离。

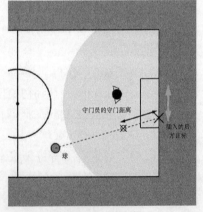

图 4.14　移向球

让我们继续看 Execute 方法：

```
void TendGoal::Execute(GoalKeeper* keeper)
{
  //随着球的位置的改变，后方的插入目标位置也将改变，
  //所以必须在每个更新步骤更新
  keeper->Steering()->SetTarget(keeper->GetRearInterposeTarget());

  //如果球进入范围，守门员抓住它，然后改变状态把球传回到赛场中
  if (keeper->BallWithinPlayerRange())
```

```
{
  keeper->Ball()->Trap();

  keeper->Pitch()->SetGoalKeeperHasBall(true);

  keeper->ChangeState(keeper, PutBallBackInPlay::Instance());

  return;
}

//如果球在预定义的距离，守门员移到那个位置尽力截住它
if (keeper->BallWithinRangeForIntercept())
{
  keeper->ChangeState(keeper, InterceptBall::Instance());
}
```

首先，检查球是否足够近能让守门员抓到。如果是，球被抱住，守门员改变状态为
PutBallBackInPlay。下一步，如果球在拦截范围（intercept range），即图 4.14 中浅灰色的区
域，该区域的大小可以通过 params.ini 中的 GoalKeeperInterceptRange 设置，守门员改变状态
为 InterceptBall。

```
//如果守门员离球门线太远了，而且没有对方队员的威胁，他应该移回球门
if (keeper->TooFarFromGoalMouth() && keeper->Team()->InControl())
{
  keeper->ChangeState(keeper, ReturnHome::Instance());

  return;
}
}
```

偶尔，会出现 InterceptBall 到 TendGoal 状态的改变，守门员能发现自己离球门很远。最
后几行代码检查这种可能性，如果可以安全地这么做，改变守门员的状态为 ReturnHome。

TendGoal::Exit 方法非常简单，它只是取消 interpose 操控行为。

```
void TendGoal::Exit(GoalKeeper* keeper)
{
  keeper->Steering()->InterposeOff();
}
```

ReturnHome

ReturnHome 状态使守门员回自己的初始区域。当到达初始区域或者对手获得球的控制
权，守门员回到 TendGoal 状态。

```
void ReturnHome::Enter(GoalKeeper* keeper)
{
  keeper->Steering()->ArriveOn();
}

void ReturnHome::Execute(GoalKeeper* keeper)
{
  keeper->Steering()->SetTarget(keeper->HomeRegion()->Center());

  //如果离初始区域足够近，或对手控制了球，改变状态为守门
  if (keeper->InHomeRegion() || !keeper->Team()->InControl())
```

```
  {
    keeper->ChangeState(keeper, TendGoal::Instance());
  }
}

void ReturnHome::Exit(GoalKeeper* keeper)
{
  keeper->Steering()->ArriveOff();
}
```

PutBallInPlay

当守门员获得球后，它进入了 **PutBallBackInPlay** 状态。这个状态的 Enter 方法实现几个事情。首先，守门员让自己球队知道球在他的手上，然后通过调用 SoccerTeam::ReturnAllFieldPlayerToHome 方法通知所有场上队员回到他们的初始区域。以确保守门员和场上队员间有足够的自由空间来进行一次射门。

```
void PutBallBackInPlay::Enter(GoalKeeper* keeper)
{
  //让球队知道守门员控制了球
  keeper->Team()->SetControllingPlayer(keeper);

  //使所有队员回到自己的初始区域
  keeper->Team()->Opponents()->ReturnAllFieldPlayersToHome();
  keeper->Team()->ReturnAllFieldPlayersToHome();
}
```

守门员等到所有其他队员移到足够远，他可以干净利落地把球传给一个队友。一有传球的机会，守门员就把球传出去，并发送消息给接球队员，让他知道球在路上，然后把状态改变回 TendGoal。

```
void PutBallBackInPlay::Execute(GoalKeeper* keeper)
{
  PlayerBase*  receiver = NULL;
  Vector2D     BallTarget;

  //测试是否有队员在更前场的位置，这样我们可能可以传球给他。如果是这样，那么传球
  if (keeper->Team()->FindPass(keeper,
                               receiver,
                               BallTarget,
                               Prm.MaxPassingForce,
                               Prm.GoalkeeperMinPassDist))
  {
    //传球
    keeper->Ball()->Kick(Vec2DNormalize(BallTarget - keeper->Ball()->Pos()),
                     Prm.MaxPassingForce);

    //守门员不再控制球
    keeper->Pitch()->SetGoalKeeperHasBall(false);

    //让接球队员知道球正传过来
    Dispatcher->DispatchMsg(SEND_MSG_IMMEDIATELY,
                            keeper->ID(),
                            receiver->ID(),
                            Msg_ReceiveBall,
                            &BallTarget);
```

```
    //移回去守球门
    keeper->GetFSM()->ChangeState(TendGoal::Instance());

    return;
  }

  keeper->SetVelocity(Vector2D());
}
```

InterceptBall

如果对方控制了球，且球进入威胁区域（图 4.15 中灰色区域），守门员将企图截住球。他使用 pursuit 操控行为来跑向球。

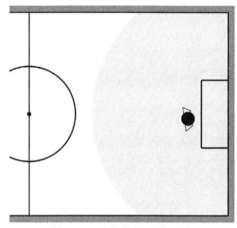

图 4.15　守门员的威胁区域

```
void InterceptBall::Enter(GoalKeeper* keeper)
{
  keeper->Steering()->PursuitOn();
}
```

当守门员离开球门弃向球时，要不断检查到球门的距离，以确保离球门不会很远。如果守门员发现自己在球门范围之外，就改变状态为 ReturnHome。但有一个例外：如果守门员在球范围之外，但他是场上所有队员中离球最近的，那么他仍要继续追球。

如果球进入守门员的范围，他使用 SoccerBall::Trap 方法停住球，让每个人知道他控制了球，并改变状态，从而把球传回到赛场。

```
void InterceptBall::Execute(GoalKeeper* keeper)
{
  //如果守门员离球门很远，那么他应该移回自己的初始区域，除非他是离球最近的球员，那样的情况下，它应该尽量拦
截住球
  if (keeper->TooFarFromGoalMouth()  && !keeper->ClosestPlayerOnPitchToBall())
  {
    keeper->ChangeState(keeper, ReturnHome::Instance());

    return;
  }
```

```
//如果球在守门员手可触及的范围，应该抓住球，然后再把它传回赛场
if (keeper->BallWithinPlayerRange())
{
  keeper->Ball()->Trap();

  keeper->Pitch()->SetGoalKeeperHasBall(true);

  keeper->ChangeState(keeper, PutBallBackInPlay::Instance());

  return;
}
}
```

InterceptBall 的 Exit 方法中止 pursuit 行为。

4.2.4 AI 使用到的关键方法

SoccerTeam 类的许多方法频繁地为 AI 所使用，因此对于这些方法的全面描述会帮助你深刻理解 AI。下面的一些篇幅将给你一步一步地讲解每一种方法，其中用到许多之前学过的数学知识。

1. SoccerTeam::isPassSafeFromAllOpponents

一名足球队员，不管在游戏中扮演什么角色，不断通过周围队员来评估自己的位置，并依据这个评估作出判断。AI 经常做的一个计算是判断在从 A 到 B 的传球过程中对方队员是否有可能把球截走。无论决定要不要传球，还是是否要向当前进攻队员请求传球或者是否有射门机会，队员都需要用这个信息来做判断。

考虑图 4.16，队员 A 想知道在传球给 B 的过程中，球是否可能被对方队员 W、X、Y、Z 截走。为此它必须逐个分析这些队员，计算球是否可能被截。

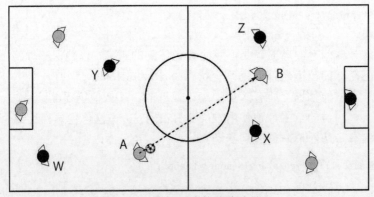

图 4.16　队员 A 直接传给队员 B

函数 SoccerTeam::isPassSafeFromOpponent 实现了这个功能。

该方法使用如下参数：传球的开始位置、终止位置、一个指向被分析的对方队员的指针、一个指向接球队员的指针以及一个踢球力。SoccerTeam::isPassSafeFromAllOpponents 会遍

历对方每一个队员来调用此方法。

```
bool SoccerTeam::isPassSafeFromOpponent(Vector2D    from,
                                        Vector2D    target,
                                        const PlayerBase* const receiver,
                                        const PlayerBase* const opp,
                                        double PassingForce)const
{
  //把对手移到本地空间
  Vector2D ToTarget = target - from;
  Vector2D ToTargetNormalized = Vec2DNormalize(ToTarget);

  Vector2D LocalPosOpp = PointToLocalSpace(opp->Pos(),
                                           ToTargetNormalized,
                                           ToTargetNormalized.Perp(),
                                           from);
```

第一步假设 A 直接看向目标位置（在这个例子中，就是队员 B 的位置），把对方队员都放在 A 的本地坐标系。图 4.17 中，图 4.16 里所有对方队员的位置放到 A 的本地坐标系空间。

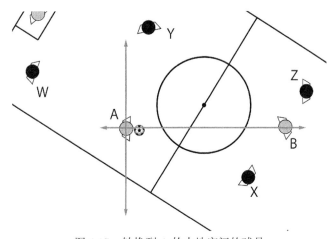

图 4.17　转换到 A 的本地空间的球员

```
//如果对手在踢球者后面，那么被认为可以传球
//（这是基于这样的假设，球将被踢出的速度远大于对手的最大速度）
if ( LocalPosOpp.x < 0 )
{
  return true;
}
```

假设球被踢出时的初始速度大于队员的最大速度。如果这是真的，那么任何在踢球者本地坐标 y 轴后面的对手都被剔除，不予考虑。图 4.17 例子，W 将被排除在外。

接下来，让我们考虑那些离传球队员的距离大于目标离传球队员的距离的对方球员。如果是图 4.16 的情形，传球的目标位置是在接球队员的脚下，任何远于这个距离的对方队员都将不予考虑。然而，这个方法还被用来测试在接球队员两侧传球的可能性，如图 4.18 所示。

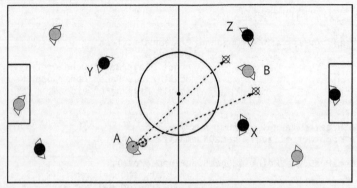

图 4.18　向接球者两侧传球都是可能的

在这个例子中，我们必须额外地测试对手离目标位置的距离是否远于接球队员离目标位置的距离。如果是这样的，那么该对手将不予考虑。

```
//如果对手到目标的距离更远,
//那么我们需要考虑是否对手可以比接球队员先到达该位置
if (Vec2DDistanceSq(from,target) < Vec2DDistanceSq(opp->Pos(), from))
{
  //此条件语句放在这里是因为有时调用这个函数时, 没有对接球者的引用。
  // (例如, 你可能想知道球是否可以赶在对手之前到达场上的某个位置)
  if (receiver)
  {
    if (Vec2DDistanceSq(target,opp->Pos()) >
        Vec2DDistanceSq(target,receiver->Pos()))
    {
      return true;
    }
  }

  else
  {
    return true;
  }
}
```

对方队员截得球的最佳机会就是跑到球的轨迹和自身位置的垂直相交点，图 4.19 中的点 Yp 和 Xp 分别是队员 Y 和 X 的最佳机会点。

为了截到球，对方队员必须在球经过那个点之前到达那儿。让我们通过分析对手 Y 来看一下这是怎么计算的。

首先，通过调用 SoccerBall::TimeToCoverDistance 计算出球从 A 滚到 Yp 需要多长时间。我们在前面已经详细描述了这个方法，所以你应该知道是怎么计算的。通过前面算出的时间，我们接下来计算在这段时间内队员 Y 能移动多远（时间*速度）。我称这段距离为 Y 的范围，因为 Y 在这个给定的时间内能向任何方向移动。还必须把足球的半径和运动员包围圈的半径也加到这个范围。这就是当球到达 Yp 时，球员所能够到达的范围。

图 4.20 用虚线圆圈显示 Y 和 X 的运动范围。如果这个圆圈能和 x 轴相交，那么该队员

就能在规定时间内截住球。因此，这个例子能得出这样的结论：队员 Y 没有威胁（因为不可能截住球），队员 X 有威胁。

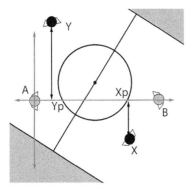

图 4.19　测试相交点

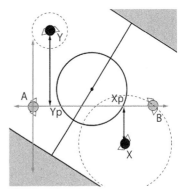

图 4.20　对手移动范围

下面是最后一段代码。

```
//计算球多久到达与对手正交的位置
double TimeForBall =
Pitch()->Ball()->TimeToCoverDistance(Vector2D(0,0),
                                     Vector2D(LocalPosOpp.x,0),
                                     PassingForce);

//现在计算在这段时间中对手能跑多远
double reach = opp->MaxSpeed() * TimeForBall +
               Pitch()->Ball()->BRadius()+
               opp->BRadius();

//如果到对手 y 位置的距离小于他的跑动范围加上球半径和对手半径，那么球可以被截掉
if ( fabs(LocalPosOpp.y) < reach )
{
  return false;
}

return true;
}
```

➲ 注意：从技术角度来讲，图 4.20 显示的范围是不准确的。因为假设对手的转向是不花时间的。为了精确，我们应该要考虑转向要花的时间，那么描述范围的将不是圆周而是椭圆，如图 4.21 所示。

显然，计算椭圆和线相交要花更多的时间，这就是为什么我们在这里要使用圆。

2. SoccerTeam::CanShoot

足球运动员的一个重要技能就是射门进球。给定球的当前位置和踢球力，控球队员通过调用 SoccerTeam::CanShoot 方法来确定是否能射门。如果该队员可以射门，那么该方法将返回真，并通过向量 ShotTarge 的引用返回射门位置。

　　该方法在球门口随机选取一些位置，然后逐个进行测试以判断把球踢到该位置时，是否对方任何队员都将无法截获它。如图4.22。

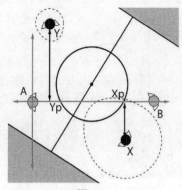

图 4.21

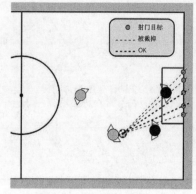

图 4.22　随机地择射门目标

下面是列出的代码（可以看到，如何确保射门力足够把球踢过球门线）。

```
bool SoccerTeam::CanShoot(Vector2D  BallPos,
                          double    power
                          Vector2D& ShotTarget)const
{
  //这个方法要测试的随机选取的射门目标的数目
  int NumAttempts = Prm.NumAttemptsToFindValidStrike;

  while (NumAttempts--)
  {
    //沿着对方的球门口选择一个随机位置（确保考虑了球的半径）
    ShotTarget = OpponentsGoal()->Center();

    //射门位置的 y 值应该在两个球门柱之间（要考虑球的直径）
    int MinYVal = OpponentsGoal()->LeftPost().x + Pitch()->Ball()->BRadius();
    int MaxYVal = OpponentsGoal()->RightPost().x - Pitch()->Ball()->BRadius();

    ShotTarget.x = RandInt(MinYVal, MaxYVal);

    //确保踢球力足够使球越过球门线
    double time = Pitch()->Ball()->TimeToCoverDistance(BallPos,
                                                       ShotTarget,
                                                       power);

    //如果是这样，测试这次射门是否会被任何对手截掉
    if (time > 0)
    {
      if (isPassSafeFromAllOpponents(BallPos, ShotTarget, NULL, power))
      {
        return true;
      }
    }
  }

  return false;
}
```

3. SoccerTeam::FindPass

队员调用 FindPass 方法以决定是否能传球给队友，如果可以，那么谁是最佳传球对象，什么位置又是最佳传球目标位置？

这个方法的参数如下：请求传球队员的指针、接球队员指针的引用（如果可以传球）、传球目标位置向量 PassTarget 的引用、踢球力、接球队员离传球队员的最短距离 MinPassingDistance。

该方法迭代传球者的所有队友，并对于那些距离传球者至少 MinPassingDistance 的队员调用 GetBestPassToRecevier。GetBestPassToRecevier 计算许多的潜在的传球位置，如果可以安全地传球，把最佳的位置通过向量 BallTarget 返回。

迭代完所有队友后，如果可以找到有效的传球，那么把离对方球门线最近的那个队员的位置赋值给 PassTarget，并把那个接球的队员的指针赋值给 receiver，此方法返回真。

下面列出的代码供你参考：

```cpp
bool SoccerTeam::FindPass(const PlayerBase*const passer,
                          PlayerBase*&           receiver,
                          Vector2D&              PassTarget,
                          double                 power,
                          double                 MinPassingDistance)const
{

  std::vector<PlayerBase*>::const_iterator curPlyr = Members().begin();

  double    ClosestToGoalSoFar = MaxDouble;
  Vector2D BallTarget;

  //迭代这个队员所在球队的所有队员，计算谁是接球对象
  for (curPlyr; curPlyr != Members().end(); ++curPlyr)
  {
    //确保潜在的接球队员不是这个队员自己，且他所在位置与传球队员的距离大于最小传球距离
    if ( (*curPlyr != passer) &&
        (Vec2DDistanceSq(passer->Pos(),(*curPlyr)->Pos()) >
         MinPassingDistance*MinPassingDistance))
    {
      if (GetBestPassToReceiver(passer,*curPlyr, BallTarget, power))
      {
        //如果传球目标是到目前为止所找到的离对方球门线最近的，
        //记录它
        double Dist2Goal = fabs(BallTarget.x - OpponentsGoal()->Center().x);

        if (Dist2Goal < ClosestToGoalSoFar)
        {
          ClosestToGoalSoFar = Dist2Goal;

          //记录这个队员
          receiver = *curPlyr;

          //和这个目标
          PassTarget = BallTarget;
        }
      }
    }
  }//下一个队员
```

```
    if (receiver) return true;

    else return false;
}
```

4. SoccerTeam::GetBestPassToReceiver

给定一个传球者和一个接球者，这个方法测试接球者附近的若干不同位置，判断是否可以安全地传球。如果可以传球，那么该方法把最佳传球（离对方球门线最近的）保存在参数 PassTarget 中，然后返回 true。

下面基于图 4.23 的情形给你讲解一下这个算法。

```
bool SoccerTeam::GetBestPassToReceiver(const PlayerBase* const passer,
                                       const PlayerBase* const receiver,
                                       Vector2D&               PassTarget,
                                       double                  power)const
{
```

首先，计算球滚到接球位置所需的时间，如果给定的踢球力无法使球到达那一点，那么立刻返回 false。

```
//首先，计算球到达这个接球队员要花多少时间
double time = Pitch()->Ball()->TimeToCoverDistance(Pitch()->Ball()->Pos(),
                                                   receiver->Pos(),
                                                   power);

//如果在给定的力的作用下无法使球到达接球队员那里，返回假
if (time <= 0) return false;
```

然后，通过公式 $\Delta x = v\Delta t$ 可以计算接球队员在这段时间内能运动的距离，足球到接球队员的运动范围（虚线圆圈）的两条切线构成了接球队员接球的限制范围，如图 4.24 所示。

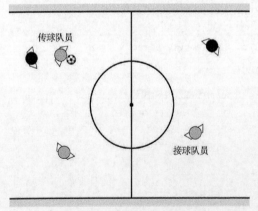

图 4.23　典型的传球情况

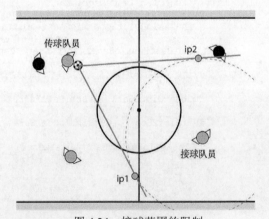

图 4.24　接球范围的限制

```
//在这段时间中，接球队员能覆盖的最大距离
double InterceptRange = time * receiver->MaxSpeed();
```

换句话，假设转向或者加速到最大速度是不需要时间的，接球队员就能到达位置 ip1 和 ip2 正好得到球。然而现实中，这段距离通常比较大，尤其如果接球队员和传球队员的距离刚达到能传球的极限（ip1 和 ip2 经常在赛场之外）。最好考虑在这范围内的传球。这会降低对方队员截走球的机会，也会减少一些意想不到的困难（如接球队员必须巧妙绕过对手，以到达传球目标点）。这也给接球者留有一些余地和时间，使他可以在到达目标后，及时调整方向以接住球。记住，截球范围被缩小到原始尺寸的 1/3，如图 4.25 所示。

```
//缩小截球范围
const double ScalingFactor = 0.3;
InterceptRange *= ScalingFactor;
```

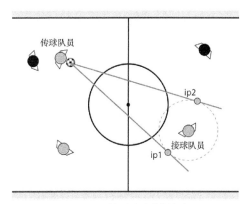

图 4.25　接球范围被缩小

你可以看到，这显得更合理，更像人类足球运动员考虑的那样。下一步是计算位置 ip1 和 ip2。两个被认为是潜在的传球目标。另外，该方法还会考虑直接传球给接球队员当前的位置。这三个位置被保存在 Passes 数组。

```
//计算在球到接球队员范围圈的切线范围内的传球目标
Vector2D ip1, ip2;

GetTangentPoints(receiver->Pos(),
                 InterceptRange,
                 Pitch()->Ball()->Pos(),
                 ip1,
                 ip2);

const int NumPassesToTry = 3;
Vector2D Passes[NumPassesToTry] = {ip1, receiver->Pos(), ip2};
```

最终，该方法迭代所有潜在的传球以确保接球位置在赛场上并且可以安全地接到球。

```
// 目前为止这个传球是最佳的，如果:
// 　1．目前为止找到的比最近的有效传球更前场的位置
// 　2．在赛场上
// 　3．球不会被对方截走

double ClosestSoFar = MaxDouble;
```

```
bool  bResult       = false;

for (int pass=0; pass<NumPassesToTry; ++pass)
{
  double dist = fabs(Passes[pass].x - OpponentsGoal()->Center().x);

  if ((dist < ClosestSoFar) &&
      Pitch()->PlayingArea()->Inside(Passes[pass]) &&
      isPassSafeFromAllOpponents(Pitch()->Ball()->Pos(),
                                 Passes[pass],
                                 Receiver,
                                 power))

  {
    ClosestSoFar = dist;
    PassTarget   = Passes[pass];
    bResult      = true;
  }
}
return bResult;
}
```

4.3 使用估算和假设

你可能已经注意到在本章讲述的计算中使用了许多估算和假设。首先，这似乎是一件不好的事，因为，作为程序员，我们习惯了要求每件事都要像全自动钟表机构那样地精确。

然而，这种偶尔的犯错有时对于设计游戏的 AI 是有益的。只要能让电脑游戏运行，这可能是件好事，为什么呢？因为这显得更加真实。人类一直犯错误或者判断失误，因此 AI 中偶尔地犯错误会使游戏玩家更能愉快地体验。

有两种方式诱使错误。第一种先使 AI "完美"，然后让它变傻。第二种，当设计 AI 使用的算法时，通过假设和估算，允许悄悄混进 "错误"。你已经看到这两种方法都被用到简单足球中。前者的例子是，用随机的干扰使每次判断踢球方向时产生小错误，后者的例子是，用圆而非椭圆来描述对手的截球范围。

当决定如何在你 AI 中制造错误和不确定性时，必须仔细地检查每一种近似算法。建议：如果算法能简单实现，不需要很多的处理时间，使用 "正确" 的方式，使其完美，然后按趣味需要再让它变傻。否则，检查是否可以使用假设和估算来帮助你降低算法的复杂性。如果你的算法可以这样被简化，那么编码实现它，然后全面地测试以确保 AI 满意地执行。

4.4 总 结

简单足球示范了如何仅仅使用一些基本的 AI 技巧来为体育游戏实现基于团体的 AI。

当然，按照现在情况，行为既不特别复杂也不很完善。随着你的 AI 知识和经验的增长，你将会看到，简单足球的很多地方可以再加以改进或者增加新的内容。对于初学者，你可能想尝试一下下面的实用练习。

熟能生巧

下面的练习能巩固你目前为止在本书学到的不同技术。我希望你愉快地完成它们。

1. 如前所述，带球行为是较差的，如果接应队员不能很快地移动到合适的位置，进攻队员将很高兴地沿着直线，带球到对方守门员的手里（或者碰到后墙，谁在前面就碰上谁）。通过增加逻辑防止进攻队员过于超前移到接应队员的前面，从而改进这种行为。觉得容易吗？你还能想到改进进攻队员行为的其他方法吗？你能创建在对手周围带球的队员吗？

2. 除了初始区域的改变，在实例代码中没有防守型打法的实现。创建穿插于对方进攻队员和接应队员之间的角色。

3. 调节计算接应点的方式来尝试不同的计分方案。你有很多选项可以用，例如，你可以根据是否距离所有对方队员相等或者是否在控球队员前方打分，你甚至可以根据控球队员和接应队员的位置来选用不同的计分方案。

4. 在球队级别上创建不同的状态来实现各式各样的战术。除了给队员分配不同的初始位置，创建状态给一些队员分配角色。战术 1：指派队员围住对方的进攻队员。战术 2：命令一些队员紧紧地跟着（足球术语，盯人）被 AI 视作威胁（例如离球门很近）的对方队员。

5. 改变程序，使传球队员按照你选择的速度，用恰当的力道把球传到接球队员的脚上。

6. 引进耐力的概念。所有队员刚开始有同样的耐力，随着他们在场上不断跑动，耗尽耐力。耐力越少，它们走的越慢，射门越无力。只有在没有动作的情况下，耐力才得以恢复。

7. 实现裁判员。这可不像初听起来那么容易实现。在不会干扰球赛的前提下，裁判员必须跑到能看到球和队员的位置。

⊃ **注意**：为了帮助你理解，在简单足球项目中保留了一些调试代码。当编译和执行程序时，你将看到一个额外的显示调试信息的窗口。任何发送到这个窗口的信息也会输出到一个叫 DebugLog.txt 的文件中，你可以在程序退出后查看这些信息。（但要注意，当输出很多调试信息时，这个文本文件会增长得很快。）

要写信息调试控制台上，使用格式：

```
debug_con << "This is a number:"<<3<<"";
```

行末的""会产生一个回车。你可以发送任何类型的信息到控制台。

当完成调试，你可以通过注释 DebugConsole.h 文件中的#define DEBUG 这行代码，来删除调试控制台。这会把所有调试的信息输出到一个空的流中。

除了调试控制台，主程序通过菜单选项对一些关键概念给出即时直观的回馈。

第 5 章　图的秘密生命

　　这一章我们将重点讨论一种令人困惑的但却非常有用的抽象的结构——图。在游戏人工智能设计中你会经常使用图。实际上我们在前面已经接触过，第 1 章提到的状态转换图就是图的一种。图和它的同门兄弟——树，在游戏 AI 中经常用到，用来解决很多问题，如使游戏智能体从一点运动到另一点，在战略游戏中确定下一步建造什么，以及进行迷题求解。

　　这一章前面的部分将向你介绍各种不同的图及与之相关的术语。你将学到图到底是什么，它们是怎样被使用的，以及怎样有效地为它们进行编码。章末将详细叙述多种用来充分发挥图的效能的搜索算法。

5.1　图

　　在开发游戏的人工智能部分时，图最经常的用途是用来表示一个智能体在环境中运动的路径的网络。当第一次学习时会感到困惑，因为人们一生中所知道的看起来像图的东西是在学校里学到的，和图 5.1 类似。

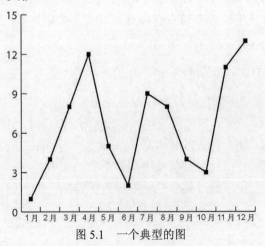

图 5.1　一个典型的图

图在可视化一些属性的上升和下降方面是非常有用的，比如电视上天气预报的温度图或者销售图等。因此人们可能对通过图来表示在游戏环境中多面墙和障碍物之间来回穿梭的路径的可能性感到困惑。如果你还没有学习图的理论，那么你可能也是这样看待图的。也许这正是我们受到制约的地方。下面向你展示一些有趣的地方，如图 5.2 所示。

这个图和上一个图是相同的，但是此处改变了坐标轴的标注来表示笛卡尔坐标系的 x 坐标和 y 坐标。通过添加一些装饰性的元素，现在这个图可以被用来表示在一条河的附近蜿蜒的路径。事实上它看起来就像常人在街边看到的地图。确实，整个图就是一个地图，只不过一系列的路点（Waypoint）和连接它们的路线（FootPath）被表示成为一个非常简单的图。可能少数人会认为这没什么大不了的，但是对于很多人来说，这个观念上的微小转变是一个令人开窍的启示。在图的术语中，路径点叫做节点（node），有时也叫做顶点；连接节点的路线叫做边（edge），有时也叫做弧（arc）。

图 5.3 展示了更多的图的例子。正如你所看到的，它们能够表现为各种不同的形态。

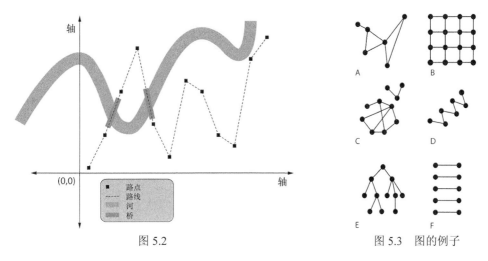

图 5.2　　　　　　　　　图 5.3　图的例子

在更广泛的环境中，图是网络的符号化表示，它的节点和边可以用来表示空间上的关系。图可以被用来表示各种网络：从电话网络和互联网到电子线路甚至人工神经网络，我们都可以用图来进行表示。

⊃ 注意：图可以是连通的，也可以是不连通的。当图中的任何一个节点都可以找到一条路径到达所有其他的节点时，我们认为这个图是连通的。

图 5.3 中的图 A、图 B、图 D 和图 E 是连通图的例子，图 C 和图 F 是非连通图的例子。

5.1.1　一个更规范化的描述

一个图 G 能够被规范化地定义为通过边的集合 E 进行连接的节点或者顶点的集合 N。通常你会发现图被记为：

$$G = \{N,\ E\} \tag{5.1}$$

如果图的每一个节点都用一个 0～（N-1）之间的整数来进行标记的话，那么一条边就可以通过它所连接的两个节点来进行引用，比如 3-5 或者 19-7。

很多图的边是带权的，权包含了从一个节点移动到另一个节点所需的开销信息。比如，在图 5.2 中，通过一条边的开销是它连接的两个节点之间的距离。在图的表示中，一个类似于魔兽争霸的实时战略游戏的科技树，它的边可能表示升级每一个单位所需的资源。

➲ 注意：尽管在一个图中，连接相同的节点可能有多条边，甚至可能出现一个连接到节点自己的环路，但在游戏人工智能中这些特性很少需要，下面我们不讨论这些情况。

5.1.2　树

程序员都熟悉树这种数据结构。树在所有的程序设计的科目中都被广泛地使用。然而，你可能还没有认识到树是图的一个子集，这个子集中包含了所有的无环图（仅包含无环的路径）。图 5.3 中的图 E 就是一棵树，这可能是你熟悉的树的形状，但图 D 也是一棵树。图 F 是树的*森林*。

5.1.3　图密度

边与节点的比率决定了一个图是稀疏的还是致密的。稀疏图连接每个节点的只有很少的几条边，而致密图就有很多的边连接一个节点。图 5.4 显示了这两种类型的图。为了减小复杂性并且使 CPU 和内存的使用率最小，只要有可能你都应该采用稀疏图，例如，当你为路径规划设计一个图的时候（参看第 8 章）。

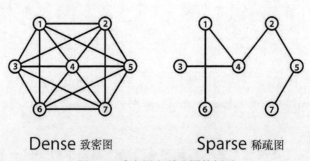

图 5.4　致密图和稀疏图的例子

在选择适当的数据结构对图进行编码时，知道一个点分布是稀疏还是致密是很有好处的。因为对致密图来说有效率的实现方法对稀疏图来说可能就未必也是有效率的。

5.1.4　有向图（Digraph）

到目前为止，我们都假设从节点 A 运动到节点 B 是可能的并且反过来也可以。但情况并非总是如此。有时可能需要实现一个图，这个图的连接是有方向的。例如，游戏可能有一个缆梯跨越一条河流。一个智能体只能在这个缆梯上单向地运动，从顶端到底端，所以我们不得不找到一种方法来表示这样的连接。

此外，在两个节点之间来回运动有可能两个方向运动的开销各不相同。一个很好的例子是如果想要智能体考虑地形的坡度。当一个交通工具下坡的时候它可以运动得非常有效和迅速，但是当它上坡时就需要花费更多的油料并且它的最高速度也会小得多。我们可以通过使用有向图 diagraph 来表达这样的信息。我们通常简称为 DAG 图[1]。

一个有向图的边是有方向的，或者说单向的。定义有向图的边的两个节点被称为有序对（Ordered Pair），它们用来表示边的方向。例如，有序对 16-6 表示可以从节点 16 移动到节点 6，但是从节点 6 运动到节点 16 是不行的。在这个例子中，节点 16 叫做源节点（source node），节点 6 叫做目标节点（destination node）。

图 5.5 显示了一个小的有向图，通过箭头来表明每一条边的方向。

在设计一个图的数据结构时，把没有方向的图看作是有向图经常能给我们带来帮助。这时，图的每一条边，被看作连接节点的两条有向边。这是非常方便的，因为两种类型的图（有向的和无向的）都可以用同样的数据结构来表示。例如，图 5.4 中的稀疏无向图能够被表示为图 5.6 中的有向图。

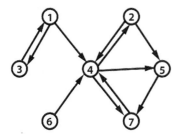

图 5.5　一个简单的有向图。注意在实际的
有向图中，非连通图更经常出现，因为
它们可能包含只能单向到达的节点

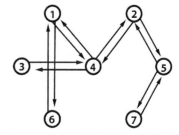

图 5.6　用有向图来表示一个无向图

5.1.5　游戏 AI 中的图

在讲述图的代码实现之前，让我们先看一下在开发游戏人工智能时图可以用来做些什么。先从最经常的用途说起——导航或者路径寻找。

1．导航图（Navigation Graph）

导航图（Navigation Graph 或者 Navgraph）是这样的一个抽象的结构，它包含了在一个游戏环境中智能体可能访问的所有的位置和这些位置之间的所有连接。可见一个经过完善设

---

[1]　译者注：diagraph 和 DAG 有差别，digraph 是有向图即 directional graph，而 DAG 是有向无环图，即 directional acyclic graph

计的导航图是一个包含了游戏环境中所有可能路径的数据结构。因此，导航图对帮助智能体确定如何从 A 点运动到 B 点非常方便。

导航图的每一个节点通常都表示一个关键区域的位置或者一个环境中的对象，并且每一条边代表这些点之间的连接。不仅如此，每一条边还会有一个关联的开销，在最简单的情况下，这个花销代表了被连接的节点之间的距离。在数学上这样的图被叫做欧几里得图。图5.7 所示为一个被墙围起来的环境中的小导航图，并且在图中突出显示了一条穿越图的路径。

需要说明的是，一个游戏智能体并不像火车沿着铁轨运动一样仅仅被限制在沿着导航图的边进行运动。一个智能体能够移动到游戏环境中任何无障碍的位置，但是它使用导航图在游戏环境中顺利通行——在两个或者多个点之间规划路径并在这些点之间来回移动。例如，如果一个智能体在 A 点，它发现自己需要运动到 B 点，它可以使用导航图来计算最优路径，这条路径通常通过多个节点，且是一条最短的路径。

图 5.7 是一个为第一人称射击游戏而设计的导航图。其他类型的游戏使用不同的节点设计可能更有效。比如实时战略游戏或者角色扮演游戏经常基于单元网格来设计导航图。每一个单元代表了一个不同类型的地形，比如草地、公路、沼泽地等。因此，我们就可以非常方便地用每一个单元的中心点来建立一个图。单元依地形类型不同而权重不同，这样，边的开销可以通过计算其所穿越的单元的权重进行指定。这样的方法使得游戏智能体能够容易地计算出路径，这样找到的路径会尽量走公路而不是泥地，并且会绕过山脉。图 5.8 显示了一些在实时战略游戏和角色扮演游戏中会看到的单元设置。

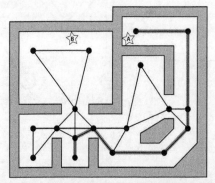

图 5.7 一个简单的导航图，所有的边和节点构成了图，突出的边代表一个可能的穿越图的路径

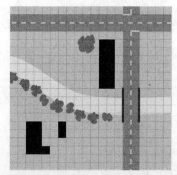

图 5.8 一个典型的基于单元的环境
尽管不能完全说明问题，图的节点被放置在了单元的中心，而边连接了邻近的节点。这一章的 PathFinder 示例程序使用了这种类型的导航图

因为一些实时战略游戏或者角色扮演游戏实际上可能使用成百上千个单元，因此这种实现方案可能会使图变得非常大，同时也会使搜索代价高昂且占用大量的内存。对于游戏人工智能的开发人员来说，幸运的是这样的一些困难能够通过一些技巧来得以避免，这些技巧在本书的后面部分将会讲到。

⌘ 提示：如果你在创作一个秘密行动类的游戏，就像 Looking Glass Studios 或者 Eidos Interactive 创作的神偷和神偷 2 那样，那么你可以使用一个导航图，它的边所带的权由角色在其上发出声响的大小决定。那些在其上移动起来比较安静的边，例如沿着地毯的边有较小的权，而那些在其上移动声响较大的边将取一个高的权值。用这样的方法设计你的图将使你的游戏角色找到两个房间之间的最安静的路径。

2. 依赖图（Dependency Graph）

在资源管理类游戏中，依赖图被用来描述玩家可以利用的不同的建筑物、材料、单元以及技术之间的依赖关系。图 5.9 显示了为这样的游戏所创作的依赖图的一部分。这种图能够非常容易地显示出每种类型的资源所必需的先决条件。

在设计此类游戏的人工智能时，依赖图的价值是无法估量的。因为游戏人工智能能够通过使用依赖图来决定策略、预测对手未来的状态并有效地部署资源。下面是一些基于上图的例子。

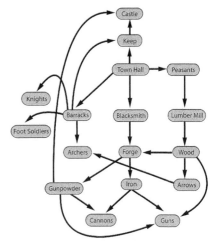

图 5.9　一个简单的依赖图

（1）如果人工智能正在准备一场战斗并且已经探知弓箭手（Archers）是比较有利的，它就会检查依赖图，并且得出结论：为了生产弓箭手，必须确保有一个兵站（Barracks）并且拥有制造箭头的技术。它也会知道为了生产箭支，它必须要有一个木材工厂（Lumber Mill）来生产木料。因此，如果人工智能已经有了一个木材工厂，那么它可以分配资源去建造一个兵站。反之，如果人工智能既没有兵站也没有木材工厂，它可以进一步地检查技术图以确定在建立木材工厂之前建造兵站很可能是更有利的。为什么？因为兵站是其他 3 种不同类型的战斗单元的先决条件，而木材工厂只是生产木材的先决条件。人工智能已经判定一场战斗即将来临，因此它应该意识到（当然这取决于你已经做了正确的设计）必须尽快地把资源投入到制造战斗单元中去。因为我们都知道骑士（Knights）和步兵（FootSoliers）比一堆木料更有利于战斗。

（2）如果一个敌人的步兵端着枪（Gun）进入了人工智能的领土，人工智能可以通过对图进行反推以得出下列结论：

■ 敌人一定已经建立了一个铸造厂（Forge）和一个木材工厂；
■ 敌人一定已经开发了制造火药（Gunpowder）的技术；
■ 敌人一定正在生产木材（Wood）和铁（Iron）资源。

更进一步检索图也能够显示出敌人可能已经拥有了大炮（Cannon）或者正在制造大炮，情况不妙！

人工智能可以利用这些信息来决定攻击的最佳方案。比如说，人工智能应该知道为了防止更多的携枪敌人逼近它的领土，应该以敌人的铸造厂和木材工厂为攻击目标。它也能够推断出派一名刺客（Assassin）去攻击敌人的铁匠（Blacksmith）可以显著地削弱敌人，并且人工智能可能真的为了达到这个目的投入资源去生产一名刺客。

（3）通常，一种技术或者特别的单元是赢得游戏胜利的关键。如果建立每一种资源的开销都被指定到依赖图的各条边上，那么人工智能就可以利用这一信息来计算生产某种资源的最佳路径。

3. 状态图（State Graph）

状态图用来表示一个系统的每一个可能的状态以及状态之间的转换关系。一个系统潜在的状态的集合被叫做*状态空间*（State Space）。这样的图可以用来查看某个特定的状态是否可能，或者用来找出达到某一特定状态的最有效的路径。

让我们通过汉诺塔问题来说明一个简单的例子。

这是汉诺塔问题的一个简单版本，有 3 个柱子 A、B 和 C，3个不同大小的圆盘放置在柱子上。在开始的时候，圆盘按照由大到小的顺序被放在柱子上。汉诺塔问题的目的是移动圆盘直到它们都被放在 C 柱上，当然也应该按照由大到小的顺序放置。每一次只能够移动一个圆盘。任何一个圆盘要么被放置在一个空的柱子上，要么被放置在比它大的一个圆盘上。

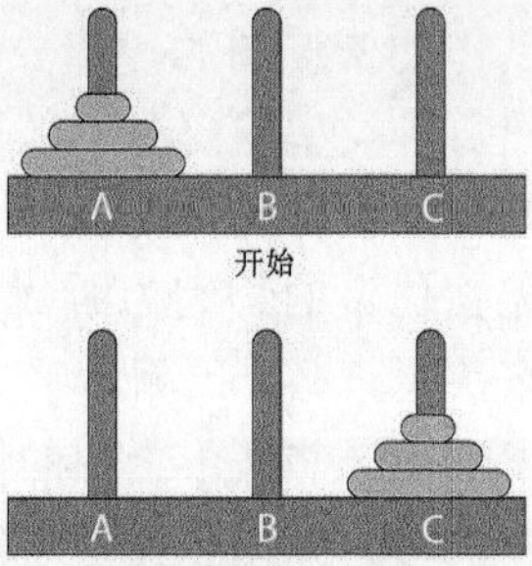

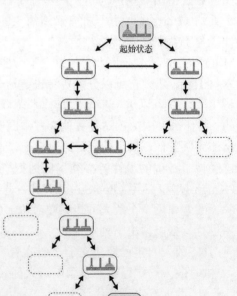

图 5.10　汉诺塔

我们能够通过使用图来表示这个问题的状态空间。每一个节点代表这个问题可能产生的一种状态。图的边代表状态之间的转换：如果可以直接从一个状态移动到另外一个状态，那么就会有一条边连接这两个状态；如果不是这样，那么这两个状态之间就没有连接边。首先创建一个节点用来表示这个问题的开始状态，这个节点叫做*根节点*（Root Node），接着通过在图中加入可达到的状态来扩展根节点，接着再扩展那些新加入的节点，如此不断重复，直到所有可能的状态和转换都已经被加入到图中为止。每一个状态的前一个状态叫做*父状态*（Parent）而每一个新的状态被叫做父状态的子状态（Child）。

图 5.11 显示了这样的过程。连接两个状态的箭头表示通过移动圆盘，一个状态能够达到另一个状态。图很快就变得复杂起来，因此我已经省

图 5.11　汉诺塔问题状态的扩展。虚线框表示没有被扩展的状态

略了很多可能的状态以便可以较容易地发现通往这个问题的一种解决方案的路径。

一个状态图能够容易地搜索到目标状态。在这个例子中，目标状态是这样的一个状态，C 柱上所有的圆盘都按正确的顺序放置。通过搜索状态空间，我们不仅可以找到一个解决方案，而且可以找到每一个可能的解决方案，或找到移动步数最少的解决方案（或者移动步数最多的解决方案，如果这正是你所要寻找的）。一个父节点的子节点的平均数目称为一个图的分支数（Branching Factor）。对于某些问题，比如说我们刚才讨论的汉诺塔问题，节点的分支数是比较低的，一个节点有 1～3 个分支，这使得利用计算机的存储器来表示图的整个状态空间成为可能。然而对于很多领域，节点的分支数是非常高的，并且潜在的状态数随着距离根节点长度（图的深度）的增加增长得非常快。对于这些类型的系统，不可能表示出它们整个的状态空间，因为即使使用最强大的计算机，它也会使内存容量很快耗尽。即使这样的图能够被存储起来，为了完成一个搜索也仍然需要花费大量的时间。因此，对这些类型的图，每一次都只创建或者搜索很少的一些节点，一般是（但不总是）使用一些算法使搜索直接指向目标状态。

5.2 实现一个图类

两种流行的数据结构被用来表示图，它们是邻接矩阵和邻接表。邻接矩阵图用一个二维的矩阵来表示图的连接关系，矩阵的每一个元素可以是布尔型的，也可以是浮点型的。如果经过一条边没有开销，那么可以使用布尔型的矩阵，而浮点型的矩阵通常用来表示每条边有相关联开销的图，比如对于一个导航图来说，每条边的开销可以用来表示两个节点之间的距离。真正的实现当然是取决于设计者和问题的实际需要。图 5.12 显示了图 5.6 所对应的邻接矩阵。

每一个"1"代表介于两点之间的一个连接，而每一个"0"代表两点之间没有连接。通过从图 5.12 直接读出数值，我们就可以知道节点 2 到 6 没有连接，但是节点 4 到 2 却有一条连接边。

邻接矩阵是直观的，但是对于大的稀疏图来说，这种表示方法并不经济。因为大部分的矩阵元素被用来存储不需要的"0"值。一个更好的用来表示稀疏图的数据结构（这也是在游戏人工智能中最常出现的）是邻接表。

对于每一个当前节点，一个邻接表图存储一个链表以包含所有它的相邻边。图 5.13 显示上一个例子是如何用邻接表表示的。

邻接表对于存储稀疏图是非常有效的，因为他们不会浪费空间来存储空连接。用这种数据结构存储一个图所需要的存储空间正比于 N＋E（节点的数目＋边的数目），而如果使用邻接矩阵就会是 N^2（节点数的平方）。

在游戏人工智能的开发中遇到的大多数图都是稀疏的，因而你经常会选择邻接表作为表示图的数据结构。知道了这一点，让我们看一看为了实现这样的一个图所需要的源代码。

	①	②	③	④	⑤	⑥	⑦
①	0	0	0	1	0	1	0
②	0	0	0	1	1	0	0
③	0	0	0	1	0	0	0
④	1	1	1	0	0	0	0
⑤	0	1	0	0	0	0	1
⑥	1	0	0	0	0	0	0
⑦	0	0	0	0	1	0	0

图 5.12　一个邻接矩阵

① → 4 → 6
② → 4 → 5
③ → 4
④ → 1 → 2 → 3
⑤ → 2 → 7
⑥ → 1
⑦ → 5

图 5.13　一个代表图 5.6 的邻接表

5.2.1　图节点类（GraphNode Class）

GraphNode 类封装了为表示一个邻接表图所需要的关于一个节点的最小信息：一个惟一标识号，或者叫索引（index）。

这儿列出了图节点的说明：

```
class GraphNode
{
protected:
  //每一个节点有一个索引，一个有效的索引>=0
  int m_iIndex;
public:
  GraphNode():m_iIndex(invalid_node_index){}
  GraphNode(int idx):m_iIndex(idx){}
  virtual ~GraphNode(){}
  int Index()const;
  void SetIndex(int NewIndex);
};
```

因为通常一个节点需要包含更多的信息，GraphNode 类一般是作为派生节点类的基类来使用的。例如，一个导航图的节点必须包含空间信息，而一个依赖图的节点必须包含它所代表的资产的信息。

一个在导航图中使用的节点类可能看起来是下面的样子：

```
template < class extra_info = void*>
class NavGraphNode : public GraphNode
{
protected:
  //节点的位置
  Vector2D m_vPosition;
  //你经常需要在导航图节点中包含附加的信息
  //比如节点可能代表一个类似装甲一样的可拿起的物件
  //这样的话，m_ExtraInfo 可能会是一个枚举类型的值，用来表示物件的类型
  //如此我们就可以使用搜索算法来搜索一个图中的特定物件
  //再进一步说，m_ExtraInfo 也可能是一个指向节点所对应的节点类型实例的指针
  //这能使一个搜索算法在搜索过程中测试可拿起物件的状态
  //参看 8 章以获得进一步的信息
  extra_info m_ExtraInfo;
public:
  /*INTERFACE OMITTED */
};
```

注意，尽管节点类在这里使用的是二维向量来代表一个节点的位置，但实际上一个图能够包涵任意维数的节点。如果为一个三维游戏创建一个导航图，那么只要使用三维向量即可，工作方式完全一样。

5.2.2　图边类（GraphEdge Class）

GraphEdge 类用来封装表示连接两个节点的边所需要的基本信息。如下是代码：

```
class GraphEdge
{
protected:
  //一个边连接两个节点，有效的节点索引总是正值
  int m_iFrom;
  int m_iTo;
  //经过此边所需的开销
  double m_dCost;

public:
  //构造函数
  GraphEdge(int from, int to, double cost):m_dCost(cost),
                                           m_iFrom(from),
                                           m_iTo(to)
  {}
  GraphEdge(int from, int to):m_dCost(1.0),
                              m_iFrom(from),
                              m_iTo(to)
  {}
  GraphEdge():m_dCost(1.0),
              m_iFrom(invalid_node_index),
              m_iTo(invalid_node_index)
  {}
```

有时在创建一个 GraphEdge 类时，把边的一个或两个节点的索引设置为无效值（负值）是有用的。在头文件 NodeTypeEnumerations.h 中定义的枚举值 invalid_node_index 此处用于在默认构造函数中初始化 From 和 To。

```
  virtual ~GraphEdge(){}
  int From()const;
  void SetFrom(int NewIndex);
  int To()const;
  void SetTo(int NewIndex);
  double Cost()const;
  void SetCost(double NewCost);
};
```

如果所使用的平台对内存使用的限制大于对搜索速度的限制，你可以通过不显示存储基于单元的图（或者与单元图等密度或更大密度的图）每一条边的开销来节省大量内存。相反地，通过从 GraphEdge 类中省略开销（cost）字段我们节省了内存，而通过一个函数来获取这条边的两个相邻节点的信息，我们就可以计算出边的开销。例如，如果边的开销等于两个节点之间的距离，那么函数返回欧几里德距离。就像这样：

```
//常量 从 A 到 B
cost = Distance(NodeA.Position, NodeB.Position)
```

因为在这种类型的图中，边数可能是节点数的 8 倍以上，当节点数非常多的时候，内存的节省就非常可观了。

5.2.3 稀疏图类（SparseGraph Class）

在 SparseGraph 类中，节点和边被存储在一起。这通过一个类模板来实现，以使这种类型的图可以使用任何适当类型的节点和边。作用在图上的算法应该能够非常迅速地存取节点和边的数据。为了实现这一点，SparseGraph 类直接把每一个节点的索引号当作存储它的动态数组（m_Nodes）（译者注：std::vector 是 C++标准模板库定义的动态数组数据结构）的下标，这样存储边的动态数组（m_Edges）的每一个元素在搜索其所对应的节点时所用的查询时间是 O(1)。然而，这产生了一个问题，当一个节点从图中被删除的时候，因为它也必须从节点动态数组 m_Nodes 中删除，任何更变索引结点的所有索引号都会变得无效。因此，我们并不是从动态数组当中删除节点，而只是设置这一个节点的索引号为枚举值 invalid_node_index，并且所有 SparseGraph 类的方法都会把这样的值视为节点不存在。

下面是 SparseGraph 类的说明：

```
template <class node_type, class edge_type>
class SparseGraph
{
public:
  //使得图中各种边和节点的类型能够被使用
  typedef edge_type EdgeType;
  typedef node_type NodeType;
  //一些有用的类型定义
  typedef std::vector<node_type> NodeVector;
  typedef std::list<edge_type> EdgeList;
  typedef std::vector<EdgeList> EdgeListVector;
private:
  //组成这个图的节点
  NodeVector m_Nodes;
  //一个边（EdgeList）的动态数组。（在边中，通过节点的索引号和节点相关联）。
  EdgeListVector m_Edges;
  //是有向图吗?
  bool m_bDigraph;

  //将要被添加的下一个节点的索引号
  int m_iNextNodeIndex;
  /* 省略的无关细节 */
public:
  //构造函数
  SparseGraph(bool digraph): m_iNextNodeIndex(0), m_bDigraph(digraph){}
  //返回给定索引的节点
  const NodeType& GetNode(int idx)const;
  //返回值为非常量的版本
  NodeType& GetNode(int idx);
  //得到一个边的引用的常量方法
  const EdgeType& GetEdge(int from, int to)const;
  //非常量方法

  EdgeType& GetEdge(int from, int to);
  //取得下一个可用的节点索引
  int GetNextFreeNodeIndex()const;
```

```
//添加一个节点到图中并返回其索引
int AddNode(NodeType node);
//通过设置一个节点的索引为 invalid_node_index 来删除一个节点
void RemoveNode(int node);
//添加和删除边的方法
void AddEdge(EdgeType edge);
void RemoveEdge(int from, int to);
```

注意，类有删除节点和边的方法。如果图是动态的，并且能够随着游戏的进程而改变，那么这样的特性就是需要的。例如，通过删除（有时是增加）导航图的边，我们可以很好地表现地震所造成的破坏。再比如，像《命令与征服》（Command&Conquer）这样的游戏可以通过添加和删除边来反映玩家建造或者摧毁桥梁或墙所产生的影响。

```
//返回当前图中活动的和不活动的节点数
int NumNodes()const;
//返回当前图中活动的节点数
int NumActiveNodes()const;
//返回当前图中的边数
int NumEdges()const;

//如果图是有向的，返回 true
bool isDigraph()const;
//如果图中没有节点，返回 true
bool isEmpty()const;
//当一个节点在图中存在，返回 true
bool isPresent(int nd)const;
//通过一个打开的文件流或者文件名来装入或存储图
bool Save(const char* FileName)const;
bool Save(std::ofstream& stream)const;

bool Load(const char* FileName);
bool Load(std::ifstream& stream);
//为新节点的插入清空图
void Clear();
//客户可能使用的用来存取边和节点的迭代器（iterator）
class ConstEdgeIterator;
class EdgeIterator;
class NodeIterator;
class ConstNodeIterator;
};
```

通过这部分的学习，希望你已经认识到图这个工具在开发中的强大的作用。然而，仅仅只是图这种数据结构本身用处是很少的。当我们使用一些专门设计的、用来探索图的算法来操作图的时候，是找一个特定的节点，或是找节点之间的一条路径，此时图才能够发挥真正的威力。本章后续内容将介绍一些这样的算法。

5.3　图搜索算法

多年以来图论都是数学家们热衷研究的一个领域，并且已经设计出无数的算法来搜索或者探究一个图的拓扑结构。通过使用搜索算法我们可以实现如下内容。

- 访问图的每一个节点，有效地映射图的拓扑结构。
- 找到连接两个节点的任何路径。在你想找到一个节点，但是却不关心如何到达那个节点时，这是非常有用的。比如，这种类型的搜索可以被用来找到一个或者多个汉诺塔问题的解决方案。
- 找到两个节点间的最优路径。什么是最优路径取决于问题。如果被搜索的图是一个导航图，最优路径可能是连接两个节点的一条最短路径，也可能是智能体在两点之间运动花费时间最少的一条路径，还可能是一条避开敌人视线的路径，或者是一条最安静的路径（如游戏《神偷》）。如果图是一个状态图，比如像我们前面讨论的汉诺塔问题，那么最优路径就会是一个使用最少步数的解决方案。

在开始阐述细节之前，也许你们当中的很多人在一开始可能会发现这些算法非常难以理解。事实上在讲述图的搜索算法之前，本书将提出一个健康警告。（也许是合适的）：

⊃ 注意：小心！搜索算法会给普通人的大脑带来巨大的挫折感和困惑，还会导致头痛、恶心和失眠。自发的高声尖叫也不是罕见的。注意，在学习曲线的早期阶段，这些都是常见症状，通常不必担心，过一段时间就会恢复正常。然而，如果症状持续，请远离繁忙的公路、剃须刀和上膛的武器。尽早去寻求医生的建议。

严肃地说，对很多人来讲这些东西仍然是非常难以理解的。书中会详细地解释每一个算法。对你来说理解这些理论是非常重要的，而不应该仅仅使用拷贝和粘贴的方法来使用它们，因为你经常需要修改一个算法来适应你的需要。如果不明白这些算法是如何工作的，任何修改都是不可能的，你就只能在挫折感中不断地挠头。

好了，系好你的安全带，让我们出发吧！

5.3.1 盲目搜索（Uninformed Graph Searches）

盲目搜索（Uninformed graph Search 或 Blind Searchs）在搜索一个图时不考虑相关的边的开销。然而它们能够区分不同的节点和边，这使得它们可以发现一个目标节点或者识别一个已经访问过的节点和边。为了遍历一个图（访问每一个节点）或者找到两个点之间的一条路径，仅仅需要这些信息。

1. 深度优先搜索（Depth First Search）

假设小 Billy 正站在一个典型的主题公园的门口。这个主题公园是一个各种骑乘游戏和很多其他娱乐设施的混合体。所有的设施都通过蜿蜒的道路连接起来。Billy 没有地图，但是他非常渴望发现这个公园到底提供了哪些骑乘游戏和其他娱乐项目。

幸运的是，Billy 知道图论，他很快发现公园的布局和图的相似性。他发现每一个娱乐设施都可以用一个节点来代表，而连接娱乐设施的路径可以用边来代表。通过使用深度优先搜索算法，简称 DFS，他可以确保自己访问每一个娱乐设施并走过每一条路径。

深度优先搜索之所以叫这个名字是因为在搜索时它总是尽可能地深入一个图。在搜索时，当它走入死胡同时，它会进行回溯，以回到上一个较浅的节点，在那里它可以开始继续探索。以主题公园为例子，算法的运行过程如下。

从主题公园的入口开始（源节点），Billy 在一个纸条上记录下该节点的描述以及从这一个节点延伸出去的边。接着，他选择其中的一条边向下走。在选择边时，到底选择哪一条边是没有区别的，他可以随机地选择一条边，只要这一条边他还没有探索过。每次一条新的边都可以把 Billy 带到一个新的娱乐设施，这时 Billy 会记下该娱乐设施的名字以及连接这个娱乐设施的所有的边。在图 5.14 中，标记为 A 到 D 的示意图说明了这一个过程最初的几步。细的黑线代表没有被探索过的边，而被突出的线条表示那些比利已经探索过的边。

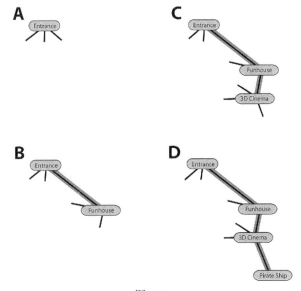

图 5.14

当他抵达图 D 显示的位置时，Billy 注意到没有从海盗船（Pirate Ship）节点出发的新的边了（在图的术语中，这样的节点被叫做终端节点）。因此，为了继续搜索，他返回三维影院（3D Cinema）节点，在那儿还有一些没有被探索过的边，参看图 5.15 E。

当他抵达 Ice Blaster，这时有 4 条尚未探索的边可以尝试，其中有两条边他能够回到以前访问过的地方（Entrance 和 Funhouse）。在回溯 Ice Blaster 以尝试另一条路径的时候，他标记这两条边为已探索。最后，发现一条路径可以带领他到达 Slot Machines，参看图 5.15 F、G 和 H。

在回溯访问前尚未探索过的边之前，在图中尽可能地深入的这种过程不断进行重复，直到整个主题公园都被标示出来。图 5.15 中的步骤 I 到 L 显示了这一个过程接下来的几步。图 5.16 是 Billy 访问了每一个娱乐设施和每一条路径之后图的最终状态。

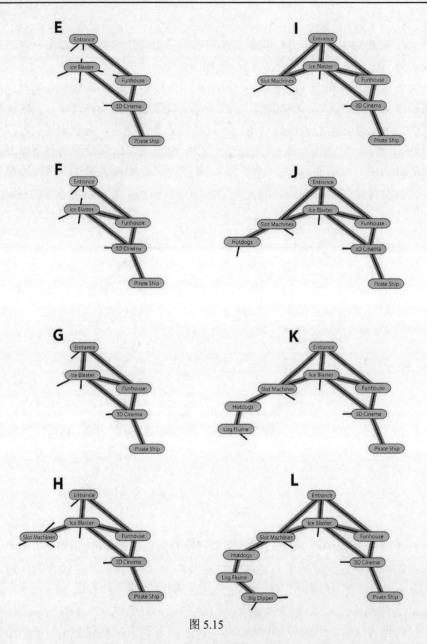

图 5.15

➲ 注意：给定一个源节点，深度优先搜索只能够保证一个连通图的所有的节点和边都被访问到。记住，一个连通图的任何一个节点和其他节点都是可达的。如果你正在搜索的是一个非连通图，比如像图 5.3 当中的 C 图，那么算法就必须被扩展，以包含每个子图的一个源节点。

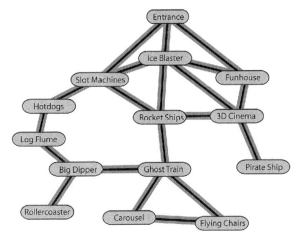

图 5.16 Billy 完成的地图

实现算法

DFS 被实现为类模板的形式，这样只要使用与前面讨论的稀疏图类 Sparse Graph 相同的接口，算法就可以操作各种图（比如致密图）。首先让我们看一下类的说明，接着我会描述算法本身。

```
template<class graph_type>
class Graph_SearchDFS
{
private:
   //为了便于阅读
   enum {visited, unvisited, no_parent_assigned};
   //为图所使用的节点和边类型创建类型说明
   typedef typename graph_type::EdgeType Edge;
   typedef typename graph_type::NodeType Node;
private:
   //一个被搜索的图的引用
   const graph_type & m_Graph;
   //记录在搜索过程中访问过的所有节点
   std::vector<int> m_Visited;
```

m_Visited 包含与图的节点数目相同的元素。在开始时每一个元素都被初始化为未经访问。随着搜索的进行，每次访问一个节点，它所对应的 m_Visited 元素就会被标记为已访问。

```
//保存到达目标节点的路径
std::vector<int> m_Route;
```

m_Route 也包含与图中的节点数相同数目的元素。每一个元素也都被初始化为 no_parent_ assigned。随着搜索的进行，这个动态数组会记录从源节点到目标节点的路径，这是通过记录每一个节点的父节点的相关索引完成的。比如，如果到目标节点所对应的节点的访问顺序是 3-8-27，那么 m_Route[8] 的值为 3，而 m_Route[27] 的值为 8。

```
//源节点和目标节点索引
```

```
int m_iSource,
    m_iTarget;
```

当探索一个图时，通常情况是你想要搜索一个特定的目标（或者说目标节点）。用主题公园的例子来说，那就好像你正在寻找一个特别的骑乘游戏，比如说大转盘（Rollercoaster）。考虑到这一点，搜索算法通常使用一个终止条件，这个终止条件一般以目标结点的索引形式给出。

```
//当找到一条源节点到目标节点的路径时值为真
bool m_bFound;
//这个方法进行 DFS 搜索
bool Search();
```

这个方法是实现了深度优先搜索算法的代码。我们过一会儿会深入探讨它的细节。

```
public:
  Graph_SearchDFS(const graph_type& graph,
                  int              source,
                  int              target = -1 ):
                        m_Graph(graph),
                        m_iSource(source),
                        m_iTarget(target),
                        m_bFound(false),
                        m_Visited(m_Graph.NumNodes(), unvisited),
                        m_Route(m_Graph.NumNodes(), no_parent_assigned)
  {
    m_bFound = Search();
  }

  //如果目标节点被找到返回 true
  bool Found()const{return m_bFound;}
  //返回一个节点索引动态数组，它包含从源到目标的最短路径
  std::list<int> GetPathToTarget()const;
};
```

DFS 通过使用一个常量指针 std::stack[1]来实现搜索算法。指针指向正在搜索的图的边。堆栈（Stack）是一个后进先出（Last In First Out，即 LIFO）的数据结构，这种结构的工作方式类似于比利所使用的记录访问的主题公园的纸条：在搜索进行时，边被压入栈中，就好像 Billy 记录下他所访问的边一样。

先快速浏览一下搜索方法的代码，接着再通过下面的例子学习它是如何工作的，以确保真正理解它的奥密。

```
template <class graph_type>
bool Graph_SearchDFS<graph_type>::Search()
{
  //创建堆栈用来保存边的指针
  std::stack<const Edge*> stack;
  //创建一个哑边并入栈
  Edge Dummy(m_iSource, m_iSource, 0);
  stack.push(&Dummy);
  //当栈中有边时，继续搜索
```

---

[1]　std::stack 是 C++标准模板库 STL 定义的一个堆栈数据结构。——译者注

```
while (!stack.empty())
{
  //取得下一条边
  const Edge* Next = stack.top();
  //边出栈
  stack.pop();
  //记录这条边指向的节点的父节点
  m_Route[Next->To] = Next->From();
  //并标记指向的节点为已访问
  m_Visited[Next->To()] = visited;
  //如果目标节点已经找到，方法成功返回
  if (Next->To() == m_iTarget)
  {
    return true;
  }
  //将这条边指向的节点的所有关联的边入栈
  //只要关联的边指向的节点没有被访问过
  graph_type::ConstEdgeIterator ConstEdgeItr(m_Graph, Next->To());
  for (const Edge* pE=ConstEdgeItr.begin();
       !ConstEdgeItr.end();
       pE=ConstEdgeItr.next())

  {
    if (m_Visited[pE->To()] == unvisited)
    {
      stack.push(pE);
    }
  }
}//while 结束
//没有路径到达目标节点
return false;
}
```

为了帮助你理解，让我们看一个简单的例子。我们使用的是如图 5.17 所示的无向图，所要搜索的目标结点是结点 3，而搜索开始于结点 5（源节点）。

搜索开始于创建一个哑边（一个从源节点出发又返回源节点的边）并且把它入栈，参看图 5.18。突出显示意味着这条边已经在堆栈中。

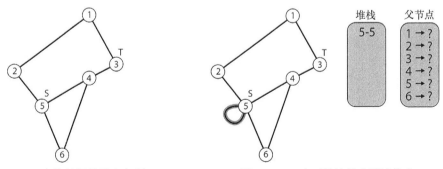

图 5.17　一个简单图的搜索问题　　　　图 5.18　一个哑边被放在了堆栈中

搜索的进行是通过进入一个 while 循环完成的。当堆栈中还存在没有探索过的边时，算法就反复执行下面的几个步骤。括号里的注释描述了第一次执行循环所发生的情况。

① 从堆栈中移除最顶上的边（哑边[5-5]）。

② 注意，到边所指向的节点的父节点的索引需要保存到动态数组 m_Routes 中，具体下标由边所指向的节点的索引确定。（因为哑边是用来开始算法的，所以节点 5 的父节点就是它自己，因此 m_Routes[5]应该被设置为 5。）

③ 通过相关索引，访问 m_Visited 动态数组元素，设置该元素的值为枚举值 visited，以标记边所指向的节点为已访问（m_visited[5]=visited）。

④ 测试终止条件。如果边所指向的节点是目标节点，那么搜索成功返回。（节点 5 不是目标节点，所以搜索继续。）

⑤ 如果边所指向的节点不是目标节点，对于节点关联的边，在其指向的节点没有被访问过的情况下，把这些关联的边全部入栈（边[5-2]、边[5-4]和边[5-6]入栈）。

图 5.19 显示了经过一次 while 循环后的状态。灰色显示的源节点表示这个节点已经被标记为已访问（visited）。

到这里，算法回到了 while 循环的开头，栈顶元素出栈（边[5-2]），它指向的节点（节点 2）被标记为已访问（visited），并且记录节点 2 的父节点（节点 5 是节点 2 的父节点）。

接着，算法考虑哪些边需要入栈。节点 2（边[5-2]所指向的节点）有两条边：[2-1]和[2-5]。因为节点 5 被标记为已访问（visited），所以边[2-5]不会被加入堆栈。因为节点 1 还没有被访问，而边[2-1]指向它，所以边[2-1]需要入栈。参看图 5.20，粗的黑线[5-2]表示这条边不会再被考虑了。

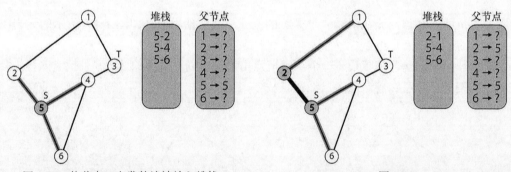

图 5.19　从节点 5 出发的边被放入堆栈　　　　　　　　　图 5.20

算法又一次回到了 while 循环的开头，这次出栈的是边[2-1]，将节点 1 标记为已访问，并且标记它的父节点是节点 2。节点 1 有两条边分别指向节点 2 和节点 3。节点 2 已经访问过了，所以只有边[1-3]入栈，参看图 5.21。

这次算法出栈的是边[1-3]，在经过标记指向的节点为已访问和记录父节点后，算法发现它已经抵达了目标节点，于是算法退出。这时的状态如图 5.22 所示。

在搜索时，到达目标节点的路经被存储在动态数组 m_Route 中（在上面的图中它被表示为记录每个节点的父节点的那个表）。方法 GetPathToTarget 用于提取这个路径信息，并返回

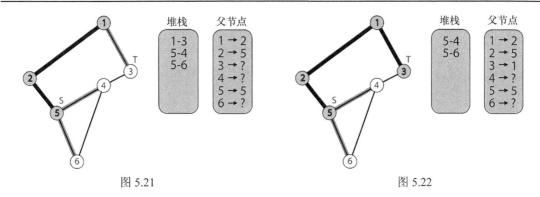

图 5.21　　　　　　　　　　　　　　　　　　图 5.22

一个整数的动态数组，这些整数表示了智能体从源节点到目标节点必须依次经过的节点的索引。下面是源代码：

```
template <class Graph>
std::list<int> Graph_SearchDFS<Graph>::GetPathToTarget()const
{
  std::list<int> path;
  //在没有路径或者没有指定目标节点时返回空路径
  if (!m_bFound || m_iTarget<0) return path;
  int nd = m_iTarget;
  path.push_back(nd);
  while (nd != m_iSource)
  {
    nd = m_Route[nd];
    path.push_back(nd);
  }
  return path;
}
```

这是一个很简单的方法。它从检索目标节点的父节点开始，接着检索找到的父节点的父节点，如此反复进行直到抵达源节点。在上面的例子中，这个方法将会返回 5-2-1-3。

➲ 注意：考虑到速度和效率，搜索算法的实现在本章中被描述为处理在搜索之前已经建立好的图。然而，对于某些问题这样做是不可能的。因为预期的图的尺寸要么太大以致于不能完全装入内存，要么因为需要保留内存而仅仅只创建那些对搜索来说非常重要的节点和边。例如，如果想要搜索一个棋类游戏的状态空间，你就不可能在搜索之前把状态图完全建立好，因为可能的状态的数目非常巨大。而是必须在搜索进行时才去创建节点和边。

DFS 的运行

为了使你更形象地理解，这一章准备了一个示例程序。这个程序用来演示对一个网格状的导航图进行各种不同的图搜索。这种类型的节点排列形式在基于单元的游戏中是经常出现的，每一个节点都被放置在一个单元的中心，同时有边来连接与这个结点最近的 8 个节点。参看程序截图（见截图 5.1）。水平和垂直的线表示单元的边界，点表示图的结点，从点发出的细线是边。不过，这个截图被打印成了灰度的，所以你也许不能把每一样东西都看清楚。

如果你正坐在电脑旁，建议运行 Pathfinder.exe 程序，并且按键盘上的 G 键来显示出图。

⊃ 注意：尽管在现实中，在 Pathfinder 示例中的斜边要比水平和垂直的边要长一些，但是深度优先搜索并不知道和边关联的花销，所以所有的边都是一样的。

此处使用一个基于单元的节点排列形式来做示例程序。这是因为它可以使得创建实验性的图变得容易一些，我们只需要让不同的单元表示不同的障碍物和变化的地形即可。然而，这并不意味着在游戏中必须使用基于单元的图。特别强调这一点是因为经常有新手苦于理解怎样让一个图不是网格状的。他们总是说："我知道在基于单元的实时战略游戏中这种 XYZ 搜索算法很有效，但是它能用在我的第一人称射击游戏（FPS）游戏中吗？"这样的问题很普遍，这可能是因为绝大多数的关于路径寻找的示例、教程和文章使用的都是基于单元的结点排列形式，因而人们可能也认为就只能这么做。注意，不要再犯同样的错误！图可以是任何你想要的形状并且可以有任意多的维数。

不管怎样，让我们回到深度优先搜索。截图 5.2 所显示的截图显示了一个简单的地图，这张图是通过设置一些单元代表障碍物而创建的。

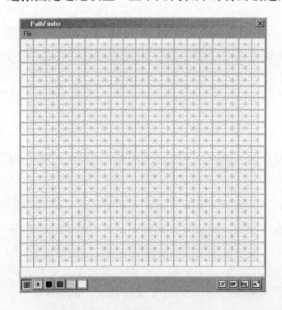

截图 5.1

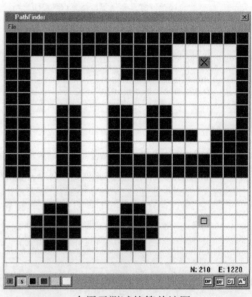

一个用于测试的简单地图
（为了清楚，图没有显示出来，仅仅显示了单元）

截图 5.2

为图被打印成灰度图，源节点和目标节点分别被标记为一个矩形和一个小叉号，这样能够让我们看得更清楚一些。右下角显示的数字分别是图的节点数和边数。

DFS 优化

一些图可能非常深，因而深度优先搜索便可能非常容易地就在错误的路径上陷得很深，因而延误了搜索。最坏的情况是，深度优先搜索可能无法从一次错误的搜索选择中恢复过来而永久地被卡住。

例如，假设你可能想要找到一个被随意置乱的魔方的解决方案。这个问题的整个状态空间非常巨大，因此在搜索之前就创建好整个状态空间的图是不可能的。因此我们可以从根节点开始，在每一次扩展状态空间时创建节点。在这样的搜索的某一步，深度优先搜索算法可能选择了一条边，而这一条边指向的状态子图并不包含目标状态，但是这个子图扩展出来的状态空间却非常巨大，以至于超出了计算机的计算能力。这就会导致解决方案永远不会被深度优先搜索返回，并且计算机实际上也宕机了。

幸运的是，通过限制深度优先搜索算法在开始回溯之前可以进行多少步的深度搜索，我们就可以防止这种情况的发生。这叫做限制深度的搜索（Limited Search）。通过使用限制深度的搜索，如果算法的搜索深度所需的计算能力可以被满足，并且在给定的深度内存在解决方案的话，那么深度优先搜索总能够返回一个解决方案。

然而，限制深度的搜索有一个主要的缺点。你如何设置最大搜索深度呢？对于大多数的问题领域来说，看出最大搜索深度应该是多少是不可能的。仍然以魔方为例，一个解决方案可能是 3 步也可能是 5 步。如果最大搜索深度设置为 10，那么算法就可能或不能找到一个解决方案。如果搜索深度设置得太高，那么可能的状态数目也许会导致搜索卡住。幸运的是，有一个方法可以回避这个问题——迭代加深深度优先搜索（Iterative Deepening Depth First Search，即 IDDFS）。

迭代加深深度优先搜索是这样工作的：它首先把搜索深度设置为 1，接着设置为 2，接着设置为 3，这样不断进行下去直到搜索完成。尽管初看起来这种方法似乎有一点浪费资源，因为浅层的节点有可能被搜索许多次，不过在实际中，大量的节点总是分布在搜索的边缘。对于那些节点分支数很多的图，这个结论就显得更加正确。给出一个分支数为 8，看起来像 PathFinder 示例的图，搜索边缘的节点数在表 5.1 中被显示出来。

表 5.1

深　　度	边　缘　节　点	总　节　点
0	1	1
1	8	9
2	64	73
3	512	585
4	4096	4681
n	8n	1+……+8n-1+8n

也许你们当中的一些人可能会想：如果一个常规的深度优先搜索在深度为 n 时使计算机宕机，那么在迭代加深深度优先搜索达到同样的深度时不一样也会宕机吗？是这样的，如果

IDDFS 允许搜索到那样的深度，那么你是一样会遇到问题的。但是使用迭代加深深度优先搜索是为了利用一个截止点（通常是一个时间限制）。当分配给搜索的时间用完的时候，算法就会终止，无论它已经搜索到了一个怎样的深度。

这种条理化方法的一个派生产品是如果给出足够的时间和一个有效的目标节点，那么迭代加深深度优先搜索就不仅能够找到目标节点，而且它将以可能的最小步数找到目标节点。

截图 5.3 显示了当 DFS 搜索目标节点时所找到的路径。你可以看到，它几乎蜿蜒地环绕了几乎整个地图，最后才跌跌撞撞地抵达目标节点。这充分地说明了，尽管 DFS 找到了目标节点，但是它不能保证找到的是抵达目标的最佳路径。

截图 5.3　DFS 的搜索过程

注意在这个例子中，DFS 没有探索从源节点到目标节点之外的任何边。当目标节点能够通过多条路径抵达时，这是 DFS 的一个显著特点。当路径的长度无关紧要时，这一点使 DFS 成为一个可以利用的快速算法（比如，在查看一个状态空间是否包含一个特定的状态而不是寻找到达该状态的一条最快的路径时）。

2. 广度优先搜索（Breadth First Search）

尽管基本的深度优先搜索保证能够找到一个连通图的目标节点，但是它并不保证找到的是到达目标节点的最优路径，即包含最少边数的路径。在前面的例子中，DFS 得到的是一条跨越 3 个边的路径，而最优路径只跨越两个边 5-4-3，参见图 5.22。

BFS 算法从源节点展开以检查从它出发的边指向的每一个节点，然后再从那些刚检查过的节点继续展开，如此不断。你可以把这样的搜索看作是先检查距离源节点一条边的所有节点，然后检查距离源节点 2 条边的所有节点，接着是距离 3 条边的，直到找到目标节点。因此，只要抵达目标节点，那么找到的路径就一定是包含最少的边（有可能存在其他的相同长度的路径，但是不会有更短的路径）的路径。

实现算法

BFS 算法和 DFS 算法几乎是一样的，只不过它使用一个先进先出（First In First Out，即 FIFO）的队列而不是堆栈。因此，这时边在队列中被检索的顺序和把它们加入队列的顺序是一样的。让我们先看一下 BFS 方法的源代码。

```
template <class graph_type>
bool Graph_SearchBFS< graph_type>::Search()
{
  //创建一个 std 队列用于保存边的指针
  std::queue<const Edge*> Q;
  //创建一个哑边并放入队列中
  const Edge Dummy(m_iSource, m_iSource, O);
  Q.push(&Dummy);
  //标记源节点为已访问
  m_Visited[m_iSource] = visited;
  //当队列中还有边时继续搜索
  while (!Q.empty())
  {
    //取得下一条边
    const Edge* Next = Q.front();
    Q.pop();
    //标记这个节点的父节点
    m_Route[Next->To()] = Next->From();
    //如果找到了目标节点，那么退出
    if (Next->To() == m_iTarget)
    {
      return true;
    }
    //将当前边指向的节点的相邻边加入队列
    graph_type::ConstEdgeIterator ConstEdgeItr(m_Graph, Next->To());
    for (const Edge* pE=ConstEdgeItr.begin();
        !ConstEdgeItr.end();
        pE=ConstEdgeItr.next())
    {
      //如果这条边指向的节点还没有被访问，那么把这条边加入队列
      if (m_Visited[pE->To()] == unvisited)
      {
        Q.push(pE);
        //这里节点在被检查之前先标记为已访问
        //因为这可以确保最多有 N 条边被加入队列，而不是 E 条边
        m_Visited[pE->To()] = visited;
      }
    }
  }
  //没有到达目标节点的路径
  return false;
}
```

为了说明问题，让我们用以前的例子练习算法，图 5.23 帮助你回忆以前的例子。

开始时，BFS 和 DFS 一样，先创建一条哑边[5-5]并且把哑边加入队列。接着源节点被标注为已访问（visited），参见图 5.24。

接着算法记录下节点 5 的父节点。和以前一样，因为第一条边是哑边，所以节点 5 的父节点就是自己。接着，这一条边被出队，并且所有节点 5 的相邻边（那些指向未访问节点的边）都被加入队列中，参见图 5.25。

到目前为止，所有的过程看起来还非常像 DFS，但是现在算法要开始不同了。接下来边[5-6]出队。节点 5 被标记为节

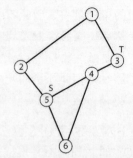

找到节点 5 到节点 3 的最短路径
图 5.23

点 6 的父节点。因为节点 6 的两条相邻边都指向了已经访问过的节点，所以它们没有被加入队列，参见图 5.26。

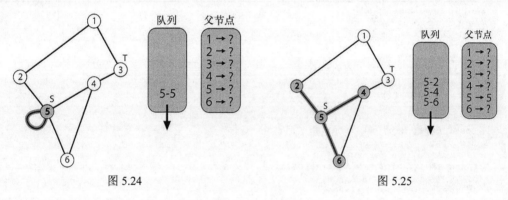

图 5.24   图 5.25

接着出队的是边[5-4]。节点 5 被标记为节点 4 的父节点。节点 4 有 3 条相邻边，但是只有边[4-3]指向了一个没有标记的节点，所以这条边是唯一加入队列的边，参见图 5.27。

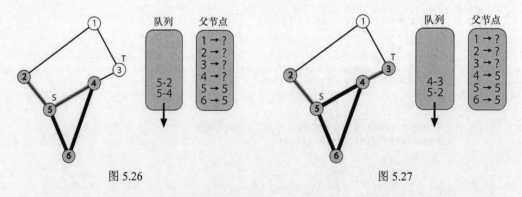

图 5.26   图 5.27

下面轮到边[5-2]出队了。节点 5 被标记为节点 2 的父节点，同时边[2-1]被放到了队列中，参见图 5.28。

这一步边[4-3]出队，节点 4 被标记为节点 3 的父节点。因为节点 3 是目标节点，在这一

步算法退出，参见图 5.29。

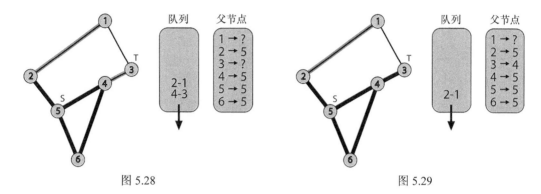

图 5.28　　　　　　　　　　　　　　　　　　　　图 5.29

使用 m_Routes 动态数组反向从目标节点开始查找父节点直到源节点，我们得到的是 3-4-5。这就是两个节点之间的边数最少的路径——最优路径。

⌘ 提示：你可以通过同时运行两个搜索来加速 BFS（或者很多其他的图搜索算法）。其中一个从源节点开始，而另一个从目标节点开始，当它们汇合时，搜索结束。这叫做双向搜索（Bidirectional Search）。

BFS 的搜索过程

让我们再次运行 PathFinder 程序来看看 BFS 搜索时的实际情况。首先，运行如截图 5.4 的简单例子。（如果你正在运行 PathFinder 程序，须装入文件 no_obstacles_source_target_close.map，并且单击工具栏上的 BF 按钮）。

在这样的情况下，没有任何障碍物。源节点和目标节点距离不远，在源节点和目标节点之间，只有很少的其他节点（单元）将它们分隔。粗黑线再一次显示了 BFS 算法找到的路径。细线代表在算法逼近目标节点时访问过的所有的边。这很好地说明了 BFS 是如何展开搜索直到抵达目标节点的。被访问的边形成了一个矩形，因为和 DFS 一样，BFS 也将所有的边都看成是一样的，就好像它们都等长一样。因为同样的原因，路径是先向左后向右，而不是直接指向目标节点。两个路径都花费同样的步数，但是路径的形状完全依赖于每一个节点的边被访问的顺序。

截图 5.5 显示了 BFS 如何在一个我们前面看到过的图上进行搜索。路径长度的减少是显而易见的，尽管我们已经知道 DFS 并不适合于搜索最短路径。再次注意，那些与目标节点和源节点相同深度范围的边是如何依次全部被访问的。

不幸的是，因为 BFS 在搜索时是如此的系统化，我们可以证明除了搜索小空间之外，在其他地方使用它都会显得非常笨拙。如果我们假设分支数是 b，而目标节点距离源节点的边数是 d（深度），那么式子 5.2 给出了算法检测的节点数。

$$1+b+b^2+b^3+\cdots+b^d \tag{5.2}$$

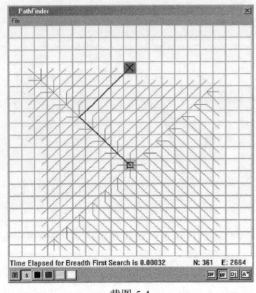

截图 5.4　　　　　　　　　　　　　　　　截图 5.5

如果被搜索的图非常大而且分支数很高，那么 BFS 就会浪费大量的内存并且表现出很低的效率。更糟糕的是，如果状态空间的分支数是如此之高以致于不能在搜索之前完全创建图的话，而是要求 BFS 边搜索边扩展节点，这将会非常费时，一个搜索可能很多年都结束不了。在 Russell 和 Norvig 的 *Artificial Intelligence: A Modern Approach*（《人工智能——一种现代方法》）一书中，他们给出了一个分支数为 10 的迷题，并假设扩展一个节点需要百万分之一秒，则 BFS 需要花费 3500 年才能抵达深度 14！从那本书出版到现在，计算机已经变得快多了，但是即使是这样，在达到同样的深度时，你仍然会变成一个老头的。

5.3.2　基于开销的图搜索（cost-based graph searchs）

对于很多问题的领域，所对应的图将会有一个开销（Cost），有时被叫做权（Weight）。开销与所通过的边相关联。例如，导航图的边通常会有一个与边连接的两点间的距离成比例的开销。为了找到最短路径，这些开销需要考虑。这显然不像我们用 BFS 搜索那样简单，仅仅只找出包含最少边数的路径。因为考虑到开销，沿着很多短边前进也许比通过两条长边要经济，参见图 5.30。

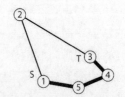

路径 1-5-4-3 比路径 1-2-3
要短，尽管它包含更多的边
图 5.30

尽管使用 BFS 或者 DFS 来搜索到达目标节点的所有的路径是可能的，并且我们可以计入每一条路径的开销以找出最小开销的路径，但是这显然是一个效率不高的解决方案。幸运的是，我们有更好的方法。

1.　边放松（Edge Relaxation）

本章后面要介绍的搜索算法都基于一种叫做边放松（Edge Eelaxation）的技术。在一个算法运行的时候，它从源节点到抵达目标节点的路径上的所有其他节点中搜集当前最优路径（Best Path Found So Far 即 BPSF）信息。这个信息在检查新的边时得到更新。如果刚检查的边表明，如果用通过此边到达一个节点的路径取代现有的最优路径会使路程更短，那么，这条边就被加入，而路径也相应地更新了。

这个放松的过程，和所有的图的操作一样，通过观察图是非常容易理解的。看一看图 5.31。在 A 图中，从 1 通过 3 到达 4 在检查边[5-4]之后也没有改进。因此不需要任何放松。然而在图 B 中，边[5-4]可以用来创建一条到达 4 的更短的路径；因此 BPFS 必须作相应的更新，这是通过将节点 4 的父节点从 3 改到 5 实现的（得到路径 1-2-5-4）。

这个过程之所以被叫做边放松是因为就像沿着 BPSF 的边伸展的一根橡皮筋，在找到一条更短的路径时，被拉紧的橡皮筋就放松了一点。

每一个算法都有一个浮点型（float）的 std::vector1，以表示当前算法找到的到达每一个节点的最优总开销。按照图 5.32 给出的情况，边放松的伪代码是这样的：

```
if (TotalCostToThisNode[t] > TotalCostToThisNode[n] + EdgeCost(n-to-t))
{
    TotalCostToThisNode[t] = TotalCostToThisNode[n] + EdgeCost(n-to-t));
    Parent(t) = n;
}
```

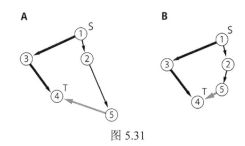

图 5.31

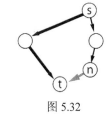

图 5.32

2. 最短路径树

给出一个图和一个源节点，最短路径树（Short Path Tree，即 SPT）是图 G 的一棵子树，它代表了从 SPT 上的任何节点到达源节点的最短路径。同样，用图来说明更好，见图 5.33。它显示的是以节点 1 为根节点的一个 SPT。

下面的算法在带权图中通过从源节点"生长"出一棵最短路径树来找到最短路径。

3. Dijkstra 算法（Dijkstra Algorithm）

教授 Edsger Wybe Dijkstra 为计算机科学做出

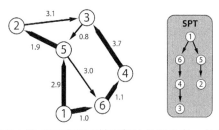

节点 1 的 SPT 在左面被以粗边显示出来，在右面它被一个有向树表示出来。要找到从任何节点到节点 1 的最短路径，你所需要做的只是从那个节点开始回溯 SPT 即可。比如，从节点 3 回溯到节点 1，就得到了路径 1-6-4-3

图 5.33

1　动态数组，节点作为索引。——译者注

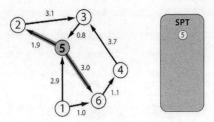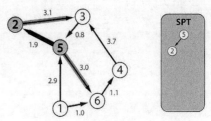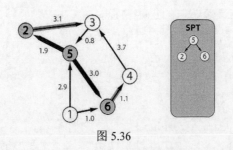

了很多有价值的贡献。其中一个最著名的是寻找带权图的最短路径算法。

Dijkstra 算法每一次构造最短路径树的一条边。首先，源节点被加入 SPT，接着将连接源节点到某一个在 SPT 上不存在的节点的最短路径所对应的边加入 SPT。这个过程最后得到的 SPT 将包含图中每一个节点到源节点的最短路径。如果算法被提供一个目标节点，那么算法找到目标节点就会终止。在算法终止时，生成的 SPT 将会包含从源节点到目标节点的最短路径，同时也会包含到达找到的每一个节点的最短路径。

⌘ 提示：Dijkstra 也因设计和编码 Algol 60 的编译器和强烈反对在程序设计中使用 goto 语句而闻名。笔者很喜欢他的名言"置疑计算机是否能够思考就像置疑潜水艇是否能够游泳一样"。遗憾的是，Dijkstra 在 2002 年死于癌症。

让我们使用图 5.33 所示的图来一步步运行算法，但源节点是节点 5。

首先，节点 5 被加入 SPT 并且从它出发的边被放入搜索边界（Frontier），参见图 5.34。

算法接着检查搜索边界的边指向的节点（6 和 2）并且将距离源节点最近的（节点 2 的距离是 1.9）节点加入 SPT。接下来，任何从节点 2 出发的边都被加入搜索边界，参见图 5.35。

节点 5 被加入 SPT。在搜索边界上的边被突出显示

图 5.34

粗黑线表示那些在 SPT 上的边

图 5.35

算法再一次检查搜索边界上的边指向的节点。从源节点到节点 3 的开销是 5.0，而源节点到节点 6 的开销是 3.0。因此节点 6 是下一个加入 SPT 的节点，而且所有的从这个节点出发的边被加入搜索边界，参见图 5.36。

图 5.36

过程再一次重复。因为节点 4 的开销小于节点 3 的开销，所以被它被加入 SPT。然而这一次从节点 4 出发只有一条边，它指向节点 3。节点 3 是一个在搜索边界上的一条边指向的

节点。这就是边放松发挥作用的时候了。检查到达节点 3 的两条可能的路径，算法发现路径 5-2-3 的开销是 5.0，而路径 5-6-4-3 有着一个更高的开销 7.8。因此，边[2-3]继续保留在 SPT 上，而边[4-3]以后就不再考虑了，参见图 5.37。

最后，节点 3 被加入 SPT，参见图 5.38。注意边[3-5]还没有被加入到搜索边界。这是因为节点 5 已经在 SPT 上了，而且不需要更进一步考虑。此外，注意节点 1 也没有被加入到 SPT。因为只有从节点 1 出发的边。这使得它有效地与图中的其他节点相隔绝。

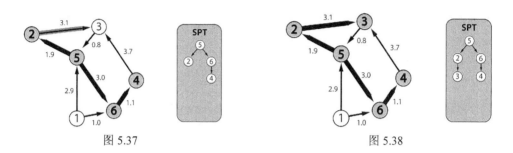

图 5.37　　　　　　　　　　　　　　　　图 5.38

实现 Dijkstra 算法

Dijkstra 最短路径算法的实现初看起来容易理解，但是解释起来一点也不容易！

下面从类的说明开始。注释提供了每一个成员变量的解释，大多数看起来还是比较熟悉的。

```
template <class graph_type >
class Graph_SearchDijkstra
{
private:
  //为图使用的节点类型和边类型定义类型(typedefs)
  typedef typename graph_type::EdgeType Edge;
  typedef typename graph_type::NodeType Node;
private:
  const graph_type & m_Graph;
  //这个动态数组保存最短路径树的边（SPT）-
  //一个图的有向子树，该树包含了在 SPT 上的每一个节点到源节点的最优路径
  std::vector<const Edge*> m_ShortestPathTree;
  //这是一个以节点的索引为索引的，
  //包含目前到给定节点最短路径的总开销的动态数组
  //例如: m_CostToThisNode[5]包含当前到达 5 的最短路径的所有边的开销总合
  // （当然，节点 5 须是当前节点且已经被访问）
  std::vector<double> m_CostToThisNode;
  //这是一个按节点来索引的，保存"父"边的动态数组。
  // "父边"指向那些和 SPT 相连的但是还没有加入到 SPT 的节点。
  std::vector<const Edge*> m_SearchFrontier;
  int m_iSource;
  int m_iTarget;
  void Search();
public:
  Graph_SearchDijkstra(const graph_type& graph,
                       int              source,
                       int              target = -1):m_Graph(graph),
                       m_ShortestPathTree(graph.NumNodes()),
```

```
                                    m_SearchFrontier(graph.NumNodes()),
                                    m_CostToThisNode(graph.NumNodes()),
                                    m_iSource(source),
                                    m_iTarget(target)
    {
      Search();
    }
    //返回定义 SPT 的边的动态数组
    //如果调用构造函数时指定目标节点，那么将返回
    //在找到目标节点之前已经访问过的所有节点的 SPT
    //如果不是这样，SPT 将包含图的所有节点
    std::vector<const Edge*> GetAllPaths()const;
    //返回包含从源节点到目标节点的最短路径的节点的索引构成的数组
    //通过从目标节点回溯 SPT 计算路径
    std::list<int>          GetPathToTarget()const;
    //返回到目标节点的总开销
    double                  GetCostToTarget()const;
};
```

这个搜索算法通过使用一个索引的优先队列（Indexed Priority Queue）来实现。一个优先队列，或者说 PQ，是一个元素按照优先级排序的队列。这种类型的数据结构可以用来存储搜索边界的边所指向的节点，而存储的顺序由它们距离源节点的开销递增顺序来决定。这种方法保证了排在优先队列前面的节点既是在 SPT 中没有的，又是到达源节点的开销最小的节点。

一个优先队列必须能使其内的元素按照指定的顺序进行存放。这就意味着每一个图的节点必须有一个额外的数据成员用于累加到那个节点的开销，为做到这点或许会大量使用<=和>=操作符才能实现正确的行为。尽管使用一个额外的变量的确是一个有效的解决方案，然而，我还是不想改变已有的图节点，此外，这样做在多个搜索同时运行时会带来问题，因为每一个搜索都会使用同一个数据。虽然这可以通过创建节点的多个副本来克服，但是宝贵的内存和速度都丧失了。

另一种方法是使用一个索引的优先队列（Indexed Priority Queue），简称 iPQ。这种优先队列用一个键（keys）值动态数组来进行索引，在这个例子中，键是每一个节点累加的开销，它们保存在动态数组 m_CostToThisNode 中。一个节点通过插入它的索引加入队列。类似地，当从 iPQ 中检索一个节点时，返回的是节点的索引而不是节点本身（或者是一个节点的指针）。这个索引可以通过 m_Graph::GetNode 用来存取节点和它的数据。

现在可以向你展示源代码了。请花一些时间以确保理解这个算法的每一行，长远来看你必将受益匪浅。为了帮助你理解，添加了很多的注释，但是，如果你仅仅是个普通人，也许仅仅是注释就会让你第一次阅读的时候磕磕巴巴。（如果在几遍阅读之后你仍然发现理解这个算法存在困难，强烈建议你用一个简单的例子在纸上逐步推演代码。）

```
template <class graph_type>
void Graph_SearchDijkstra<graph_type>::Search()
{
    //创建一个索引的优先队列，按照从前到后从最小到最大来排序。
    //注意 iPQ 包含的最大节点数是 NumNodes()。
    //这是因为没有节点在队列中会重复表示
```

```
IndexedPriorityQLow<double> pq(m_CostToThisNode, m_Graph.NumNodes());
//把源节点入队
pq.insert(m_iSource);
//当队列不空
while(!pq.empty())
{
    //从队列中得到最小开销的节点。别忘了返回的是节点的索引而不是节点本身。
    //这个节点是在 SPT 中没有，但是又是距源节点最近的节点
    int NextClosestNode = pq.Pop();
    //把这条边从搜索边界移动到最短路径树上
    m_ShortestPathTree[NextClosestNode] = m_SearchFrontier[NextClosestNode];
        //如果找到目标节点，退出
    if (NextClosestNode == m_iTarget) return;
    //现在进行边放松。遍历每一条连接下一个最近节点的边
    graph_type::ConstEdgeIterator ConstEdgeItr(m_Graph, NextClosestNode);
    for (const Edge* pE=ConstEdgeItr.begin();
        !ConstEdgeItr.end();
        pE=ConstEdgeItr.next())
    {
    //到这条边指向的节点的总开销是到当前节点的开销加上这条连接边的开销。
    double NewCost = m_CostToThisNode[NextClosestNode] + pE->Cost();
    //如果这条边还没有在搜索边界上，记录它所指向的点的开销，
    //接着把边加到搜索边界，
    //把指向的节点加到优先队列。
    if (m_SearchFrontier[pE->To()] == 0)
    {
      m_CostToThisNode[pE->To()] = NewCost;
      pq.insert(pE->To());
      m_SearchFrontier[pE->To()] = pE;
    }
    //不然，测试是否从当前节点到达边指向的节点的开销是否小于当前找到的最小开销
    //如果这条路经更短的话，我们将新的开销记入边指向的节点，更新优先队列以反映变化，
    //把边加入搜索边界。
    else if ( (NewCost < m_CostToThisNode[pE->To()]) &&
            (m_ShortestPathTree[pE->To()] == 0) )
    {
      m_CostToThisNode[pE->To()] = NewCost;
      //because the cost is less than it was previously, the PQ must be
      //resorted to account for this.
      pq.ChangePriority(pE->To());
      m_SearchFrontier[pE->To()] = pE;
    }
  }
 }
}
```

⌘ 提示：索引优先队列的实现使用了一个 two-way heap[1]的数据结构来存储元素。对于稀疏图，如果检查每一条边带来一个开销的减小（这就需要调用 IndexedPriority QLow::ChangePriority），算法运行最坏情况的运行时间是 $Elog_2N$，不过实际运行的时候所花费的时间要少得多。

通过使用 d-way heap，可以获得更大的速度提升。在这里 d 是一个关于图的密度（Density）的函数。此时在最坏情况下的运行时间是 $Elog_dN$。

1　一种堆数据结构，下同。——译者注

到这里就全部讲完了，Dijkstra 最短路径搜索算法是一个非常好的算法，并且如果两个节点之间存在最短路径，该算法保证能把它找出来。

Dijkstra 算法的搜索过程

让我们再次运行 PathFinder，看一看 Dijkstra 算法是如何处理之前的例子。截图 5.6 显示了该算法解决这个简单问题的情况。

结果与广度优先搜索类似，尽管现在看起来已经检查过的边形成了一个圆。这是因为 Dijkstra 算法使用的是实际的边的开销，因此这时斜边要比水平或垂直的边开销要大。考虑到这一点，你可以发现算法在找到目标节点之前，已经在各个方向上搜索了相近的距离。

截图 5.7 显示了 Dijkstra 算法在更复杂的地图上工作的情况。

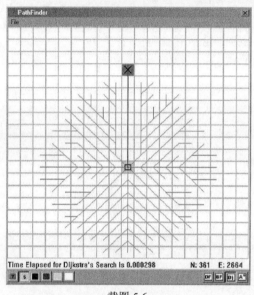

截图 5.6

截图 5.7

与 BFS 一样，Dijkstra 算法也检查了太多的边。如果算法在搜索过程中能得到提示，从而促使搜索沿着正确的方向进行，岂不是很棒吗？幸运的是，这是可能的。先生们，女士们，让我们鼓掌欢迎 A*算法。

4. Dijkstra 算法的一个改进：A*算法

到目前为止，Dijkstra 算法通过最小化开销进行搜索。在处理搜索边界上的点时，如果估计一下它们距离目标节点的开销，并将这个信息考虑进去，那么算法的效率就可以大大提高。这个估计值被称为*启发因子*（Heuristic），而是用这种试探性的方向搜索算法就是 A*算法。这个算法非常之好！

如果算法使用的*启发因子*给出的是从任何节点到目标节点的实际开销的下限（低估开销得到），那么 A*可以保证给出最优路径。对于那些包含空间信息的图，例如导航图，有几个

*启发因子*函数你可以使用，最直接的就是计算节点间的直线距离。有时这也叫做欧几里得距离（Euclidean distance）。

A*算法的工作方式和 Dijkstra 算法几乎一样。唯一的区别是对搜索边界上的点的开销的计算。被修正的到节点的开销 *F* 用来决定节点在优先队列中的位置（搜索的边界）。*F* 是这样计算的：

$$F = G + H \tag{5.3}$$

在这里，*G* 是到达一个节点的累计开销，*H* 是一个*启发因子*，它给出的是节点到目标节点的估计距离。对于一条刚从搜索边界取出并且被加入到 SPT 的边，下面的伪代码给出了它所指向的节点的开销计算：

```
Cost = AccumulativeCostTo(E.From) + E.Cost + CostTo(Target)
```

通过用这种方法使用一个*启发因子*，被修正的开销会指引搜索逼近目标节点，而不是在各个可能的方向发散地搜索。这也使需要检查的边更少。因此，搜索的加速是 Dijkstra 算法和 A*算法最主要的区别。

➲ 注意：如果在 A*算法中，你将启发因子的值设为 0，那么搜索的结果和 Dijkstra 算法是一样的。

A*算法的搜索过程

截图 5.8 显示了 A*在处理简单的从源到目标问题的结果。你可以看到，没有考虑无关的边，路经直接就指向了目标。在这里使用的启发因子函数是计算两个节点之间的距离。

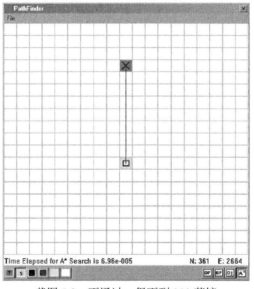

截图 5.8　不通过，得不到 200 英镑

截图 5.9 更令人印象深刻。看看 A*算法在找到目标节点前不得不搜索的边有多少。因此，搜索所花费的时间要远远少于其他的任何搜索算法（尽管在使用启发因子计算开销时我们不得不开平方根）。

截图 5.9

○ 注意：A*算法被证明是最有效率的。换一句话来说，任何其他搜索算法在寻找源节点到目标节点的最小开销路径时都不可能比 A*扩展的节点更少。

5. A*算法的实现

A*类非常像 Graph_SearchDijkstra。搜索的实现需要维护两个用来存储开销的 std::vector：一个是保存每个节点的 F 开销，它作为优先队列的索引，另一个是每一个节点的 G 开销。此外，在创建这个类的实例时，你必须将要使用的*启发因子*作为一个模板参数进行说明。这种设计方便了用户在使用这个类时自定义*启发因子*，比如在本章末尾提到的 Manhattan 距离*启发因子*。

下面是类的说明供你仔细阅读：

```
template <class graph_type, class heuristic>
class Graph_SearchAStar
{
private:
    //为图使用的边类型定义一个类型（typedef）
    typedef typename graph_type::EdgeType Edge;
private:
    const graph_type& m_Graph;
    //按节点索引。包含到那个节点的累计开销
    std::vector<double> m_GCosts;
```

```
    //按节点索引。通过计算 m_GCosts[n]加上从节点 n 到目标节点的启发因子开销得到。
    //这是动态数组是 iPQ 的索引
    std::vector<double> m_FCosts;
    std::vector<const Edge*> m_ShortestPathTree;
    std::vector<const Edge*> m_SearchFrontier;
    int m_iSource;
    int m_iTarget;
    //A*搜索算法
    void Search();
public:
    Graph_SearchAStar(graph_type& graph,
                      int source,
                      int target):m_Graph(graph),
                            m_ShortestPathTree(graph.NumNodes()),
                            m_SearchFrontier(graph.NumNodes()),
                            m_GCosts(graph.NumNodes(), 0.0),
                            m_FCosts(graph.NumNodes(), 0.0),
                            m_iSource(source),
                            m_iTarget(target)
    {
      Search();
    }
    //返回算法得到的边的动态数组
    std::vector<const Edge*> GetSPT()const;
    //返回从源到目标最短路径节点序列的索引构成的动态数组
    std::list<int> GetPathToTarget()const;
    //返回到目标节点的总开销
    double GetCostToTarget()const;
};
```

这个类所使用的*启发因子*策略是一个静态的计算方法，必须按照如下的函数签名形式给出：

```
//计算从节点 nd1 到 nd2 的启发因子开销
static double Calculate(const graph_type& G, int nd1, int nd2);
```

因为 PathFinder 示例程序所使用的图代表空间信息，启发因子开销被计算为从考虑的每个节点到目标节点的直线距离（也叫做欧几里得距离）。下面的代码显示了这样的*启发因子*是如何实现为一个可以供 Graph_SearchAStar 作为模板参数使用的类的。

```
class Heuristic_Euclid
{
  public:
  Heuristic_Euclid(){}
  //计算节点 nd1 到节点 nd2 的直线距离
  template <class graph_type>
  static double Calculate(const graph_type& G, int nd1, int nd2)
  {
    return Vec2DDistance(G.GetNode(nd1).Position, G.GetNode(nd2).Position);
  }
};
```

当 A*搜索类的一个实例被创建时，*启发因子*类型被作为一个模板参数传递。这儿显示了 PathFinder 示例程序如何使用欧几里得*启发因子*创建一个 A*搜索的实例：

```
//创建两个类型定义，使本页代码更顺畅
```

```
typedef SparseGraph<NavGraphNode<>, GraphEdge> NavGraph;
typedef Graph_SearchAStar<NavGraph, Heuristic_Euclid> AStarSearch;
//用欧几里得启发因子创建一个 A*搜索算法的实例
AStarSearch AStar(*m_pGraph, m_iSourceCell, m_iTargetCell);
```

A*算法的实现几乎和 Dijkstra 最短路径算法一样。唯一的不同是在被放到搜索边界之前，到一个特定点的开销被计算为 G+H（而不仅仅是 G）。H 的值通过调用*启发因子*策略类的静态方法得到。

```
template <class graph_type, class heuristic>
void Graph_SearchAStar<graph_type, heuristic>::Search()
{
  //创建一个节点的索引的优先队列。队列的优先级通过开销 F 决定
  //(F=G+H)
  IndexedPriorityQLow<double> pq(m_FCosts, m_Graph.NumNodes());
  //源节点入队
  pq.insert(m_iSource);
  //当队列不空时
  while(!pq.empty())
  {
    //从队列里得到最小开销的节点
    int NextClosestNode = pq.Pop();
    //将节点从搜索边界移动到展开中的树上
    m_ShortestPathTree[NextClosestNode] = m_SearchFrontier[NextClosestNode];
    //如果找到目标节点，退出
    if (NextClosestNode == m_iTarget) return;
    //现在检查连接着这个节点的所有的边
    graph_type::ConstEdgeIterator ConstEdgeItr(m_Graph, NextClosestNode);
    for (const Edge* pE=ConstEdgeItr.begin();
        !ConstEdgeItr.end();
        pE=ConstEdgeItr.next())
    {
      //计算从这个节点到目标节点的启发因子开销(H)
      double HCost = heuristic::Calculate(m_Graph, m_iTarget, pE->To());
      //计算从源节点到这个节点的实际开销(G)
      double GCost = m_GCosts[NextClosestNode] + pE->Cost();
      //如果节点还没有加入搜索边界，加入，
      //并且更新开销 G 和 F
      if (m_SearchFrontier[pE->To()] == NULL)
      {
        m_FCosts[pE->T()] = GCost + HCost;
        m_GCosts[pE->To()] = GCost;
        pq.insert(pE->To());
        m_SearchFrontier[pE->To()] = pE;
      }
      //如果这个节点已经在搜索边界上，并且到这儿的开销比以前找到的小，
      //相应地更新节点的开销和搜索边界
      else if ((GCost < m_GCosts[pE->To()]) &&
              (m_ShortestPathTree[pE->To()]==NULL))
      {
        m_FCosts[pE->To()] = GCost + HCost;
        m_GCosts[pE->To()] = GCost;
        pq.ChangePriority(pE->To());
        m_SearchFrontier[pE->To()] = pE;
      }
    }
  }
}
```

⌘ 提示：如果工作平台对节省内存的要求非常高，通过限制放到优先队列中的节点个数，可以使 A*或者 Dijkstra 搜索需要的内存降低。换一句话来说，只有 n 个最优节点被保存在队列里。这称之为集束搜索（beam search）。

使用 Manhattan 距离（Manhattan Distance）的启发因子

你已经看到了 A*搜索类能够与欧几里得启发因子（直线距离）一起工作的。对于编制具有网格状导航图游戏（比如基于单元的战斗游戏）的程序员们来说，另一个经常使用的启发因子函数是两点间的 Manhattan 距离（Manhattan Distance）：按照单元数计算的水平和垂直位移之和。例如，在图 5.39 中，节点 v 和 w 的 Manhattan 距离是 10（6+4）。

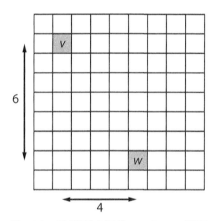

图 5.39　计算两点间的 Manhattan 距离

Manhattan 距离和欧几里得*启发因子*相比，它带来了更大的速度的提升，因为计算时不需要求平方根。

5.4　总　结

现在，你对图和图的搜索算法应该有了很好的理解。对大多数的 AI 技术来说，通过做练习，你可以大大加深自己的理解深度，因此强烈希望你至少能尝试完成部分下面的问题。

练习让我们做得更好

1．使用纸和铅笔，用 DFS、BFS 和 Dijkstra 算法搜索下面的图。每一次搜索使用不同的起点和终点，你可以用不同的颜色和标记来区别它们。

2．创建一个 Manhattan 距离启发因子策略类，用它来估计导航图中某点到终点的距离。在不同的图中使用这个启发因子。对于基于单元的图，它的搜索效率是比欧几里得启发因子好还是差？

3．欧几里得启发因子计算两个点的直线距离，这需要开平方根。创建一个启发因子，它工作在距离的平方上，看看它创建的路径是个什么样子。

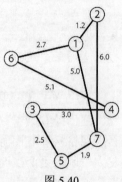

4．创建一个找出 n 个圆盘汉诺塔问题解决方案的程序，n 可以是任何正整数。为了实现这一点你必须重写 BFS 算法以使边和节点在搜索进行时动态地被加入状态图。这是测试你对本章理解程度的一个非常好的方法。

5．现在修改你在第 4 题得到的算法，使用迭代加深深度优先搜索（IDDFS）来搜索最优的解决方案。比较起来如何？

图 5.40

6．使用 A*算法来解决置乱的魔方问题，须特别注意启发因子函数的设计。这是一个很难的问题，它有着一个很大的搜索空间，所以可以先在单向旋转的魔方上测试你的算法，接着再试双向的等。（如果你在设计启发因子有困难，在因特网上搜索一下，网上对这个论题有几篇非常有趣的文章。）

第 6 章　用脚本，还是不用？
这是一个问题

在游戏开发者中，脚本语言（Scripting Language）正迅速地得到青睐。只要在开发者会议上或者互联网的开发者论坛上看看关于脚本的内容，你就会发现它已经成了一个多么热门的话题。几个大型的游戏开发团队已经开始在他们的大作中大量地使用脚本语言了。Epic 的虚幻竞技场（Unreal Tournament）系列（见截图 6.1），BioWare 的无冬之夜（Neverwinter Nights）和 Crytek 的孤岛惊魂（Far Cry）都使用了脚本语言。

在理解使用脚本语言给游戏带来的好处之前，这个图用来满足你关于脚本语言到底是什么的好奇心。

截图 6.1　虚幻竞技场 2003 © Epic Games，Inc.

6.1　什么是脚本语言

随着项目规模的扩大，编译源代码所需的时间也变长了。我们都知道，这是非常痛苦的。仅仅只改变几个常量就需要一个很长时间的重新编译。因为这个原因，一个常见的方法是把很多常量放在一个单独的初始化文件里，并且写一段代码去读取并解析那个文件。这样，如果需要改变一些值，你就不需要重新编译文件，你所需要做的只是改变初始化文件（Initialization File）和配置文件（Configuration File）中的值即可（通常这只是个简单的文本文件）。你可能感到惊奇，这个初始化文件就是脚本的一个初级的形式，并且初始化文件里的文本就是非常基础的脚本语言。

更先进的脚本语言增加了脚本和可执行文件的交互性，使你不但可以初始化变量，而且可以创建游戏逻辑甚至是游戏对象。所有这一切都由一个或者几个脚本文件得来。在程序中，这些脚本的运行是通过虚拟机（Virtual Machine，简称 VM）进行的。本书不会深入探讨虚拟机的细节（它太底层了，介绍它并不合适）但是我们可以把 VM 看成一个悄悄地嵌入在可执行文件中的模拟 CPU（比如说，你的浏览器就使用一个虚拟机来运行 java 代码）。你使用脚本语言的语法编写函数，这些函数可以被虚拟机读取并运行。脚本的优美之处在于虚拟机能和它所驻留其中的语言进行通信（对我们来说是 C++），这使得数据可以轻松地在两者之间来回传递。

脚本既可以是解释执行的，也可以是编译执行的。解释执行的脚本以书写它的形式存在（人可以读懂这些脚本）通过解释器，脚本被逐行地读取、解析和执行。由于运行时这个过程是比较慢的，一些解释脚本语言在执行脚本之前自动编译脚本。对于解释执行的脚本，另一个问题是它们可能被那些只想要一些不公平的优势的游戏玩家轻松地理解并编辑。

编译执行的脚本是那些已经被脚本语言编译器编译为某种形式的机器语言的脚本，而这种机器语言代码虚拟机是可以直接执行的。这种机器码或者字节码完全独立于平台，因为它并不是编译为某种计算机执行的代码，而是编译为虚拟机执行的代码。编译的脚本执行速度更快，容量更小，因而可以更快地装入。字节码的另一个好处是人类无法读懂它，这就保证了脚本不容易被最终用户滥用。

截图 6.2　黑与白 © Lionhead Studios Limited

6.2　脚本语言能为你做些什么

脚本语言可以在很多方面给开发进程带来帮助。

它们可以作为通过初始化文件读入变量和游戏数据的一个快速而方便的方法。你自己不需要写一个解析器（Parser），只需要使用脚本语言你就可以出发了。尽管这有点像开着扫雪车而不是使用铁铲来清扫你车道上的积雪，不过这能使工作更快也更轻松，而且你的手也不会起水泡。

它们可以节省时间提高生产率。随着游戏项目规模的扩大，我们经常没有时间来编译它们。（游戏）引擎的完全编译要花费几分钟的时间，有时甚至是超过一个小时。对于那些刚刚实现了一点想法，想要测试一下性能，再接着进行下一步计划的游戏 AI 程序员来说，这么长的编译时间简直就是一场噩梦。这时，你最不想做的就是坐到一边再来一杯咖啡，听着歌并用脚打着拍子，而与此同时，你的电脑正发出轧轧的声音。但是，如果有些 AI 逻辑被从 C++中转移到了脚本中，那么修改就会容易轻松得多，因为不需要重新编译。对你来说，如果遇到这样的项目，就像前面所说的编译时间成了每天的难题，那么脚本是值得考虑的，在游戏开发的时候，你可以用脚本来编写大部分的 AI 决策逻辑，并在发布之前把那些对速度要求很高的部分再转到 C++中。这样做可以保持你的生产效率和思路的连续，同时也把咖啡因过敏降到了最低，也就是说这样对心脏和现金流都有好处。

它们可以提高创造性。 脚本语言比像 C++这样的语言更高级，并且使用的语法对非程序员来说更加直观。这是很有好处的，因为这允许开发团队中的其他成员如：关卡设计师、艺术家、游戏制作人也参与到游戏过程（Gameplay）的修改中来（或者任何其他的设计方面），而你再也不用为这些修改花费时间而烦恼了。他们可以在自己的工作站上得心应手地做这些，为展现 AI 的功能而任意地修改多次而不需要进行一次大的重编译。这有利于提高生产率和创造性。一可以多次地进行试验，再而使作为程序员的你可以不受打

截图 6.3　不可思议的怪物
/Impossible Creatures © Relic Entertainment，Inc.

扰地工作。因为和引擎进行交互的能力使得开发团队中的任何感兴趣的成员都可以卷起袖子在游戏过程中玩玩或者做点"傻事"，这就使他们对最终的作品有一个更好的参与其中的感觉，这对鼓舞士气也大有好处。

它们带来扩展性。 近年来出现了一个玩家通过定制游戏来创建游戏修改版 Mods[1]的高潮。有些这样的 Mods 和原来的游戏一点也不像，因为几乎所有的东西都被改变了。地图是

不同的、纹理是独特的、武器更加厉害，坏蛋也更加坏。使用脚本语言，你可以根据自己的需要尽可能多地或者尽量少地显露你的游戏引擎，并且把引擎的威力直接交到 Mods 制造者的手里。慢慢地，游戏开发者开始选择给游戏玩家修补他们作品的机会，这股潮流看起来在未来还会长久地持续下去。这也是很多游戏的一个大卖点。如下是两个典型的例子：Epic 的《虚幻竞技场》（Unreal Tournament 2004 和 UT2003）和 BioWare 的《无冬之夜》（Neverwinter Nights）。两个游戏都给玩家提供了一个强大的脚本引擎，使得个人或团体可以创建丰富的、客户化的场景。

无冬之夜/Neverwinter Nights © Atari/BioWare
截图 6.4

1　Mods 即 Modifications，玩家修改原游戏，如场景、关卡等而得到的新的游戏模块。——译者注

现在，你看到了在游戏中使用脚本语言的一些好处，下面让我们通过特定的例子看一下游戏开发人员是如何使用脚本语言的。

6.2.1 对话流

在游戏中，脚本语言最简单也是最早的用途是管理大量的角色扮演类游戏（RPG）里的对话。脚本被用来控制一个角色和玩家的对话流。一个典型的脚本可能像下面这样。

```
**Eric the Gross Nosed 的对话脚本 1 **
FUNCTION DialogueWithGrossNosedEric(Player plyr)
  Speak("Welcome stranger. What brings thee amongst us gentle folk? ")
  int reply = plyr.SpeakOption(1, "Yo dude, wazzup? ",
                               2, "I want your money, your woman, and that chicken")
  IF reply == 1 THEN
   Speak("Wazzuuuuuup! ")
  ELSE IF reply == 2 THEN
   Speak("Well, well. A fight ye wants, is it? Ye can't just go around these parts demandin'
   chickens from folk. Yer likely to get that ugly face smashed in. Be off with thee! ")
  END IF
END FUNCTION
```

这种类型的脚本在一个特定事件激发时，会被主要的游戏程序代码所调用。在这个例子里，事件是玩家走到 Eric the Gross Nosed 角色附近。这样使用脚本可以使游戏设计者轻松而容易地写出很多幽默的对话来。

没有必要仅仅停留在对话上。脚本可以用来控制一个角色的动作、摄像机的位置、声音、动画，等等。

6.2.2 舞台指示（Stage Direction）

在本书出版时，舞台指示可能是脚本语言的最常见的应用了。这些类型的脚本把一个普通的游戏设计师变成了一个虚拟电影的导演。脚本是一个真正的计算机斯皮尔布格，它能够按自己的意愿操纵游戏角色的动作和环境，并且使游戏设计师能够在不麻烦 AI 或者游戏引擎程序员的情况下创造出具有沉浸性的、娱乐性的游戏场景。这种脚本把游戏引擎的可能性完全展现给你的开发团队中那些渴望成为 Scorsese[1] 的人，使得他们能轻松地创建和控制游戏的对象和事件。脚本看起来可能像下面这样。

```
FUNCTION script_castle_guard (player)
  **在城堡的可开闭的吊桥边创建一个守卫
  guard = Guard(GetPos(Drawbridge))
  **将摄像机对准守卫，并锁定
  LockCamera(guard)
  **让守卫向玩家移动
  guard.Move(GetPos(player))
  IF Player.Has(GetFlag(AUTHORIZATION_FROM_KING)) THEN
    **欢迎玩家并且护送他到国王处
    guard.Speak("Good Evening" + player.Name()+"His Majesty is expecting you. Come this way")
```

1 史高尔塞斯·马丁，美国电影导演，其影片以复杂的心理纠结及对角色胜于对情节的侧重著名。——译者注

```
     guard.Move(GetPos(Throne_Room))
     player.Follow(guard)
  ELSE
     **咒骂玩家并把他推入地牢
     guard.Speak("OI! Wot are you doin' on my bridge! You are coming with me, my son! ")
     guard.Move(GetPos(Dungeon))
     player.Follow(guard)
  END IF
  **让守卫回到可开闭的吊桥边
  guard.Move(GetPos(Drawbridge))
END FUNCTION
```

使用得正确的话，被脚本编排的过程会提升玩游戏的体验，这是一种很好的让故事向前发展的方法。Lionhead 的《黑与白》（Black & White，见截图 6.5）就很好地使用了这种类型的舞台指导，以满足游戏的要求。

截图 6.5　　《黑与白》（Black & White Lionhead Studios Limited）

6.2.3　AI 逻辑

调试游戏角色的 AI 是 AI 程序员工作的很大一部分。如果项目的规模特别大，这就会成为一个令人非常沮丧的经历，因为每一次的代码更改都可能需要进行一次冗长的重编译。幸运的是，通过使用脚本语言我们可以避免这一点。这并不意味着脚本语言应该被用来编写对速度要求很高的 AI 代码部分（比如进行一次图搜索的代码）但是脚本可以被用来编写你的游戏智能体的决策逻辑。比如，如果智能体使用一个有限状态自动机，你可以公开智能体类的接口（和其他相关的类）给脚本语言并且为每一个状态编写脚本，而不是直接编写状态的代码。这可以使智能体的逻辑流更容易地修改。这就意味着再也不会有往常那种坐着没事干苦等重新编译的烦恼了，你可以不断地进行调试，《孤岛惊魂》（Far Cry）和《虚幻竞技场》（Unreal Tournament）都是用这样的方法来使用脚本语言的例子。

6.3　在 Lua 中编写脚本

在过去的 5 年中，一种叫做 Lua 的脚本语言在游戏开发者中逐渐变得流行起来，并且这种脚本已经被用到了很多著名的游戏中。

- 《猴岛小英雄：逃离猴岛》（Escape from Monkey Island）
- 《弧胆英雄 2》（MDK 2）
- 《冥界狂想曲》（Grim Fandango）
- 《博德之门》（Baldur's Gate）
- 《怪兽岛》（Impossible Creatures，见截图 6.6）
- 《家园 2》（Homeworld 2）
- 《弧岛惊魂》（Far Cry）

截图 6.6　　《怪兽岛》（Impossible Creatures © Relic Entertainment，Inc.）

Lua 之所以会如此流行，是因为对于一个脚本语言来说，它特别地强大和快速，非常小且使用简单。就像蛋糕上的糖皮一样，它还有轻便、免费和开放源代码的优点。

仅用一章来描述 Lua 的所有特性是不可能的，但是本书仍然可以为你做一个合适的介绍，这足以激发你的兴趣，使你明白怎样在自己的游戏中有效地使用 Lua。

让我们开始吧！

6.3.1　为使用 Lua 设置编译器

Lua 的头文件和库文件可以在可下载文件的 common/lua-5.0 文件夹中找到。你必须指示编译器使之能够找到 common/lua-5.0/include 下的 Lua 头文件和 common/lua-5.0/lib folder 下的库文件。当创建一个项目的时候，确保你加入了 Lua 的库文件：lua.lib，lualib.lib 和 lauxlib.lib。

6.3.2 起步

在学习怎样在 C/C++中定义与 Lua 的接口之前，你需要知道如何使用 Lua 程序设计语言。考虑到这一点，下面将会带你浏览一下 Lua 以使你熟悉 Lua 的数据类型和语法。幸运的是，Lua 非常容易学习，你只需要花一小段时间就足以开始写自己的脚本了。一旦你熟悉了这门语言，将向你展示如何在 C++中使用 Lua 的变量和函数。接着，在转向一个小的项目后把所有东西连到一起之前，我们会花一点时间考察如何将 C++的类暴露给 Lua。

➲ 注意：尽管这一章会展示足以使你起步的内容，但是在一章书里全面介绍这个语言是不可能的。因此，强烈建议你阅读 Lua 的文档并访问 Lua 的在线用户 wiki 网站：http://lua-users.org/wiki/。

Lua 有一个交互的解释程序（common/lua-5.0/bin/lua.exe），你可以使用它试试一些小代码片断，你只要在控制台的命令行上进行输入即可。但是，对于较长的代码，你会发现这样做是枯燥的。最好的方法是使用 C/C++的 Lua API[1]来运行一个脚本。这样，就可以在你熟悉的编译器环境中编写和运行脚本了。

如下是从 C/C++程序中运行一个 Lua 脚本所需的代码。

```
extern "C"
{
  #include <lua.h>
  #include <lualib.h>
  #include <lauxlib.h>
}
```

首先，你必须包含相关的头文件。因为 Lua 是一个纯 C 的库，必须显式地让编译器知道这一点，不然就会遇到问题。这通过将#include 和 extern "C" 一起使用就可以解决。

```
//包含 Lua 库。如果你的编译器不支持这个编译指令
//那么别忘了在你的项目设置中加入这些库！
#pragma comment(lib, "lua.lib")
#pragma comment(lib, "lualib.lib")
#include <iostream>
int main()
{
  //创建一个 lua state
  lua_State* pL = lua_open();
```

每一个运行的脚本文件都在一个动态分配的叫做 lua_State 的数据结构中运行。Lua 库中的每一个函数的调用都需要把 Lua_State 的指针作为一个参数传递给那个函数。因此，在运行一个脚本文件之前，必须通过 lua_open 创建一个 Lua State。

```
//使能存取标准库
luaopen_base(pL);
```

1　API，Application Programming Interface 应用程序编程接口。——译者注

```
luaopen_string(pL);
luaopen_table(pL);
luaopen_math(pL);
luaopen_io(pL);
```

Lua 有几个标准库。它们提供输入输出、算术计算、字符串操作还有其他一些功能函数。这几行代码确保从你的脚本里能够调用库命令。当然，如果脚本没有使用这些库函数，它们就会被忽略。不过现在，让我们完全地包含它们。

```
if (int error = lua_dofile(pL, "your_first_lua_script.lua") != 0)
{
    std::cout << "\n[C++]: ERROR(" << error << "): Problem with lua"
              << "script file!\n\n" << std::endl;
    return 0;
}
```

命令 lua_dofile 装入、编译和运行 Lua 脚本。如果运行出错，那么函数返回一个错误代码。

使用 luac.exe 来提前编译 Lua 脚本也是可以的，它在 common/lua-5.0/bin 文件夹中。前面说过，编译的脚本装入更快并且最终用户很难读懂。装入预编译的 Lua 脚本到程序中与普通脚本的装入是一样的。

```
//清理
lua_close(pL);
```

为了清理，lua_close 必须被调用。这个函数销毁所有 Lua state 中的对象，并且释放所有动态申请的内存。

```
return 0;
}
```

如果你要运行项目 StartHere，你可以将本章第一部分的一些程序输入 your_first_lua_script.lua 文件，然后单击 Run 按钮。

1. Lua 变量

Lua 是一个动态类型语言。这意味着和 C/C++不同，变量可以被赋予任何类型的值。或者说，我们可以这么做：

```
--lua 脚本开始
--赋"Bilbo Baggins"给变量'name'
name = "Bilbo Baggins"
print ("name = "..name)
--现在赋浮点数 3.14159 给变量 pi
pi = 3.14159
--把 pi 赋给 name 也是有效的
name = pi
--这样也可以
pi = false
```

注意，Lua 脚本的注释以"--"开头，而不是像 C++/C 以双斜线"//"或"/*…*/"包围。

使用下面的语法，你也可以将注释写在多行上：

```
--[[this is an extremely long
comment separated
over several lines]]
```

尽管一个跨越多行的语句必须用一个分号来结束，对于单行的语句，这却不是必须的。因此，下面的语句都是合法的：

```
A = 10
B = 10; A = 10;
B = 10; A = 10
B = 10 A = 10
print (
"It is possible to span over multiple lines"
);
```

如果 print 语句结束的分号没有写，那么就会有一个错误。

我们也可以同时指定多个值给多个变量。例如，你可以这么做：

```
a, b, c, d = 1, 2, 3, 4
x, y, z = a, b, c
```

如果左侧变量的数目多于右侧数字的数目，那么 nil 值就会被赋给多余的变量。nil 是一个特殊的 Lua 类型，它表示*没有意义*。例如：

```
x, y, z = 1, 2
print (x, y, z)
gives the output:
1 2 nil
```

如果右侧的多，那么多余的值就被丢弃。比如：

```
x, y, z = 1, 2, 3, 4, 5
print (x, y, z)
gives the output:
1 2 3
```

在 Lua 中有 3 种不同类型的变量：global（全局）、local（局部）和 table fields（表）。*除非变量用 local 关键字修饰，否则就视它为 global（全局）的*，就像这样：

```
local name = "sally"
```

在一个值被赋给一个变量之前，它的值是 nil。

现在如果感觉自己被困住了，就停下来看一看 Lua 变量类型的细节。

2. Lua 类型

Lua 使用 8 种基本类型如下。

Nil（空）

nil 和其他所有的值类型都不同，它被用来表示*没有意义*。一旦你创建了一个变量，就可以通过赋 nil 值给它而将之"删除"。nil 类型是 Lua 的魔棒，如果一个变量被赋与了这个值，它就消失了，好像从来没有存在过一样。

Number（数值）

number 类型用来表示浮点数。在内部，这个值被处理为 double。因此，当传递 number 给你的 C/C++程序时，你必须记得把它们映射为正确的类型。

String（字符串）

string 类型是单字节字符数组。你可以用".."操作符来连接两个字符串（两个点）。如果".."操作符的任何一边的操作数不是 string，那么这个操作数就先被转换然后再连接。因而：

```
age = 25
print ("I am "..age.. " years of age")
gives the output:
I am 25 years of age
```

Boolean（布尔）

这代表一个 true 或者 false 的值。0 和 nil 为 false，其他的都是 true。

Funtion（函数）

Funtion 在 Lua 中也是一种类型，也可以赋给变量。因而，通过使用那个变量的名字，你就可以调用那个函数。因为 Lua 是弱类型语言，参数列表和返回值都不需要指定类型。下面是一个简单的例子，求两个数之和。注意，函数块通过 end 关键字来结束。

```
add = function(a, b)
return a+b
end
```

这个语法对我们来说有一点陌生，Lua 提供了另一种定义一个函数的方式，这看起来更像 C++：

```
function add(a, b)
  return a+b
end
```

与 C++不同，Lua 的函数可以一次返回多个变量，所以下面的写法完全没有问题：

```
function IncrementTwoValues(a, b)
return a+1, b+1
end
a = 2; b = 10;
print (a, b)
a, b = IncrementTwoValues(a, b);
print (a, b)
The output from this script is:
2 10
3 11
```

Table（表）

Table，表是一个非常强大的数据类型。你可以把表看成一种关联数组（Associative Array）

或者哈希表（Hash Table）。这意味着你不但可以用整数来索引一个表，也可以用任何类型的键值来索引一个表，而且 Lua 的表是混合类型的，它们可以包含不同的数据类型。

一个 C/C++ 风格的语法用来存取表。下面是一些使用整数做索引的例子：

```
--创建一个 table
test_table = {}
--指定一些值给它
test_table[1] = 4
test_table[2] = 5.6
test_table[3] = "Hello World"
```

也可以使用下面的语法构建一个相同的表：

```
test_table = {4, 5.6, "Hello World"}
```

现在，让我们加入一些关联索引（associative index）：

```
test_table["eight"] = 8
test_table[3.141] = "Pi"
```

n 维表也是容易构建的。比如你要构建一个石头剪子布（rock-paper-scissors）游戏判胜的查找表（Lookup Table），如图 6.1 所示。

	Computer		
	Rock	Paper	Scissors
Rock	draw	lose	win
Human Paper	win	draw	lose
Scissors	lose	win	draw

图 6.1

我们可以读出：Rock 对 Scissors 是赢（win），paper 对 paper 平（draw），等等。下面在 Lua 中构造这个表：

```
lookup = {}
lookup["rock"] = {}
lookup["rock"]["rock"] = "draw"
lookup["rock"]["paper"] = "lose"
lookup["rock"]["scissors"] = "win"
lookup["paper"] = {}
lookup["paper"]["rock"] = "win"
lookup["paper"]["paper"] = "draw"
lookup["paper"]["scissors"] = "lose"
lookup["scissors"] = {}
lookup["scissors"]["rock"] = "lose"
lookup["scissors"]["paper"] = "win"
lookup["scissors"]["scissors"] = "draw"
```

幸运的是，我们可以这样写使它看起来更舒服一些，也可以少写很多：

```
lookup = {}
lookup["rock"] = {rock = "draw", paper = "lose", scissors = "win"}
lookup["paper"] = {rock = "win", paper = "draw", scissors = "lose"}
lookup["scissors"] = {rock = "lose", paper = "win", scissors = "draw"}
```

除了使用方括号 "([])" 来存取一个值，使用 "(.)" 操作符也是可以的，就像这样：

```
test_table.eight = 8
```

函数也可以赋值给表，你可以这样做：

```
function add(a, b)
  return a+b
end
op = {}
op["add"] = add
print(op.add(4, 7));
```

UserData（用户数据）

userdata 类型允许 Lua 变量存储定制的 C\C++数据。一个 userdata 类型的变量不能在 Lua 里创建和修改，只用通过 C\C++的接口才可以。因为用户数据对应着一块未构造内存（raw block），没有预定义的操作（除了一致性测试和赋值之外），但是通过使用元数据表（metatables），定义操作仍然是可能的。

➲ 注意：一个 matatable（元数据表）可能被指定给 Lua 的 userdata 或者 table 类型，并且这个元数据表可以用于定义对应类型的行为。每一个 matatable 是一个有着自己的权限的表定义了它所关联的类型的行为，如："+"、"=="或连接操作。使用它们的方式与在 C++ 中的操作符类似。参看 Lua 的帮助，那里有如何使用 metatable 的很好的例子。

Thread（线程）

这一类型可以产生并运行新的线程。

3. 逻辑操作符

Lua 有 3 个逻辑操作符：and，or 和 not。它们工作起来非常像 C++里的&&、||和!。并且和 C++一样，只有在必要的情况下，它们才会检查第二个条件。假值和 nil 为 false，其他的都被认为是 true。

4. 条件结构

Lua 提供了 if、while、repeat 和 for 几种条件结构。Lua 的几个版本的 if 和 while 控制结构与 C/C++的非常类似，只不过条件不需要写在小括号里。下面是一个 if 语句的例子：

```
if a == 4 then
   print ("yup")
else
   print ("nope")
end
```

下面是 while 循环的例子：

```
while a > 1 do
a = a - 1
end
```

注意，if 和 while 语句都以 end 关键字结束。

repeat 和 until 联用。它们这样一起"跳舞"：

```
repeat
  a = a - 1
  print (a)
```

```
until a == 0
```

for 结构有两个类似的版本。一个用于数字，另一个用于表。用于数字的 for 的语法是：

```
for var = lower_value, upper_value, step do
something()
end
```

这意味着按照 step 指定的步长，var 会从 lower_value 到 upper_value 取每一个值，同时取每一个值时循环一次。因此，参看下面的代码：

```
for a = 10, 14, 2 do
 print (a)
end
gives the output of:
10
12
14
```

变量被自动说明为局部的并且只有在循环内是可见的。for 语句可以使用 break 来退出。另一种类型的 for 用于遍历表，有着不同的语法：

```
for k, v in t do
 something()
end
```

k 和 v 分别代表表（table）t 的键（key）和值（value），也就是键值对。下面的例子说明它如何工作：

```
data = {a=1, b=2, c=3}
for k, v in data do
 print (k, v)
end
```

运行代码段得到的输出是：

```
a 1
c 3
b 2
```

你可以看到，列出的值的顺序和预期的不一样。这是因为这个顺序在 Lua 中没有定义，它取决于这个表在 Lua 内部是如何存储的。

6.3.3　Lua 中的石头剪子布

下面是一个说明 Lua 程序设计语言中一些语法的简单例子，一个石头剪子布游戏的简单代码（AI 在这里是十分愚蠢的，它只是随机地选择）。

```
-------------------------------------------------------------
--名字: rock_paper_scissors2.lua
--作者: Mat Buckland
--描述: 实现 rock-paper-scissors 游戏的 Lua 脚本
-------------------------------------------------------------
```

```lua
--[[为随机数产生器找一个种子]]
math.randomseed(os.time())
--[[这些全局变量保存玩家和计算机的分值]]
user_score = 0
comp_score = 0
--[[这个表用来决定谁赢了哪一轮]]
lookup = {};
lookup["rock"] = {rock = "draw", paper = "lose", scissors = "win" }
lookup["paper"] = {rock = "win", paper = "draw", scissors = "lose"}
lookup["scissors"] = {rock = "lose", paper = "win", scissors = "draw"}
--[[这个函数返回计算机的最优猜测]]
function GetAIMove()
    --创建一个表，以使一个整数转换为一个代表出的什么拳的字符串
    local int_to_name = {"scissors", "rock", "paper"}
    --得到一个1-3的随机数整数用来代表刚才创建的表的索引
    --这个函数通过这个索引返回一个随机的拳
    return int_to_name[math.random(3)]
end
--[[这个函数使用查找表决定谁赢了并相应地计分]]
function EvaluateTheGuesses(user_guess, comp_guess)
    print ("user guess... "..user_guess.." comp guess... "..comp_guess)
    if (lookup[user_guess][comp_guess] == "win") then
      print ("You Win the Round!")
      user_score = user_score + 1
      elseif (lookup[user_guess][comp_guess] == "lose") then
      print ("Computer Wins the Round")
      comp_score = comp_score + 1
    else
      print ("Draw!")
      print (lookup[user_guess][comp_guess])
    end
end
--[[主游戏循环]]
print ("Enter q to quit game");
print()
loop = true
while loop == true do
    --让用户知道当前的分值
    print("User: "..user_score.." Computer: "..comp_score)
    --grab input from the user via the keyboard
    user_guess = io.stdin:read '*l'
    --[[申明一个表，把用户的输入变成字符串]]
    local letter_to_string = {s = "scissors", r = "rock", p = "paper"}
    if user_guess == "q" then
      loop = false  --如果用户输入'q'，退出游戏
    elseif (user_guess == "r") or (user_guess == "p") or (user_guess == "s") then
      comp_guess = GetAIMove()
      EvaluateTheGuesses(letter_to_string[user_guess], comp_guess)
    else
      print ("Invalid input, try again")
    end
end
```

现在你已经对 Lua 语言有些感觉了，让我们继续做你真正想了解的事情：怎样使 C/C++ 程序与 Lua 相互联系。

✠ 提示：编译的时候，你可能会得到很多这样的链接错误信息：

libcmt.lib(blahblah.obj) : error LNK2005: __blahblah already defined in LIBCD.lib

或者警告：

defaultlib "LIBCMT" conflicts with use of other libs; use /NODEFA ULTLIB: library

这是因为 Lua 库已经由不同于你的应用程序使用的运行时库编译过。99%的情况，你都可以通过设置编译器忽略 libcmt 库的方法来解决。（在 VC6 中，选择菜单 Project Settings->Link -> Input，接着在 Ignore Libraries 部分输入 libcmt）如果这样还是不行，就需要你自己生成正确设置的 Lua 库（参看文档）。

6.3.4　与 C/C++接口

C++和 Lua 分别使用不同的语法和数据类型工作，因此相互之间不可能直接"谈话"。你可以认为这种情况与两个遭遇船只失事的海盗分别漂到了两个相距很远的孤岛上一样。不管他们如何大声地呼喊，他们之间也不能直接对话。幸运的是，其中的一个海盗有一只能说会道名叫 Bernie 的鹦鹉。Bernie 可以记忆并重述它最近听到的话，它经常在两个小岛之间来回飞翔与寻找食物。海盗们很快意识到 Bernie 能够作为一个他们之间通信的手段。如果海盗 1 想要知道海盗 2 的名字，他可以对 Bernie 说："老兄，你在那儿么？我对谁说话呢？"。然后他开始等待 Bernie 飞一个来回。当鹦鹉回来的时候，它会说出海盗 2 最后说的话："我是黑胡子啊。啊哈，我在这儿呢。"

Lua 和 C++之间通过使用一个虚拟堆栈（virtual stack）来相互通信，这就像两个海盗使用鹦鹉来传递他们之间的对话一样。这个虚拟堆栈随着脚本的需要而增长和缩短。作为一个简洁的例子，让我们假设字符串"Captain Hook"已经赋值给了 Lua 脚本中的 Pirates_Name 变量。

```
Pirates_Name = "Captain Hook"
```

一个 C++函数可以按照下面的步骤存取这个变量。

1. C++函数将字符串 Pirates_Name 放在 Lua 堆栈上。

2. Lua 读取堆栈并发现字符串 Pirates_Name。

3. Lua 在它的全局表（global table）中查看 Pirates_Name 的值，无论这个值是什么，都把它放到堆栈上，这里放到堆栈上的是"Captain Hook"。

4. C++函数从栈顶得到字符串"Captain Hook"。

多快啊！Lua 和 C++已经在相互之间传递了数据。当然，在来回传递数组和函数调用的时候，这个过程就要复杂得多。但是在本质上，仍然是一样的。

在一般的堆栈中，我们只可以在栈顶进行出栈（pop）和入栈（push）操作，但是在 Lua 的堆栈中，我们可以通过索引来存取栈里的元素。如果栈里有 n 个元素，那么就从栈底到栈顶，从 1 到 n 分别标记每一个元素。我们也可以用负数来标记栈里的元素，在这时，从栈顶到栈底，元素被标记为-1 到-n，参见图 6.2。

在图 6.2 中"e"的索引是 5，但也可以看成是-3。在 Lua 中，哪一个值都是对的。很多程序员喜欢使用负的索引，因为这时你不需要知道栈的实际大小，而只要跟踪最近被放到栈顶的值就可以了。

如果你现在感到有点疑惑，那么不用担心。在后面几页，你将会看到很多使用 Lua 堆栈的例子，因此这很快就会成为你的第二本能。

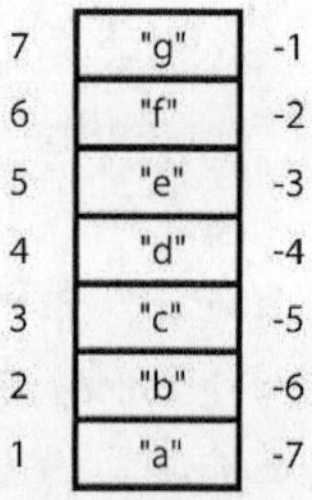

⟳ 注意：默认的堆栈大小 LUA_MINSTACK 在 lua.h 中被定义为 20。除非你要生成一个将很多值压到堆栈上的函数（如递归函数），否则你不需要改变这个值的大小。

7	"g"	-1
6	"f"	-2
5	"e"	-3
4	"d"	-4
3	"c"	-5
2	"b"	-6
1	"a"	-7

图 6.2 一个 Lua 的虚拟堆栈包含从 "a" 到 "g" 的字符

1. 在 C++ 程序中存取 Lua 的全局变量

假设有一个 Lua 脚本文件，在这个脚本文件中有两个你希望在 C++ 程序中存取的全局变量 name 和 age。

```
--全局的字符串和数值类型
name = "Spiderman"
age = 29
```

为了能够存取这些变量，你必须首先把它们放在 Lua 堆栈上。你可以通过调用 API 函数 lua_getglobal 来实现，需要传递的参数是变量所在的 Lua State 指针以及变量的名字。当然，比较明智的方法是先确认一下栈顶的索引是否设置为 0（0 索引元素是空的）。通过使用 lua_settop 就可以完成这一点。正如下面的代码：

```
//重置栈索引
lua_settop(pL, 0);
```

下面把我们想要存取的变量放到堆栈上：

```
//把 Lua 全局变量"age"和"name"放到堆栈上
lua_getglobal(pL, "age");
lua_getglobal(pL, "name");
```

现在，一切在我们的控制中了。在 C++ 代码取得它们之前，最好先确认一下应该在栈顶的值是不是真的在那儿。这可以通过下面的函数验证。

```
int lua_type (lua_State *L, int index);
int lua_isnil (lua_State *L, int index);
int lua_isboolean (lua_State *L, int index);
int lua_isnumber (lua_State *L, int index);
int lua_isstring (lua_State *L, int index);
int lua_istable (lua_State *L, int index);
int lua_isfunction (lua_State *L, int index);
int lua_iscfunction (lua_State *L, int index);
int lua_isuserdata (lua_State *L, int index);
```

此处的 index 是你想检查的堆栈的 index。本例中我们希望确保在栈的 1，2 两个位置分别放着数字和一个字符串。下面的代码完成这一目的。

```
//检查变量是否具有正确的类型
```

```
//（注意堆栈的索引从1开始，而不是从0）
if (!lua_isnumber(pL, 1) || !lua_isstring(pL, 2))
{
  cout << "\n[C++]: ERROR: Invalid type!";
}
```

现在我们确认了在堆栈对应的位置的确放着正确类型的变量，下面 C++就可以取变量的值了。然而，因为在堆栈上的值是 Lua 类型的，它们需要被转换成 C++类型的。

这可以通过使用下面的 Lua API 函数做到：

```
int           lua_toboolean (lua_State *L, int index);
lua_Number    lua_tonumber (lua_State *L, int index);
const char*   lua_tostring (lua_State *L, int index);
size_t        lua_strlen (lua_State *L, int index);
lua_Cfunction lua_tocfunction (lua_State *L, int index);
void*         lua_touserdata (lua_State *L, int index);
lua_State*    lua_tothread (lua_State *L, int index);
void*         lua_topointer (lua_State *L, int index);
```

下面这段代码通过调用合适的转换函数，取得堆栈里的 name 和 age 的值。

```
//现在设置C++变量的值
string name = lua_tostring(pL, 2);
//注意下面的强制类型转换
int age = (int)lua_tonumber(pL, 1);
```

注意，数值（number）类型不得不使用强制类型转换以得到正确的类型。这是因为在 Lua 中所有的数值都被当作双精度（double）的。

显然，通过调用这么多的函数才取得一个变量的值的过程是非常枯燥冗长的。所以最好创建你自己的函数来加速这个过程。下面是一个函数模板的例子用来从堆栈中取得一个数值：

```
template <class T>
inline T PopLuaNumber(lua_State* pL, const char* name)
{
  lua_settop(pL, 0);
  lua_getglobal(pL, name);
  //检查变量是否是正确的类型。
  if (!lua_isnumber(pL, 1))
  {
    cout << "\n[C++]: ERROR: Invalid type!";
  }
  //取得值，转换为正确的类型，返回
  T val = (T)lua_tonumber(pL, 1);
  //从堆栈中清除此值
  lua_pop(pL, 1);
  return val;
}
```

你看，这是多么简单。让我们来一点更有难度的吧。

⌘ 提示：从一个 Lua 脚本文件检索值是如此的容易，而且 Lua 代码本身又非常轻巧，所以 Lua 提供了一个快速而简单的方法来创建你的游戏初始化/配置文件。

2. 从 C++程序中存取 Lua 表

存取 Lua 表有一点麻烦，因为每一个元素都有一个关联的键（key）。让我们看下面的 Lua 脚本，它定义了一个简单的表：

```
--创建全局表
simple_table = {name="Dan Dare", age=20}
```

为了检索一个或多个元素，必须先将 simple_table 添加到堆栈中。这与前述的方法类似，使用 lua_getglobal。

```
//重设栈索引
lua_settop(pL, 0);
//将表放到堆栈上
lua_getglobal(pL, "simple_table");
```

接着进行检查以确保正确的类型是放在预期的位置上。

```
if(! lua_istable(PL,l))
{
cout << "\n [C++] : ERROR:simple_table is not a valid table";
}
else
{
```

现在，用键"name"来检索对应的元素。为了做到这一点，这个键必须先被放到堆栈上，这样 Lua 才会知道在找的是什么。用下面的 API 之一，你可以从 C/C++中把值放到堆栈上：

```
void lua_pushboolean (lua_State *L, int b);
void lua_pushnumber (lua_State *L, lua_Number n);
void lua_pushlstring (lua_State *L, const char *s, size_t len);
void lua_pushstring (lua_State *L, const char *s);
void lua_pushnil (lua_State *L);
void lua_pushcfunction (lua_State *L, lua_CFunction f);
void lua_pushlightuserdata (lua_State *L, void *p);
```

在这个例子中，键是一个字符串，所以使用 lua_pushstring 来把"name"放到堆栈上：

```
//把键放到堆栈上
lua_pushstring(pL, "name");
```

lua_gettable 是一个函数，它首先让键值出栈，取得相应的表元素的值，然后把这个值入栈。注意，在这里使用了倒计数的负索引，它从栈顶开始计数。（记住，−1 在栈顶）

```
//表现在-2的位置(键值在-1)lua_gettable现在出栈键值
//接着把键所对应的表里的数据放到堆栈里键刚才所在的位置
lua_gettable(pL, -2);
```

一旦想要的元素在栈顶了，和前面一样，我们要先查看是不是正确的类型：

```
//检查元素是不是正确的类型
if (!lua_isstring(pL, -1))
{
  cout << "\n[C++]: ERROR: invalid type";
}
```

最后，取出数据：

```
//取数据
name = lua_tostring(pL, -1);
cout << "\n\n[C++]: name = " << name;
//接着，把它从栈里移走
lua_pop(pL, 1);
}
```

现在，你应该对栈的使用有一些了解了。接下来，让我们看看如何在 C++中使用 Lua 函数。

3. 从 C++中存取 Lua 函数

使用类似前面介绍的操作，可以使你的 C/C++程序存取 Lua 函数。让我们使用一个简单的函数 add 作为例子：

```
--求两数之和并返回结果的函数
function add(a, b)
    return (a + b)
end;
```

与数值、字符串或者表一样，Lua 函数也是一种数据类型，其存取的过程类似。首先，把函数放到堆栈上，并确保在那儿放着的正是你所想要的东西。

```
//从全局表得到函数并把它放到堆栈上
lua_getglobal(pL, "add");
//看看它在不在那儿
if (!lua_isfunction(pL, -1))
{
cout << "\n\n[C++]: Oops! The lua function 'add' has not been defined";
}
```

下一步，参数被置于堆栈上，先放第一个参数然后再放其他的。因为 add 函数有两个参数，所以下面的代码段中把 5 和 8 放到了堆栈上。

```
//把变量放到 Lua 栈上
lua_pushnumber(pL, 5);
lua_pushnumber(pL, 8);
```

到这里，Lua 栈已经包含了调用这个函数的所有需要的信息：函数的名字以及我们想传递给这个函数的参数。函数通过使用 lua_call API 调用。它的函数原型如下：

```
void lua_call (lua_State *L, int nargs, int nresults);
```

nargs 是被放到堆栈上的参数的个数，而 nresults 是函数将要返回的参数的个数。被返回的参数是直接排列的，因而最后一个返回的参数将处于栈顶的位置。

下面是如何使用 lua_call 调用 add 函数的代码。

```
//通过设置参数的个数和返回值的个数来调用函数
//结果会放在栈顶
lua_call(pL, 2, 1);
```

最后结果被检索并且从栈顶移除。

```
//从栈顶取得结果
int result = lua_tonumber(pL, -1);
lua_pop(pL, 1);
```

所有的这些案例代码都可以在项目 cpp_using_lua 中找到。

➲ 注意：大多数在这一章提到的 Lua API "函数" 实际上是一些#defines，建议你在文件 lua.h、lualib.h 和 lauxlib.lib 中查看。

4. 暴露 C/C++函数给 Lua

为了从 Lua 脚本中调用 C/C++函数，这个函数必需被定义为 lua_CFunction 类型，该类型定义如下所示：

```
int (lua_CFunction*) (lua_State*)
```

换句话说，必须保证你的 C/C++函数的形式如下：

```
int function_name(lua_State*)
```

让我们看一个例子。我们把石头剪子布的例子改一下，其中的一些函数用 C++来写，然后在 Lua 脚本中调用，可以用名字 lua_using_cpp 来找到它的项目文件。

在 RockPaperScissors.h 文件中，你会看到一个叫做 EvaluateTheGuesses 的 C++函数，它的函数原型如下：

```
void EvaluateTheGuesses(std::string user_guess,
                        std::string comp_guess,
                        int&        user_score,
                        int&        comp_score);
```

为了从 Lua 中调用这个函数，原型不得不改变以适合正确的函数签名。这可以通过用另一个函数来包装原来的函数实现。这个用来包装的函数有着规定的格式。在这个包装函数（warper）中，和以前一样，任何参数都通过堆栈来检索，并且这些参数也被用在正确地调用函数中。任何返回结果将被放入堆栈。

下面展示 EvaluateTheGuesses 函数是如何被包装的。我们先创建一个类似名字的函数，且它有合适的签名：

```
int cpp_EvaluateTheGuesses(lua_State* pL)
{
```

接着，Lua_gettop 被用来返回栈顶元素的索引。当一个函数在 Lua 中被调用时，栈顶被重置，继而所有的参数都被压到堆栈上。因此，lua_gettop 返回的值等于 Lua 想要传递的参数的个数。

```
//为 EvaluateTheGuesses 从 Lua 栈中得到传递到这个函数中的参数的个数
```

```
//确保得到的参数的个数是正确的
int n = lua_gettop(pL);
```

在此时，确认 Lua 正在传递的参数个数。

```
if (n!=4)
{
   std::cout << "\n[C++]: Wrong number of arguments for"
             << " cpp_EvaluateTheGuesses";
   return 0;
}
```

接着，查看参数是否是正确的类型。

```
//检查参数类型是否正确
if (!lua_isstring(pL, 1) || !lua_isstring(pL, 2) ||
    !lua_isnumber(pL, 3) || !lua_isnumber(pL, 4))
{
   std::cout << "\n[C++]: ERROR: Invalid types passed to"
             << " cpp_EvaluateTheGuesses";
}
```

到这里，我们已经得到了正确数量的参数，并且它们的类型也正确。之后，我们可以取得它们并正常地调用函数。

```
//取得堆栈中的参数
std::string user_guess = lua_tostring(pL, 1);
std::string comp_guess = lua_tostring(pL, 2);
int         user_score = (int)lua_tonumber(pL, 3);
int         comp_score = (int)lua_tonumber(pL, 4);
//正确地调用C++函数
EvaluateTheGuesses(user_guess, comp_guess, user_score, comp_score);
```

更新了 user_score 和 comp_score，因此，现在要把它们传回给 Lua。

```
//现在把更新后的分值放到堆栈上
lua_pushnumber(pL, user_score);
lua_pushnumber(pL, comp_score);
//返回放到堆栈上的数值的个数
return 2;
}
```

一旦包装了 C/C++函数，你必须在 Lua 中用 Lua API 函数 lua_register 来注册它，然后才可以在 Lua 脚本中使用包装过的函数。lua_register 需要的参数是 Lua State 指针、定义函数名字的字符串和指向函数的指针。就像这样：

```
lua_register(pL, "cpp_EvaluateTheGuesses", cpp_EvaluateTheGuesses);
```

一旦一个函数在 Lua 中被注册了，它就可以在 Lua 脚本中被正常调用。

➲ 注意：不同于 C++，Lua 采用自动方式管理内存。它使用一种叫做垃圾收集器的机制周期性地删除所有的死对象。垃圾收集器的性能可以按照你的需要定制，你可以立即删除死对象，也可以不删除。可查看 Lua 文档以获得更进一步的信息。

5. 暴露 C/C++ 类给 Lua

现在事情变得麻烦起来了！暴露 C++ 类给一个 Lua 脚本是非常棘手的。通常，你必须创建一个 Lua 表，Lua 表的元素是需要暴露的类数据和方法。你可能也不得不创建一个元数据表（metatable）以定义使用像"＝＝"或者"＊"之类的操作符时类的行为。正如你看到的，简单地暴露一个 C 风格的函数给 Lua 已经很冗长了，所以你可以想象暴露一个 C++ 类所需要的工作量。幸运地是，有人已经为我们完成了这个艰巨的工作，并且创建了一个 API 使我们能够轻松地注册类或者函数。它叫做 Luabind，和 Lua 一样是免费的、开放源代码的，并且非常易于使用和理解。

6.3.5 Luabind 来救援了！

Luabind 是一个在 Lua 和 C++ 之间创建的绑定（bindings）的库。实现它是借助了模板元数据编程（Template Meta_programming）的魔力。源代码不是一般人能理解的，但是它却使得暴露 C/C++ 类和函数成为一个有把握的事情。它处理继承和模板类，你甚至可以用它在 Lua 里创建类。因为它仍然处在开发的初级阶段，所以并不是毫无问题的。不过问题很少，而且它的开发者 Daniel Wallin 和 Arvid Norberg 已经花费了很多时间来排错，并且能在你需要的时候提供及时有效的支持。

1. 设置 Luabind

在使用 Luabind 之前，必须正确地设置编译器。Luabind（6.0）需要安装 Boost library 1.30.0（或更高版本）的头文件。你可以从 www.boost.org 下载 Boost。解压缩 Boost，并把 Boost 的头文件夹添加到你的编译器的 include 路径中。

Luabind 所需要的文件被放在 common/luabind 文件夹中。你必须为 Liabind 的头文件在编译器中设置这条路径，而且 common/luabind/src 下的源文件路径也需要设置。尽管你可以建立 Luabind 库，然而在项目中包含 common/luabind/src 下的所有文件要更容易得多（除非你使用 UNIX）。

⌘ 提示：对于那些使用 .net 环境的人来说，在 codeproject 网站有一个称为 LuaDotNet 的 Lua 和 Luabind.NET 的包装程序（warpper）可供下载，网址是 http://www.codeproject.com/managedcpp/luanetwrapper.asp。

为了使用 Luabind，你必须包含 Luabind 的头文件和 Lua 文件，接着调用函数 luabind::open(lua_State*)。这注册了所有 Luabind 用来暴露类和函数的函数。

最后完成的代码就像这样：

```
extern "C"
{
 #include <lua.h>
 #include <lualib.h>
 #include <lauxlib.h>
```

```
}
#include <luabind/luabind.hpp>
int main()
{
    //创建一个 lua state
    lua_State* pLua = lua_open();
    //打开 luabind
    luabind::open(pLua);
    /*使用 Luabind 注册函数或类*/
    /*装入并运行脚本*/
    //清理
    lua_close(pLua);
    return 0;
}
```

现在，向你展示 Luabind 如何容易使用。

2. 范围（Scope）

使用 Luabind 注册的任何函数或类都必须注册到一个范围里。这既可以是一个你选择的命名空间（namespace），也可以是全局范围。在 Luabind 里，全局范围被叫做模块（module）。为了创建一个范围，使用 luabind::module，方法如下：

```
luabind::module(pL)
[
    //注册一些东西
];
```

这可以在全局范围注册一些函数或类。如果需要把函数或类放到一个命名空间里，你使用希望的名字来调用 luabind::module：

```
luabind::module(pL, "MyNamespace")
[
    //注册一些东西
];
```

Luabind 使用表来代表命名空间。所以，在这个例子里，所有注册过的函数或类都会被放到表 MyNameSpace 里。

3. 使用 Luabind 暴露 C/C++ 函数

为了暴露 C/C++ 函数给 Lua，使用 luabind::def 函数。例如，我们使用两个简单的函数 add 和 HelloWorld，将其绑定到 Lua，函数如下：

```
void HelloWorld()
{
    cout << "\n[C++]: Hello World!" << endl;
}
int add(int a, int b)
{
    return a + b;
}
```

如下是如何绑定它们的代码：

```
module(pL)
[
  def("HelloWorld", &HelloWorld),
  def("add", &add)
];
```

就是这样简单。下面是一个 Lua 脚本，它调用了暴露的函数。

```
--lua 脚本, 说明使用 Luabind 暴露 C++函数给 Lua
print("[lua]: About to call the C++ HelloWorld() function")
HelloWorld()
print("\n[lua]: About to call the C++ add() function")
a = 10
b = 5
print ("\n[lua]: "..a.." + "..b.." = "..add(a, b))
```

运行脚本给出的输出：

```
[lua]: About to call the C++ HelloWorld() function
[C++]: HelloWorld!
[lua]: About to call the C++ add() function
[lua]: 10 + 5 = 15
```

包含这个脚本的项目文件叫做 ExposingCPPFunctionsToLua。

如果重载了函数，那么在注册的时候，就必须显式地给出它们的签名。如果你有这样一个函数：

```
int  MyFunc(int);
void MyFunc(double);
```

则应该这样注册：

```
module(pLua)
[
  def("MyFunc", (int (*)(int)) &MyFunc),
  def("MyFunc", (void (*)(double)) &MyFunc),
];
```

➲ 注意：在使用 Luabind 时，你的编译器可能会抱怨它内部的堆限制已经超过了。在 MSVC 6.0 中，你可以在 Project Settings 中改变这个限制，单击 C++选项卡，添加 "/ZmXXX" 到选项字符串的后面，其中 "XXX" 是一个 100～2000 的值。默认的值是 100，所以增加一点就可以了。确保在 debug（调试设置）和 release 版本中（调试设置）添加了 "/Zm"。

4. 使用 Luabind 暴露 C/C++类

绑定类到 Lua 也不是很复杂，使用类模板 class_和它的一个方法——def，就可以实现。可以注册任何构造函数、方法、成员变量和析构函数。class_::def 返回一个 this 指针以使能链接（Chaining）。下面的代码向你说明如何去使用。

```
class Animal
{
private:
```

```
  int                m_iNumLegs;
  std::string        m_NoiseEmitted;
public:
  Animal(std::string NoiseEmitted,
         int              NumLegs):m_iNumLegs(NumLegs),
                              m_NoiseEmitted(NoiseEmitted)
  {}
  virtual ~Animal(){}
  virtual void Speak()const
  {std::cout << "\n[C++]: " << m_NoiseEmitted << std::endl;}
  int          NumLegs()const{return m_iNumLegs;}
};
```

这个类按如下来注册：

```
module(pLua)
[
  class_<Animal>("Animal")
    .def(constructor<string, int>())
    .def("Speak", &Animal::Speak)
    .def("NumLegs", &Animal::NumLegs)
];
```

注册完毕，你就可以在 Lua 脚本里创建一个类的实例，如下：

```
--创建一个 animal 对象并调用它的方法
cat = Animal("Meow", 4);
print ("\n[Lua]: A cat has "..cat:NumLegs().. " legs.");
cat:Speak();
```

注意 “：” 操作符被用来调用一个方法。这是 cat.Speak(cat)的简写方法。方法必须这样来调用，因为在 Lua 里类被表示为表。表里的每一个元素代表类的一个成员变量或者方法。

绑定一个继承类也是同样容易的。这是一个从 Animal 类继承来的类的例子：

```
class Pet : public Animal
{
private:
  std::string m_Name;
public:
  Pet(std::string name,
      std::string noise,
      int          NumLegs):Animal(noise, NumLegs),
                           m_Name(name)
  {}
  std::string GetName()const{return m_Name;}
};
```

使用 Luabind，Pet 类被暴露给了 Lua，使用模板参数 bases<base class>来指定基类，就像这样：

```
module(pLua)
[
  class_<Pet, bases<Animal> >("Pet")
     .def(constructor<string, string, int>())
     .def("GetName", &Pet::GetName)
];
```

如果你的类从多个类继承得来，每一个基类都必须使用 bases<>来命名，并且要用逗号分隔，这样写：

```
class_<Derived, bases<Base1, Base2, Base3> >("Derived")
```

5. 使用 Luabind 在 Lua 中创建类

使用 Luabind 在 Lua 脚本中创建类也是可行的。下面向你展示如何创建一个类似于 Animal 的类。

```
--用来定义类 Animal 的 Lua 脚本
class 'Animal'
function Animal:__init(num_legs, noise_made)
  self.NoiseMade = noise_made
  self.NumLegs = num_legs
end
function Animal:Speak()
  print(self.NoiseMade)
end
function Animal:GetNumLegs()
  return self.NumLegs
end
```

关键字 self 就像 C++中的 this 一样。下面是一个使用 Animal 类的例子：

```
--使用的例子
cat = Animal(4, "meow")
cat:Speak()
print ("a cat has "..cat:GetNumLegs().." legs")
```

当这个脚本运行时，输出的是：

```
meow
a cat has 4 legs
```

通过使用 Luabind 类，使用继承也是可行的。下面是继承于 animal 的类 Pet 的定义：

```
class 'Pet' (Animal)
function Pet:__init(name, num_legs, noise_made) super(num_legs, noise_made)
  self.Name = name
end
function Pet:GetName()
  return self.Name
end
```

注意在初始化任何派生类的数据成员之前 super 关键字是怎样被用来调用基类的构造函数。下面是使用 Pet 类的一个小脚本：

```
dog = Pet("Albert", 4, "woof")
dog:Speak()
print ("my dog's name is "..dog:GetName())
```

运行脚本给出的输出是：

```
woof
my dog's name is Albert
```

项目 CreatingClassesUsingLuabind 展示了使用 Luabind 来创建类的方法。

6. luabind::object 类

为了协助传递 Lua 类型到 C++函数和对象，Luabind 提供了 object 类。这个类能够代表任何 Lua 类型，而且使用起来特别地方便。如下是从 Luabind 文档中直接复制粘贴来的原型。仔细看一看，接下来将介绍一些它的成员函数。

```cpp
class object
{
public:
  class iterator;
  class raw_iterator;
  class array_iterator;
  template<class T>
  object(lua_State*, const T& value);
  object(const object&);
  object(lua_State*);
  object();
  ~object();
  iterator begin() const;
  iterator end() const;
  raw_iterator raw_begin() const;
  raw_iterator raw_end() const;
  array_iterator abegin() const;
  array_iterator aend() const;
  void set();
  lua_State* lua_state() const;
  void pushvalue() const;
  bool is_valid() const;
  operator bool() const;
  template<class Key>
  <implementation-defined> operator[](const Key&);
  template<class Key>
  object at(const Key&) const;
  template<class Key>
  object raw_at(const Key&) const;
  template<class T>
  object& operator=(const T&);
  object& operator=(const object&);
  template<class T>
  bool operator==(const T) const;
  bool operator==(const object&) const;
  bool operator<(const object&) const;
  bool operator<=(const object&) const;
  bool operator>(const object&) const;
  bool operator>=(const object&) const;
  bool operator!=(const object&) const;
  void swap(object&);
  int type() const;
  <implementation-defined> operator()();
  template<class A0>
  <implementation-defined> operator()(const A0& a0);
  template<class A0, class A1>
  <implementation-defined> operator()(const A0& a0, const A1& a1);
  /* ... */
};
```

at()和[]

一旦一个 Lua 类型被赋值给了 luabind::object，你就能够使用[]操作符和 at()方法来存取数据。at()提供只读存取而[]提供读写存取。传递给[]或 at()的必须是一个 Lua 全局范围类型名。（记住，所有的 Lua 变量如果不用 local 显式说明，那么它就定义在全局范围中。）为了转换一个 luabind::object 到 C++类型，就必须使用 luabind::object_cast。

例如，如果 Lua 脚本定义了这样一些值：

```
Mat = 37
Sharon = 15
Scooter = 1.5
```

Lua 全局表，也就是这些变量驻留的地方，通过使用 get_globals，能够被指定给一个 luabind::object，就像这样：

```
luabind::object global_table = get_globals(pLua);
```

数据现在就可以从 luabind::object 中检索，例如：

```
float scooter = luabind::object_cast<float>(global_table.at("Scooter"));
```

或者这么写：

```
global_table["Mat"] = 10;
```

luabind::object 的另一个用处是可使用它调用定义在 Lua 里的函数。你甚至可以将 luabind::object 作为 C++类的成员变量。通过指定不同的 Lua 函数给 object，可以在任何时候根据需要改变类的功能。这一章的后面部分将通过实例向你展示如何设计一个用脚本编写的有限状态机类。

is_valid 和 *bool*

is_valid 和操作符 bool 提供了一种检查 luabind::object 是否包含有效类型的方法。例如：

```
//给一个 luabind::object 指定 Lua 全局环境
luabind::object MyObject = get_globals(pLua);
//检查 object 是否有效，如果有效对用 "key" 索引的值做点什么
if (MyObject.is_valid())
{
    DoSomething(MyObject[key]);
}
```

也可以这样写：

```
if (MyObject)
{
    DoSomething(MyObject[key]);
}
```

一个 luabind::object 在通过默认构造函数创建但还没有指定一个值之前是无效的。

Object Iterators（*Object* 遍历器）

方法 end() 和 begin() 返回 luabind::iterator 对象。这些遍历器只能前向工作并且能够被用来遍历 luabind::object 保存的任何表的元素。

⌘ 提示：此外，Luabind 也提供了 luabind::functor，这是一个更轻量级的对象。如果只需要存储函数，那么可以使用它。更进一步的细节可参看 Luabind 帮助文档。

6.4　创建一个脚本化的有限状态自动机

作为这一章的结束，本节将要向你说明如何通过 Lua 和 Luabind 的联合使用，来创建一个脚本化的有限状态自动机（Finite State Machine 即 FSM）类。这个类在使用上和前述的状态机类相似，只不过现在游戏智能体的状态逻辑可以用 Lua 脚本语言来编写。这不仅仅是一个向你展示脚本语言威力的很好的说明，同时它也会帮助你把在这一章学到的东西进一步巩固。

正如我们讨论过的，一个脚本化的 FSM 与直接编码的状态机比起来有很多优势。任何新的逻辑都能够立即被测试而不需要重新编译源代码，智能体 AI 的测试和排错阶段所带来的挫折感被降低了，因而开发周期缩短了。此外，一旦 AI 框架被暴露给脚本语言，你就可以给设计师、艺术家或者其他任何人一份编译后的游戏拷贝和一个小文档，接着他们就可以按照各自的心愿来处理 AI，而且再也不用麻烦你。不过，当然了，你可能不得不在接口上下些工夫直到每一个人都满意，但这就是全部需要做的。当游戏发行的时候，你可以选择编译脚本文件或者不编译它们。前者可以有效地防止游戏玩家窥测脚本，后者可以把游戏引擎的威力送交到游戏玩家手上，而且此时你还可以提供一本小手册给他们。

⊃ 注意：Luabind 是一个非常棒的工具，但它特别地依赖模板编程，当把它添加到项目中会导致编译时间的增加。这便是使用它的功能所必需付出的代价。

6.4.1　它如何工作？

为了能够在脚本文件里面编写状态逻辑，脚本语言必须能够存取相关的 C++ 对象的接口。在这个例子里，将要向你展示第 1 章的 WestWorld 演示程序是如何被转换成使用脚本化的状态机的。因此，暴露给 Lua 的相关的类是 Miner 和 Entity。此外，脚本化的状态机类的方法本身也必须被暴露以使得在脚本里状态能够被改变。

到目前为止，我们所使用的状态机类是通过使用状态设计模式来实现它的功能的。状态机类有一个数据类型为 State 基类类型的数据成员，它代表着当前智能体的状态。这个成员变量可以在任何时候被 State 的派生类型所替换，这样就可以改变类的功能。为了实现类似的行为，脚本化的状态机类有一个成员变量，它的类型是 luabind::object，这个变量代表了智能体的当前状态。在 Lua 中状态被创建为 Lua 表。每一个表包含 3 个函数以用来提供进入、执行和退出状态的逻辑。这演示起来比用嘴描述要容易一些。一个提供了 C++State 类的类似功能的 Lua 表是这样创建的：

```
--创建一个表来代表状态(state)
State_DoSomething = {}
--现在创建 Enter, Execute,和 Exit 方法
State_DoSomething["Enter"] = function(pAgent)
 --逻辑从这儿开始
end
State_DoSomething["Execute"] = function(pAgent)
 --逻辑从这儿开始
end
State_DoSomething["Exit"] = function(pAgent)
 --逻辑从这儿开始
end
```

接下来你会看到一些具体的 Miner 状态的例子，但现在你需要知道一个像这样的 Lua 表可以赋给一个 luabind::object。一旦赋值，使用 luabind::object::at()来对适当的函数进行调用就非常直接了。

让我们看一看在 ScriptedStateMachine 类中，这些想法是如何有机组合在一起的。仔细地查看下面的代码。注意 m_CurrentState 成员变量是如何作为当前状态保持器的，同时也须注意它是如何通过传递一个 luabind::object 类型给 ChangeState 方法而被改变的。除了一些小的修改之外，这个类和它的同门兄弟 C++ StateMachine 非常相似，这是因为它们提供的功能是一样的。

```
template <class entity_type>
class ScriptedStateMachine
{
private:
  //指向拥有这个实例的智能体
  entity_type* m_pOwner;
  //当前状态是一个 Lua 函数的 Lua 表,
  //一个表在 C++中可能表示为一个 luabind::object
  luabind::object m_CurrentState;
public:
  ScriptedStateMachine(entity_type* owner):m_pOwner(owner){}
  //这个方法把一个状态指定给 FSM
  void SetCurrentState(const luabind::object& s){m_CurrentState = s;}
  //这个方法确保在调用 Lua 表的 Execute 函数之前当前状态对象是有效的
  void UpdateScriptedStateMachine()
  {
    //在调用 Execute 之前, 确保状态是有效的
    if (m_CurrentState.is_valid())
    {
      m_CurrentState.at("Execute")(m_pOwner);
    }
  }
  //改变到新状态
  void ChangeState(const luabind::object& new_state)
  {
```

```
  //调用现有状态的 Exit 方法
  m_CurrentState.at("Exit")(m_pOwner);
  //改变到新状态
  m_CurrentState = new_state;
  //调用新状态的 Entry 方法
  m_CurrentState.at("Enter")(m_pOwner);
  }
  //检索当前状态
  const luabind::object& CurrentState()const{return m_CurrentState;}
};
```

在 Lua 脚本里的状态逻辑必须能够调用 ScriptedStateMachine 的某些方法以使状态转换成为可能。因此，Luabind 被像这样地用来暴露相关的成员函数：

```
void RegisterScriptedStateMachineWithLua(lua_State* pLua)
{
  luabind::module(pLua)
   [
    class_<ScriptedStateMachine<Miner> >("ScriptedStateMachine")
      .def("ChangeState", &ScriptedStateMachine<Miner>::ChangeState)
      .def("CurrentState", &ScriptedStateMachine<Miner>::CurrentState)
      .def("SetCurrentState", &ScriptedStateMachine<Miner>::SetCurrentState)
   ];
}
```

注意，只有状态逻辑要求的方法被暴露了，并不需要暴露 UpdateScriptedStateMachine，因为在这个例子里它永远不会在一个脚本里被调用。

接着，列出 Entity 类，Miner 类以及那些绑定它们的函数。你不需要过分关心这些列出的东西，因为这些类的结构是相似的，但是要注意观察有多少相关的方法被 Lua 注册。

下面是 Entity 类的说明：

```
class Entity
{
private:
  int        m_ID;
  std::string m_Name;
  //构造函数用它来给每一个实体一个惟一的 ID
  int NextValidID(){static int NextID = 0; return NextID++;}
public:
  Entity(std::string name = "NoName"):m_ID(NextValidID()), m_Name(name){}
  virtual ~Entity(){}
  //所有实体必须实现一个更新函数
  virtual void Update()=0;
  //存取器
  int        ID()const{return m_ID;}
  std::string Name()const{return m_Name;}
};
```

下面是 Lua 注册类的函数：

```
void RegisterEntityWithLua(lua_State* pLua)
{
  module(pLua)
    [
      class_<Entity>("Entity")
        .def("Name", &Entity::Name)
```

```
       .def("ID", &Entity::ID)
    ];
}
```

Miner 类是从第 2 章截取出来的一个版本，如下：

```
class Miner : public Entity
{
private:
  ScriptedStateMachine<Miner>* m_pStateMachine;
  //矿工(miner)的口袋里有多少个金块(nugget)
  int m_iGoldCarried;
  //值越高，矿工(miner)越累
  int                         m_iFatigue;
public:
  Miner(std::string name);
  ~Miner(){delete m_pStateMachine;}
  //这必须被实现
  void Update();
  int  GoldCarried()const{return m_iGoldCarried;}
  void SetGoldCarried(int val){m_iGoldCarried = val;}
  void AddToGoldCarried(int val);
  bool Fatigued()const;
  void DecreaseFatigue(){m_iFatigue -= 1;}
  void IncreaseFatigue(){m_iFatigue += 1;}
  ScriptedStateMachine<Miner>* GetFSM()const{return m_pStateMachine;}
};
```

下面是 Miner 如何被注册的。注意，bases<>参数被用来指定 Miner 的基类。

```
void RegisterMinerWithLua(lua_State* pLua)
{
  module(pLua)
    [
     class_<Miner, bases<Entity> >("Miner")
       .def("GoldCarried", &Miner::GoldCarried)
       .def("SetGoldCarried", &Miner::SetGoldCarried)
       .def("AddToGoldCarried", &Miner::AddToGoldCarried)
       .def("Fatigued", &Miner::Fatigued)
       .def("DecreaseFatigue", &Miner::DecreaseFatigue)
       .def("IncreaseFatigue", &Miner::IncreaseFatigue)
       .def("GetFSM", &Miner::GetFSM)
  ];
}
```

现在可以在 Lua 脚本里存取 Miner、Entity 和 ScriptedStateMachine 接口了，我们可以为每一个状态写一个 AI 逻辑。

6.4.2 状态（State）

在前面讨论过，矿工（Miner）的状态将被编写为脚本语言的形式。不像 C++类，每一个 lua 表代表的状态都包含 Enter、Execute 和 Exit 函数。

为了保证简单和简洁，一个矿工只实现了 3 种状态，即 GoHome（回家）、Sleep（睡觉）和 GoToMine（去采矿），但是，这足以说明我们的想法了。

下面显示了如何实现这 3 个状态的。

1.　回家（GoHome）

```
State_GoHome = {}
State_GoHome["Enter"] = function(miner)
 print ("[Lua]: Walkin' home in the hot n' thusty heat of the desert")
end
State_GoHome["Execute"] = function(miner)
 print ("[Lua]: Back at the shack. Yes siree!")
 if miner:Fatigued() then
    miner:GetFSM():ChangeState(State_Sleep)
 else
    miner:GetFSM():ChangeState(State_GoToMine)
 end
end
State_GoHome["Exit"] = function(miner)
 print ("[Lua]: Puttin' mah boots on n' gettin' ready for a day at the mine")
end
```

2.　睡觉（Sleep）

```
State_Sleep = {}
State_Sleep["Enter"] = function(miner)
 print ("[Lua]: Miner "..miner:Name().." is dozin' off")
end
State_Sleep["Execute"] = function(miner)
 if miner:Fatigued() then
    print ("[Lua]: ZZZZZZ... ")
    miner:DecreaseFatigue()
 else
    miner:GetFSM():ChangeState(State_GoToMine)
 end
end
State_Sleep["Exit"] = function(miner)
 print ("[Lua]: Miner "..miner:Name().." is feelin' mighty refreshed!")
end
```

3.　去采矿（GoToMine）

```
State_GoToMine = {}
State_GoToMine["Enter"] = function(miner)
 print ("[Lua]: Miner "..miner:Name().." enters gold mine")
end
State_GoToMine["Execute"] = function(miner)
 miner:IncreaseFatigue()
 miner:AddToGoldCarried(2)
 print ("[Lua]: Miner "..miner:Name().." has got "..miner:GoldCarried().." nuggets")
 if miner:GoldCarried() > 4 then
    print ("[Lua]: Miner "..miner:Name().." decides to go home, with his pockets full of
nuggets")
    miner:GetFSM():ChangeState(State_GoHome)
 end
end
State_GoToMine["Exit"] = function(miner)
 print ("[Lua]: Miner "..miner:Name().." exits gold mine")
end
```

就是这样。脚本化的状态机类调用每个表的相关的函数，以给出每一个状态的 Enter、

Execute 和 Exit 行为。状态的改变通过转换 luabind::object 的 m_CurrentState 指向的表来完成。

通过编译 ScriptedStateMachine 项目，你可以亲自检验所有这一切是如何工作的。做点什么，比如添加一些额外的状态，尝试一下来看看到底它们是如何整合的。

6.5　有用的链接

如果你刚开始正式使用 Lua，那么你可能会遇到很多问题并需要帮助。通过因特网你可以找到许多支持。下面列出了一些能帮你度过难关的有益资源。

- http://www.lua.org/
  Lua 的官方网站，你可以订阅 Lua 电子邮件列表。
- http://lua-users.org/wiki/LuaDirectory
  Lua 维基。这儿有许多可能帮助你的文章和链接。

6.6　并不是一切都这么美妙

到现在，也许你会觉得使用脚本语言就像一次去欢乐糖果屋的旅行一样惬意。你所要的所有的东西甚至更多的，都被用漂亮的丝带包装了起来。但实事上不是这样的。脚本语言也有一些缺点。在你编写一个脚本时，那些你所知的且喜欢使用的助手应用程序都不能再帮忙了（起码在没有经过修改之前是这样）。与自动完成语句、变量的鼠标悬停提示说再见吧。老兄！就像电力和甜甜圈一样，在你不得不离开这些东西之前，你不会知道自己是多么依赖于这些东西。

⌘ 提示：现在有很多编辑器对编写脚本很有用（比如，提供语法颜色提示和自动缩进）。推荐两个好用的免费编辑器 SciTE 和 Crimson Editor。

此外，调试脚本也是恐怖的[1]。像 C/C++这样的语言已经成熟许多年了，你的典型开发用户环境会有一个强大的调试工具包。你可以逐句执行程序，任意地进入一段代码，创建监视器来跟踪那些烦人的变量。对于程序员来说，从来没有这样简单过。然而，当你开始使用脚本语言之后，为了查出一个简单的错误，可能就要花费很长的时间。即使是一个简单的语法错误，看起来也都像一个地狱魔鬼一样。

当然，脚本语言先天的麻烦也随着脚本语言的不同而差别很大。一些语言根本没有任何协助功能，而另一些（比如 Lua）提供了一些错误代码，也可能能够抛出异常处理，并且可

1　事实上，luaedit 也是个不错的 lua IDE，提供和 VC 相似的调试界面。——译者注

以在脚本运行带来更进一步的破坏之前停止脚本执行。不过，除了那些你习惯的工具，其他协助是非常少的，所以多数情况下你不得不完全依靠自己处理脚本。

6.7　总　　结

脚本是一个如此庞大的话题以至于用一章的篇幅是不可能展示所有的内容。然而，到现在你应该已经能够使用 Lua 脚本语言来编写相当复杂的脚本，并把它们无缝地集成到游戏或应用程序中了。如果这一章的内容激发了你探索 Lua 和 Luabind 的兴趣，那么建议你抽出一两天的时间来从头到尾地阅读相关文档。不妨访问前面提到过的网站并阅读邮件列表。你会发现很多特别的、有趣的使用 Lua 语言的方法。

祝写脚本愉快！

第 7 章　概览《掠夺者》游戏

这一章将展示一个游戏——《掠夺者》(Raven)。Raven 将被作为一个框架。除了已经介绍过的大部分技术，本书即将介绍的技巧也都在这个框架中得到应用。在得出关于构成 AI 组件要点之前，先让我们来熟悉游戏的架构。接着，本章将提供一些 AI 组件的完整描述，其他组件将在本书的各章中描述。

7.1　关于这个游戏

Raven (《掠夺者》) 是一个俯视视角的二维游戏。这个环境是简单的，但是对于本书要说明的技术，它又是足够复杂的。一个典型的 Raven 地图包含了很多房间和走廊，还有几个复活点 (Spawn Point)，在那里创建智能体 Agent (或者称作 "bot")。此外地图里还有一些物件，比如健康包 (Health Packs) 或者武器，这些物品角色都可以捡起来使用，参见截图 7.1。

游戏过程与《雷神之锤》的死亡竞赛很相似。当游戏开始的时候，创建由 AI 操纵的角色，它们在图上四处移动，并企图制造尽可能多的杀戮，并在需要时捡起所需的武器和健康包。如果某个智能体角色被杀掉，它会立即从一个随机的复活点重生，这时它的健康值是满的，而它被杀死的位置在几秒钟之内会被标记为"坟墓"。

右键单击即可选中一个角色。当它被选中时，在角色的周围会绘画出一个红圈，并且有关 AI 的其他信息将会根据在菜单中设置的选项被绘制到屏幕上。

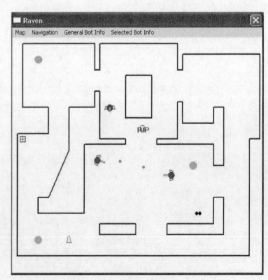

截图 7.1　运动画面效果更好

右键单击已选中的角色，即可"支配"它——它将会在你的控制之下。一个被支配的角色是用蓝色圈来圈住的，在地图上任意位置单击鼠标右键即可移动角色至相应位置。角色的 AI 导航器通过规划一条到达选定位置的最短路径来自动地为你提供帮助。角色瞄准的位置是通过鼠标来控制的。因为一个角色能够独立地瞄向它的运动方向，一个被控制的角色会总是朝向鼠标指针所指的方向。单击鼠标左键，角色就会用当前武器向鼠标指针所指的方向开火。（对于远程的武器，比如火箭发射器，目标就是鼠标指针所在的位置。）倘若角色不只携带一种武器，你可以通过按"1"到"4"这几个数字键来更换武器。通过在其他不同的角色上单击右键或者按"X"键来释放一个角色。

➲ 注意：尽管当你玩游戏时你可以清晰地看到所有的角色，但是每一个 AI 角色仅能看到在它视野范围内的不被墙所遮挡的其他角色。这样使 AI 的设计更加有趣。FOV（Field Of View 视野）在 Raven/params.lua 中设置。

7.2　游戏体系结构概述

在这部分里，我们要介绍构成游戏框架的关键类。图 7.1 显示了一个高层次对象是如何相互关联的。

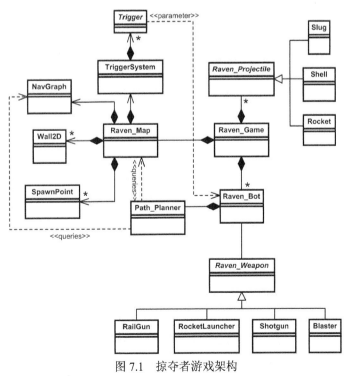

图 7.1　掠夺者游戏架构

让我们看一下这些类的更多细节。

7.2.1 Raven_Game 类

Raven_Game 类是这个项目的中心。这个类拥有一个 Raven_Map 实例，一个角色容器（Container）和一个包含任何活动弹药（火箭、光线弹/Slug 等）的容器。另外，Raven_Game 类有一些方法可用来装载地图和相关的导航图、更新和渲染游戏实体及地形，按视线搜寻（游戏）世界，并且处理用户输入。

下面就是 Raven_Game 类说明的部分清单，帮助你快速地熟悉。

```
class Raven_Game
{
private:
  Raven_Map*                    m_pMap;
  std::list<Raven_Bot*>         m_Bots;
  //用户可能会选择一个角色以手动控制它,
  //这个成员保存那个角色的指针。
  Raven_Bot*                    m_pSelectedBot;
  //这个列表包含任何活动的弹药(光线弹，火箭，
  //散弹枪子弹，等等)
  std::list<Raven_Projectile*>  m_Projectiles;
  /* 为清晰起见省略的无关细节 */
public:
  //常规的例程
  void Render();
  void Update();
  //从一个文件里装入环境
  bool LoadMap(const std::string& FileName);
  //如果角色的边界盒从 A 到 B 运动会和地形碰撞的话，返回 true
  bool isPathObstructed(Vector2D A, Vector2D B, double BoundingRadius = 0)const;
  //返回一个角色视野内的其他角色的指针动态数组
  std::vector<Raven_Bot*> GetAllBotsInFOV(const Raven_Bot* pBot)const;
  //返回 true 如果第二个角色在第一个的视野内且没有被墙遮挡的话
  bool isSecondVisibleToFirst(const Raven_Bot* pFirst,
                              const Raven_Bot* pSecond)const;
  /* 为清晰起见省略的无关细节 */
};
```

⌘ 提示：注意，方法 GetAllBotsInFOV 不限制返回的角色的数量。对于演示来说限制数量并不是必须的，但是对于实际的游戏而言，在智能体的视野内会经常出现数打甚至数以百计的其他智能体，最好是仅仅返回智能体能看到的前 n 个最近的其他智能体。

7.2.2 掠夺者地图

掠夺者地图 Raven_Map 类拥有所有构成游戏几何世界对象的容器（墙、触发器、复活点等），并且它也拥有一个地图的导航图实例。在一个掠夺者地图格式的文件被打开时，这些项目被创建。

在《掠夺者》游戏运行时，默认的地图（Raven_DM1）和它的相应的导航图从文件中读取出来。接着一定数量的掠夺者角色通过随机地选择在一个还未使用的复活点创建出来。

⊃ 注意：掠夺者的参数被存储在 Lua 脚本文件 params.lua 中。通过使用一个单独的类 Raven_Scriptor 能很方便地存取这些脚本。Raven_Scriptor 是从 Scriptor 类派生的。这个类只是对存取 Lua 变量的常用方法进行了封装。被封装的方法所存取的变量是如 LuaPopNumber 和 LuaPopString 之类的 Lua 变量。如果想深入了解可以查看 common/script/Scriptor.h 文件。

下面是 Raven_Map 类说明的部分清单：

```
class Raven_Map
{
public:
  typedef NavGraphNode<GraphEdge, Trigger<Raven_Bot>*>      GraphNode;
  typedef SparseGraph<GraphNode>                            NavGraph;
  typedef TriggerSystem<Trigger<Raven_Bot> >                Trigger_System;
private:
  //构成当前地图架构的墙壁
  std::vector<Wall2D*>      m_Walls;
  //触发器是定义空间中的一个区域的对象。
  //当一个角色进入该区域时，它"触发"一个事件。
  //这个事件可能是任何事情，如增加健康值、开门或者请求搭载
  Trigger_System            m_TriggerSystem;
  //这包含很多复活位置。当一个角色被实例化之后，
  //它会在这些位置中随机选择一个，并出现在那儿。
  std::vector<Vector2D>     m_SpawnPoints;
  //和这个地图相伴的导航图
  NavGraph*                 m_pNavGraph;
  /* 无关的细节 */
public:
  Raven_Map();
  ~Raven_Map();
  void Render();
  //从文件里装入场景
  bool   LoadMap(const std::string& FileName);
  void   AddSoundTrigger(Raven_Bot* pSoundSource, double range);
  double CalculateCostToTravelBetweenNodes(unsigned int nd1,
                                           unsigned int nd2)const;
  void   UpdateTriggerSystem(std::list<Raven_Bot*>& bots);
  /* 省略的细节 */
};
```

掠夺者地图文件通过项目的（地图）编辑器创建。虽然简单，但对于创建掠夺者地图和相关的导航图而言，它足够用了。参看下列的说明。

掠夺者地图编辑器

此处提供了一个简单的地图编辑器进行了编码以助于创建和编辑掠夺者地图，参见截图 7.2。

这个编辑器很容易使用，只需单击窗口底部的按钮选择想要增加的实体，然后在显示的窗口中通过单击来增加它。完成后，在进入 Raven/Maps 文件夹时保存图。在图编辑器文件夹中由 ReadMe.doc 文件提供更进一步的说明。

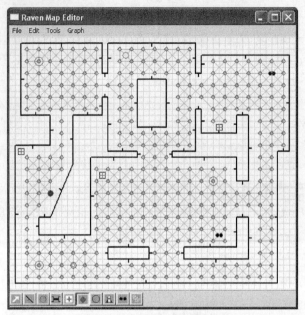

截图 7.2　掠夺者地图编辑器

7.2.3　掠夺者武器

有如下 4 种可用的武器。

- **电枪**（Blaster）：这是一个角色的默认武器。它以每秒 3 次的速度发射绿色的电光。这个武器能够自动地再充电，所以它从不会消耗完弹药。每击中一次仅能造成一个单位的损害。

- **散弹枪**（Shotgun）：一个散弹枪每秒只能发射一次。每一个弹夹包含 10 发子弹，子弹出膛后会散开，这意味着这种武器在中短距离的杀伤力和精度比长距离的要好得多。每一发子弹造成一个单元的损害。

- **火箭发射器**（Rocket Launcher）：它的发射速度是每秒 1.5 次。火箭运行的速度很慢并且在受到撞击时发生爆炸。在爆炸半径内的任何实体都会有 10 个单位的损失。因为火箭的运行速度很慢所以它很容易就可以避开。火箭发射器最好作为中距离武器来使用。

- **光线枪**（Railgun）：一个光线枪以每秒一次的速度发射子弹。子弹几乎是瞬间抵达目标，这使得这种武器非常适合于用来瞄准远距离的目标。（光线枪所射出的光线只会被墙挡住，所以如果有几个角色在射线上的话，那么它们都会被穿透。）

一个掠夺者在游戏的一开始只拿着一把电枪，通过在地图中移动可以找到其他的武器，只要靠近这些武器就可以拥有。如果一个角色正在靠近一个已有的武器，那么只是增加了这种武器的弹药。

每一种武器类型都继承自 Raven_Weapon 类。此类的公共接口如下：

```
class Raven_Weapon
{
public:
  Raven_Weapon(unsigned int TypeOfGun
               unsigned int DefaultNumRounds,
               unsigned int MaxRoundsCarried,
               double       RateOfFire,
               double       IdealRange,
               double       ProjectileSpeed,
               Raven_Bot*   OwnerOfGun);
  virtual ~Raven_Weapon(){}
  //这种方法通过旋转武器拥有者的方向来使武器瞄准指定的目标
  //(受到角色旋转速度的限制)。
  //如果武器直接对准目标则返回 true。
  Bool          AimAt(Vector2D target)const;
  //这个是朝着给定的目标位置开火。
  //(如果武器已经准备好开火的话，每一种武器都有它自己的发射速度。
  virtual void ShootAt(Vector2D target) = 0;
  //每一种武器都有它自己的形状和颜色。
  virtual void Render() = 0;
  //这种方法返回一个使用某种武器的期望值。
  //这个期望值被 AI 用来选择在当前状况下最适合的武器。
  //通过使用模糊逻辑来计算这个值。
  //(模糊逻辑在第 10 章中介绍。)
  virtual double GetDesirability(double DistToTarget)=0;
  //返回这种武器的最大开火速度。
  Double        GetProjectileSpeed()const;
  Int           NumRoundsRemaining()const;
  Void          DecrementNumRounds();
  Void          IncrementRounds(int num);
  //返回一个代表这种武器类型的枚举值。
  unsigned int GetTypeOfGun()const;
};
```

　　AI 角色和真人玩家都使用这个接口来进行瞄准和射击。如果你对每一种武器类型是如何实现的感兴趣的话，可查看 Raven/Armory 文件夹的相关文件。

7.2.4　弹药（Projectile）

　　弹药（光线弹/Slug、散弹/Pellet、火箭/Rocket、电枪弹/Bolt）继承自 Raven_Projectile 类。这个类又是 MovingEntity 的派生类。类的层次，如图 7.2 所示。每一种弹药都被看作一个质点并且遵循真实世界的物理规律。（对于这种游戏来说这样做有点杀鸡用牛刀，但是因为 MovingEntity 类已经实现了，所以弹药类实现起来就非常简单。）

　　当一个武器开火的时候，一个对应的弹药类型的实例就被创建，并且这个实例被加入到 Raven_Game:: m_Projectiles 里。一旦弹药作用完毕（所有的动画系列结束），它就会被从列表中移除。如果弹药击中一个角色，它就发送一条消息给这个角色以告诉它子弹是谁发射的，造成的伤害是多少。

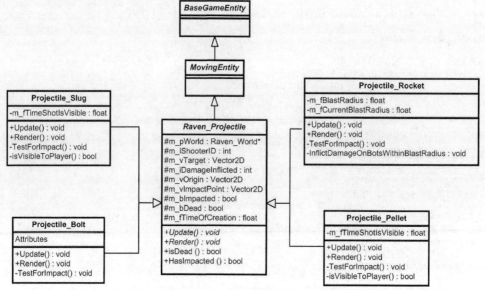

图 7.2　掠夺者弹药类层次结构的 UML 图

7.3　触　发　器

触发器是一个对象，这个对象用来定义条件，当条件被智能体满足时，触发器就会产生动作（触发一个动作）。在商业游戏中，很多触发器具有这样的特性，当一个游戏实体进入*触发器范围*（*trigger region*），这个触发起器就被触发。触发器范围是一个与触发器关联的预定义的区域。这些区域可以是任意的形状，但是在二维游戏中通常是圆形的或矩形的，在三维游戏中通常是球体、立方体或圆柱体的。

触发器对于游戏设计者和 AI 程序员来说都是非常有用的工具。你可以使用它们创建各种事件和行为。比如，触发器可以很容易地做到这些。

- 一个游戏角色顺着一个昏暗的走廊徘徊。它走在一个对压力敏感的平面上，并且触发了一个机制，这个机制发出撞击声在空间的回响。（这是触发器的最显而易见的用途之一。）
- 你击中一个护卫，当它死掉的时候，一个触发器被添加到游戏中，当游戏中的其他护卫徘徊到离这个触发器某个距离的时候，它们就会得到警告。
- 游戏角色射击。一个触发器被添加到游戏中，警告在一个特定范围内的其他角色注意射击发出的噪声。
- 墙上的一个杆被设置为触发器。如果智能体拉杆，它就会打开门。
- 你在房间的一个角落已经设置了一个迷题，但是你担心有些玩家可能难以解开它。作为帮助，你可以设置一个触发器与迷题关联。如果玩家站在它附近超过 3 次，触发器就被激发。在激发的时候，触发器显示某种类型的提示系统来帮助玩家解决迷题。

■ 一个巨人用狼牙棒击中了怪物的头。怪物落荒而逃，但是它在流血。当每一滴血落在地上时，它留下一个触发器。巨人于是就可以追随血迹找到怪物。

掠夺者游戏使用了几种类型的触发器。类的层次关系参见图 7.3 所示。

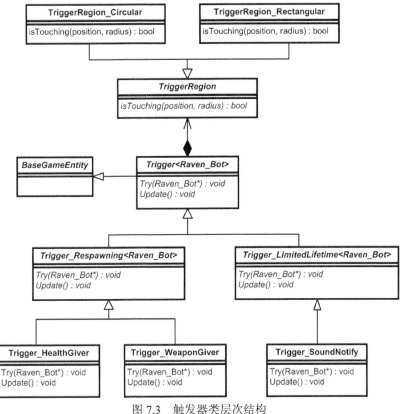

图 7.3 触发器类层次结构

值得花一些时间看看这些对象的细节。首先，让我们看看 Trigger Region 类。

7.3.1 触发器范围类（TriggerRegion）

TriggerRegion 类定义了一个方法 isTouching，这个方法所有的触发器范围（Trigger Region）都必须实现。如果给定大小和位置的实体与触发器区域重叠的话，isTouching 返回 true。每一个触发器类型都拥有一个 TriggerRegion 实例，并且使用 isTouching 方法来决定什么时候要被触发。

以下是它的说明：

```
class TriggerRegion
{
public:
  virtual ~TriggerRegion(){}
  virtual bool isTouching(Vector2D EntityPos, double EntityRadius)const = 0;
};
```

下面的例子具体定义了一个圆形触发器范围。

```
class TriggerRegion_Circle : public TriggerRegion
{
private:
  //区域中心
  Vector2D m_vPos;
  //区域半径
  double m_dRadius;
public:
  TriggerRegion_Circle(Vector2D pos,
                       double radius):m_dRadius(radius),
                                      m_vPos(pos)
  {}
  bool isTouching(Vector2D pos, double EntityRadius)const
  {
  //在平方距离空间计算距离
  return Vec2DDistanceSq(m_vPos, pos) <
         (EntityRadius + m_dRadius)*(EntityRadius + m_dRadius);
  }
};
```

如你看到的，一旦实体和区域定义的圆形重叠，isTouching 就会返回 true。

7.3.2　触发器类（Trigger）

Trigger 类是派生所有其他触发器类型的基类。它有两个方法必须由所有的派生子类实现：Try 和 Update。这些方法在每一次游戏的 Update 循环执行时都被调用。Update 更新一个触发器的内部状态（如果有内部状态）。Try 检查是否作为参数传入的实体与触发器范围重叠，并采取相应的动作。

触发器的说明是直接的。下面是清单：

```
template <class entity_type>
class Trigger : public BaseGameEntity
{
private:
  //每一个触发器都拥有一个触发器区域。如果实体进入这个区域
  //触发器就被激发。
  TriggerRegion* m_pRegionOfInfluence;
  //如果这是 true，触发器在下一个 update 循环被从游戏中删除
  bool        m_bRemoveFromGame;
  //在某些时候，能够使某类型的触发器不激活是方便的，
  //因此，只有在这个值为 true 时，触发器才能被激发。
  //(重新激活触发器很好利用了这一点)
  bool        m_bActive;
  //某些类型的触发器和一个图节点关联。
  //这使得 AI 的路径规划组件可以
  //从导航图中搜索一个特定类型的触发器。
  int         m_iGraphNodeIndex;
```

```
protected:
  void SetGraphNodeIndex(int idx){m_iGraphNodeIndex = idx;}
  void SetToBeRemovedFromGame(){m_bRemoveFromGame = true;}
  void SetInactive(){m_bActive = false;}
  void SetActive(){m_bActive = true;}
  //返回 true，如果给定位置和包围半径的实体
  //与触发器区域重叠的话
  bool isTouchingTrigger(Vector2D EntityPos, double EntityRadius)const;
  //子类用这些方法中的一个添加一个触发器区域
  void AddCircularTriggerRegion(Vector2D center, double radius);
  void AddRectangularTriggerRegion(Vector2D TopLeft, Vector2D BottomRight);
public:
  Trigger(unsigned int id);
  virtual ~Trigger();
  //当这个被调用时，触发器测试实体是否在触发器的影响范围之内。
  //如果是，触发器被触发，相应的动作被执行。
  virtual void Try(entity_type*) = 0;
  //在游戏每一次 update 执行时被调用。
  //这个方法更新触发器可能有的任何内部状态
  virtual void Update() = 0;
  int GraphNodeIndex()const{return m_iGraphNodeIndex;}
  bool isToBeRemoved()const{return m_bRemoveFromGame;}
  bool isActive(){return m_bActive;}
};
```

触发器有 m_iGraphNodeIndex 成员变量，因为有时将特定类型的触发器连结到一个导航图的节点是有用的。比如，在掠夺者游戏中，像健康包、武器这样的物件类型被实现为一种特别的触发器类型——供给触发器（Giver-Trigger）。因为供给触发器与一个图节点相关联，路径规划器就可以容易地搜索导航图以找出一个特定的物件类型。比如当一个角色健康值变低时，要找出离它最近的健康物件（第 8 章会更加详细地解释这一点）。

7.3.3　再生触发器（Respawning Trigger）

Trigger_Respawning 类（再生触发器类）从 Trigger 类派生而来。它定义的是一个这样的触发器：这个触发器在被一个实体触发之后，会保持一定时间的非活动状态。这种类型的触发器在掠夺者游戏中被用来实现角色可以"捡起"的物件类型，比如健康包或者武器。用这种方法，在被捡起一段时间之后，一个物件可以再生（再次出现）于原来的位置。

```
template <class entity_type>
class Trigger_Respawning : public Trigger<entity_type>
{
protected:
  //当一个角色进入了这个触发器的影响范围，触发器就被触发；
  //接着在一段指定的时间内保持非激活状态。
  //这些值控制触发器再次变为活动状态所需要的时间。
  int m_iNumUpdatesBetweenRespawns;
  int m_iNumUpdatesRemainingUntilRespawn;
  //设置触发器变为非活动，并持续非活动状态
  //m_iNumUpdatesBetweenRespawns 次更新步数
  void Deactivate()
  {
    SetInactive();
    m_iNumUpdatesRemainingUntilRespawn = m_iNumUpdatesBetweenRespawns;
  }
```

```
public:
  Trigger_Respawning(int id);
  virtual ~Trigger_Respawning();
  //被子类实现
  virtual void Try(entity_type*) = 0;
  //这个被游戏的每一次更新过程调用，用来更新触发器内部状态
  virtual void Update()
  {
    if ( (--m_iNumUpdatesRemainingUntilRespawn <= 0) && !isActive())
    {
      SetActive();
    }
  }
  void SetRespawnDelay(unsigned int numTicks);
};
```

➲ 注意：因为掠夺者游戏使用了一个固定的更新速度，触发器用更新步数来代表它们的时间（每更新一次是一个时间单位）。如果要使触发器系统实现一个变化的更新频率，需要将触发器的 update 方法设计为使用两次更新时间的差值。

7.3.4　供给触发器（Giver-Trigger）

健康和武器物件在掠夺者游戏中用一种叫做供给触发器的 Giver-Trigger 实现。任何时候，只要一个实体进入供给触发器的触发范围，它就会供给相应的物件。健康供给器显然会增加一个角色的健康值，而武器供给器则会提供一个它们代表的武器的实例给一个角色。另一种关于这些触发器的看法是，游戏角色拿起了触发器所代表的东西。

为了使健康和武器物件在玩家拿起以后再生，供给触发器从 Trigger_Respawning 类继承。

7.3.5　武器供给器（Weapon Givers）

下面是 Trigger_WeaponGiver 类的说明：

```
class Trigger_WeaponGiver : public Trigger_Respawning<Raven_Bot>
{
private:
  /* 省略的无关细节 */
public:
  //这种类型的触发器在读一个地图文件的时候创建
  Trigger_WeaponGiver(std::ifstream& datafile);
  //如果被触发，这个触发器将调用角色的 PickupWeapon 方法，
  //PickupWeapon 将实例化一个合适类型的武器。
  void Try(Raven_Bot*);
  //画一个符号代表在触发器位置的武器类型。
  void Render();
  /* 省略的无关细节 */
};
```

Try 方法按如下这样实现。

```
void Trigger_WeaponGiver::Try(Raven_Bot* pBot)
{
  if (isActive() && isTouchingTrigger(pBot->Pos(), pBot->BRadius()))
```

```
  {
    pBot->PickupWeapon( EntityType() );
    Deactivate();
  }
}
```

如果触发器是活动的，并且角色与触发器区域重叠，将调用 Raven_Bot::PickupWeapon 方法。这个方法实例化一个给定类型的武器并且添加它（如果这个武器角色已经有了，那么就增加这种武器的弹药）到角色的物件列表。最后，程序逻辑使触发器不活动。触发器会保持一个特定时间的非活动状态，然后再次活动。当处于非活动时，触发器不会被渲染。

7.3.6　健康值供给器（Health Giver）

健康值供给器触发器实现起来与前面的代码类似。

```
void Trigger_HealthGiver::Try(Raven_Bot* pBot)
{
  if (isActive() && isTouchingTrigger(pBot->Pos(), pBot->BRadius()))
  {
    pBot->IncreaseHealth(m_iHealthGiven);
    Deactivate();
  }
}
```

正如你所看到的，除了这次是增加健康值之外，这段代码和前面看到的几乎一样。

7.3.7　限制生命期触发器（Limited Lifetime Trigger）

有时，需要有固定生命周期的触发器，即一个在场景里停留一定的更新步数，然后自动消失的触发器。Trigger_LimitedLifetime 提供这样的一个对象。

```
template <class entity_type>
class Trigger_LimitedLifetime : public Trigger<entity_type>
{
protected:
  //这个触发器的生命周期是按更新步数计算的
  int m_iLifetime;
public:
  Trigger_LimitedLifetime(int lifetime);
  virtual ~Trigger_LimitedLifetime(){}
  //这个类的派生类必须保证在它们自己的 update 方法中调用这个
  virtual void Update()
  {
    //如果生命周期计数器计满了，设定将这个触发器从游戏中移走
    if (--m_iLifetime <= 0)
    {
      SetToBeRemovedFromGame();
    }
  }
  //由子类实现
  virtual void Try(entity_type*) = 0;
};
```

声音通告触发器是一个恰当的限制生命期触发器的例子。

7.3.8 声音通告触发器（Sound Notification Trigger）

在《掠夺者》游戏中，这种类型的触发器用来通知其他的游戏实体武器发射的声音。每一次，当一个武器开火，在开火的位置就会创建一个 Trigger_SoundNotify。这种类型的触发器有着一个圆形的触发范围，半径和武器的声音大小成正比。它从 Trigger_LimitedLifetime 继承，并且被设计成在（每次）触发器更新时处理一个游戏角色。当一个游戏角色触发了这种类型的触发器，它就会发送一个消息给游戏角色通知它是哪一个角色发出的声音。

```
class Trigger_SoundNotify : public Trigger_LimitedLifetime<Raven_Bot>
{
private:
  //一个指向发出这个声音的角色的指针
  Raven_Bot* m_pSoundSource;
public:
  Trigger_SoundNotify(Raven_Bot* source, double range);
  void Trigger_SoundNotify::Try(Raven_Bot* pBot)
  {
    //这个角色在声音范围内么?
    if (isTouchingTrigger(pBot->Pos(), pBot->BRadius()))
    {
      Dispatcher->DispatchMsg(SEND_MSG_IMMEDIATELY,
                              SENDER_ID_IRRELEVANT,
                               pBot->ID(),
                              Msg_GunshotSound,
                              m_pSoundSource);
    }
  }
};
```

7.3.9 管理触发器：触发器系统（TriggerSystem）类

TriggerSystem 系统类负责管理一个触发器的集合。Raven_Map 类拥有一个 TriggerSystem 类的实例，并且在触发器被创建时，在系统中注册每一个触发器。触发器系统负责更新和渲染所有的注册触发器，并且负责在触发器的生命过期时删除它们。

如下的 TriggerSystem 的源代码中列出了 UpdateTriggers 和 TryTriggers 函数的函数体，你可以看出它们到底是如何工作的。

```
template <class trigger_type>
class TriggerSystem
{
public:
  typedef std::list<trigger_type*> TriggerList;
private:
  //一个所有触发器的容器
  TriggerList m_Triggers;
  //这个方法遍历系统里的所有触发器
  //通过调用 Update 方法以更新其内部状态（如果需要），
  //它也从系统里删除任何 m_bRemoveFromGame 字段为 true 的触发器
  void UpdateTriggers()
  {
    TriggerList::iterator curTrg = m_Triggers.begin();
    while (curTrg != m_Triggers.end())
```

```
      {
        //如果死了，删除触发器
        if ((*curTrg)->isToBeRemoved())
        {
          delete *curTrg;
          curTrg = m_Triggers.erase(curTrg);
        }
        else
        {
          //更新这个触发器
          (*curTrg)->Update();
          ++curTrg;
        }
    }
  }
  //这个方法遍历作为参数传入的实体容器，
  //并且传递每一个（实体）给每一个触发器的 Try 方法，
  //只要实体是活的并且准备好一次触发器更新
  template <class ContainerOfEntities>
  void TryTriggers(ContainerOfEntities& entities)
  {
    //对照触发器测试每一个实体
    ContainerOfEntities::iterator curEnt = entities.begin();
    for (curEnt; curEnt != entities.end(); ++curEnt)
    {
      //一个实体必须准备好它的下一次触发器更新
      //且在它对照每一个触发器测试之前，它必须活着
      if ((*curEnt)->isReadyForTriggerUpdate() && (*curEnt)->isAlive())
      {
        TriggerList::const_iterator curTrg;
        for (curTrg = m_Triggers.begin(); curTrg != m_Triggers.end(); ++curTrg)
        {
          (*curTrg)->Try(*curEnt);
        }
      }
    }
  }
public:
  ~TriggerSystem()
  {
    Clear();
  }
  //这删除任何当前的触发器并且清空触发器列表
  void Clear();
  //这个方法应该由游戏的每一更新步调用。
  //它会首先更新触发器的内部状态，
  //接着将每一个实体对照每一个活动触发器进行测试，
  //查看是否有触发器需要激活。
  template <class ContainerOfEntities>
  void Update(ContainerOfEntities& entities)
  {
    UpdateTriggers();
    TryTriggers(entities);
  }
  //这用来注册触发器到 TriggerSystem
  //(TriggerSystem 将负责清理触发器所使用的内存)
  void Register(trigger_type* trigger);
  //一些触发器需要被渲染(如供给触发器)
  void Render();
  const TriggerList& GetTriggers()const{return m_Triggers;}
};
```

至此，相信你对《掠夺者》（Raven）游戏的框架的了解差不多了。下面，让我们看一下角色 AI 的设计。

7.4 AI 设计的考虑

《掠夺者》游戏的角色 AI 设计是通过常规的设计方法来进行的。首先，我们考虑角色在它们的环境里成功地活动需要什么行为；然后，我们分解这些行为使之成为一个可以实现和调整的组件列表。

让我们仔细回味一下《雷神之锤》这种竞赛游戏，看看真人玩家是如何玩这款游戏的。两个显而易见必备的技能是移动的能力和用武器瞄准并射击其他玩家的能力。如果你仔细观察有经验的玩家就会发现另一个不易观察到的特点。他们几乎总是在面对着敌人瞄准和射击（如果敌人在附近的话）。无论他们是在进攻、防守、面向某个方向移动都是这样。比如，他们可能左右扫射或者向后跑开同时发出防守性的火力。我们从中得到一个提示，即需要为AI 实现武器控制组件和移动组件，以使其能够彼此独立地对工作。

AI 需要哪类与运动相关的技巧呢？显而易见，一个角色在躲避墙和其他角色时应该能够在任何方向上运动。我们也能够看到有必要实现某种类型的搜索图片，以使得 AI 能够规划到达某些特定位置或物品的路径。

武器控制是怎么回事？玩家不得不考虑哪些和武器相关的决策？首先，玩家必须决定在当前的状况下哪种武器最好。在掠夺者游戏里，有 4 种类型的武器：电枪（Blaster）、散弹枪（Shotgun）、火箭发射器（Rocket Launcher）和光线枪（Railgun）。每一种武器都有它的优点和缺点。比如散弹枪，当敌人靠近时它很有杀伤力，但是因为它的发射方式，子弹脱离枪口后就散开了，距离越远攻击效果就越差（参见图 7.4）。火箭发射器适于在中等距离使用，近距离使用就非常危险，因为爆炸时火花会向后飞。我们实现的任何 AI 必须能够衡量每一种武器的优点和缺点，并自动做出相应的选择。

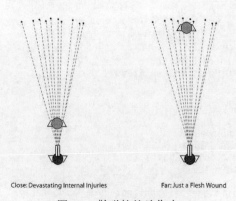

Close: Devastating Internal Injuries   Far: Just a Flesh Wound

图 7.4 散弹枪的杀伤力

玩家也必须能够用它的武器有效地瞄准。对于高速度的弹药，比如光线枪和散弹枪，玩家必须直接瞄向敌人的位置，但是在使用慢速弹药的武器时，比如电枪或火箭发射器，玩家就必须能够预测敌人的移动并做出相应的瞄准动作。AI 角色也应该能做到这些。

在这种游戏中，一个玩家经常被多个对手包围。如果有两个或多个敌人是可见的，玩家必须决定哪一个是目标。因此，任何我们设计的 AI 必须也要能够从一组对手中选出一个目标。这带来了另一个问题：感知（Perception）。真人玩家从他们所感知到的对手中选择一个进攻目标。

在《掠夺者》游戏中，这包括可见的对手和能够听到的对手。此外，真人玩家还能够通过短期记忆来跟踪近期遇到的任何角色。真人玩家并不会马上忘记近期走出他们感知范围的对手。比如，如果一个玩家在追逐一个目标，这个目标消失在一个角落，即使它不在视线中，他也会继续追逐这个目标。为了让人信服，一个 AI 角色也必须展现类似的感知能力。

当然，到现在为止，所有提到的技巧还是基于一个非常低的层次上。对于很多这样的游戏，在地图里随机地移动，只有在敌人跟跄地冲上来时才开火是远远不够的。一个好的 AI 必须能仔细考虑它自己的状态和它周围的世界，并且能选择它认为可以改善其状态的行动。比如，一个角色在它健康值变低时，应该能够意识到并能制定计划找出并靠近健康物件。如果一个角色与一个敌人战斗，但是缺少弹药，它应该能够考虑退出战斗去找更多的火箭的可能性。因此必须实现某些类型的高层次的决策逻辑。

7.5　实现 AI

为了使角色看起来像具有智能，我们需要为其实现很多技巧和能力，这些可以列成一个长长的表。让我们看一看，并讨论每一项在《掠夺者》游戏 AI 中是如何实现的。

7.5.1　制定决策（Decision Making）

对于制定决策（Decision Making）的过程，《掠夺者》使用一个基于目标仲裁（Arbitration of Goals）的构架。角色为赢得游戏而具有的行为被分解成几个高层次的目标（Goal），如"进攻"、"找到健康包"或者"追逐目标"。目标是可以嵌套的，并且通常一个目标是由两个或多个子目标（Subgoal）构成。举个例子："找到健康包"目标是由子目标"找到抵达最近的活动健康包的路径"和"跟随路径到物件"组成。接着，"跟随路径"目标又被分解为几个"移动到指定位置"类型的目标。

每当角色的 AI 决策组件更新时，每个高层次的目标都会被评估，这个评估计算该目标与指定的角色当前状态的适宜度（Suitability），并且得分最高的那个目标被作为角色的当前目标。接着，角色将把这个目标分解成几个必要的子目标，并且尝试依次满足其中的每一个。

第 9 章，将详细地描述这种决策构架。

7.5.2　移动（Movement）

对于低层次的移动（Movement）而言，《掠夺者》游戏会使用这些操控行为：靠近（Seek）、抵达（Arrive）、徘徊（Wander）、避开撞墙（Wall Avoidance）和分离（Separation）。在角色和游戏几何世界之间没有碰撞检测或相互回应；角色完全依靠避免撞墙和分离这两种操控行为去和它们的环境打交道。（这不是提倡你们在自己的项目中也要使用这个方法（你的游戏或许需要严格得多的碰撞检测）但是对这本书的示例程序而言它足够了。这也是一个相当好的证明：只要使用正确，操控行为可以非常有效。）

操控行为使用前面叙述的常规方法实现。Raven_Bot 类从 MovingEntity 继承，并且实例化它自己为一个具有相似操控行为的对象。AI 组件中影响角色运动的部分通过使用这个实例的接口来控制角色的移动。

7.5.3　路径规划（Path Planning）

《掠夺者》游戏里的角色必须能够规划一条它所在的环境里的路径（Path Planning），以移动到一个目标位置或者朝向一个游戏物件的实例，比如武器或者健康包。为了使这个过程更加顺畅，每一个游戏角色都拥有一个专用的路径规划类（Path Planning Class）。这个类的决策组件能够被用来请求路径。

《掠夺者》游戏中路径规划器组件的进展在第 8 章中将详细地论述。

7.5.4　感知（Perception）

对很多类游戏而言（但不是全部），要使角色看起来像具有智能，精确的感知模仿是一件很重要的事情，因为智能体如何知晓它的环境应该和它的外形保持一致。假如像人一样，在一个游戏角色的头上有两只眼睛和两只耳朵，那么它就应该相应地（通过眼睛和耳朵）察觉到它的环境。这并不是说我们要模仿立体视觉和听力，但极为重要的是在游戏中这类智能体的决策逻辑要与其感知（Perception）能力保持一致。如果不能保持一致，那么玩家就会逐步醒悟，他玩游戏的快乐也会大大减小。比如，大多数人都看到过类似的情景如下。

- 你从背后悄悄地靠近一个角色，但是它立即就转过身来（可能听到你眨眼的声音）并且用枪把你打得浑身是孔。
- 你跑开躲藏了起来。你的敌人不可能知道你把自己关在一个小的储藏室里。然而，他却直接走到你躲藏的位置，打开门，并扔了一个手雷进去。
- 你注意到两个守卫在警戒塔上。他们用探照灯不断扫过地面，但是你发现一条路径通到塔的地下室，这条路径始终是在暗处，于是你顺着这条路径充满自信地无声地匍匐前进。探照灯从没有照到你，然而，一个守卫却叫到 "Achtung"[1]，并且把你

1　Achtung，德语注意的意思。——译者注

的屁股打开了花。

这些类型的事件之所以会发生是因为游戏程序员给了 AI 完全的存取游戏数据的能力，这就使得智能体具有了*全能的感知能力*。他这么做是因为这样做比较容易，或者因为他没有时间去区分事实和感知，也可能由于他根本没有考虑这一点。这样的事件，在玩家遇到时，他们会大叫 "no，no！"。他们会失去玩游戏的兴趣，因为相信 AI 正在欺骗他们（实际上正是这样的）。

➲ 注意：这种类型的感知模拟在实时战略游戏中并没有这么重要。在实时战略游戏中，为数百个智能体实现这样的一个感知模拟系统所带来的 CPU 和内存的资源占用使其不太可能被采用。对于玩游戏的过程，实现这样的系统所带来的游戏体验的提升也值得怀疑。

为了防止这些感知不一致的情况发生，一个智能体的视觉和听觉必须被过滤，以使其和玩家的视力和听力相一致。比如，在游戏中，每一个智能体角色必须表现出和真人玩家相似的感觉能力。如果真人玩家的视力被限制在 90°，那么智能体角色应该也使用相同的限制。如果玩家的视力被墙和障碍物所阻挡，那么智能体角色也应该是这样。如果玩家不能够听到智能体角色眨眼睛或者在特定范围之外的声音，那么智能体角色也不能。如果光的强度对游戏影响很大，那么智能体角色在黑暗的地方也看不到（当然除非它带着夜视镜）。

另一种类型的感知问题在计算机游戏中也经常出现。这种问题笔者喜欢把它叫做*特定感觉无知*：对于某些类型的事件或者实体，智能体无法感知。如下有一些典型的例子。

- 你进入一个房间。有两个巨人在前方背对着你。他们离你是如此之近以至于你可以听到他们的低语。他们正在讨论午餐。一个怪物从黑暗的地方跳到你的左边，吓了你一跳。你使用最大的也是声音最响的武器——闪电炮杀死了怪物。怪物伴随带着巨大的爆破声魔术般地爆炸了，然而这两个巨人却没有听到——它们仍然在讨论薄荷调味料和烤羊排的美味。

- 你从后面手刃了一个守卫。他倒在地板上，你听到更多的守卫跑了过来，所以你就躲到了黑暗的角落。守卫们进入房间，这时候你的手都发抖了，因为你正在等待他们在房间里搜寻入侵者的那一刻。然而，守卫们并没有看到躺在地上的尸体，即使当他们走在尸体上也是一样。

- 你正在和一个可怕的战士肉搏。不幸的是，你错误地估计了形势，再被狠踢一脚你就没命了。在绝望中你转过身从最近的一道门冲了出去，你刚刚冲出战士的视线，就发现他已经完全把你给忘记了。

定制具有智能的游戏的想法再一次被破坏了，因为所预期的游戏角色的行为与它们的感知能力不一致。不过在这些例子中，不是因为智能体感知了太多的信息，而是感知的太少了。后面的例子特别有趣，因为它说明了为了使游戏 AI 更加令人信服，一个智能体也必须具有一种机制来模仿短期记忆。没有短期记忆，一个智能体就不会考虑在它的感知范围之外的潜在的对手。这会导致似乎十分愚蠢的行为。

在图 7.5 中，两个对手（Gnasher 和 Basher）。在 Billy 的视野里，并且他选择了其中的一个，Basher，来作为攻击目标。Billy 接着就转向 Basher 并且向他射击，参见图 7.6。

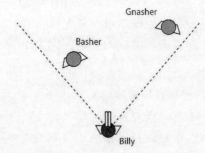

图 7.5　Billy 和两个对手。虚线范围内为 Billy 的视野

不幸的是，对于 Billy，由于程序员没为他设计任何短期记忆，在 Gnasher 离开了他的视野之后，Billy 就把他给忘了。这给了 Gnasher 一个机会去悄悄靠近 Billy，并且咬下了 Billy 的头，参见图 7.7。

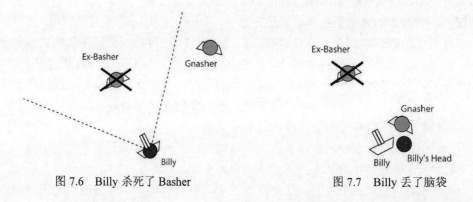

图 7.6　Billy 杀死了 Basher　　　　　图 7.7　Billy 丢了脑袋

如果一个智能体能够记得它在一段时间之内曾经感知过的东西的话，这样的情况就很容易避免。

在《掠夺者》游戏中，管理、过滤和记忆感知输入的任务被封装在 Raven_SensoryMemory 类中。每一个智能体角色都拥有这个类的一个实例。这个对象管理了一个 MemoryRecord 的 std::map。MemoryRecord 是一个简单的数据结构，如下所示：

```
struct MemoryRecord
{
  //记录对手上次被感知的时间（看到或听到）。
  //这用来决定是否一个智能体角色能够记住这条记录。
  //(如果 CurrentTime() - dTimeLastSensed 大于智能体角色的记忆时长，
  //记录里的数据对客户来说就不可用。)
  double      dTimeLastSensed;
  //知道一个对手被看到多长时间是有用的。
  //这个变量在对手第一次可见的时候被标记当前时间。
```

```
//这样再计算对手在视野中有多长时间就很简单了
//(CurrentTime - dTimeBecameVisible)
double    dTimeBecameVisible;
//知道上次对手被看到的时间也是有用的。
double    dTimeLastVisible;
//一个标记对手上次被感知位置的矢量。
//如果他离开了视野，这可以被用来帮助搜寻一个对手
Vector2D  vLastSensedPosition;
//如果对手在对象的视野中，设置为 true
bool      bWithinFOV;
//如果在对手和对象之间没有障碍的话，设置为 true
//允许射击。
bool      bShootable;
};
```

每次角色遇到新对手时，MemoryRecord 的实例就被创建并且被添加到记忆图（Memory Map）中。一旦创建记录，当它所对应的对手在任何时候被看到或听到时，导致它记录的相关信息都会被更新。一个角色能够使用这种记忆图来判断哪些对手最近被感知过并作出相应的反应。除此之外，因为每一个记忆记录保存着视觉信息，所以很多视线计算就可以避免。一个角色可以简单迅速地查询存储在记忆图里的布尔值，而不是不断发出对游戏世界对象的费时的视线请求。

Raven_SensoryMemory 的说明如下：

```
class Raven_SensoryMemory
{
private:
  typedef std::map<Raven_Bot*, MemoryRecord> MemoryMap;
private:
  //实例的拥有者
  Raven_Bot* m_pOwner;
  //这个容器被用来模拟感知事件的记忆
  //对环境中的每一个对手会创建一个 MemoryRecord
  //每次遇到对手，记录都会被更新 (当它被看到或听到的时候)
  MemoryMap m_MemoryMap;
  //角色的记忆时长等于这个值
  //当角色请求最近被感知到的对手的列表时，
  //这个值被用来判断角色是否能够记住一个对手。
  double m_dMemorySpan;
  //这个方法查看是否已存在一个 pBot 的记录
  //如果没有，一个新的 MemoryRecord 记录就被创建并添加到记忆图
  //(被 UpdateWithSoundSource & UpdateVision 调用)
  void          MakeNewRecordIfNotAlreadyPresent(Raven_Bot* pBot);
public:
  Raven_SensoryMemory(Raven_Bot* owner, double MemorySpan);
  //当一个对手发出声音的时候，这个方法被用来更新记忆图
  void      UpdateWithSoundSource(Raven_Bot* pNoiseMaker);
  //这个方法遍历游戏世界所有的对手
  //并且更新那些在所有者视野内的所有记录
  void      UpdateVision();
  bool      isOpponentShootable(Raven_Bot* pOpponent)const;
  bool      isOpponentWithinFOV(Raven_Bot* pOpponent)const;
  Vector2D GetLastRecordedPositionOfOpponent(Raven_Bot* pOpponent)const;
  double    GetTimeOpponentHasBeenVisible(Raven_Bot* pOpponent)const;
  double    GetTimeSinceLastSensed(Raven_Bot* pOpponent)const;
  double    GetTimeOpponentHasBeenOutOfView(Raven_Bot* pOpponent)const;
```

```
//这个方法返回一个列表，它包含所有这样的对手
//对手的记录在最近 m_dMemorySpan 秒内被更新过
std::list<Raven_Bot*> GetListOfRecentlySensedOpponents()const;
};
```

当一个声音事件发生的时候，通过传递声音的源（Raven_Bot 类型）的指针，UpdateWith SoundSource 方法被调用。UpdateVision 由 Raven_Bot::Update 按一个指定的频率调用。这些方法合作确保了游戏角色听到的和看到的总是及时的。游戏角色可能使用已列出的某些方法从它的感知记忆中请求信息，最有趣的是 GetListOfRecentlySensedOpponents 了。这个方法遍历记忆图并且创建一个所有这样的对手的列表：这些对手在最近记忆中被感知过。这个方法的清单如下。

```
std::list<Raven_Bot*>
Raven_SensoryMemory::GetListOfRecentlySensedOpponents()const
{
  //这个存储角色记得的所有对手
  std::list<Raven_Bot*> opponents;
  double CurrentTime = Clock->GetCurrentTime();
  MemoryMap::const_iterator curRecord = m_MemoryMap.begin();
  for (curRecord; curRecord!=m_MemoryMap.end(); ++curRecord)
  {
    //如果这个对手最近在记忆中被更新过则加到列表中
    if ( (CurrentTime - curRecord->second.dTimeLastSensed) <= m_dMemorySpan)
    {
      opponents.push_back(curRecord->first);
    }
  }
  return opponents;
}
```

正如你看到的，如果一个特定的记录在最近的 m_dMemorySpan 秒内没有被更新，它就不会被加到列表，于是角色就忘记了关于它的一切。这就确保了一个对手在它被感知到之后，能被角色记住一段时间，即使这个对手走出了角色的视野。

7.5.5 目标选择（Target Selection）

控制目标选择（Target Selection）的类被叫做 Raven_TargetingSystem。每一个 Raven_Bot 拥有一个这个类的实例，并且用它进行目标选择。说明如下。

```
class Raven_TargetingSystem
{
private:
  //这个系统的所有者
  Raven_Bot* m_pOwner;
  //当前目标(如果没有目标，则此值为 null)
  Raven_Bot* m_pCurrentTarget;
public:
  Raven_TargetingSystem(Raven_Bot* owner);
  //每次这个方法被调用时，在所有者的感知记忆中的对手就被检查，
  //最近的一个被作为 m_pCurrentTarget，
  //如果在记忆时长内没有记忆记录被更新过的对手，
  //拥有者的当前目标被设为 0。
  void      Update();
```

```
//如果有一个当前指定目标的话，返回 true
bool        isTargetPresent()const;
//如果目标在所有者的视野内的话，返回 true
bool        isTargetWithinFOV()const;
//如果在目标和所有者之间，视线不会发生遮挡的话，返回 true
bool        isTargetShootable()const;
//返回目标上次被看到的位置，
//如果没有当前指定对象的话，发出一个异常
Vector2D    GetLastRecordedPosition()const;
//返回目标已经在视野里的时间。
double      GetTimeTargetHasBeenVisible()const;
//返回目标已经离开视野的时间。
Double      GetTimeTargetHasBeenOutOfView()const;
//返回指向目标的指针。如果没有当前目标则为 null
Raven_Bot* GetTarget()const;
//设置目标指针为 null
void        ClearTarget();
};
```

以一个特定的间隔，目标选择系统的 Update 方法被 Raven_Bot::Update 方法调用。Update 从感知记忆里得到一个最近被感知到的对手的列表，并且选择它们中的一个作为当前目标。

《掠夺者》角色的选择条件是非常简单的，即最近的对手被设置为当前目标。这对于《掠夺者》游戏来说已经足够了。但是对你的游戏来说，可能需要其他的方案，或者更加严格的选择条件。比如，你可能倾向于设计一个这样的选择方法，包含了如下其中一点或几点。

- 对手与角色前方的偏移角度（也就是说，他要在玩家正前方。）
- 对手的朝向（他看不到你，悄悄发起攻击！）
- 对手拿着的武器的攻击范围（他不能打到我。）
- 角色拿着的武器的攻击范围（我可以打到他。）
- 对手或者角色有可能使用的任何增强包（他到底有多厉害？）
- 一个对手被看到了多长时间（我知道他，他可能也知道我吧。）
- 在过去的几秒钟内，对手给角色造成了多大的杀伤（这让我快疯了！）
- 对手被角色杀死了多少次了（哈哈！）
- 角色被对手杀死了多少次（可恶的家伙!）

7.5.6 武器控制（Weapon Handling）

《掠夺者》角色使用 Raven_WeaponSystem 类来管理所有武器的特定操作和它们的调度。这个类拥有武器的 std::map 实例，这些武器按照它们的类型索引，指针指向当前武器，还有一些变量用来表示角色的瞄准精度和角色的反应时间。最后的两个变量被武器瞄准逻辑用来防止角色总是 100% 地击中对手，或者在对手一进入视野就被击中。这是重要的，因为如果 AI 工作得太好，大多数玩家很快就会觉得受挫并停止玩游戏。这些值允许游戏测试人员调整角色的技能层次，直到它们能构建一场激烈的战斗，但是（角色一方）却失败多于胜利。这对于大多数玩家来说，他们将会得到最愉快的游戏体验。

除了成员变量，这个类还有一些方法来增加武器、改变当前武器、用当前武器瞄准和射

击，并在当前游戏状态下选择最合适的武器。下面是类的说明。

```
class Raven_WeaponSystem
{
private:
  //一个武器实例的图（map），按武器类型索引
  typedef std::map<int, Raven_Weapon*> WeaponMap;
private:
  Raven_Bot* m_pOwner;
  //角色所拥有武器的指针(一个角色对每一种武器只拥有一个实例)
  WeaponMap      m_WeaponMap;
  //角色当前拿着的武器的指针
  Raven_Weapon*  m_pCurrentWeapon;
  //这是角色看到对手并作出反应的最短时间
  //这个变量用于防止对手一进入视野就被射击
  double         m_dReactionTime;
  //每次射击，都有一个在一定范围内的随机噪声（干扰）被加入射击角度。
  //这防止角色每次都击中目标。
  //此值越小，一个角色的（瞄准）越精确。
  //建议的值在 0-0.2 之间。
  //（这个值代表每次射击时可以加入的偏离的最大弧度）
  double         m_dAimAccuracy;
  //目标已经从视野消失后，角色继续瞄准目标所在位置的时间
  double         m_dAimPersistance;
  //预测使用当前武器射击，子弹到达目标时，目标所在的位置
  //为 TakeAimAndShoot 使用
  Vector2D PredictFuturePositionOfTarget()const;
  //添加一个不大于 m_dAimAccuracy 的随机偏离
  void       AddNoiseToAim(Vector2D& AimingPos)const;
public:
  Raven_WeaponSystem(Raven_Bot* owner,
                     double ReactionTime,
                     double AimAccuracy,
                     double AimPersistance);
  ~Raven_WeaponSystem();
  //建立武器图，里面只包含一种武器: blaster
  void Initialize();
  //这个方法用当前武器瞄准目标(如果目标存在点的话)
  //如果瞄准了，射一轮子弹
  //(在每一次 Raven_Bot::Update 更新时被调用)
  void TakeAimAndShoot()const;
  //这个方法判断在给定的游戏状态下最合适的武器
  //(Raven_Bot::Update 每更新 n 次，被调用一次)
  void SelectWeapon();
  //这将添加一个指定类型的武器到角色的携带武器表
  //如果角色已经有一个这样的武器，那么只是该武器的弹药被增加
  //(在武器的供给触发器为角色提供武器时被调用)
  void AddWeapon(unsigned int weapon_type);
  //改变当前武器到一个指定的类型
  //(如果角色有一个那种类型的武器的话)
  void ChangeWeapon(unsigned int type);
  //返回当前武器的指针
  Raven_Weapon* GetCurrentWeapon()const{return m_pCurrentWeapon;}
  //如果在携带武器表里有，则返回指定类型武器的指针(如果没有，则取 null)
  Raven_Weapon* GetWeaponFromInventory(int weapon_type);
  //返回特定武器的剩余弹药数量
  int GetAmmoRemainingForWeapon(unsigned int weapon_type);
  double ReactionTime()const{return m_dReactionTime;}
};
```

方法 SelectWeapon 使用模糊逻辑来决定当前游戏状态下最合适的武器。模糊逻辑是一种扩展的逻辑，用来包括那些部分真实的命题。换一句话说，一个对象不一定要么属于一个集合，要么不属于一个集合，无需两者必居其一；在模糊逻辑中，一个对象可以一定程度地属于一个集合。模糊逻辑及其在武器选择上应用将在第 10 章中详细描述。

每一次游戏更新，TakeAimAndShoot 方法都被 Raven_Bot::Update 调用。这个方法首先查询目标系统（目标系统接着就查询感知记忆中的信息）以确保当前目标要么是可击中的，要么刚刚离开视野。后者保证一个角色继续瞄准一个目标，即使这个目标一下子躲到了墙后面或者障碍物后面。如果两个条件都不成立，武器的瞄准方向就会和角色的朝向一致。

如果有一个条件成立（为 true），那么瞄准的最佳位置就被确定。对于"即时"武器，比如散弹枪和光线枪，只需直接瞄准目标。对于那些子弹速度较慢的武器，比如火箭和电枪，方法必须预测子弹到达时目标所在的位置。这个计算类似于追逐操控行为，它由方法 PredictFuturePositionOfTarget 实现。

⌘ 提示：在《掠夺者》游戏中，在武器瞄准中，估计目标未来位置是基于它的瞬时速度——在计算时刻目标的移动速度。然而，这会带来比较差的结果，特别是在目标躲躲闪闪的情况下。一个更精确的方法是使用上几次采样速度的平均值。

一旦瞄准位置被确定，（程序）逻辑就会旋转角色朝向目标并且开始射击，前提是角色已经正确瞄准并且目标在视野中的时间长于角色的反应时间的话。

这些逻辑用代码表示就更加清楚，下面是方法的清单。

```
void Raven_WeaponSystem::TakeAimAndShoot()const
{
  //仅在当前目标在可被射中，或者刚刚离开视野时瞄准
  //(后者保证武器瞄向目标，即使它暂时地躲在墙或者其他掩体后)
  if (m_pOwner->GetTargetSys()->isTargetShootable() ||
     (m_pOwner->GetTargetSys()->GetTimeTargetHasBeenOutOfView() <
      m_dAimPersistance) )
  {
    //武器必须瞄准的位置
    Vector2D AimingPos = m_pOwner->GetTargetBot()->Pos();
    //如果当前武器不是即时命中类型的武器，目标位置必须进行调整
    //以考虑预测的目标移动
    if (GetCurrentWeapon()->GetType() == type_rocket_launcher ||
       GetCurrentWeapon()->GetType() == type_blaster)
    {
      AimingPos = PredictFuturePositionOfTarget();
      //如果武器正确瞄准，角色和瞄准位置之间视线没有被遮挡
      //目标已经被看到一段时间且这个时间大于角色的反应时间
      //用武器射击
      if ( m_pOwner->RotateFacingTowardPosition(AimingPos) &&
         (m_pOwner->GetTargetSys()->GetTimeTargetHasBeenVisible() >
          m_dReactionTime) &&
          m_pOwner->GetWorld()->isLOSOkay(AimingPos, m_pOwner->Pos()))
      {
        AddNoiseToAim(AimingPos);
        GetCurrentWeapon()->ShootAt(AimingPos);
      }
```

```
    }
    //没有必要预测移动，直接瞄准目标
    else
    {
        //如果武器正确瞄准
        //目标已经被看到一段时间且这段时间大于角色的反应时间
        //用武器射击
        if ( m_pOwner->RotateFacingTowardPosition(AimingPos) &&
             (m_pOwner->GetTargetSys()->GetTimeTargetHasBeenVisible() >
              m_dReactionTime) )
        {
            AddNoiseToAim(AimingPos);
            GetCurrentWeapon()->ShootAt(AimingPos);
        }
    }
  }
  //没有目标射击，调整射击方向以便与角色朝向平行
  else
  {
    m_pOwner->RotateFacingTowardPosition(m_pOwner->Pos()+ m_pOwner->Heading());
  }
}
```

⊃ 注意：当瞄准位置被预测出来后，必须执行一次视线测试，以确保预测的位置没有被墙遮挡。在武器直接瞄准目标时，这个测试是不需要的，因为在记忆记录被更新时，到目标位置的视线已经被存储起来。需要注意的是，在武器开火之前，瞄准位置加入了一些干扰以防止100%的命中。

⌘ 提示：对于一些游戏，设置AI控制的智能体在第一次向玩家射击时打偏是一个好主意。这是因为这可以提醒玩家智能体的出现，使玩家可以在没有马上受到伤害之前作出合适的反应。尤其是在一些玩家需要探索未知的充满坏蛋的屋子的情况下，这给了玩家一个机会稍稍退下，估计当前的形势，而不是毫无准备地被杀死。同时，当故意打偏时，如果射弹或者它的轨迹能够很容易地看到（比如：火箭或箭），通过让打偏的子弹落在玩家的视野之内或者附近，你可以大大提高游戏的刺激性。另一个关于瞄准的良策是：如果玩家的健康值非常低，降低任何向他射击的角色的射击精度。这样玩家就可以设法进行一次令人惊奇的康复。这将会大大提高玩家的游戏体验。（玩家会感觉有些像电影《魔戒》中的英雄亚拉冈在圣盔谷进行战斗一样惊险刺激的游戏体验，而不是像保罗·纽曼和罗伯特·雷德福在电影《虎豹小霸王》中饰演的两个匪徒在最后几分钟草草毙命一般淡然无味。）

7.5.7 把所有东西整合起来

图 7.8 显示了前面讨论过的 AI 组件是如何相互关联的。注意，Goal_Think 对象没有直接控制低层次的对象（如移动和武器控制）。它的作用是仲裁和管理高层次目标的处理过程。个别的目标在需要时通过低层次的组件完成。

所有的这些组件都按照特定的频率通过 Raven_Bot 进行更新。我们需要进一步讨论这一点。

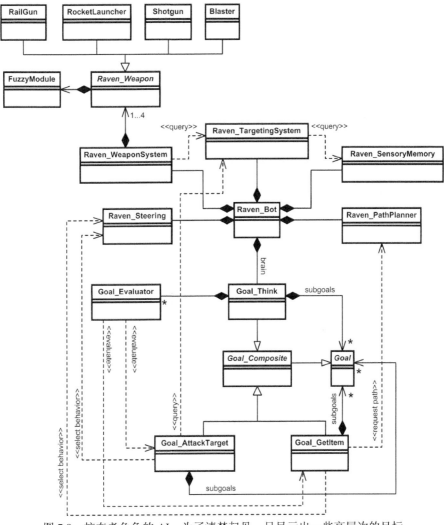

图 7.8　掠夺者角色的 AI。为了清楚起见，只显示出一些高层次的目标

7.5.8　更新 AI 组件

　　每一个时间步都更新角色的 AI 组件是不必要的。很多组件很消耗 CPU 资源，况且把它们全部按照统一的速度进行更新也是有害无益的。相反，我们根据每一个组件的更新时间要求及其 CPU 占用时间来具体指定一个相应的更新频率。比如，在每一个时间步更新 AI 移动组件是必要的，因为我们需要正确地躲避墙体和障碍物。一个像武器选择这样的组件其更新时间要求就不是很高，因此它的更新频率就可以低很多，比如，每秒两次。类似的，角色的感知记忆组件就比较耗费 CPU 时间。因为它要轮流检测游戏世界以找出所有可见的对手，这需要执行很多次视线测试。考虑到这一点，轮流检测被限制在一个较低的频率（默认是每

秒 4 次）并且结果被缓存起来。

这当然不是什么高科技。你经常没有办法知道一个理想的更新频率是多少，所以必须进行猜测并反复测试直到得到你满意的结果。

《掠夺者》游戏角色使用了多个 Regulator 对象来控制它们的每一个 AI 组件的更新。这是一个一目了然的类，它实现了按照要求频率的更新，并且只有一个方法——isReady。这个方法返回 true，如果允许下一次更新的话。类的说明如下。

```
class Regulator
{
private:
  //两次更新的时间间隔
  double m_dUpdatePeriod;
  //下次 regulator 允许执行代码流的时间
  DWORD m_dwNextUpdateTime;
public:
  Regulator(double NumUpdatesPerSecondRqd);
  //如果当前时间超过了 m_dwNextUpdateTime，返回 true
  bool isReady();
};
```

Regulator 类自动确保更新错开到多个时间步。这是通过在 m_dwNextUpdateTime 上加入一个小的随机偏移（在 0～1 秒之间）实现的。（没有这个偏移，所有活动智能体的相同的组件会同时在一个时间步更新。）

⌘ 提示：通过使用 Regulator 也可以实现一种"层次细节"AI。我们可以降低某些 AI 组件的更新频率，这些组件可以是那些属于远离玩家的智能体的组件，也可以是那些对玩家的游戏体验来说不重要的组件。《掠夺者》游戏没有这样做，因为它的游戏世界很小，但是你可以在你的游戏中试试这个办法。

Raven_Bot 类实例化了多个 Regulator，并且在 Update 方法中使用了它们中的大部分。

```
void Raven_Bot::Update()
{
  //处理当前的目标。注意这是必须的，即使是玩家控制了角色
  //这是因为每当用户单击地图的一个区域，就会出现路径规划请求，于是目标被创建
  m_pBrain->Process();
  //计算操控力并且更新角色的速度和位置
  UpdateMovement();
  //如果角色在 AI 控制之下
  if (!isPossessed())
  {
    //更新可视物的感知记忆
    if (m_pVisionUpdateRegulator->isReady())
    {
      m_pSensoryMem->UpdateVision();
    }
    //在角色的感知记忆中检查所有的对手，并选择一个作为当前目标对象
    if (m_pTargetSelectionRegulator->isReady())
    {
      m_pTargSys->Update();
    }
```

```
//评估和仲裁所有的高层次目标
if (m_pGoalArbitrationRegulator->isReady())
{
    m_pBrain->Arbitrate();
}
//从当前携带的武器中选择一个合适的武器
if (m_pWeaponSelectionRegulator->isReady())
{
    m_pWeaponSys->SelectWeapon();
}
//这个方法用角色的当前武器瞄准当前目标并开火（如果可能的话）
m_pWeaponSys->TakeAimAndShoot();
    }
}
```

每一个组件更新的频率可以在 params.lua 中找到。默认的设置见表 7.1 所示。

表 7.1　　　　　　　　　　　　　AI 更新频率

组　　件	频率（每秒更新次数）
Vision	4
Target Selection	2
Goal Arbitration	2
Weapon Selection	2

➲ 注意：本书采用了在 Raven_Bot 类中的聚合[1]Regulator 实例，因为这使得它们的用途更明显。你可能更倾向于对象请求实例化自己的 Regulator 实例，并通过它们控制某些方法中的逻辑流程（通常是这些对象的 Update 方法）。

7.6　总　　结

这一章概述了可进行死亡游戏的智能体的 AI 设计。也许你的理解还不是很完整，但是你已经了解了智能体的 AI 如何能够分解成几个小的容易管理的组件。这些组件能够为达成一个统一的行为而相互通讯和共同工作。本书后面的内容将会使你更加全面、完善地理解。

熟能生巧

1. 到目前为止，《掠夺者》游戏角色只能够感知它们看到和听到的对手。然而，它们还不能感知可怕的燃烧和子弹撕裂皮肉的痛苦。添加代码更新感知系统，使角色能够感到被击中。在 MemoryRecord 结构中增加一个字段以记录在过去的几秒钟每一个对手所造成的伤害。这个值可以作为目标选择条件的一部分。

2. 试试不同的目标选择条件。观察它们是如何影响游戏运行的。修改代码，使每一个角色使用一个不同的选择标准，让它们互相搏斗，看看哪一个最棒。

1　　Aggregate，表示对象的关联关系，详见 UML 相关书籍。——译者注

第 8 章　实用路径规划

第 5 章介绍了智能体如何使用导航图对环境中位置间的路径进行规划。然而，要想实践这一理论，你会发现，在使智能体开始行动之前，还有各种各样的问题需要去解决。本章将讲述在设计游戏智能体的路径规划模块时，所遇到的许多实际问题。尽管本章的示例都是基于《掠夺者》游戏框架的，但所提到的大部分技术都可以广泛地应用于各种类型游戏。

8.1　构建导航图

使用在第 5 章所讨论的一种搜索算法，去确定一条从 A 到 B 的路径，游戏环境必须被分割成数据结构——导航图，用这个算法可以对它进行搜索。因为有许多方法可以表示这些游戏世界构成的几何图形，如单元、向量或多边形，这不足为奇，有许多方法能把有关的空间信息转换成图数据结构。下面介绍几种在现代游戏中常用的热门方法。

8.1.1　基于单元

基于单元的游戏，具有基于正方形或六边形的大型环境，有时会比较复杂，就跟那些在实时战略类游戏和战争类游戏的环境一样。因此，围绕这些单元设计游戏的导航图，是非常有意义的。每个图形节点代表一个单元的中心，用图中的边来表示相邻单元的连接。在这种类型的游戏中，有时操纵一个游戏单元是需要付出成本的，例如操纵一个坦克或士兵，他正穿越不同类型的地形。对一辆谢尔曼坦克（Sherman tank）来说，毕竟穿越河流和泥沼比穿越飞机坪或结实的地面要难得多。因为地图设计师通常为每个单元分配一个特定的地形，使用这种信息给相应的导航图的边加权，非常琐碎。搜索图的算法可以利用这些信息，去确定那些穿过这种地形的合适路径，这样，在搜索时就能避免穿越河流和泥沼，或者绕过山丘而不是翻越山顶。

对一个导航图来说，使用单元作为骨架的弊病就是搜索区域会急速变大。即使是一个 100×100 的小单元地图，组成这幅地图将需要 10 000 个节点和大约 78 000 条边。由于在同一时间内，实时战略类游戏（RTS）通常有数十个甚至数百个 AI 单元在活动，其中很多单元，每个更新步就需要进行图形搜索，要处理很多艰苦的工作，这些工作会使人受不了，更不用说占用的存储成本了。幸好，有一些方法可用来减轻这个负担，我们稍后将讨论这些方法。

8.1.2　可视点

通过安置图节点的方法，可以创建可视点（POV）导航图，通常通过手工安置环境中的一些重要点，例如到其他节点（至少有一个）有视线的图节点。通过细心地定位，这些图节点可以把这个几何世界中的所有重要区域用图连接起来。图 8.1 显示了为《掠夺者》游戏地图（Raven_DM1）创建的简单 POV 图。

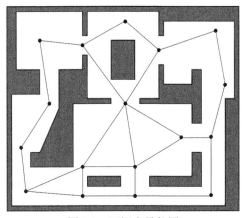

图 8.1　可视点导航图

POV 图的一个特点，就是易于被扩展去包含一些节点，这些节点能提供信息以及其上的连通数据。例如，可以很容易地把节点添加到 POV 图中去，这些节点代表理想的狙击掩护体或伏击位置。它的缺点是如果游戏地图非常庞大并且很复杂，地图设计者需要花费许多宝贵的开发时间去定位和调整这个游戏地图。如果你计划包含所有类型的地图生成特征，POV 图可能会出现一些问题。因为你必须开发一些自动的方法去生成 POV 图结构，以便生成这些具有各种用途的新地图（这就是为什么，有些游戏没有随机的地图生成特征）。不过解决这个问题的方法，就是使用扩展图形技术。

8.1.3　扩展图形

如果游戏环境是由多边形构建的，可以利用形状所提供的信息去自动创建 POV 图。对于那些大型的地图来说，这可以真正地节省时间。可以通过首先扩展多边形来实现，这个多边形的扩展量与游戏智能体的边界半径成一定的比例，参见图 8.2 中的 A 和 B。然后把定义这个扩展图形的顶点作为导航图的节点，添加到导航图中去。最后就是运行一个算法，测试顶点之间的视线，并把边适当地添加到图中去。图 8.2 显示了一个完成的导航图。

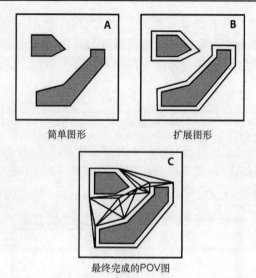

简单图形　　　　　　　　　扩展图形

最终完成的POV图

图 8.2　使用扩展几何图形创建一个可视点图

　　因为多边形的扩展量应大于智能体的边界半径，智能体就可以搜索扩展后生成的导航图，来生成一些路径，沿这些路径可以安全地在环境中顺利通过，从而不会撞到墙上。

8.1.4　导航网

　　导航网（NavMesh）是一种越来越受游戏开发商欢迎的方法。它是使用一个凸多边形的网来描述游戏环境中的可访问区域。凸多边形具有一个比较重要的特性，就是它允许从多边形的任一点到其他点都能畅通无阻。这个特性非常有用，这是因为它能用一幅图来代表这个环境，这个图中的每个节点代表一个凸面空间（而不是一个点）。图 8.3 显示了一幅地图，此地图是使用这种方法把图 8.1 进行分割而得到的。

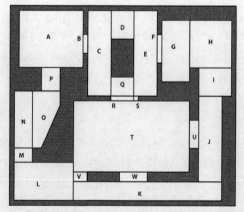

图 8.3　掠夺者地图（Raven_DM1）分割成一个导航网

为什么这是一件好事呢？因为导航网非常有效。用来存储导航网的数据结构是紧凑的，并且可以很快地搜索。此外，环境是完全从多边形中构建起来的，像大多数的三维第一人称射击（FPS）类型的游戏一样，它利用算法能够自动地分割地图中可以走到的区域。

8.2　《掠夺者》游戏导航图

之所以使用 POV 方法为《掠夺者》游戏地图创建导航图，是因为它能提供最大的机会去展现各种技巧。前面介绍了通过在地图编辑器中使用手工布置节点的方法来创建图 8.1 所示的导航图。这个例子中的一小部分节点已经位于重要的交叉点。由于每个节点有效地代表一个较大的空间区域，这一类的图形可以称为粗粒状的。粗粒状的图是一种非常紧凑的数据结构。尽管它们也有一些局限性，但是它们使用的内存空间很少，能够快速地搜索，并且比较容易创建。下面让我们看一看它们的缺点。

8.2.1　粗颗粒状的图

如果一个游戏限制其智能体只能沿着导航图的边移动，就像在吃豆人类型的游戏（参见截屏图 8.1）中的角色那样移动，那么，粗粒状的导航图是一种最佳选择。不过，如果你正在为一个游戏设计导航图，而在这种游戏中，角色被赋予了更多的自由，那么粗粒状图可能会带来各种各样的问题。

例如，大多数的 RTS/RPG 游戏使用了一种控制系统，在这种控制系统中，用户可以自由地指挥角色移动到地图的任何通航区域。通常，这是通过两次单击来实现的，其中一次单击是选择 NPC，另一次单击选择它移动的位置。要想移动 NPC 到这个位置，人工智能必须要遵循下面的步骤。

1. 寻找离 NPC 当前位置最近的可见图节点，如节点 A。

屏幕捕捉图 8.1　进行中的吃豆人游戏

2. 寻找离目标位置最近的可见图节点，如节点 B。

3. 使用搜索算法去寻找从节点 A 到节点 B 的最小成本路径。

4. 移动 NPC 到节点 A。

5. 沿着第 3 步中计算的路径移动 NPC。

6. 把 NPC 从节点 B 移动到目标位置。

如果是在前面所示的粗粒状的图中遵循以上步骤，经常会产生让人看着不舒服的路径，参见图 8.4 所示。

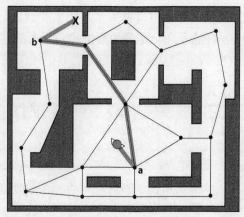

图 8.4　智能体从它当前的位置移动到一个标记为 X 的节点的路径
（对智能体来说最近的节点和对目标来说最近的节点分别用 a 和 b 来表示。）
注意，智能体必须自己倒退两次才能到达目标位置

可以采用路径平滑算法把这样一些弯曲的路径矫直（稍后将讨论这种平滑算法）。但是由于导航图比较粗糙，仍会发生这样的情况：在一条路径的起始点和终点，智能体会出现不自然的 Z 字型弯曲。更糟的是，粗粒图上总有一些这样的位置，即从图中任何节点到这些位置都不可视。对任何路径规划器来说，它们都是看不见的，从而无法对这些区域进行有效的描绘。图 8.5 举例说明了《掠夺者》游戏地图上的两个路径规划器无法到达的位置。当测试小型地图时，这些不可见的区域是比较容易发现的，但随着地图复杂程度的增加，找到这些不可见的区域也就更加困难。已经发布的一些游戏也存在这类问题。

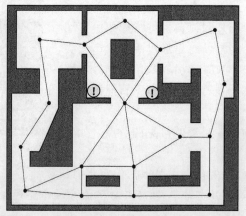

图 8.5　地图中的位置对导航图来说是看不见的

通过运行《掠夺者》粗糙图（Raven_CoarseGraph）可执行程序，你首先可以观察到这些问题。当运行演示样本的时候，角色将探索环境，随机地选择图节点来创建路径。在角色上通过右键单击选中它之后，你就能够看到路径显示为一连串的红点。注意，如何才能知道

角色的运动看起来是否还好，只要它沿着导航图中的位置移动。右键单击角色，再次控制它。一旦控制了它，当你在环境中的任何地方单击右键后，角色将试图计算出到该点的路径（只要这个点的位置是在地图中可通航区域内）。观察角色是怎样不得不折回以沿着特定的路径移动的。

8.2.2　细粒状的图

通过增加导航图的粒度，差的路径和无法到达的位置都可以得到改善。图 8.6 是一个为《掠夺者》地图创建的一个非常细的粒状图。手工创建这样的一幅图像极为烦琐，所以地图编辑器利用洪水填充算法来处理大部分的工作，参见"利用洪水填充算法创建导航图"了解细节。

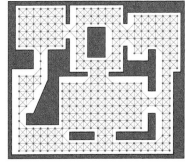

细粒状的图在拓扑结构上类似于基于单元的导航图，对人工智能程序员提出的挑战都是类似的，本书将以此为基础去证明一些本章后续介绍的技术。借此希望能"一箭数雕"，使你在读完本章后，就会理解如何去创建一个智能体，使它能够规划穿越任何游戏环境的路径，无论是第一人称射击游戏（FPS）、即时战略游戏（RTS），还是动作角色扮演游戏（RPG）。

图 8.6　一个细粒状的导航图

利用洪水填充算法创建导航图

使用洪水填充算法创建一个导航图，先放在地图中的是一个单独的种子节点。见图 8.7 的左上角。算法在种子节点的每个可能的方向上，向外扩展节点和边，之后再从图边缘的节点开始，直到所有可以通航的区域都被填补满，从而生成一个图。下图表示了这个过程的前 6 次迭代。

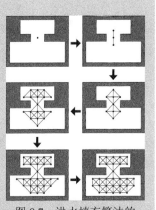

这个算法类似一种用于填充一个不规则形状的技术绘画程序，只不过它不是在用颜色来填充这个形状。编辑器使用这种算法用图节点和边去填充一幅地图。为了达到需要的效果，单独的节点可以由设计者移动，删除或添加，从而得到需要的结果。为了确保智能体的移动不受限制，在这个过程中，这个算法确保所有节点和边被安置在一个最小的距离，这个距离等于从任一个墙体到智能体的边界半径的距离。

图 8.7　洪水填充算法的前 6 次迭代

8.2.3　为《掠夺者》导航图添加物件

大多数游戏包括一些物件，智能体可以按某种方式挑选和使用这些物件。这些物件可以作为节点增加到导航图中去，使得路径规划的人工智能够轻易地搜寻这些物件并规划路径。

在同一物件有多个实例的地方，人工智能可以使用导航图快速确定到达哪个实例的路径成本是最低的。回顾一下，在第 5 章中显示了图节点类的例子，这个类是专门设计来用于导航图的，下面再次强调这个类如下。

```cpp
template <class extra_info = void*>
class NavGraphNode : public GraphNode
{
protected:
  //节点的位置
  Vector2D m_vPosition;
  //通常你希望导航图包含一些附加信息（例如一个节点可能代表一个物件类型的位置，例如健康包，
  //因此能使用搜索算法在图中搜索对应物件类型）
  extra_info m_ExtraInfo;
public:
  //构造函数
  NavGraphNode():m_ExtraInfo(extra_info()){}
  NavGraphNode(int idx,
            Vector2D pos):GraphNode(idx),
                              m_vPosition(pos),
                              m_ExtraInfo(extra_info())
  {}
  virtual ~NavGraphNode(){}
  Vector2D Pos()const;
  void SetPos(Vector2D NewPosition);
  extra_info ExtraInfo()const;
  void SetExtraInfo(extra_info info);
  /* 删除了相关的细节 */
};
```

这是《掠夺者》游戏导航图所使用的节点类。正如在前一章所提到，《掠夺者》中的物件类型都衍生于一个触发器类。利用地图编辑器把一个供给触发器添加到地图上的时候，一个图节点也被添加到地图上。该节点的 m_Extrainfo 成员被分配给一个指针，指向该物件的孪生物件，从而能够使用改良的搜索算法去查询导航图，来找到特定物件类型和特定节点的索引。通过本章后续内容，你可以深入了解这一点究竟是如何做到的。

⌘ 提示：为一些游戏设计地图的时候，直接在游戏智能体最常用的路径上，放置一些经常使用的物件如弹药和装甲之类的物件，是一个很好的主意。这种做法有益于游戏智能体是将其重点放在更重要的游戏目标，而不必到处寻找武器和弹药。

8.2.4　为加速就近查询而使用空间分割

路径规划类最常使用的方法之一就是这样一个函数：它能确定离一个给定位置最近的可见节点。为了找到最接近的位置，这种搜索是通过遍历所有节点，这种搜索将在 $O(n^2)$ 时间内完成，每次节点的数目加倍，搜索它们的花费的时间则要增加 4 倍。正如你在第 3 章中所看到的那样，这种搜索的效率可以使用一种空间分割技术来得到提高，如单元空间分割、BSP 树、四叉树，或任何其他许多可以使用的方法。对于一幅超过几百个节点的导航图，空间分割能够使搜索速度极大地提高，这是因为搜索时间已经变成节点密度的一个函数 $O(d)$，而不

是节点数量的函数；而由于整幅导航图的节点密度趋于稳定，节点的就近查询所需要的时间将保持不变。因此当装载一幅地图时，Raven_game 类使用单元空间的方法就可以分割一幅导航图的节点。

➲ 注意：本章没有编写任何代码。所有的演示样本都可以通过编译掠夺者项目文件来创建，通过开启或关闭某些特定的选项来展示所讨论的每种技术。正是因为这样，使用编译 Lua 脚本文件的演示样本，就可以避免在调整选项时演示失败。为了完全正确地设置这些选项，要恰当地编译掠夺者项目。

8.3 创建路径规划类

本章后续内容将主要介绍开发路径规划类的过程。这个类能根据掠夺者角色的需要，对大量的图搜索请求进行执行和管理。这个类称为 Raven_PathPlanner，并且每个角色将拥有这个类的一个实例。开始的时候，这个类很简单，但是随着内容的深入，类的能力将逐步地扩大增加，它提供了一个展示如何解决许多典型问题的机会，这些问题是在开发路径规划人工智能的过程中常见。

首先，让我们考虑路径规划对象必须提供的最低功能。一个掠夺者角色应至少能够规划一条从当前位置到任何其他位置的一条路径，假设这两个位置都是有效的并能通航的，并且这条路径是可能存在的。一个掠夺者角色也应该有能力为当前位置和一个具体的物件类型（例如一个最佳健康组合）之间规划出一条最低成本路径。因此，路径规划类必须有一些方法能在导航图中搜索这些路径，并能访问相应的路径数据。记住这些特点，让我们在一个路径规划类上进行第一次尝试。

```
class Raven_PathPlanner
{
private:
  //易读性
  enum {no_closest_node_found = -1};
private:
  //一个指向这个类的拥有者的指针
  Raven_Bot* m_pOwner;
  //对导航图的一个本地引用
  const Raven_Map::NavGraph& m_NavGraph;
  //这是角色希望能够规划出一条路径要到达的位置
  Vector2D m_vDestinationPos;
  //返回到给定位置的最近的可见并且无障碍的图节点的索引，如果没有找到这样的节点，
  //则返回如下面的枚举值"no_closest_node_found"
  int GetClosestNodeToPosition(Vector2D pos)const;
public:
  Raven_PathPlanner(Raven_ Bot* owner);
  //在智能体的位置和目标位置之间寻找最短成本路径，用一系列路点去填充路径，
  //如果搜索成功则返回
  //真，如果搜索失败则返回假。
```

```
  bool CreatePathToPosition(Vector2D TargetPos, std::list<Vector2D>& path);
  //寻找到 ItemType 的一个实例的最短成本路径。用一系列路点去填充路径，如果搜索成功则返回真，
  //如果搜索失败则返回假。
  bool CreatePathToItem(unsigned int ItemType, std::list<Vector2D>& path);
};
```

这个类提供了游戏智能体所需要的最低功能。下面让我们仔细看一下创建路径的方法。

8.3.1　规划到达一个位置的一条路径

从角色的当前位置到一个目标位置，为角色规划一条路径，这条路径是直接的。路径规划器必须：

1. 寻找到离角色当前位置最近的、可见的、无障碍的图节点；
2. 寻找到离目标位置最接近的、可见的、无障碍的图节点；
3. 使用搜索算法寻找角色当前位置和目标位置之间的最低成本路径。

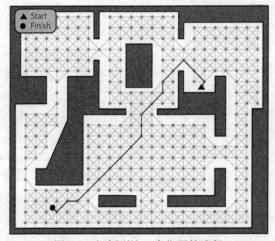

图 8.8　规划到达一个位置的路径

下面的代码遵循以上的这些原则，注释部分做了适当的解释。

```
bool Raven_PathPlanner::CreatePathToPosition(Vector2D TargetPos,
std::list<Vector2D>& path)
{
  //给目标位置作一个注释
  m_vDestinationPos = TargetPos;
  //从角色的当前位置来说，如果目标的位置是无障碍的，一条路径并不需要计算，角色就可以直接到
  //达目的地。isPathObstructed 是一个方法，它带有起始点、目标点和实体半径，并能确定
  //一个同样大小的智能体是否能够在两个位置之间进行无障碍的移动。它用于确定角色是否能够直接
  //移动到目标位置，没有必要去规划一条路径。
  if (!m_pOwner()->GetWorld()->isPathObstructed(m_pOwner->Pos(),
                                                TargetPos,
                                                m_pOwner->BRadius()))
  {
  path.push_back(TargetPos);
  return true;
  }
```

```
//寻找到角色位置的最近的无障碍的节点。
//GetClosestNodeToPosition 是查询导航图节点的一个方法(通过单元空间分割),
//用来确定到给定位置向量的最近的无障碍节点。在这里它用于寻找到角色当前位置的最近的无障碍节点。
int ClosestNodeToBot = GetClosestNodeToPosition(m_pOwner->Pos());
//如果没有发现可见的节点则返回失败,若导航图设计的不好,或者如果角色本身陷于一个几何图形
//（周围被墙所包围）或者一个障碍物中间的时候,这种情况就会发生。
if (ClosestNodeToBot == no_closest_node_found)
{
  return false;
}
//寻找离目标位置的最近的可见无障碍节点
int ClosestNodeToTarget = GetClosestNodeToPosition(TargetPos);
//如果定位到目标的一个可见节点有问题的话,则返回失败。
//这种事情的发生比上面更加频繁。例如：如果用户在墙体包围着的区域内单击
//或者在一个对象的内部单击
if (ClosestNodeToTarget == no_closest_node_found)
{
  return false;
}
//创建 A*搜索类的一个实例,为离角色最近的节点与离目标位置最近的节点之间搜索一条路径。
//这种 A*搜索将应用欧几里得到直线探测法
typedef Graph_SearchAStar< Raven_Map::NavGraph, Heuristic_Euclid> AStar;
AStar search(m_NavGraph,
             ClosestNodeToBot,
             ClosestNodeToTarget);
//找到路径
std::list<int> PathOfNodeIndices = search.GetPathToTarget();
//判断这个搜索是否成功地把节点索引变换成位置向量
if (!PathOfNodeIndices.empty())
{
  ConvertIndicesToVectors(PathOfNodeIndices, path);
  //记住要把目标位置添加到路径的末端
  path.push_back(TargetPos);
  return true;
}
else
{
  //搜索没有找到路径
  return false;
}
}
```

8.3.2　规划路径到达一个物件类型

　　A*是一种比较好的算法，可用于寻找从角色当前位置到一个特定目标位置的最小成本路径。但是，当需要找到抵达一个物件类型（例如，火箭发射器）的最少成本路径的时候，该怎么办？在特定类型的环境中，可能有许多这样的实例。在 A*搜索中要想计算启发成本，这个算法必须有一个源位置和一个目标位置。因此，当为找到一个物件类型最近的实例使用 A*去搜索时，在带有最少成本路径的物件被选为最佳物件之前，必须完成对游戏世界出现的每个实例的搜索。如果地图仅包含一个物件少量的实例的话，还可以做到，但如果它包含许多实例，又会怎样呢？毕竟，对于即时战略类游戏环境，其中包含数十个甚至数百个（例如树木或黄金）的资源实例，都是很常见的。这意味着，需要大量的 A*搜索去为仅仅一个物件定位。这种情况就很不妙。

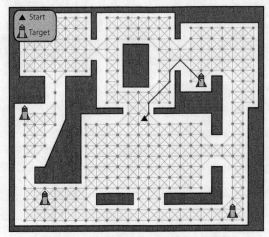

图 8.9　给一个物件类型规划一条路径

当有许多类似的物件类型存在的时候，Dijkstra 算法是一个更好的选择。如你所知，Dijkstra 算法会长成最短路径树，从根结点开始，向外延伸直到已经到达目标节点，或整幅图已经被探索过。只要搜索的物件已经定位，这种算法将终止，并且 SPT 将包含一条从根节点到需要类型最近的物件。换句话说，在游戏世界中，无论出现物件类型的多少个实例，Dijkstra 算法只需要运行一次，就可以找到抵达这些实例中的一个的一条最少成本路径。

既然这样，迄今为止在这本书中用到的 Dijkstra 算法类只有在一个特定的节点索引已被找到时才会停止。因此，代码需要被改变，这样在到达一个活动物件类型（一个供给触发器）位置处的时候搜索将终止。通过指定模板参数策略作为终止条件，这很容易做到。例如：

```
template <class graph_type, class termination_condition>
class Graph_SearchDijkstra
{
/* 忽略 */
};
```

终止条件策略就是指一个类，这个类包含一个单一的静态方法 isSatisfied，如果条件终止需求得到满足，它的返回值就是真。isSatisfied 的特征如下：

```
static bool isSatisfied(const graph_type& G, int target, int CurrentNodeIdx);
```

一个改进的 Dijkstra 算法可以使用这个策略去确定什么时候该终止搜索。为方便改进这个算法，如下代码行：

```
//如果发现目标已经退出
if (NextClosestNode == m_iTarget) return;
在 Graph_SearchDijkstra::Search 搜索中，被替代为：
//如果发现目标已经退出
if (termination_condition::isSatisfied(m_Graph,
m_iTarget,
NextClosestNode))
```

```
{
//对满足条件的节点索引作注释。所以我们能从索引开始向后处理,从最短路径树中提取路径。
m_iTarget = NextClosestNode;
return;
}
```

然而,在使用这个适应算法之前,必须创建一个合适的终止条件策略。在掠夺者游戏中,物件类型是用供给触发器来描述的。因此,在搜索一个物件类型时,当找到一个 m_ExtraInfo 域指向一个正确类型的活动触发器的图节点的时候,搜索应该终止。

这里的终止条件策略类是基于这些标准而去终止一次搜索的:

```
template <class trigger_type>
class FindActiveTrigger
{
public:
template <class graph_type>
static bool isSatisfied(const graph_type& G, int target, int CurrentNodeIdx)
{
bool bSatisfied = false;
//得到在给定的节点索引的一个节点的引用
const graph_type::NodeType& node = G.GetNode(CurrentNodeIdx);
//如果额外的信息域指向一个供给触发器,测试以确保它是活动的,并且是一个正确类型的触发器。
if ((node.ExtraInfo() != NULL) &&
node.ExtraInfo()->isActive() &&
(node.ExtraInfo()->EntityType() == target) )
{
bSatisfied = true;
}
return bSatisfied;
}
};
```

借助这个终止条件和定制的 Dijkstra 搜索算法,要找到通往一种特定类型的一个活动物件的最少成本路径,就是一件非常简单的事情。假设,想要找到离索引号为 6 的图节点的最近的健康包。这里显示了是如何实现的:

```
typedef FindActiveTrigger<Trigger<Raven_bot> > term_con;
typedef Graph_SearchDijkstra_TS<RavenMap::NavGraph, term_con> SearchDij;
//实例化一个搜索
SearchDij dij(G, //图
6, //源节点
type_health); //我们正在搜索的物件类型
//找到一条路径

std::list<int> path = dij.GetPathToTarget();
```

这里的 type_health 是一个枚举值。

⮑ 三维 注意: 希望你能理解: 在三维中寻找路径与在二维中寻找路径没有任何区别。可以肯定的是,智能体在大多数的三维环境中到处走动,它可能不得不去做这样的事情(如跳入沟壑以及和使用梯子),但这些考虑事项需要对路径规划器透明。它们仅仅是做为边成本的调节因素,这样算法在搜索到达一个目标位置的最低成本路径时,就会计入跳跃、

爬过岩石、使用梯子或做任何事情的相应成本，这些都是到达目标位置最少成本路径所要求的。如果你仍然还不能理解，建议你重温第 5 章，同时需要牢记：图存在于任何维数的空间中。

8.4 节点式路径或边式路径

到目前为止，我们认为路径是一系列的位置向量或路点。然而通常，由图形的边组成的路径给予了人工智能程序员额外的灵活性。现在我们举一个例子，一个带有 NPC 的游戏，必须在环境中的某些特定点之间移动，被限制为一种特定的类型（如"在这里蹑手蹑脚地穿行"，"在这里匍匐前进"或"在这里快跑"）。你可能会认为跟游戏相关的导航图节点可以作为标记，用来标识所要求的行为（例如，一个节点可以标识为"蹑手蹑脚"的行为，一旦到达这个节点，智能体就开始蹑手蹑脚地行走），但这一做法在实践中会存在一些问题。

例如，图 8.10 显示了导航图的一部分，其中的一条 A 到 B 的边穿过一条河流。当从 A 到 B 时，游戏设计需要智能体必须改变为"游泳"的行为，（反之亦然）。那么节点 A 和节点 B 就要被注明，以反映这一情况。假设一个智能体是沿着路径 e-A-B-h 进行的。当智能体达到了节点 A，其行为会改成游泳，并且它可以安全地跨越这条边到达节点 B。到目前为止一切都是好的，但是不幸的是，在这个点上它碰到了问题。当它达到节点 B，而 B 也注明了游泳的行为，它将继续沿着 B 到 h 的边游泳。这可不是一件好事情。如果这还不算太糟的话，假设一个智能体想沿着 e 到 A 再到 c 的路径走。当它达到 A，即使它没有任何过河的意思，它仍然会开始游泳！

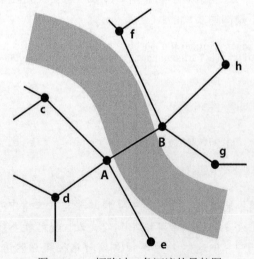

图 8.10 一幅跨过一条河流的导航图

　　然而，如果标识的是图形的边，而不是节点，那么这个问题就可以迎刃而解。这样智能体就可以很容易地查询边的信息，因为它随着路径而相应地改变行为。对于前面的例子，就意味着边 A-B 被标识为游泳指令，并且其他边被标识为步行指令（或任何适当的行为）。现在，当智能体沿着路径 e-A-B-h，那么这个移动将是对的。

　　⌘ 提示：使用注释就可以很容易地指定一条边的行为，即使这个行为是在游戏进行中修改的。比如，你可以设计一幅地图，地图上有一座临时架设的桥（看起来像根放倒的圆木）跨过一条河流，智能体将穿越这个桥，直到这个桥被破坏或移走为止。当桥被拆除时，这条边的注释就改成了"游泳"，增加的成本反映了通过此边需要花费更多的时间。这样一来，规划路径时，智能体仍然需要考虑这条边，当穿越它的时候，就要适当地修改动画。（你甚至可以删除/废掉这条边，从而代表这样一个条件：河流是不可通行的，例如被洪水淹没。）

8.4.1　注释边类示例

　　有注释的边类易于从 GraphEdge 类中派生，并增加一附加的数据项，来代表一种标识（或多种标识，这取决于你希望让边代表什么样的信息）。如下是一个例子。

```
class NavGraphEdge : public GraphEdge
{
public:
  //枚举一些行为标志
  enum BehaviorType
  {
    normal    = 1 << 0,
    tippy_toe = 1 << 1,
    swim      = 1 << 2,
    crawl     = 1 << 3,
    creep     = 1 << 4
  };
protected:
  //跨越这条边的有关行为
  BehaviorType m_iBehavior;
  /* 无关的细节被删除*/
};
```

　　⌘ 提示：如果游戏设计需要边和或节点注释，通常你会发现，导航图中大多数实例中的节点/边类的附加字段都没被用到（或设置为"正常"）。如果图形很大的话，这可能对内存造成很大的浪费。在这种情况下，建议使用哈希地图类型的查询表，或者在每个实例有大量注释的地方，建立一种特殊的数据结构，就是每个边或每个节点都可存储一个指针。

8.4.2　修改路径规划器类以容纳注释边

　　为了容纳这些边的注释，路径规划器类以及搜索算法类必须加以修改以返回包含附加信息的路径。为做到这点，《掠夺者》使用 PathEdge 类，它是一个简单的数据结构，存储节点的位置和边的注释信息。如下所示：

```
class PathEdge
{
private:
  //一条连接源节点和目的地节点的边
  Vector2D m_vSource;
  Vector2D m_vDestination;
  //跨越这条边的相关行为
  int m_iBehavior;
public:
  PathEdge(Vector2D Source,
           Vector2D Destination,
           int Behavior):m_vSource(Source),
                          m_vDestination(Destination),
                          m_iBehavior(Behavior)
  {}
  Vector2D Destination()const;
  void SetDestination(Vector2D NewDest);
  Vector2D Source()const;
  void SetSource(Vector2D NewSource);
  int Behavior()const;
};
```

该 Raven_PathPlanner::CreatePath 方法及相应的搜索算法略有改动，以创建路径边的 std::lists。这里列出了改进的具有大胆变化的 CreatePathToPosition 方法。

```
bool Raven_PathPlanner::CreatePathToPosition(Vector2D TargetPos,
                                              std::list<PathEdge>& path)
{
  //如果从角色的位置到目标没有任何障碍的话，路径就不需要计算，并且角色可以直接到达目的地
  if (!m_pOwner()->GetWorld()->isPathObstructed(m_pOwner->Pos(),
                                                 TargetPos,
                                                 m_pOwner->BRadius()))
  {
    //创建一条连接角色的当前位置和目标位置的边，并把它压入路径表（通常它的行为被标识为"正常"）
    path.push_back(PathEdge(m_pOwner->Pos(), TargetPos, NavGraphEdge::normal));
    return true;
  }
  //寻找到角色的位置最近的无障碍节点
  int ClosestNodeToBot = GetClosestNodeToPosition(m_pOwner->Pos());
  if (ClosestNodeToBot == no_closest_node_found)
  {
    //没有的路径
    return false;
  }
  //寻找到目标位置最近并能看得见的无障碍节点
  int ClosestNodeToTarget = GetClosestNodeToPosition(TargetPos);
  if (ClosestNodeToTarget == no_closest_node_found)
  {
    //没有合适的路径
    return false;
  }
  //创建 A*搜索类的一个实例
  typedef Graph_SearchAStar<Raven_Map::NavGraph, Heuristic_Euclid> AStar;
  AStar search(m_NavGraph, ClosestNodeTobot, ClosestNodeToTarget);
  //获取这个路径作为一个路径边表
  path = search.GetPathAsPathEdges();
  //如果搜索已经成功地给这条路径手工添加第一条和最后一条边
  if (!path.empty())
  {
    path.push_front(PathEdge(m_pOwner->Pos(),
```

```
                              path.front().GetSource(),
                              NavGraphEdge::normal));
    path.push_back(PathEdge(path.back().GetDestination(),
                            TargetPos,
                            NavGraphEdge::normal));
  return true;
}
else
{
    //搜索没有找到路径
    return false;
  }
}
```

现在，角色可以容易地查询路径边的注释，并且进行适当的行为调整。在伪代码中，每次角色访问表的一条新边，代码如下所示：

```
if (Bot.PathPlanner.CreatePathToPosition(destination, path))
{
  PathEdge next = GetNextEdgeFromPath(path)
  switch(next.Behavior)
  {
    case behavior_stealth:
      set stealth mode
      break
    case behavior_swim:
       set swim mode
       break
    etc
  }
  bot.MoveTo(NavGraph.GetNodePosition(next.To))
}
```

你可以设想一下，从现在开始，使用《掠夺者》架构的任何演示样本都将采用边路径（Edge Paths），而不采用路点路径（Waypoint Paths）。

⌘ 提示：一些游戏世界包括电子通路或"入口"，这样智能体瞬间就可以在各种场所之间魔术般地移动。如果你的游戏利用这种设施，你可能就不能使用 A*搜索算法去准确地规划路径，因为在启发式探索法中无法容纳它们。而是必须使用另一种搜索算法，例如 Dijkstra 算法。

8.4.3　路径平滑

很多时候，特别是游戏导航图的形状是网格状的，通过路径规划器创建的路径往往包含一些不需要的边，就会产生像图 8.11 中所示的那种弯曲。这不符人的视觉习惯，毕竟人们不愿意走这种无用的 Z 字型路径。要是游戏智能体真的这么做的话，这样的路径看起来就会很差。（当然，如果你这是给家猫建立的模型，这完全可以接受，当它们从 A 移动到 B，好像有自己的秘密日程。）

采用 A*搜索以及基于网格的导航图，再利用曼哈顿距离探测法与每次方向上变化的处罚功能相结合，可以创建一条更好看的路径。（记住，曼哈顿距离就是在要考虑的节点之间水平和垂直方向上分布的单元总和。）不过，这种方法生成的路径仍然远不够理想，这是因为图的拓扑限制了45°的转向增量。这一方法也还不能成功解决另一个常见问题。

正如我们所看到的，在路径规划器搜索路径之前，它必须能找到离开始位置和目的地位置最近的图节点，而这些节点通常不是那些看着比较自然的路径上的节点。解决这个问题的方法就是去平滑后处理路径，使其没有不必要的弯曲。有两种方法实现它，一种是粗糙的，另外一种是精细的。

1. 粗糙而快地平滑路径

一个快速平滑路径的方法是检查两条相邻边之间的可通过性。如果其中的一条边是多余的，则两条边就被一条边所取代，参见图8.12。

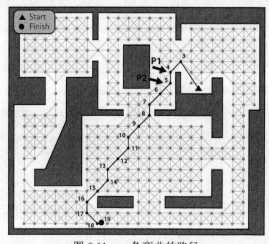

图8.11　一条弯曲的路径

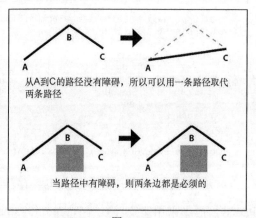

图8.12

算法按如下步骤执行：首先，两个迭代元素 E1 和 E2，相应地放置在第一条边和第二条边上。步骤如下所示。

（1）获取 E1 的源位置。

（2）获取 E2 的目的地位置。

（3）在这两个位置之间，如果智能体能畅通无阻地移动，则把 E2 的目的地赋给 E1 的目的地，并把 E2 从路径中删除。重新给 E2 分配一条紧接 E1 的新边。（注意，这不是一个简单的视线测试。因为必须考虑一个实体的大小，它必须能在两个位置之间移动，而不能碰到任何墙体。）

（4）如果智能体无法在这两个位置之间畅通无阻地移动，则把 E2 赋给 E1，并将 E2 指向路径中的下一条边。

（5）重复以上的步骤，直到 E2 的目的地等于路径的目的地。

让我们看一下图8.13中显示的这种算法的执行过程和路径平滑的效果。首先，E1 是指向这条路径的第一条边，E2 指向第二条边。

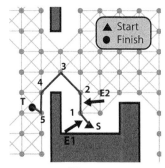

图 8.13

E1 是边 S-1 和 E2 是边 1-2。我们可以看到，智能体能在 E1 所指向的源节点 S 和 E2 所指向的目的节点 2 之间畅通无阻地移动，所以节点索引 2 的位置被分配给 E1 所指向的目的地，边 1-2 从路径中被删除，并且 E2 向前指向边 2-3，参见图 8.14。（注意，现在 E1 所指向的边是连接 S-2 的边。）

此时，智能体能在 E1 指向的源节点 S 到 E2 指向的目的节点 3 之间畅通无阻地移动。路径和迭代再次被更新，如图 8.15 所示。

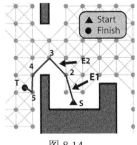

图 8.14

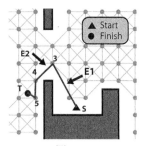

图 8.15

然而，这次 E1 指向的源节点 S 以及 E2 所指向的目的节点 4 之间被阻挡了。因此，E1 及 E2 都向前移出一条边，参见图 8.16。

由于节点 3 和节点 5 之间的路径再次被阻挡，因此 E1 和 E2 再向前移出一条边。这时候，由于节点 4 和节点 T 之间的路径是畅通的，因此边也更新做出响应。图 8.17 给出了平滑后的最终路径。

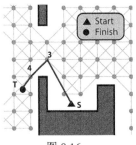

图 8.16

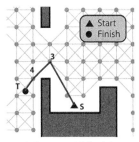

图 8.17　最终路径

用这种算法平滑一条路径的源代码如下所示：

```
void Raven_PathPlanner::SmoothPathEdgesQuick(std::list<PathEdge>& path)
{
  //创建两个迭代元素并指向路径的前面两条边
```

```
std::list<PathEdge>::iterator e1(path.begin()), e2(path.begin());
//增量 e2 使它能指向紧接 e1 的边。
++e2;
//当 e2 不是图形中的最后一条边，步进搜索这些边，检查从 e1 源节点到 e2 目的节点智能体是否可以
//畅通无阻地移动。如果智能体能在这些位置之间移动，那么就用一条边来代替 e1 和 e2 之间的两条边

while (e2 != path.end())
{
  //检查障碍物，相应地调整和删除边

  if ( m_pOwner->canWalkBetween(e1->Source(), e2->Destination()) )
  {
    e1->SetDestination(e2->Destination());
    e2 = path.erase(e2);
  }
  else
  {
    e1 = e2;
    ++e2;
  }
}
}
```

2. 精确而慢地平滑路径

前面的算法并不完美。如果你再次研究图 8.17，就可以发现，最后两个边都可以很容易地被如图 8.18 中的一条边所替换。

这个算法遗漏了这次替代，这是因为它只检查了相邻的边是否可以无阻碍地通过。一种更加精确的平滑算法是在每次 E1 向前移一条边时，必须遍历从 E1 到最后一条边之间的所有边。不过，尽管这种方法比较精确，但是它比前面的方法要慢得多，这是因为这种算法需要进行许多附加的相交测试。当然，使用哪种平滑算法，或者是否采用平滑算法，取决于你可用的处理器时间和游戏的要求。更加精确地平滑路径的代码如下所示：

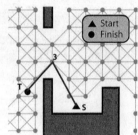

图 8.18 更优的路径

```
void Raven_PathPlanner::SmoothPathEdgesPrecise(std::list<PathEdge>& path)
{
//创建两个迭代
std::list<PathEdge>::iterator e1, e2;
//(e1 指向路径的首条边)
e1 = path.begin();
while (e1 != path.end())
{
  //e2 指向紧接 e1 的边
  e2 = e1;
  ++e2;
  //当 e2 不是图形中的最后一条边时，步进通过这些边，检查智能体从 e1 源节点到 e2 目的节点是否可以
  //畅通无阻地移动。如果智能体能在这两个位置之间移动，那么用单一的一条边来代替 e1 和 e2 之
  //间的这些边
  while (e2 != path.end())
  {
    //检查障碍物，相应地调整和删除边
    if ( m_pOwner->canWalkBetween(e1->Source(), e2->Destination()) )
    {
```

```
        e1->SetDestination(e2->Destination());
        e2 = path.erase(++e1, ++e2);
        e1 = e2;
        --e1;
      }
      else
      {
        ++e2;
      }
    }
    ++e1;
  }
}
```

通过运行 Raven_PathSmoothing 演示样本，你可以看到这两种算法的执行过程。

➲ 注意：如果你的地图采用特定的行为去注释图形的边，或者你的智能体有其他限制（例如一个有限定条件的旋转圆），这时平滑算法必须加以改进，以防止删除重要的边。参见一个《掠夺者》项目源代码的例子。

8.4.4　降低 CPU 资源消耗的方法

当游戏引擎需要占用大量的处理器周期，而且超出它可获得的周期数时，就会出现峰值负载。在游戏中，如果有许多人工智能控制的智能体在到处活动，它们可能随时都会请求路径，如果同时存在太多的搜索请求，峰值负载就会出现。当峰值负载出现时，游戏的流畅运动将受到干扰，这是因为 CPU 试图跟上它所负担的请求，因此会产生笨拙断续的运动。显然，这是一件坏事情，无论何处发生都应尽可能地避免。接下来的几页中，将重点介绍通过降低路径规划请求每次更新的资源消耗以减少峰值负荷出现的方法。

1. 预先计算好的路径

如果你的游戏环境是静态的，并且有可共享的内存空间，一个减轻 CPU 负载的好办法就是使用预先计算好的查询表，这样就可以非常快地确定路径。这些都是随时可以计算出来的，例如从文件中读出一幅地图，或由地图编辑器创建一幅地图，并占地图数据一起存储。一个查询表必须包括从导航图中每个节点到图中任意其他节点的路线。这可以利用 Dijkstra 算法为图中的每个节点创建一个最短路径树（SPT）。（记住，SPT 是导航图的一个子树，它以目标节点为根，包含到达其他每个节点的最短路径。）然后，这些信息可以被提取出来，并存储在一个二维整数数组中。

例如在图 8.19 中显示的图，其相应的查询表，如图 8.20 所示。表中的项目表示了在从起点到目的地的路径中，智能体需要访问的下一个节点。举例来说，为确定从 C 到 E 的最低成本路径，我们用 E 与 C 交叉参考，给出了节点 B。然后用目的地交叉参照节点 B，给出了节点 D 等，直到查询表项节点与目标节点相等。在这种情况下，我们就得到了路径 C-B-D-E，这是从 C 和 E 的最短路径。

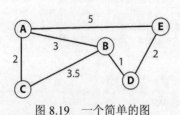

图 8.19 一个简单的图

	A	B	C	D	E
A	A	B	C	B	E
B	A	B	C	D	D
C	A	B	C	B	B
D	B	B	B	D	E
E	A	D	D	D	E

图 8.20 图 8.19 的最短路径查询表

创造这样的一个表的源代码，可以在文件 common/graph/HandyGraphFunctions.h 中找到。用一个类似于 SparseGraph 的接口，可以为任何图型创建一个所有两点间的查询表。具体如下所示：

```
template <class graph_type>
std::vector<std::vector<int> > CreateAllPairsTable(const graph_type& G)
{
  enum {no_path = -1};
  //创建一个二维表，其所有元素都设置成枚举值 no_path
  std::vector<int> row(G.NumNodes(), no_path);
  std::vector<std::vector<int> > shortest_paths(G.NumNodes(), row);
  for (int source=0; source<G.NumNodes(); ++source)
  {
    //为这个节点计算 SPT
    Graph_SearchDijkstra<graph_type> search(G, source);
    std::vector<const GraphEdge*> spt = search.GetSPT();
    //现在我们有了 SPT，这就很容易向后回退，从而来寻找从每个节点到源节点的最短路径
    for (int target = 0; target<G.NumNodes(); ++target)
    {
      if (source == target)
      {
        shortest_paths[source][target] = target;
      }
      else
      {
        int nd = target;
        while ((nd != source) && (spt[nd] != 0))
        {
          shortest_paths[spt[nd]->From][target]= nd;
          nd = spt[nd]->From;
        }
      }
    }//下一个目标节点
  }//下一个源节点
  return shortest_paths;
}
```

2. 预先计算好成本

有时，游戏智能体需要计算从一个地方到另一个地方的旅行成本。例如当决定是否拣起某个物件时，一个智能体在考虑其他因素的同时，也要考虑这个游戏对象的成本。如果导航图比较大，或存在同一类型的许多物件，在每次人工智能更新步骤中为每个物件类型确定这些成本的搜索是非常昂贵的。这种情况下，一个预先计算好的成本表非常重要。这与在上节中所讨论的任意两点间的路由表的创建方式类似，只是这个表元素代表的是沿着从一个节点

到任何其他节点的最短路径的总成本，参见图 8.21。

	A	B	C	D	E
A	0	3	2	4	5
B	3	0	3.5	1	3
C	2	3.5	0	4.5	6.5
D	4	1	4.5	0	2
E	5	3	6.5	2	0

图 8.21 图 8.19 的路径成本查询表

创建这样一个表的代码如下所示：

```
template <class graph_type>
std::vector<std::vector<double> > CreateAllPairsCostsTable(const graph_type& G)
{
 std::vector<double> row(G.NumNodes(), 0.0);
 std::vector<std::vector<double> > PathCosts(G.NumNodes(), row);
 for (int source=0; source<G.NumNodes(); ++source)
 {
   //进行搜索
   Graph_SearchDijkstra<graph_type> search(G, source);
   //遍历图中的每个节点，并且得到抵达这个节点的成本
   for (int target = 0; target<G.NumNodes(); ++target)
   {
     if (source != target)
     {
       PathCosts[source][target]= search.GetCostToNode(target);
     }
   }//下一个目标节点
 }//下一个源节点
 return PathCosts;
}
```

在之后的内容里，《掠夺者》中的角色将会使用成本查询表去评价目标。

⌘ 提示：仔细查看图 8.21 显示的路径成本表，你会发现表对称于从左上方到右下方的对角线。假设你的图没有方向性（从 A 至 B 的成本跟从 B 到 A 的成本总是一样的），就可以把这些表存储为大小为 $\sum\limits_{i=1}^{i=(n-1)} i$ 的一维数组，这样就能使这些表的效率更高。其中的 n 是图中的节点数。（"$\sum$" 符号，是希腊大写字母西格玛，表示求和。在这个例子中西格玛符号表示你将把在 i 从 1 到（n-1）的之间所有整数相加，换句话说，如果 n 是 5，那么 $\sum\limits_{i=1}^{i=(n-1)} i$ 的结果将是 1+2+3+4=10）。

3. 时间片路径规划

一个可以代替预先计算的查询表来减轻 CPU 负担的方法，就是给每个更新步骤中的所有搜索请求都分配一定数量的 CPU 资源，并且在这些搜索之间平均地分配这些资源。通过

把这些搜索分成多个时间步骤，这是可以达到的。这种技术称为时间片。实现这种技术需要相当数量的额外工作，但对一些游戏来说，这种努力是值得的。因为不管有多少智能体提出搜索请求，图搜索所带来的 CPU 负载都保证了恒定不变。

⊃ 注意：需要说明的是，对于仅有几个智能体的游戏（例如《掠夺者》）来说，时间片路径寻找的杀伤力有点太大，但对于那些具有几十个或数百个智能体的游戏来说，尤其是，如果你正在开发一个控制平台的话，它将是一个了不起的技术，因为它可以帮助你能在有限的硬件资源比较环境中生存下来。

首先，Dijkstra 和 A*搜索必须用以下这种方式进行修改，使其可以在多个更新步骤上搜索图。那么，随着智能体请求的搜索，路径规划器会创建相关的搜索（A*或 Dijkstra）的实例，并用一个路径管理器类注册。路径管理器保存所有活跃的路径规划器指针表，每个时间步骤它都要重复，它们之间能平均共享这些可用的 CPU 资源。当一个搜索或是顺利地完成，或没有找到一条路径，路径规划器会发送消息通知发出搜索请求的智能体。图 8.22 显示了这个过程的 UML 顺序图。

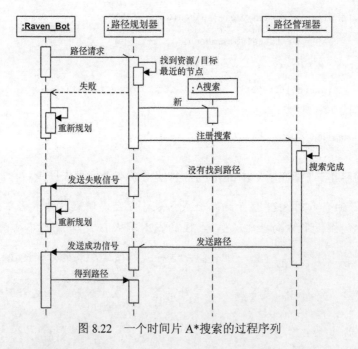

图 8.22　一个时间片 A*搜索的过程序列

现在，我们该仔细看一下为提高这个过程的效率需要做的一些修改。让我们从如何对一个 A*和 Dijkstra 的搜索算法进行修改开始吧。

修改搜索算法以容纳时间片

一个 A*搜索算法和一个 Dijkstra 搜索算法包含一个循环，不断地重复以下的步骤。

（1）从优先权队列中找到下一节点。

（2）添加此节点到最短路径树。

（3）检测这个节点，看它是不是目标。

（4）如果节点不是目标节点，检查和这个节点相连接的节点，如果合适，把它们放到优先队列中去。如果这个节点是目标节点，则成功地返回。

我们把这些步骤的一次重复称为一个搜索周期。因为重复的遍历最终将完成一次搜索，搜索周期可以用来把一个搜索划分成多个时间步骤。因此，A*搜索算法和 Dijkstra 搜索算法被修改成包含一个 CycleOnce 方法，它包含了需要完成单次搜索周期的代码。通过把优先队列示例为一个类的成员，并且在构造函数中用源节点索引对它进行初始化，这比较容易做到。另外，算法必须稍做修改，使 CycleOnce 能返回一个枚举值来表示搜索的状态。状态可以是下列其中之一：target_found，target_not_found，或 search_incomplete。然后，客户可以多次调用 CycleOnce，直到返回值表示搜索完成。

时间片的 A*算法的 CycleOnce 方法列在这里：

```
template <class graph_type, class heuristic>
int Graph_SearchAStar_TS<graph_type, heuristic>::CycleOnce()
{
  //如果 PQ 是空的，返回没有找到目标
  if (m_pPQ->empty())
  {
  return target_not_found;
  }
  //从队列中得到成本最少的节点
  int NextClosestNode = m_pPQ->Pop();
  //把这节点放到 SPT 上
  m_ShortestPathTree[NextClosestNode] = m_SearchFrontier[NextClosestNode];
  //如果已经发现目标，退出
  if (NextClosestNode == m_iTarget)
  {
    return target_found;
  }
  //现在去测试与这个节点相连的所有边
  Graph::ConstEdgeIterator EdgeItr(m_Graph, NextClosestNode);
  for (const GraphEdge* pE=EdgeItr.beg(); !EdgeItr.end(); pE=EdgeItr.nxt())
  {
    /*同前面的 A*算法一样 */
  }
  //仍然有一些节点要去搜索
  return search_incomplete;
}
```

⌘ 提示：如果你的游戏应用的智能体部署在班或排中，每次一个排需要从 A 移动到 B 的时候，你不需要为这个排中的每个成员都规划一条路径，而仅仅为排长规划一条路径就可以了，并让这个排中的所有其他成员都跟随排长（用适当的操控方式）。

为搜索算法创建一个公共接口

对路径规划器来说，假设使用 A*搜索和 Dijkstra 搜索都是可能的（去搜索相应的位置

或物件），对它们来说共享一个共同的接口非常方便。因此时间片的 A*类和时间片的 Dijkstra 的类都是衍生于一个叫做 Graph_SearchTimSliced 的虚拟类。

在这里对这个接口做出了说明：

```
template <class edge_type>
class Graph_SearchTimeSliced
{
public:
  enum SearchType{AStar, Dijkstra};
private:
  SearchType m_SearchType;
public:
  Graph_SearchTimeSliced(SearchType type):m_SearchType(type){}
  virtual ~Graph_SearchTimeSliced(){}
  //当被调用时，在一个搜索周期内，这个方法执行这种算法。这个方法返回一个枚举值（target_found,
  //target_not_found,search_incomplete），表示搜索的状态。
  virtual int CycleOnce()=0;
  //返回算法已经检查的边向量
  virtual std::vector<const edge_type*> GetSPT()const=0;
  //返回到达目标的总成本
  virtual double GetCostToTarget()const=0;
  //把路径作为一个路径边表返回
  virtual std::list<PathEdge> GetPathAsPathEdges()const=0;
  SearchType GetType()const{return m_SearchType;}
};
```

现在，路径规划器类能够实例化两种类型的搜索，并把它赋给一个单一指针。以下列出的就是更新版的 Raven_PathPlanner 类，同时解释说明了便于创建时间片路径请求所需要的一些附加数据和方法。

```
class Raven_PathPlanner
{
private:
  //当前图搜索算法的一个实例的指针
  Graph_SearchTimeSliced* m_pCurrentSearch;
  /*额外的细节省略了 */
public:
  //创建 A*的时间片搜索的一个实例并用路径管理器进行注册
  bool RequestPathToItem(unsigned int ItemType);
  //创建 Dijkstra 的时间片搜索的一个实例并用路径管理器进行注册
  bool RequestPathToTarget(Vector2D TargetPos);
  //路径管理器调用它去对当前提交的搜索算法的搜索周期迭代一次。当一次搜索终止的时候，此方法给拥有者
  //发送 msg_NoPathAvailable 或 msg_PathReady 的结果消息。
  int CycleOnce()const;
  //当它接到搜索已经成功终止的通知之后，由智能体调用，这个方法从 m_pCurrentSearch 方法中提取路径，
  //添加适合于搜索类型的额外的边，并把它作为路径边一个表返回。
  Path GetPath();
};
```

该 Raven_PathPlanner::CycleOnce 方法调用当前实例化的搜索的 CycleOnce 方法，并检查搜索结果。如果结果表示成功或失败，会给类的拥有者发送消息，使其能采取任何适当的措施。为了更好地理解，列出方法如下。

```
int Raven_PathPlanner::CycleOnce()const
{
```

```
assert (m_pCurrentSearch &&
        "<Raven_PathPlanner::CycleOnce>: No search object instantiated");
int result = m_pCurrentSearch->CycleOnce();
//让角色知道寻找路径失败
if (result == target_not_found)
{
  Dispatcher->DispatchMsg(SEND_MSG_IMMEDIATELY,
                          SENDER_ID_IRRELEVANT,
                          m_pOwner->ID(),
                          Msg_NoPathAvailable,
                          NO_ADDITIONAL_INFO);
}
//让角色知道路径已经找到
else if (result == target_found)
{
  //如果这个搜索是针对物件类型的，那么路径上的最终节点将表示一个供给触发器。
  //因此，传送在消息附加信息字段中指向触发器的指针是值得的(如果没有触发器，指针值为 NOLL)
  void* pTrigger =
  m_NavGraph.GetNode(m_pCurrentSearch->GetPathToTarget().back()).ExtraInfo();
  Dispatcher->DispatchMsg(SEND_MSG_IMMEDIATELY,
                          SENDER_ID_IRRELEVANT,
                          m_pOwner->ID(),
                          Msg_PathReady,
                          pTrigger);
}
return result;
}
```

现在让我们来看一下管理所有搜索请求的类。

路径管理器

把路径管理器称为 Path Manager 的类模板是不足为奇的。当一个角色通过它的路径规划器提出一条路径请求，规划器创建一个正确类型的搜索实例（A*用于位置，Dijkstra 用于类型）用路径管理器注册自己。路经管理器持有一份所有活动的搜索请求的列表，它在每个时间步骤中进行更新。如下是它的说明。

```
template <class path_planner>
class PathManager
{
private:
  //包含所有活跃的搜索请求的一个容器
  std::list<path_planner*> m_SearchRequests;
  //这是分配给管理器的搜索周期的总和
  //在每个搜索步骤中被所有注册的路径请求平分。
  unsigned int m_iNumSearchCyclesPerUpdate;
public:
  PathManager(unsigned int NumCyclesPerUpdate);
  //每次调用这个方法，可以获得的搜索周期总数可以被所有的活动路径请求平分。
  //如果一个搜索成功完成或若失败，这个方法将会通知给相关的角色
  void UpdateSearches();
  //一个路径管理器应该调用这个方法来用管理器注册一次搜索。
  // (这个方法检查确保路径规划器只被注册一次)
  void Register(path_planner* pPathPlanner);
  //智能体可以使用这种方法删除一个搜索请求
  void UnRegister(path_planner* pPathPlanner);
};
```

　　路径管理器被分配到一些搜索周期，它可用于在每个更新步骤中更新所有活动的搜索。调用 UpdateSearches 时，在注册的路径规划器之间平均分配分到的搜索周期，以及每个活动搜索的 CycleOnce 方法被调用适当的次数。当搜索以失败或成功结束时，路径管理器把搜索请求从表中删除。

　　下面列出一些方法可供查阅。

```
template <class path_planner>
inline void PathManager<path_planner>::UpdateSearches()
{
  int NumCyclesRemaining = m_iNumSearchCyclesPerUpdate;
  //搜索请求迭代直到所有的请求都完成，或者直到这个更新步骤没有剩余的搜索周期
  std::list<path_planner*>::iterator curPath = m_SearchRequests.begin();
  while (NumCyclesRemaining-- && !m_SearchRequests.empty())
  {
    //建立这条路径请求的一个搜索周期
    int result = (*curPath)->CycleOnce();
    //如果搜索终止，就从表中剔除
    if ( (result == target_found) || (result == target_not_found) )
    {
      //从路径表中删除这条路径
      curPath = m_SearchRequests.erase(curPath);
    }
    //移动到下一个
    else
    {
      ++curPath;
    }
    //迭代器可能现在指向表的结尾，如果是这样的话，它必须重新设置为指向表的起始位置
    if (curPath == m_SearchRequests.end())
    {
      curPath = m_SearchRequests.begin();
    }
  }//结束 while 循环
}
```

　　◯ 注意：对于路径搜索的每次更新，你可能更喜欢给它分配一个特定数量的时间，而不是去限制路径管理器的搜索周期数目。当分配的时间已经用完时，这可以通过添加代码来退出 PathPlanner::UpdateSearches 方法很容易地完成。

创建和注册一次搜索

　　正如我们所看到的那样，每个《掠夺者》中的角色都拥有 Raven_Path 规划类的一个实例。为了允许创建时间片路径请求，这个类已经被修改，让它拥有一个指向时间片搜索算法的一个实例的指针（当角色需要到达物件类型的一条路径时，有一个 Graph_SearchDijkstra_TS 类的实例，而当角色需要到达目标位置的一条路径时，有一个 Graph_SearchAStar_TS 类的实例）。在 Request-PathToTarget 方法或 RequestPathToItem 方法中，用搜索管理器去创建并注册这些实例。

　　如下为一个物件搜索的请求是如何建立的。

```
bool Raven_PathPlanner:: RequestPathToItem(unsigned int ItemType)
{
```

```
//清除路点列表并删除所有的活动搜索
GetReadyForNewSearch();
//找到一个离角色的位置最近的看得见的节点
int ClosestNodeToBot = GetClosestNodeToPosition(m_pOwner->Pos());
//如果没有可见节点，从表中移走目标节点，并且返回错误
//如果由于导航图设计的不好，或由于角色使自己陷于被墙所包围的几何体之中或遇到一个障碍，
//会发生以上那种情况
if (ClosestNodeToBot == no_closest_node_found)
{
  return false;
}
//创建 Dijkstra 搜索类的一个实例
typedef FindActiveTrigger<Trigger<Raven_Bot> > term_con;
typedef Graph_SearchDijkstra_TS<Raven_Map::NavGraph, term_con> DijSearch;
m_pCurrentSearch = new DijSearch(m_pWorld->GetNavigationGraph(),
                                 ClosestNodeToBot,
                                 ItemType);
//用路径管理器注册搜索
m_pWorld->GetPathManager()->Register(this);
return true;
}
```

一旦注册，每更新一步，路径管理器都将调用相关算法的 CycleOnce 方法，直到搜索成功或搜索失败为止。当智能体收到路径已经找到的通知，将调用 Raven_PathPlanner::GetPath 方法，从路径规划器中获取路径。

避免闲着无事

从智能体请求一条路径到接收到搜索成功或不成功通知，时间片路径规划的一个后果就是在时间上有延迟。这种延迟跟导航图的大小、每次更新分配给搜索管理器的搜索周期数、以及活动的搜索请求的数量成比例。延迟可能会很短，只有几个更新步骤的延迟，也可能比较长，甚至长达几秒钟。如果在此期间，智能体坐在那里无所事事，对一些游戏这是可以忍受的。但对于大多数游戏，要求智能体立即做出一些形式的反应，这非常重要。毕竟，当一个游戏玩家单击 NPC，然后在 NPC 要移到的位置处单击，自然希望它能马上反应，而没有任何延迟，如果不能立刻做出反应，我们对这种游戏就不会有太深的印象。所以在这种情况下，我们可怜的小游戏智能体该做些什么呢？它必须在路径被规划出来之前开始移动，但是要移到哪里呢？

一个简单选项已经用于《掠夺者》，是为智能体寻找它的目标，直到从搜索管理器接到路径已经找到的通知。到那个时候，它就可以沿着这条路径搜索。但是，如果角色需要对一个物件类型进行搜索，那么直到搜索完毕，才能知道目标的位置（因为那里可能有多个这种物件的实例）。在这种情况下，角色只要处于一种漫步状态，直至它收到通知。在大多数情况下，它会很好地工作，但是，确实存在另一个问题：到路径规划出来的时候，智能体可能已经移到另外一个位置，这跟最初请求搜索时的位置相差很远。因此，从规划器中返回的路径的最初那些节点，将会位于需要智能体回退一段才能沿路径走的地方。这种情况可以参见图 8.23 所示的例子。在 A 图中角色向路径规划器请求一条路径，在延迟时趋向目标。图 8.23 中的 B 显示了当角色收到路径已经被制定的通知时的位置。你看，自行其事的角色将返回并

沿着路点前行。角色是多么调皮啊！

所幸的是，我们已经有了解决这个问题的办法。前面所说的平滑方法被用于路径规划，所有多余的路点将被自动删除。因此，图 8.24 显示的路径看起来就更加自然。因此，通常应把时间片路径规划与某种形式的路径平滑算法一起配合使用。

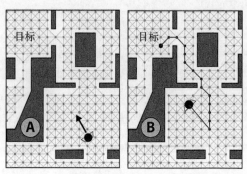
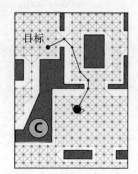

图 8.23　一个角色先靠近目标，然后原路返回　　　　图 8.24　经过平滑后的结果
　　　　　　（为清晰起见，角色被放大）

通过运行 Raven_TimeSlicing 演示样本，你会直接观察这些效果，注意平滑功能关闭或开启后角色对环境的导航。（相对这些显著成果，搜索管理器每次更新可用的搜索周期数已经非常小了。）

⌘ 提示：如果你看到同一小队中的智能体经常互相跟随着到达一个位置或者物件，并且你正利用 A*生成路径，你可以通过在搜索中添加一些噪声来更改搜索算法生成的路径。这样同一个搜索产生的路径会稍有不同。在文件 common/graph/AStarHeuristic-Policies.h 中，你可以找到一个这种搜索法的示例。

4. 分层路径寻找

另一种可用来降低 CPU 的资源消耗的图形搜索方法称为分层路径寻找。它的工作形式与人们如何在自己周围环境中移动的方式类似。（然而，实际上这不是真的，但它是一个很好的例子。）例如，当你在半夜醒来，决定取一杯牛奶。在你的意识的第一个层次可能会走一条路径穿越一连串的房间（例如，从卧房到楼梯的顶部，然后到楼梯的底部，以及到走廊，到餐厅，最后才到厨房），但在另一个意识层次，在接近屋子时，你将规划通过屋子要走的路径。比如，当到达餐厅，你的大脑会自动计算出一条路径走到厨房，这可能会涉及沿着饭桌，绕过装满盘子的橱柜，打开门，试图别踢到宠物狗的喝水碗。所以你的头脑是根据几个不同的层次也就是不同的粒度去规划路径。从另一角度来看，使用一系列的区域（饭厅、厨房等）来规划一个层次上的路径。而在较低的层次，计划使用一系列穿过这些区域的点来规划路径。

通过设计一个路径规划器，这个概念可以在计算机中再现，该规划器利用两个不同粒度的重叠的导航图，一粗，一细。例如，想象一个美国内战的战略游戏。这场游戏的分层路径规划器可以利用一个粗粒图来表示州一级的连接信息，并用细粒状的图来表示城镇和道路一级的连接信息。当一个军事单位请求一条从亚特兰大到里士满的路径，路径规划器确定有哪些城镇位于美国乔治亚州和弗吉尼亚州，用州一级的导航图计算出他们之间的一条路径：乔治亚州到南卡罗来纳，然后到北卡罗来纳州，最后到达弗吉尼亚州。因为在这个游戏中，每个州用一个节点来表示，这个图中仅仅包含几十个节点，所以我们可以极快地计算出这条路径。当军事单位需要各个州之间的路径，那么利用细粒状导航图，规划器就可以去计算。用这种细粒状图进行浅显地检索，因此速度也会很快。

　　⊃ 注意：虽然两个图形层的应用是分层路径寻找的最典型的实现。如果你的游戏环境非常复杂，就不足以保证它的质量，你可以使用更多层。

　　Raven_DM1 地图采用相同的思想，那么路径规划器就可以使用图 8.25 中显示的图。左边的图可以迅速决定"空间（room）"层的路径，而右边的图可以在一个"点（point）"层上决定两个空间之间的路径。

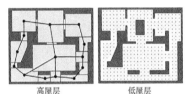

图 8.25　分层路径规划

　　当然，这只是一个比较小的例子，当一个游戏需要在一个大型和/或复杂的环境中进行路径规划的时候，你应该只考虑分层的路径寻找。

　　⊃ 注意：值得一提的是，当使用导航网分割游戏世界时，两层的分层路径寻找是隐含的。（注意图 8.25.中的高层图怎样才能与显示在图 8.3.中的导航网类似。）

8.5　走出困境状态

　　计算机游戏玩家们最常见到的一个问题就是 NPC 过于频繁地陷入困境。发生这种情况有各种各样的原因。尤其是，当一个环境包含大量的游戏智能体以及几何体有瓶颈的时候，困境就会频繁地发生。瓶颈可能是两个障碍物之间的一个小的空间，或是一个狭窄的门道，或是空间紧张的走廊。如果有太多游戏智能体试图同时访问一个瓶颈部位的话，那么有些智能体可能会被往后推，最终导致撞到墙上或其他的障碍物。我们用一个简单的例子来看看这种情况。

　　图 8.26 中的角色我们叫他埃里克，他沿着路径 A 到 B，然后 B 到 C。图 8.26 还显示了一些其他的角色，他们排列在埃里克的相反方向。埃里克注定要遭遇倒霉的意外。

　　在图 8.27 中，埃里克已经到达路点 A，所以把 A 从表中剔除，B 被分配为下一个路点。不幸的是，在这种情况下，其他角色已经到达，开始把埃里克挤回到门道。

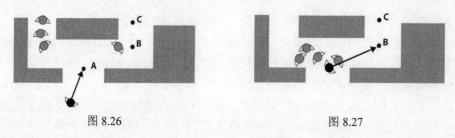

图 8.26   图 8.27

在图 8.28 中，埃里克已经被一路推出了门道，但他还在不断地寻求路点 B，可怜的老埃里克。

最终埃里克撞到墙上，疯狂地挣扎，没有任何的希望，但他仍然试图寻找他的下一个路点，如图 8.29 所示。

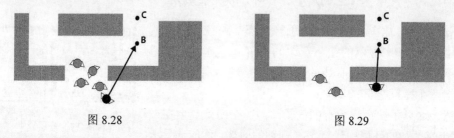

图 8.28   图 8.29

显然，我们不希望发生这种事情，所以根据这种情况，人工智能应该定期检测这种处境，并进行相应的规划。但如何去做呢？对智能体来说，一种方法就是在每个更新步去计算到当前路点的距离。如果这个值大致维持不变，或不断地增加，这将是一个公平的赌具，智能体或被困住或被来自邻近智能体的分散力向后推。另一种方法就是为每个路点计算预计抵达的时间，如果当前时间超过了预期的时间，就要重新规划。这就是在《掠夺者》中所采用的方法。实现这些方法是很容易的。每当从路径中剔除新边，预计穿越它所花费时间的计算方法如下所示（伪代码）。

```
Edge next = GetNextEdgeFromPath(path)
//在一个简单的导航图中边的成本就是边的长度
ExpectedTimeToReachPos = next.cost /Bot.MaxSpeed
//误差幅度因子
MarginOfError = 2.0;
ExpectedTimeToReachPos += MarginOfError;
```

误差幅度用于考虑在角色行程中应该采取的任何反应行为。例如，为了避免另一个角色而转向一侧，或在门道和一些狭窄通道的地方被堵住。这个误差幅度应当非常小，以使你的智能体看起来并不怎么笨拙。然而，这个误差幅度也能非常大，大到足以阻止智能体频繁地要求路径规划器去为它寻找新的路径。

➲ 注意：如果运行 Raven_BotsGetting-Stuck 演示样本，你就可以观察角色如何被困了。在演示中，几个角色正在搜索地图。从它们当前位置到当前目的地之间画一个箭头，因为它们都挤在门口，使得其中一些被困住，有几个甚至被永久地困住了。

8.6 总 结

这一章介绍了许多与路径规划有关的方法和技术。在《掠夺者》游戏架构中综合应用了大多数的概念,你可以看到它们在相应情景中上起到作用,通过阅读代码可以了解它们是怎么起作用的。注意,这仅仅是一个例子。通常,你不会在同一时间内使用所有这些技术。只有当游戏需要的时候才用,仅此而已。

熟能生巧

当移动到目标位置,《掠夺者》角色会通过趋向目标位置来填补执行图搜索时所需时间所造成的延迟空隙。这种方法成本很低,并且很容易实现,但是,如果在游戏中有数百个智能体或有巨大的导航图的话,这种方法可能会由于延迟时间过长而效率低下。假设延迟太长,智能体行走开始变得比较笨拙,以至于撞到墙上或撞到其他障碍物上。还会有这样的一些时候,在角色向回转弯去面对目标之前,到达一个位置的最好路径会出现离开目标节点或与它垂直的情况,参见图 8.30。

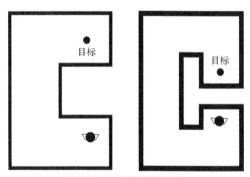

图 8.30 有问题的处境

在这种情况下无论搜寻多长时间都是禁忌的。智能体必须确定一条到达目标位置的局部路径。也就是说,在达到用户定义的搜索周期数或搜索深度之后,A*算法必须被修改以返回一条离目标节点最近的节点的路径。然后智能体可以沿着这条路径,直到完整路径被创建。这样可以让智能体的行为看起来比较好,以及尽量使智能体看起来不那么笨拙。你的任务(你应选择并接受)就是修改 Path Planner 项目,在源节点和目标节点之间生成一条局部路径。

第9章 目标驱动智能体行为

到目前为止，我们已经了解到智能体利用了基于有限状态机的架构，其中行为分解为若干个状态，每种状态包含能转换到其他状态的逻辑。本章介绍了一种稍微不同的方法。智能体的行为被定义为层次化目标的集合，而不是一种状态。

实际上，目标或者是原子目标，或者是组合目标。原子目标定义一项单一任务、行为或者动作，例如寻找位置或重新装载武器，而组合目标又分为几个子目标，而这些子目标又可能是原子的或是组合的，从而定义一个嵌套层次。组合目标通常用来描述比原子任务更为复杂的任务，例如建造武器工厂、撤退或寻找覆盖物等。这两种类型的目标是都能够监控它们的状态，而且如果它们失败，都有能力重新计划。

这种层次结构给人工智能程序员提供了一个直观的机制来定义智能体的行为，因为它同人类的思考过程有许多相同之处。人们根据自己的需要和愿望去选择高级的抽象目标，然后递归分解成一个可以遵照执行的行动计划。比如，在一个下雨天，你可能决定去看电影。这是一个抽象目标，如果不把它分解成小的子目标（如离开家，前往电影院，进入电影院），你就不能采取行动。反过来，这些目标也都是抽象的，必须进一步细分。当然，这一过程通常是透明的，但当它的分解涉及到选择的时候，我们偶尔也会意识到这个过程。举例来说，可以用多种方法去满足这个子目标－前往电影院，到那里，你可以坐车，或坐公共交通工具，或骑自行车，或步行，并且你会发现自己会花一些时间去对你的选择进行深入地思考。（尤其是，如果你是同其他几个人合作，共同满足这个目标的话，回想一下上次你和朋友们逛一个视频/DVD 零售店的情况，抱歉！）这个过程将继续下去，直到目标已经被分解成身体能去执行的动作。例如，离开家这个目标，可以把它细分为以下的一组目标：步行到壁橱，开壁橱门，把大衣从大衣钩子上拿下来，穿上大衣，走到厨房，穿上鞋，开门，走到外边等等。此外，人们不喜欢浪费精力，因此，通常我们一般人不会浪费宝贵的热量去思考一个目标，直到必须思考时。比如，你不会思考如何打开一罐豆子，直到你已经把它拿到你的手上，你也不会思考怎样去系鞋带，直到鞋子已经穿到你的脚上。

一个有意图的智能体模仿这种行为。每次思考的更新，智能体都检查游戏的状态，并从一套预先确定好的高级目标或策略中，选择一个它认为最有可能满足其强烈的欲望的目标

（通常是要赢得这场游戏）。然后，智能体将试图实现这一目标，把它分解成任何成分化的子目标，并依次地满足每一个子目标。在这个目标或已实现或已失败而中止，或游戏状态要求改变策略之前，它都将继续这样做。

9.1　勇士埃里克的归来

让我们看一个例子，用我们最喜爱的游戏智能体埃里克，他最近在角色假扮游戏"屠龙剑的传说 2"中找到一份工作。埃里克的人工智能程序员为他创建了多种可供选择的策略，包括防御龙、攻击龙、买剑、找到食物、喝醉等。这些策略代表了高层次的抽象目标，是由一些更小的子目标构成的，例如创建路径、跟随路径、穿越路径的边、刺伤龙、斩断龙、潜逃和隐藏。因此，完成一项策略，埃里克必须把它分解成与其有关的子目标，并依次满足它们（如果需要的话，可以进一步的分解）。

埃里克刚进入游戏世界，由于他没有携带武器，因此感到惴惴不安，他强烈地希望在龙发现他之前，能够找到某种比较尖的棒子。他的"大脑"（一种特殊类型的目标，能够做出决定）考虑所有可以得到的策略，并发现买一把好剑是最佳策略，所以把买剑分配给他，作为他追逐的目标，直到他选择其他的策略，参见图 9.1。

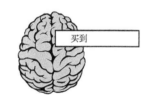

图 9.1　进入埃里克大脑的买剑目标

然而埃里克还不能按照这个目标做，因为在这个层次上太抽象了，目标需要被分解—或被展开，如果你喜欢这样认为的话。对于这个例子，我们假设组成买剑的子目标显示在图 9.2 中，为了获得一把剑，埃里克必须先找到一些黄金，然后步行到铁匠铺，铁匠会欣然地接受这些黄金作为报酬。

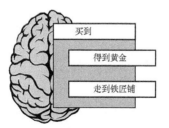

图 9.2　买剑目标被展开成其组成部分

智能体要依次地满足目标，所以走到铁匠铺这个子目标，在获得黄金这个子目标完成之前是无法进行的。但是，这又是一个组合目标，要想完成它，埃里克必须进一步地展开层次。获得黄金这个子目标是由下面的子目标组成：规划路径（金矿）跟随路径拿到黄金，参见图9.3。

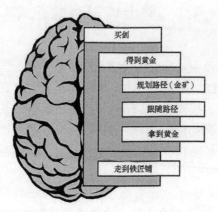

图9.3　得到黄金的子目标的展开

通过给路径规划器发送一个请求，要求规划一条到达金矿的路径，规划路径（金矿）的目标得到满足。然后，把它从目标表中删除。埃里克需要考虑的下一步，就是跟随这条路径，跟随路径也可进一步地分解，可以分解为几个穿越边的原子目标，这样的每个目标包含跟随到达金矿的路径上的一条边所需要的逻辑，参见图9.4。

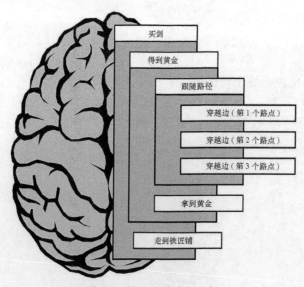

图9.4　扩展跟随路径目标

分解和满足目标的这个过程不断进行，直至整个层次已经遍历，最后埃里克离开时，他手握一把闪闪发光的新剑。

很好，这个过程就是如此？现在来让我们再看看是如何实现的？

9.2　实　　现

嵌套对象的层次，例如那些需要实现基于层次目标的智能体的层次结构，通常存在于软件中。例如，就像写这本书用到的文字处理器，把文件储存为原子集合以及组合成分。最小的成分，字母数字式字符，被集成为一个日益复杂的集合。例如，单词"哲学"是一个组合成分，它是由几个原子成分所构成的。句子"我思故我在"是一个组合成分，其包括三个组合成分以及两个原子对象。反过来，句子可组合起来形成一个段落对象，段落又可以组合成一页等。相信你已经理解了这种概念。要注意的一个要点是：应用程序能够同样地处理组合对象和原子对象，无论对象的大小和复杂度，剪切和粘贴一个词与剪切和粘贴几页长的文本同样简单。这正是分层目标所需要的特征，但我们如何给它编码？

组合的设计模式提供了一个解决方案。它通过定义一个抽象基类，这个基类既可以表示组合对象，也可以表示原子对象。这就使得客户能够相同地操纵所有目标，无论这些目标是多么地简单或多么地复杂，参见图 9.5。

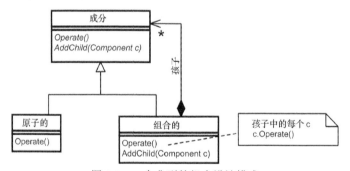

图 9.5　一个典型的组合设计模式

这幅图比较清楚地显示了组合对象是如何聚集组成成分实例的，依次地，这些组成成分又可能是组合的或是原子的。注意组合对象是如何把客户请求传递给它们的孩子的。在这个典型的例子中，请求被传递给所有的孩子。不过，其他的设计可能需要略微不同的实现方式，如在带有目标的设计中。

图 9.6 显示了应用于层次目标设计的组合模式。通过把子目标压到子目标容器的前面，这样子目标就被添加进去，并且按后进先出（LIFO last in，first out）的顺序进行处理，这跟堆栈式的数据结构的处理方法一样。注意，客户请求仅仅被递送到最前面的那个子目标，这样才能保证在队列中评价这个子目标。

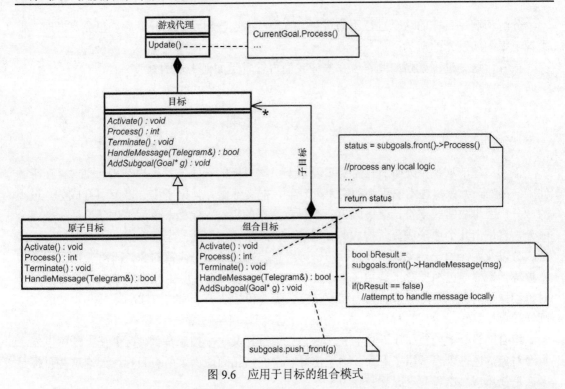

图 9.6　应用于目标的组合模式

目标对象与状态类具有许多相似之处。跟状态一样，它们同样具有处理消息的方法而目标对象的激活方法 Activate、处理方法 Process 和终止方法 Terminate，与状态的进入 Enter、执行 Execate 和退出 Exit 的方法也都是类似的。

Activate 激活方法包括初始化逻辑并代表目标的规划阶段。不像 State::Enter 方法，State::Enter 方法在一个状态第一次变成当前状态时，仅仅被调用一次，而如果形势需要重新规划的话，一个目标能够多次调用其激活方法。

处理方法 Process，每更新一步时都要被执行，它返回一个枚举值，用来表示目标的状态。返回值可以是下面的 4 个值中的一个。

- 闲置的：目标等待被激活。
- 活跃的：目标已经被激活，并且每一更新步中都要进行处理。
- 完成的：目标已经完成，并且下一次更新时将被删除。
- 失败的：目标已经失败，并在下次更新中，要么重新规划，要么被删除。

在一个目标退出之前，终止方法 Terminate 进行任何必要的整理，并且这个方法仅在一个目标被销毁之前调用。

在实践中，组合的目标要实现大量的逻辑，这些逻辑对所有的组合目标都是共同的，可以抽象成一个 Goal_Composite 类，所有具体的组合目标可以继承这个类，最后的设计结果参见图 9.7。

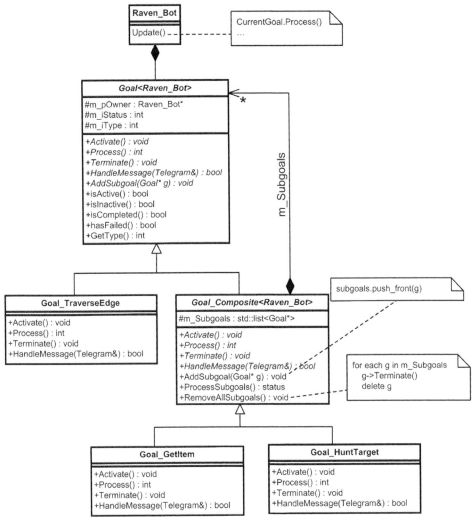

图 9.7　最终的设计。图中显示了掠夺者角色使用的具体类的三个例子。

UML 的图表对目标类层次做了充分的描述，此处不再列出它们的说明，而列出两三个 Goal_Composite 方法的源代码，以便帮助你理解。

9.2.1　Goal_Composite::ProcessSubgoals

每更新一步，所有的组合目标都会调用这方法去处理它们的子目标。在处理队到中下一个子目标以之前，该方法保证所有完成了的和失败了的目标都要从表中删除，并且返回其状态。如果子目标表是空的，则返回已完成。

```
template <class entity_type>
int Goal_Composite<entity_type>::ProcessSubgoals()
```

```
{
  //从子目标列表的前面删掉所有的已经完成了的和失败了的目标
  while (!m_SubGoals.empty() &&
        (m_SubGoals.front()->isComplete() || m_SubGoals.front()->hasFailed()))
  {
    m_SubGoals.front()->Terminate();
    delete m_SubGoals.front();
    m_SubGoals.pop_front();
  }
  //如果还剩下任何子目标，处理在表最前面的那个子目标
  if (!m_SubGoals.empty())
  {
    //获取最前面的子目标的状态
    int StatusOfSubGoals = m_SubGoals.front()->Process();
    //在最前面的子目标报告"已完成"，而子目标表中还包括额外的目标的情况下，我们必须对这些特殊情况进行测试。
    //这种情况下，为了保证父目标能持续处理它的子目标表，则返回"活跃的"状态
    if (StatusOfSubGoals == completed && m_SubGoals.size() > 1)
    {
      return active;
    }
    return StatusOfSubGoals;
  }
  //没有更多的子目标要处理-返回"完成"
  else
  {
    return completed;
  }
}
```

9.2.2　Goal_Composite::RemoveAllSubgoals

这种方法清除子目标表。它确保所有的子目标都可以被摧毁干净，这是在删除子目标之前通过调用每个子目标的终止方法来实现的。

```
template <class entity_type>
void Goal_Composite<entity_type>::RemoveAllSubgoals()
{
  for (SubgoalList::iterator it = m_SubGoals.begin();
       it != m_SubGoals.end();
       ++it)
  {
    (*it)->Terminate();
    delete *it;
  }
  m_SubGoals.clear();
}
```

❍ 注意：你们当中有些人可能不知道，原子目标是如何实现 AddSubgoal 方法的。毕竟，这种方法在这篇文章中是没有什么意义的，因为一个原子目标不能定义聚集子目标，但为了给我们提供一个所需要的共同界面，还要实现它。

因为客户应该知道目标是否是组合的，因此，对于一个原子目标，就不应该调用AddSubgoal 方法，下面抛出一个例外的示例。

9.3　《掠夺者》角色所使用的目标例子

《掠夺者》角色应用的目标被列在表 9.1 中，用来定义它们的行为。

表 9.1　　　　　　　　　　　　**《掠夺者》角色使用的目标**

Composite Goals	Atomic Goals
Goal_Think	Goal_Wander
Goal_GetItem	Goal_SeekToPosition
Goal_MoveToPosition	Goal_TraverseEdge
Goal_FollowPath	Goal_DodgeSideToSide
Goal_AttackTarget	
Goal_Explore	
Goal_HuntTarget	

Goal_Think 是所有的目标中最高级别的。每个角色实例化这个目标的一个副本，一直持续到这个角色被摧毁。它的任务是根据目标对当前游戏状态的适应程度，在其他高级（策略）目标中选择一个目标。稍后我们将深入了解 Goal_Think，但是，先来研究一些其他目标的代码，以便你了解它们是如何工作的。

9.3.1　Goal_Wander

这是最容易理解的目标，也是在《掠夺者》角色板块中最简单的一个。它是一个原子目标，它激活了漫步者操控行为，如下为说明。

```cpp
class Goal_Wander : public Goal<Raven_Bot>
{
public:
  Goal_Wander(Raven_Bot * pBot):Goal<Raven_Bot >(pBot, goal_wander){}
//必须实现
  void Activate();
  int Process();
  void Terminate();
};
```

就像你所看到的那样，这个说明非常简单。从目标中继承类，并且具有实现目标接口的方法。让我们依次看看每种方法。

```cpp
void Goal_Wander::Activate()
{
  m_Status = active;
  m_pOwner->GetSteering()->WanderOn();
}
```

激活 Activate 方法简单地开启漫步者操控行为（如果你需要温习一下，可参见第 3 章），把目标的状态设置为活跃的。

```
int Goal_Wander::Process()
{
  //如果状态是闲置的，则调用 Activate()方法，并且把状态设置成活跃的
  ActivateIfInactive();
  return m_Status;
}
```

Goal_Wander::Process 是直截了当的。在每个目标处理逻辑的开始，调用 ActivateIfInactive。如果一个目标的状态是闲置的（在构造方法中，因为 m_Status 被设置成闲置的，所以它的第一次处理总是被调用），Activate 方法被调用，从而初始化目标。

最后，终止方式将关闭漫步者的行为。

```
void Goal_Wander::Terminate()
{
  m_pOwner->GetSteering()->WanderOff();
}
```

现在让我们探讨一个更复杂的原子目标。

9.3.2　Goal_TraverseEdge

这个方法指引角色沿着一条路径移动，并不断地监测它的进程，以确保它不会被困住。为方便这项工作，除这条路径边的一个局部副本外，它还拥有成员数据用于记录目标被激活的时间和预计角色穿越这条边要花费的时间。它还拥有一个布尔数据成员，用来记录这条边是否是这条路径的最后一条边。这个值需要确定什么样的操控行为要用于穿越这条边（寻求正常的路径边，到达最后一条边）。

如下是它的说明。

```
class Goal_TraverseEdge : public Goal<Raven_Bot>
{
private:
  //角色将要跟随的边
  PathEdge m_Edge;
  //如果 m_Edge 是路径中的最后一条边，则是真。
  bool m_bLastEdgeInPath;
  //角色穿越这条边的预算时间
  double m_dTimeExpected;
  //记录目标被激活的时间
  double m_dStartTime;
  //如果角色被困住了则返回真
  bool isStuck()const;
public:
  Goal_TraverseEdge(Raven_Bot* pBot,
                    PathEdge edge,
                    bool LastEdge);
  //例行推测
  void Activate();
  int Process();
```

```
void Terminate();
};
```

在确定穿越边所需要的预计时间之前，激活方法查询图形边的标识字段以查明是否有任何特殊地形与此边相关联（例如泥沼、雪地、河流等），并且相应地改变角色的行为。（这一特征没有被《掠夺者》游戏所采用，此处介绍当游戏需要使用特殊的地形类型时，你该如何去处理它。）

该方法以激活适当的操控行为的代码而结束，如下是源代码。

```
void Goal_TraverseEdge::Activate()
{
  m_Status = active;
  //边行为的标识可以指定一种运动类型, 在它跟随这条边前进时, 角色的行为需要一些改变
  switch(m_Edge.GetBehaviorFlag())
  {
    case NavGraphEdge::swim:
    {
      m_pOwner->SetMaxSpeed(script->GetDouble("Bot_MaxSwimmingSpeed"));
      //设置合适的动画
    }
    break;
    case NavGraphEdge::crawl:
    {
      m_pOwner->SetMaxSpeed(script->GetDouble("Bot _MaxCrawlingSpeed"));
      //设置合适的动画
    }
    break;
  }
  //记录角色开始这个目标的时间
  m_dStartTime = Clock->GetCurrentTime();
  //计算到达这个路点所需要的预计时间, 这个值被用于确定这个角色是否被困住
  m_dTimeExpected =
  m_pOwner->CalculateTimeToReachPosition(m_Edge.GetDestination());
  //用于任何反应行为的误差幅度的因子, 2秒应该是足够了
  static const double MarginOfError = 2.0;
  m_dTimeExpected += MarginOfError;
  //设置操控目标
  m_pOwner->GetSteering()->SetTarget(m_Edge.GetDestination());
  //设置合适的操控行为。如果这是这条路中的最后一条边, 角色应该到达它所指向的位置, 否则它应该寻找
  if (m_bLastEdgeInPath)
  {
    m_pOwner->GetSteering()->ArriveOn();
  }
  else
  {
    m_pOwner->GetSteering()->SeekOn();
  }
}
```

一旦目标已经激活，去处理它将是一个非常简单的问题。每次处理方法被调用，代码测试以查看角色是否被困住，或者到达边的末尾，并设置相应的 m_Status。

```
int Goal_TraverseEdge::Process()
{
  //如果状态是闲置的, 则调用 Activate()方法
  ActivateIfInactive();
```

```
  //如果角色被困住，则返回失败
  if (isStuck())
  {
    m_Status = failed;
  }
  //如果角色已经到达边的末尾，则返回完成
  else
    {
    if (m_pOwner->isAtPosition(m_Edge.GetDestination()))
    {
      m_Status = completed;
    }
  }
  return m_Status;
}
```

Terminate 终止方法关闭了操控行为，并且将角色的最大速度重新设置为正常速度。

```
void Goal_TraverseEdge::Terminate()
{
  //关闭操控行为
  m_pOwner->GetSteering()->SeekOff();
  m_pOwner->GetSteering()->ArriveOff();
  //使最大速度回复到正常速度
  m_pOwner->SetMaxSpeed(script->GetDouble("Bot_MaxSpeed"));
}
```

现在，让我们就研究一些组合的目标。

9.3.3　Goal_FollowPath

通过从路径的前面不断地弹出边，并且不断地把穿越边类型的目标压到子目标表的前面，这个方法将指引角色沿着一条路径移动。

这里是它的说明：

```
class Goal_FollowPath : public Goal_Composite<Raven_Bot>
{
private:
  //由路径规划器返回路径的一个局部副本
  std::list<PathEdge> m_Path;
public:
  Goal_FollowPath(Raven_Bot* pBot, std::list<PathEdge> path);
  //例行推测
  void Activate();
  int Process();
  void Terminate(){}
};
```

除了具有特定类型的地形与它们有关联外，图形边可能还需要一个角色来以一种具体的行动沿着这条边移动。举例来说，沿着一条边移动，它可能需要智能体会飞，会跳，甚至格斗。这种类型的移动限制，不能简单地通过调整最大速度和智能体的动画周期来处理；而是必须为每一项行动创建一个独特的穿越边类型目标。跟随路径目标可以在它的方法中查询边标识，在它从路径中弹出边的同时，向它的子目标表添加正确类型的穿越边目标。为了说明

清楚，这里列出了激活方法：

```
void Goal_FollowPath::Activate()
{
  m_iStatus = active;
  //获得到下一条边的一个引用
  PathEdge edge = m_Path.front();
  //从路径中把这条边删除
  m_Path.pop_front();
  //一些边规定，当跟随它们的时候，角色应该使用一种特殊的行为。这开关语句查询边行为标识
  //并给子目标表添加合适的目标。
  switch(edge.GetBehaviorFlags())
  {
  case NavGraphEdge::normal:
    {
      AddSubgoal(new Goal_TraverseEdge(m_pOwner, edge, m_Path.empty()));
    }
    break;
  case NavGraphEdge::goes_through_door:
    {
      //也添加一个目标，这个目标能够打开门
      AddSubgoal(new Goal_NegotiateDoor(m_pOwner, edge, m_Path.empty()));
    }
    break;
  case NavGraphEdge::jump:
    {
      //添加一个子目标沿着这条边跳跃
    }
    break;
  case NavGraphEdge::grapple:
    {
      //添加一个子目标沿着这条边格斗
    }
    break;
  default:
    throw
    std::runtime_error("<Goal_FollowPath::Activate>: Unrecognized edge type");
  }
}
```

为了提高效率，注意每次只有一条边从路径中被删除。为便利这项工作，Process 处理方法每当推测到它的子目标已经完成，并且路径不为空时就调用 Activate。如下显示了处理方法。

```
int Goal_FollowPath::Process()
{
  //如果状态为闲量，则调用 Activate()方法
  ActivateIfInactive();
  //如果没有子目标，而且仍然剩下需要穿越的一条边，则把这条边添加为一个子目标
  m_Status = ProcessSubgoals();
  //如果没有子目标存在，检查看路径是否有边，如果它还有边，则调用 Activate 去获取下一条边
  if (m_Status == completed && !m_Path.empty())
  {
    Activate();
  }
  return m_Status;
}
```

Goal_FollowPath::Terminate 方法没有包含逻辑，因为它没有任何事情要去整理。

⌘ 提示：当运行《掠夺者》的可执行文件时，在菜单中有一选项可以查看选定的智能体的目标列表。参见屏幕截图 9.1。

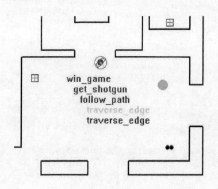

屏幕截图 9.1

这幅图是灰阶的，但是当你运行演示样本的时候，活跃的目标将用蓝色显示，
完成的目标用绿色，闲量目标用黑色，失败的目标用红色。
目标的缩进排列方式显示了目标是如何实现嵌套的。

9.3.4　Goal_MoveToPosition

这个组合目标用于把一个角色移动到地图上的任意位置。这里是它的说明：

```
class Goal_MoveToPosition : public Goal_Composite<Raven_Bot>
{
private:
  //角色希望到达的位置
  Vector2D m_vDestination;
public:
  Goal_MoveToPosition(Raven_ Bot * pBot, Vector2D pos);
  //例行推测
  void Activate();
  int Process();
  void Terminate(){}
  //这个目标能够接收信息
  bool HandleMessage(const Telegram& msg);
};
```

Goal_MoveToPosition 是用所希望的目的地位置来实例化。当目标已经被激活，它需要向路径规划器请求到达这个位置的一条路径。由于是使用时间片路径寻找方法，角色可能会短暂地等待，直到路径已经被规划完毕，在这个间歇中，添加了 Goal_SeekTo-Position。（参见 8.4.4 小节下面的"避免闲着无事"这部分的内容，可深入了解此目标的作用。）

```
void Goal_MoveToPosition::Activate()
{
  m_Status = active;
  //确保子目标表已经被清除
  RemoveAllSubgoals();
  //向路径规划器请求一条到达目标位置的路径。因为，为演示起见，在处理路径请求时，掠夺者路径规划器使用
  //了时间片方法，因此在路径被计算出来之前，角色可能不得不等待几个更新周期。结果，为了看起来更逼真，
```

```
                   //当它等待路径规划需求已经成功/失败通知的时候，它只是直接靠近目标位置
                   if (m_pOwner->GetPathPlanner()->RequestPathToTarget(m_vDestination))
                   {
                     AddSubgoal(new Goal_SeekToPosition(m_pOwner, m_vDestination));
                   }
                 }
```

一旦路径已经被创建，路径规划器将通过一个电报通知角色，这将转发给任何活跃的目标。因此，Goal_MoveTo-Position 必须有处理消息的能力，使它能作出适当地回应，或者给它的子目标表添加跟随路径的目标，或者由于规划器的报告中没有一条路径是可行的而发出失败信号。代码显示如下（注意，在目标试图要处理它之前，消息是如何在层次结构中下传的。）

```
bool Goal_MoveToPosition::HandleMessage(const Telegram& msg)
{
  //首先，在目标层次中下传消息
  bool bHandled = ForwardMessageToFrontMostSubgoal(msg);
  //如果消息没被处理，测试消息看这个目标是否可以处理它
  if (bHandled == false)
  {
    switch(msg.Msg)
    {
    case Msg_PathReady:
      //清除任何现有的目标
      RemoveAllSubgoals();
      AddSubgoal(new Goal_FollowPath(m_pOwner,
                        m_pOwner->GetPathPlanner()->GetPath()));
      return true; //消息处理
    case Msg_NoPathAvailable:
      m_Status = failed;
      return true; //消息处理
    default: return false;
    }
  }
  //由子目标处理
  return true;
}
```

Goal_MoveToPosition 的子目标被处理，并且不断地监视看是否失败。如果其中的一个子目标失败，那么为了重新规划这一目标，目标重新激活自己。

```
int Goal_MoveToPosition::Process()
{
  //如果状态是闲置的，调用 Activate()方法，并把状态设置成活跃的
  ActivateIfInactive();
  //处理子目标
  m_Status = ProcessSubgoals();
  //如果任意一个子目标已经失败，那么这个目标将被重新规划
  ReactivateIfFailed();
  return m_Status;
}
```

现在，让我们就来看看，另一个策略-层次目标——Goal_AttackTarget 是如何工作的。

9.3.5 Goal_AttackTarget

当角色感觉自身健康状况良好、装备精良，足以攻击它当前目标的时候，角色会选择这

种战略。Goal_AttackTarget 是一个组合的目标，并且它的说明很简单。

```
class Goal_AttackTarget : public Goal_Composite<Raven_Bot>
{
public:
  Goal_AttackTarget(Raven_Bot* pOwner);
  void Activate();
  int Process();
  void Terminate(){m_iStatus = completed;}
};
```

在激活方法中会发生所有的活动。首先，任何现有的子目标都会被清除，然后，进行检查以确保角色的目标对象仍是当前的目标。这种检查是必需的，因为目标对象可能会死亡，或者当这一目标虽依然活跃，但目标对象已经移出角色的感知范围。如果发生这种情况，目标必须退出。

```
void Goal_AttackTarget::Activate()
{
  m_iStatus = active;
  //如果这个目标被重新激活，那么可能存在一些必须被删除的现有子目标
  RemoveAllSubgoals();
  //有可能当目标仍然活跃的时候，而角色的目标已经死掉了，所以我们必须进行测试，
  //以确保角色总具有一个活跃的目标。
  if (!m_pOwner->GetTargetSys()->isTargetPresent())
  {
    m_iStatus = completed;
    return;
  }
}
```

接着，角色查询它的目标系统以找出它是否能直接击中目标。如果有可能被射中，它需要选择一种可遵循的运动战术。注意，武器系统是人工智能完全独立的组成部分，它总是会自动挑选最好的武器，并瞄准当前的目标射击，不管角色追逐什么样的目标（如果你需要温习一下可参见第 7 章）。这意味着，这个目标必须只指导角色在进攻的时候应该如何移动，为《掠夺者》中角色只提供两种选择：如果角色左面或右面还有空间的话，它通过给它的子目标列表添加 Goal_DodgeSideToSide，从一边到另一边扫射。如果没有可以躲避的空间，角色只是靠近目标的当前位置。

```
//如果角色能够射中目标（在角色和目标之间有视线的话），然后在射击的时候，选择一种要遵循的战术
if (m_pOwner->GetTargetSys()->isTargetShootable())
{
  //如果角色有空间去扫射的话，那么就扫射
  Vector2D dummy;
  if (m_pOwner->canStepLeft(dummy) || m_pOwner->canStepRight(dummy))
  {
    AddSubgoal(new Goal_DodgeSideToSide(m_pOwner));
  }
  //如果不能够扫射，直接靠近目标的位置
  else
  {
    AddSubgoal(new Goal_SeekToPosition(m_pOwner,
                          m_pOwner->GetTargetBot()->Pos()));
  }
}
```

根据游戏的不同要求，你可能会希望给角色更广泛的进攻性移动战术的选择，角色可以从中选择更好的移动战术。比如，添加一种战术动作，它可以把角色移动到一个射击当前（或最喜爱）的武器的最佳区域，或者是能够选择一个好的狙击点或掩护位置（别忘了，导航节点可以用这种信息进行注释）。

如果无法直接射击目标（因为它可能刚刚跑过拐角），角色则为其子目标表添加一个 Goal_HuntTarget 。

```
//如果看不见目标，则继续搜寻
  else
  {
    AddSubgoal(new Goal_HuntTarget(m_pOwner));
  }
  }
```

对 Goal_AttackTarget 来说，处理方法实在是微不足道。这是仅仅用来确保子目标已经被处理，并且如果发现一个问题，则重新规划目标。

```
int Goal_AttackTarget::Process()
{
  //如果状态是闲置的，调用 Activate()方法
  ActivateIfInactive();
  //处理子目标
  m_iStatus = ProcessSubgoals();
  ReactivateIfFailed();
  return m_iStatus;
}
```

Goal_HuntTarget 方法和 Goal_Dodge-SideToSide 方法此处不再赘述。它们完成什么任务是非常明显的，如果你想了解细节的话，你可以查看源代码。

9.4　目 标 仲 裁

现在你们理解目标是如何工作的，并且看到了一些具体例子，但你大概还想知道，角色如何在战略层次目标之间进行选择。这是通过组合目标 Goal_Think 来实现的，每个角色拥有它的一个持久的实例，它形成了目标层的根。Goal_Think 的功能是在现有的战略之间进行仲裁，选择最合适的战略来加以推行。共有 6 种策略层次目标分别如下。

- **探索**：智能体在它的环境中挑选一个仲裁点，并规划到达这个点的一条路径，然后追随这条路径。
- **获得健康包**：智能体发现一条到达健康物件实例的最小成本路径，并且沿着这条路径到达这个实例。
- **获得武器（火箭炮）**：智能体发现一条到达火箭炮实例的最小成本路径，并且沿着这条路径到达这个实例。

- **获得武器（散弹枪）**：智能体发现一条到达散弹枪实例的最小成本路径，并且沿着这条路径到达这个实例。
- **获得武器（轨道炮）**：智能体发现一条到达轨道炮实例的最小成本路径，并且沿着这条路径到达这个实例。
- **攻击目标**：智能体为攻击当前目标确定一种战略。

每次仲裁更新步中都要讨估多种策略中的每一种并分别评分来表示实行该战略的期望值。最高分值的策略被指定为智能体要努力执行的策略。为了推动这一进程，每个 Goal_Think 都集合了几个 Goal_Evaluator 的实例，每种策略有一个。这些对象有一些方法来计算它们所代表的战略的期望值，并把这一目标添加到 Goal_Think 的子目标表中。图 9.8 说明了这种设计。

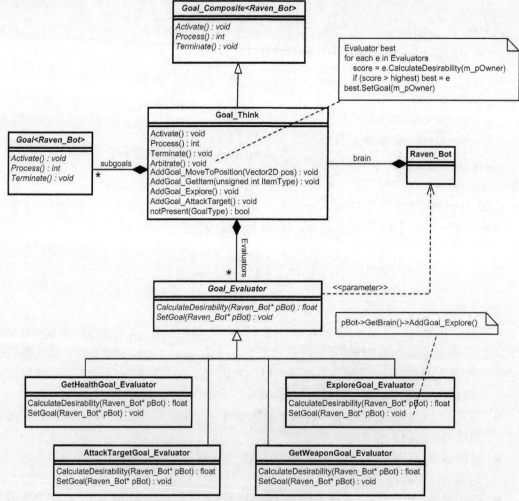

图 9.8　虽然没有明确表明，每个 Goal_Think 实例具体说明 3 个 GetWeaponGoal_Evaluator 的对象，角色可选择的每种武器类型中的一件

　　每种 CalculateDesirability 方法都是手工算法，返回一个值，用来表示角色执行相应战略的期望值。这些算法可被巧妙地创建，它通常有助于首次创建一些帮助函数，它用来把一些游戏的特征信息映射成一个范围在 0～1 的数值。这些数然后用来公式化表述期望值算法。你的特征提取方法返回什么范围的数据，这并不特别重要，返回 0～1，0～100，或-10000～1000 范围的数据都是可以的。但所有方法中都使用规范化的数据是有好处的。这样当你开始创建期望值算法的时候，在我们大脑中，这将变得更加容易。

　　为了确定需要从游戏世界中提取什么样的信息，依次考虑每一项战略目标，并且考虑什么样的游戏特性与执行该策略的期望值相关。比如，GetHealth 评估程序将需要一些与角色的健康状态和健康物件位置有关联的信息。同样的，AttackTarget 评估程序除了需要角色的健康水平信息之外（如果一个角色健康状况比较差，它是不太可能去进攻一个感觉比它强壮的对手），还需要与角色当前携带的武器和弹药有关的信息。该 ExploreGoal 评估程序是你稍后会看到的一个特殊例子，但 GetWeapon 评估程序将需要更多额外的信息，例如距离一种特定武器大约有多远，以及当前角色携带了多少这种武器的弹药。

　　《掠夺者》中采用了 4 种这样的特征提取函数，作为 Raven_Feature 类的静态方法来实现。这里列出了类的说明，在注释中对每种方法进行了描述。

```
class Raven_Feature
{
public:
  //基于角色的健康，返回一个 0 到 1 的值，健康程度越好，得分越高
  static double Health(Raven_Bot* pBot);
  //基于角色与给定的物件的距离，返回一个 0 到 1 的值，物件越远，得分越高，
  //如果调用此办法的时候在游戏世界里没有给定类型的物件存在，则返回值是 1
  static double DistanceToItem(Raven_Bot *pBot, int ItemType);
  //基于角色为给定武器准备多少弹药，以及角色可以携带弹药的最大数量，返回一个 0～1 间的值，携带弹药越
  //接近最大数目，评分就越高
  static double IndividualWeaponStrength(Raven_Bot * pBot, int WeaponType);
  //基于角色为每种武器携带弹药的总数量，返回一个 0～1 间的值，一个角色可以选择的 3 种武器中的每一种各占这个
  //评分的三分之一。换句话说，如果一个角色正携带一个 RL 和 RG，并且 RG 有最大数量的弹药，而 RL 却只有最大弹药
  //数量的一半，所以这个评分将是 1/3 + 1/6 + 0 = 0.5
  static double TotalWeaponStrength(Raven_ Bot *pBot);
};
```

　　此处不列出方法的代码段，你会发现在某一点把它们查出来是比较有意思的。你可以在文件 Raven/ goals/Raven_Feature.cpp 中找到它们。

　　现在让我们看一看，如何用帮助函数为每种战略计算期望值分数的，它们被规范为 0～1 的范围。

9.4.1　计算寻找一个健康物件的期望值

　　一般来说，定位一个健康物件的期望值是与角色当前的健康水平成正比的，与最近的实例的距离远近成反比。每种特征由前面所讨论的方法提取，并且代表为 0～1 范围内的个数值，这可以写成如下：

$$Desirability_{health} = k \times \left(\frac{1 - Health}{DistToHealth} \right)$$

其中 k 是一个常数，用来调整结果。这种关系是可以理解的，因为如若为了获取一个物件，你必须行进得越远，期望越少，而你的健康水平越低，期望就越高。（注意：我们不用担心除以零的错误，因为在物件被触发之前，对智能体来说，与物件的距离不可能比自己的边界半径更小）。

这是《掠夺者》中实现该算法的源代码。

```
double GetHealthGoal_Evaluator::CalculateDesirability(Raven_Bot* pBot)
{
  //首先获得到健康物件最近的实例的距离
  double Distance = Raven_Feature::DistanceToItem(pBot, type_health);
  //如果距离特征用 1 的值来评分，意味着在地图上或者是不存在这个物件，或者是距离太远以至于不值得考虑，
  //因此期望值为 0
  if (Distance == 1)
  {
    return 0;
  }
  else
  {
    //用于调整期望值的值
    const double Tweaker = 0.2;
    //寻找健康物件的期望值与健康剩余值成正比的，而与健康物件的最近实例的距离成反比。
    double Desirability = Tweaker * (1-Raven_Feature::Health(p角色)) /
    (Raven_Feature::DistanceToItem(p角色, type_health));
    //保证值是在 0～1 的范围内
    Clamp(Desirability, 0, 1);
    return Desirability;
  }
}
```

9.4.2 计算寻找一种特殊武器的期望值

这同以前的算法非常类似。寻找一个特定武器的期望值，可给出下面的式子：

$$Desirability_{weapon} = k \times \left(\frac{Health \times (1 - WeaponStrength)}{DistToWeapon} \right)$$

注意，武器力量和健康这两个特征是如何作用于获得一种武器的期望值。这是可以理解的，因为角色的健康状况越差，或为这种特定的武器携带的弹药数量越多，获得它的期望应该越小。这种算法的代码是这样的。

```
double GetWeaponGoal_Evaluator::CalculateDesirability(Raven_Bot* pBot)
{
  //获得到这种武器类型最近实例的距离
  double Distance = Raven_Feature::DistanceToItem(pBot, m_iWeaponType);
  //如果这个距离特征用一个值 1 来评价，意味着在地图上或者不存在这个物件，或者距离太远以至于不值得考虑，
  //因此期望值为 0
  if (Distance == 1)
  {
    return 0;
```

```
  }
  else
  {
    //用于调整期望值的值
    const double Tweaker = 0.15f;
    double Health, WeaponStrength;
    Health = Raven_Feature::Health(pBot);
    WeaponStrength = Raven_Feature::IndividualWeaponStrength(pBot , m_iWeaponType);
    double Desirability = (Tweaker * Health * (1-WeaponStrength)) / Distance;
    //保证值是在 0～1 的范围内
    Clamp(Desirability, 0, 1);
    return Desirability;
  }
}
```

在选择武器和健康物件的期望值计算中使用距离作为期望值的一个因子的好处是：给定正确环境，角色将临时地改变战略，并且转移它们的路线去拾起附近的物件。

⌘ 提示：到目前为止我们查看过的期望值算法中距离的影响是线性的。换句话说，期望值直接与离物件的距离成正比。然而，你或许更喜欢在角色上"拉"这个物件，随着角色的靠近，让其变得更加坚强，更快（你能感受这种力量，就像你移动两块磁铁，让它们彼此靠近），而不是以一种恒定比例（这种力量就像你拉伸一个弹簧）。这最好用图来解释，参见图 9.9。

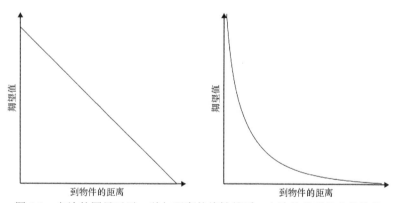

图 9.9　左边的图显示了一种与距离的线性关系；右边的关系是非线性的

要创建一种能够生成类似于右边图中的期望值—距离曲线的标法，你必须除以距离的平方（甚至是立方）。换句话说，方程被修改为：

$$Desirability_{weapon} = k \times \left(\frac{Health \times \left(1 - WeaponStrength\right)}{DistToWeapon^2} \right)$$

不要忘记你也将调整 k，这会得出你所希望的结果。

9.4.3　计算攻击目标的期望值

攻击对手的期望值是与角色的健康程度和强大程度成正比的。"强大"的特征，在《掠夺者》

的游戏环境中说明了角色携带的枪支和弹药的数目，由 Raven_Feature::Total WeaponStrength 方法来评价（下次当你坐在你的计算机前的时候，建议你浏览一下这种方法）。利用这两个特征，我们可以计算出 AttackTarget 目标的期望值。

$$Desirability_{attack} = k \times TotalWeaponSrtengt \times Health$$

在这里看看代码是如何写的。

```
double AttackTargetGoal_Evaluator::CalculateDesirability(Raven_Bot* pBot)
{
  double Desirability = 0.0;
  //如果目标存在，只做计算
  if (pBot->GetTargetSys()->isTargetPresent())
  {
    const double Tweaker = 1.0;
    Desirability = Tweaker *
                   Raven_Feature::Health(pBot) *
                   Raven_Feature::TotalWeaponStrength(pBot);
  }
  return Desirability;
}
```

⌘ 提示：根据所需要的智能体的复杂程度，你可以向仲裁程序添加策略，也可以从中删除策略。（记得吗？Goal_Think 是《掠夺者》角色战略目标的仲裁程序）。的确，你甚至可以打开和关闭整套战略目标，给智能体提供一个全新的且可供选择的一组行为。举例来说，游戏 Far Cry（《孤岛惊魂》）就利用了这种技术来获得更好的效果。

9.4.4　计算寻找地图的期望值

这个函数很容易。你想象一下自己玩游戏。如果没有其他事情需要你立即关注，如攻击对手、寻找弹药或健康的话，你只可能去寻找地图。因此，寻找地图的期望值固定为一个低的恒定值，从而确保了只在其他所有可择取的行动的期望分值更低时，才会去查阅地图。这是代码：

```
double ExploreGoal_Evaluator::CalculateDesirability(Raven_Bot* pBot)
{
  const double Desirability = 0.05;
  return Desirability;
}
```

9.4.5　把它们都放在一起

一旦为每个评估程序对象定义了一个期望值函数，余下要做的就是每次仲裁更新时 Goal_ Think 就去遍历它们，并选择期望值最高的来作为角色将要执行的一种战略。如下是阐明的代码。

```
void Goal_Think::Arbitrate()
{
  double best = 0;
```

```
Goal_Evaluator* MostDesirable = NULL;
//遍历所有评估程序去查看哪个产生最高分
GoalEvaluators::iterator curDes = m_Evaluators.begin();
for (curDes; curDes != m_Evaluators.end(); ++curDes)
{
  double desirabilty = (*curDes)->CalculateDesirability(m_pOwner);
  if (desirabilty >= best)
  {
    best = desirabilty;
    MostDesirable = *curDes;
  }
}
MostDesirable->SetGoal(m_pOwner);
}
```

⌘ 提示：真人游戏玩家有能力去预知其他选手将会做什么，并采取相应的行动。可以简单地把我们的观点转成任何其他玩家的观点并思考他们所需要的愿望，这样就可以了解玩家的状态以及游戏世界的状态，如下示例。

从远处观察两名游戏玩家，斯德和埃里克，你突然用火箭发射器搏斗，遭受连续攻击后，埃里克停住了并开始跑到走廊的下面。将你的观察视点转向埃里克的角度，因为你知道他的健康指标比较低，你预料他很可能跑向健康包，你们都知道要放在走廊尽头的屋子里。你也意识到，你比埃里克更靠近健康包，所以你决定从埃里克那里"偷走"它，并且隐藏等待，直到他过来，于是沿着墙边，你用离子体步枪把他干掉了。

这种事先预测对方行动的能力，是人类的一个本能的特征行为，我们总是在这样做。不过也有可能给智能体一种类似的工作能力，只是这种能力比人类具有的能力要少许多。因为目标仲裁智能体的期望值是由算法所决定的，你可以拥有一个具备与人类玩家相称属性（健康状况，弹药等）的角色，通过它自己（或常规）的仲裁程序来推测某一时刻玩家想干什么。当然，这种推测的准确性取决于角色的欲望与玩家欲望的匹配程度（也取决于你建造行为模块的技巧），但是偶尔做出准确的预测也并非难事，有时甚至用一个很基本的模块，就使得角色能带给玩家很大的惊喜。

9.5 扩　　展

分层基于目标的仲裁设计的一个伟大之处就是程序员只要额外付出较少的努力就可以获得优质的特性。

我们将用本章后面的篇幅来介绍这些扩展。

9.5.1 个性

因为期望值分数都被限制在同一范围内，通过对每个分数乘以在所需的个性趋向的一个偏移常数，就可以容易地生成有不同个性特点的智能体。例如，要创建一个进攻性强但不太顾及自身安全的掠夺者角色，你可以将它得到健康包的期望值偏量为 0.6，而它攻击目标的期望设为 1.5，而要生成一个谨慎的角色，你可以偏移它的期望值以使它更有可能拣起武器和健康包，而不是去攻击。如果为一个 RTS 游戏设计目标控制的智能体，你可以创建一个对手喜欢探索和研究技术，另一个喜欢尽可能快地创建一支庞大的军队，而还有一个则醉心于建立城市防御体系。

为促成这些个性特点，Goal_Evaluator 基类包含一个 m_dCharacterBias 的成员变量，在构造器中，这是由客户所分配的一个值：

```
class Goal_Evaluator
{
protected:
  //当一个目标的期望值分数被评估出来时，用这个值来乘。
  //这样可以基于能偏爱的个性来生成不同角色。
  double m_dCharacterBias;
public:
  Goal_Evaluator(double CharacterBias):m_dCharacterBias(CharacterBias){}
  /* 无关细节被删除 */
};
```

在每个子类的 CalculateDesirability 方法中应用 m_dCharacterBias 值，去调整期望值分数的计算。这里显示的是如何把它添加到 **AttackTarget** 期望值的计算中：

```
double AttackTargetGoal_Evaluator::CalculateDesirability(Raven_Bot* pBot)
{
  double Desirability = 0.0;
  //如果目标存在，仅仅进行计算
  if (pBot->GetTargetSys()->isTargetPresent())
  {
    const double Tweaker = 1.0;
    Desirability = Tweaker *
                   Raven_Feature::Health(pBot) *
                   Raven_Feature::TotalWeaponStrength(pBot);
    //根据角色的个性偏置这个值
    Desirability *= m_dCharacterBias;
  }
  return Desirability;
}
```

如果你的游戏设计要求该个性在游戏中保持不变，你应当为每个包含偏移值的角色建立一个单独的脚本文件（加上任何其他的角色特性数据，诸如武器瞄准精度，武器选择偏好等）。在《掠夺者》中，没有这种类型的角色，但是，每次你执行程序，在 Goal_Think 构造器中，角色的期望偏移值被指定为一个随机数，就像这样：

```
//这个偏移值应从一个每个角色偏移值的脚本文件中装入，但现在我们只是赋予它们一些随机数。
const double LowRangeOfBias = 0.5;
const double HighRangeOfBias = 1.5;
double HealthBias = RandInRange(LowRangeOfBias, HighRangeOfBias);
double ShotgunBias = RandInRange(LowRangeOfBias, HighRangeOfBias);
double RocketLauncherBias = RandInRange(LowRangeOfBias, HighRangeOfBias);
double RailgunBias = RandInRange(LowRangeOfBias, HighRangeOfBias);
double ExploreBias = RandInRange(LowRangeOfBias, HighRangeOfBias);
double AttackBias = RandInRange(LowRangeOfBias, HighRangeOfBias);
```

```
//创建评估程序对象
m_Evaluators.push_back(new GetHealthGoal_Evaluator(HealthBias));
m_Evaluators.push_back(new ExploreGoal_Evaluator(ExploreBias));
m_Evaluators.push_back(new AttackTargetGoal_Evaluator(AttackBias));
m_Evaluators.push_back(new GetWeaponGoal_Evaluator(ShotgunBias,
                                                type_shotgun));
m_Evaluators.push_back(new GetWeaponGoal_Evaluator(RailgunBias,
                                                type_rail_gun));
m_Evaluators.push_back(new GetWeaponGoal_Evaluator(RocketLauncherBias,
                                                type_rocket_launcher));
```

⌘ 提示：目标仲裁基本上是一种由一些数字所定义的算法流程。因此，它不是由逻辑所驱动的（如一个 FSM），而是由数据所驱动的。这是非常有利的，因为你要改变角色行为所需做的仅仅是调整一些数据。你可能喜欢将这些数据保存在一个脚本文件中，这样使这个团队中其他成员也可以很容易地对它们进行实验。

9.5.2　状态存储

组合目标堆栈式的（后进先出）性质会自动赋予智能体一个记忆空间，通过把新目标（或多个目标）压入到当前目标的子目标表的前面，可以使它们暂时地改变行为。一旦当新目标得到满足，它将从子目标表中弹出，并且智能体将重新开始它先前正在做的事情。这是一个非常强大的特性，可以用多种不同的方式加以利用。

这里有两个例子。

1. 例 1：自动恢复被中断的活动

想象一下埃里克，他正在去铁匠铺的路上，口袋里装着黄金，在他到达所走路径中的第 3 个路点之前，遭到一个手拿蓝波刀的贼的袭击。此时，他大脑中的子目标表如图 9.10 所示。

埃里克没有想到此时会发生这样的事，幸好人工智能程序员已经创建一个目标来处理这类事情，称为 DefendAgainst-Attacker。这个目标被压到它的子目标表的前面，并且保持活跃状态，直到小偷或逃走或被埃里克杀死，参见图 9.11。

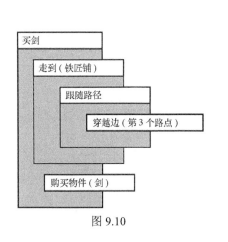

图 9.10

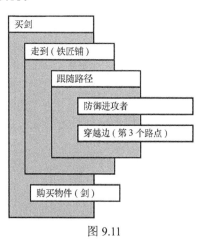

图 9.11

这种设计的出色之处就是当 DefendAgainstAttacker 目标执行完毕后，就把它从表中删除，埃里克自动恢复沿路径到达第 3 个路点目标的执行。

你可能会想到"啊，但如果当埃里克追逐小偷的时候，看不到路点 3 将怎么办？"这正是这种设计的神奇之处。因为这些目标已经有内置逻辑用于检测失败还是重新规划，如果目标失败，则设计沿层次回退，直到发现一个父目标能够重新规划该目标。

2. 例 2：顺利通过特殊的路径障碍

许多游戏设计需要智能体能够顺利通过一种或多种路障，例如门、电梯、吊桥，以及移动平台。这往往要求智能体执行一个短暂的行动顺序。例如，智能体要使用电梯，它必须找到调度电梯的按钮，走向按钮，按下按钮，然后步行回来，站在门前，直到电梯抵达。使用移动平台是一个类似的过程：智能体必须走向一个操作平台的机械装置，按下/拉起该装置，走到登台处，等待平台到达，最后踏上平台，并且等待，直到平台到达它要去的地方。参见图 9.12。

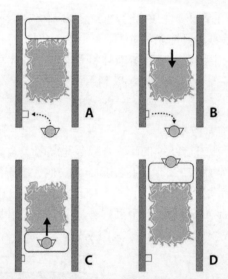

图 9.12　智能体使用一个移动平台去穿越一堆火。
A）智能体步行到按钮并按下它。B）智能体走回原位，等待平台的到达。
C）智能体踏上平台，并在平台穿越火堆时始终是保持静止的，
D）智能体继续走它的路

这些"障碍"对路径规划器来说，应该是透明的，因为他们不是智能体移动中的障碍。当然，顺利通过它们需要花费时间，这能够在导航图的边成本中体现出来。

为了让智能体来处理这些障碍，通过障碍的图形边必须用反映其类型的信息加以标注。FollowPath 目标可以检查这些信息，以确保当遇到这样的一条边时，正确类型的目标能被压到一个智能体目标表的前面。正如前面的例子，智能体将执行这个新目标，直到完成，然后恢复做先前所做的事情。

为了体现这一原则,在《掠夺者》角色的全部技能中又增加了顺利通过滑动门的技能,通过触摸位于靠近门的某个位置(一边有一个)的按钮,就可以打开滑动门。当在地图编辑器中添加一个门时,穿过门的边界的任何图形边都要用 goes_through_door 标记来标明。如果角色遇到这样的边标记(正如在 Goal_FollowPath::Activate 中从路径中取掉它们一样),NegotiateDoor 目标就被添加到它的子目标表中去,就像这样:

```
void Goal_FollowPath::Activate()
{
  //获得下一条边的一个引用
  const PathEdge& edge = m_Path.front();
  switch(edge.GetBehaviorFlags())
  {
  case NavGraphEdge::goes_through_door:
    {
      //添加一个目标,该目标能够处理打开门的动作
      AddSubgoal(new Goal_NegotiateDoor(m_pOwner, edge));
    }
    break;
  //等等
```

该 NegotiateDoor 目标指挥角色通过打开门和穿过门所需要的动作序列。作为一个例子,让我们思考一下图9.13 中所示的角色,它的路径带着它沿着边 AB 前行,这条边被一个滑动门挡住了。

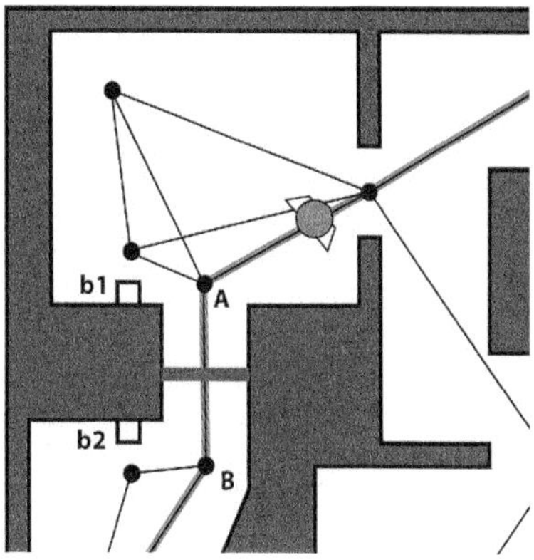

为了穿过这个滑动门,角色是必须遵守如下步骤。

(1)获得打开门的按钮表(b1 和 b2)。

(2)从表中,选择最近的可通行的按钮(b1)。

(3)规划并沿着一条到按钮 b1 的路径(按钮将被触发,打开大门)。

(4)规划并沿着到达节点 A 的路径。

(5)穿越边 AB。

图 9.13

在它的 Activate 激活方法中,Goal_NegotiateDoor 陈述了这些步骤中的每一步,添加为了完成任务所必须的子目标。下面列出的将有助于说明:

```
void Goal_NegotiateDoor::Activate()
{
  m_iStatus = active;
  //如果这个目标被重新激活,那么可能会存在一些必须被删除的现存子目标
  RemoveAllSubgoals();
  //得到最近的可通行的开关位置
  Vector2D posSw = m_pOwner->GetWorld()->GetPosOfClosestSwitch(m_pOwner->Pos(),
                                                 m_PathEdge.GetDoorID());
  //因为目标是被压到子目标表的前面,他们必须按照相反的次序添加。首先是穿越通过门的边的目标 AddSubgoal
   (new Goal_TraverseEdge(m_pOwner, m_PathEdge));
  //其次是把角色移到穿越门的边的开始之处的目标
  AddSubgoal(new Goal_MoveToPosition(m_pOwner, m_PathEdge.GetSource()));
  //最后是将指引角色到达开关的位置的目标
```

```
    AddSubgoal(new Goal_MoveToPosition(m_pOwner, posSw));
}
```

通过运行《掠夺者》程序并装载 Raven_DM1_With_Doors.map 地图，你可以看到《掠夺者》的角色通过大门，它用稀疏的导航图，所以你就可以很清楚地看到，NegotiateDoor 目标是如何工作的。

9.5.3 命令排队

在过去的几年里，实时战略类游戏日趋复杂。不仅玩家能够控制的 NPC（非玩家任务）的数量增加，而且可以指挥的 NPC 要遵循的命令数目也增加了。这必然导致要对一些用户界面进行改善，玩家具有一种能力，能排列一个 NPC 的次序，这被称为命令排队（或建立队列）。

排队最早的应用之一就是设置一个 NPC 要行进的路点作为路径。要做到这点，玩家在图上单击的时候按下一个键以生成一系列的路点。NPC 用先进先出的数据结构来存储这些路点，并顺序沿路点行进，当其队列为空时停止，参见图 9.14。

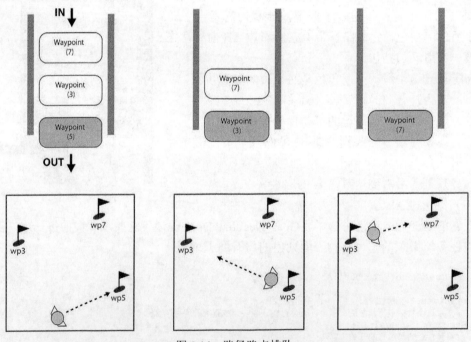

图 9.14　路径路点排队

设计师很快意识到，只要稍加修改，用户也可给 NPC 分配巡逻点。如果路点被玩家分配作为巡逻点（当单击时，按住不同的键），当 NPC 到达它们时，它们就返回到队列的后面。用这种方法，NPC 将无休止地通过其巡逻点进行循环，直至接到其他的命令。参见图 9.15。

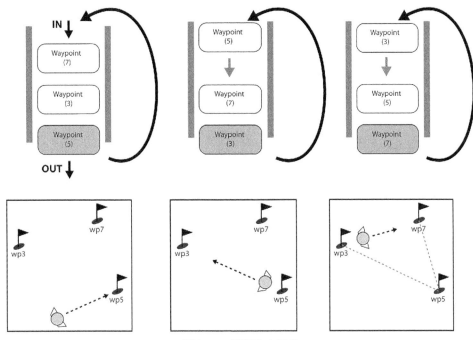

图 9.15　巡逻路点排队

革新后不久，设计师又意识到，不仅可以对位置向量进行排队，还可以对任何类型的命令进行排队。随后，在选择命令时只需按住一个键，玩家就能够对多个命令进行排队，而不是一次只发布一条命令。比如，NPC 可以被指示去采集一些黄金，然后建立一个兵营，然后攻击敌人的部队。命令一旦发布，玩家就可以把注意力集中到其他地方，NPC 就能自信地奉命行事了。

命令排队会大大减少玩家用于微观管理的时间，大大增加用于游戏更多有趣方面的时间。因此，在 RTS 类型的游戏中，它已成为一种不可或缺的特征。所幸的是，采用组合的目标结构，这种功能实现起来非常容易。你必须做的就是，除了允许客户把目标放到子目标表的前面，还要允许客户增加目标到子目标表的后面。仅需要 5 分钟的工作，你就会得到命令排队。

在《掠夺者》中，你可以观察到命令排队的执行。不幸的是，不像一个 RTS，《掠夺者》并没有很多有趣的命令，但是当单击地图时按下"Q"键，你就可以对多个 MoveToPosition 目标进行排队。这是通过给 Goal_Think 添加 QueueGoal_MoveToPosition 方法和一些额外的代码来实现的，如果玩家单击地图的同时按住适当的键，就会调用这个方法。如果你释放"Q"键并再次右键单击地图，排队将被清除，并被一个单一的新目标所取代。这与实现你选择的任何目标同样容易，因为排队会进行自我管理。

9.5.4　用队列编写脚本行为

把子目标表转换成一个队列的另一个好处就是，它使你很容易地编写线性行动队列。例如，可以用下面的方法创建行为。

- 玩家进入一个房间，一个鬼魂式的游戏人物出现，飘到位于角落的一个柜子上，打开柜子，拿出一个卷尺，然后飘回到玩家面前，并且把卷尺送到玩家手中。
- 玩家进入一个有玻璃天花板的酒店大堂。在房间待了很短的一段时间，就听见一架直升机的声音。几秒钟后，天花板被撞成百万个碎片，接着看到几名全副武装的黑衣人从直升机中沿着绳索下来。当他们到达地面后马上散开了，各自寻找一个单独的位置作为掩护，并朝玩家开始射击。
- 一个玩家找到一盏旧的黄铜灯。他摩擦一下，出现一只精灵。精灵说："跟我来"，并领着玩家到一个秘密隧道的入口，接着精灵迅速消失在一团烟雾中。为了做到这一点，你必须保证为序列的每一步定义一个目标，并激活脚本所需的触发器。此外，你必须向你的脚本语言暴露有关的 C++ 代码。

例如，要编写之前 Lua 表中的第 3 个例子，你需要完成下列任务。

1. 创建 3 个目标。

- 一个 SayPhrase goal 目标，在一个指定的时间内，输出一些文本到屏幕。
- 一个 LeadPlayerToPosition 目标，除了它具有一些附加的路径之外，保证精灵把玩家领到一个秘密隧道时，能看到玩家，这类似于在掠夺者中所看到的 MoveTo-Position 目标。
- 一个 VanishInPuffOfSmoke 目标，这就把精灵的一个实例从游戏世界中删除，让它消失在一团烟雾的后面。

2. 当玩家对一特定的"灯"对象执行"摩擦"动作时，创建一个激活的触发器。当被激活时，触发器应该调用适当的 Lua 函数。

3. 向 Lua 暴露游戏结构的有关部分。理想地记，你愿意脚本编写得有点像下面的样子：

```
function AddGenieTourGuide(LampPos, TunnelPos, Player)
  --create an instance of a genie at the position of the lamp
  genie = CreateGenie(LampPos)
  --first welcome the player, text stays on screen for 2 seconds
  genie:SayPhrase("Welcome oh great "..Player:GetName().. "!", 2)
  --order the player to follow the genie. text stays on screen for
  --3 seconds
  genie:SayPhrase("Follow me for your three wishes", 3)
  --lead the player to the tunnel entrance
  genie:LeadPlayerToPosition(Player, TunnelPos)
  --vanish
  genie:VanishInPuffOfSmoke
end
```

因此，你需要暴露一个创建精灵的 C++ 方法，把它添加到游戏世界，并且返回一个指向它的指针，同时还有给一个精灵的目标队列添加合适的目标的方法。

9.6 总　结

　　本章介绍了一个灵活而强大的基于目标的智能体结构。你已经学到，一个智能体的行为是如何被规范为一套高级战略的，每个都由组合目标和原子目标的一个嵌套层次结构所构成。你也学会了智能体是如何对这些战略进行仲裁的，以便能在当前游戏状态下选择一种最适当的战略去执行。

　　虽然有着许多相同之处，这种结构的复杂性远远超过基于状态的设计，在你能够信心十足地使用它之前，这将需要一些实践。照例，我将以一些你可能会嘲笑的想法来结束这一章，这有助于提高你的理解。

熟能生巧

　　1. 当某一特定物件即将再生的时候，出色的人类 FPS 玩家会有一种"感觉"。事实上，一些死亡赛玩家与他们监视器附近的一个闹钟玩耍时，他们并非不知道的。但是，当一个物件产生的时候，掠夺者角色目前没有线索。为 Dijkstra 的搜索算法创建一个终止条件，如果一个闲置的（隐形的）物件类型将要再生，这种算法会算出需要到达它的时间。从而使角色能够抢先占有它。

　　2.《掠夺者》角色没有防御策略。目前，如果他们觉得自己不够强大，不足以发动攻击的话，他们只是企图穷追抓获一个物件类型，希望获得的物件将引导他们远离伤害。在你观看演示样本的时候，你会发现，这种行为经常为他们带来麻烦。这是因为他们在追逐一个物件的时候，他们不会尝试躲避子弹。这需要增写逻辑和一些额外的目标，使得角色能探测并意识到这种情况，并在追逐一个物件的时候，他们能够从一边跑到另一边以躲避子弹。

　　3. 给《掠夺者》增加人物脚本，创建一个或两个脚本序列。这是一个很好的练习，将巩固你所学到的许多东西。你不需要任何复杂的脚本。例如，你可以做一些前面描述的类似精灵的例子。从玩家的角度创建一个这样的脚本：当玩家坐在某一个特定的位置，一个角色从视野外的某处进入这个地点，（当然，这不可能表现出自上而下的掠夺者本性，但你知道我的意思），停在玩家的前面，说："跟我来"，然后带领玩家走到一个随机的地点。

第 10 章 模 糊 逻 辑

人类具有难以置信的沟通能力，人类能够简单而准确地运用一些模糊语言规则。例如，一个电视厨师可能会指导你如何烘烤出完美的奶酪，就像这样。

1．把面包切成**中等厚度**的两片。

2．把平底锅的加热按钮调到**高档**。

3．烤面包切片的一面，直到它变成**金黄色的**。

4．把面包切片翻过来，并添加**大量的**奶酪。

5．把面包切片放回原处继续烤，直到上面的奶酪变成**微褐色**。

6．拿走面包切片，洒上**少量的**黑胡椒粉，并开始吃。

用粗体显示的字都是一些模糊术语，不过，遵循这些指令，我们将会有信心做一份美味的快餐。人类总是做这样的一些事情。对我们来说，使用一种有意义而且准确的方法解释这样的指令，那是一个透明而自然的过程。

当为电脑游戏设计人工智能时，能够用一种类似的方式跟计算机进行沟通，岂不是很伟大？这种方法能够迅速而简单地把人类领域的专家知识映射到数字领域。如果计算机能够理解模糊语言术语的话，那么我们可以坐下来跟这个领域的专家（更多的时候这个专家就是你）询问要想在这个领域取得成功而需要的一些相关技能，从答案中可以快速地创建一些语言规则，这些规则是让计算机去解释的，就像烤面包所显示的那样。

用传统的逻辑处理这些规则是不精确的。举一个例子，假如你正编写一个高尔夫球游戏，并且你跟高尔夫王子老虎·伍兹一整天都待在一起，跟他确定一些打高尔夫球的场地规则。在这一天结束时，你的记事本上记满了一些充满智慧的词，比如：

当打球入洞时：*如果球离洞很远并且草坪是一个由左到右的向下平坡，那么狠狠地击中球，并且是以一个稍微偏向旗杆左侧的角度击打球。*

当打球入洞时：*如果球离洞很近，并且球和洞之间的草坪是水平的，那么轻轻地直接对准洞口击球。*

当从球座开球：*如果风力比较强，从右向左吹，并且离洞较远，那么狠狠地击球，并且是以一个稍微偏向旗杆右侧的角度击打球。*

这些规则非常具有描述性，并且它们能够非常容易地被人理解。但是把它们转化成一种计算机能够理解的语言是比较困难的。类似"远"、"非常近"、以及"温柔地"这类的词都不明确，并不能很好地定义清晰的边界。如果我们试图在代码中描述它们的话，结果通常看起来比较拙劣而僵化。比如，我们可以对描述性的术语"距离"编码为间隔的集合。

近 = 球离洞的距离介于 0～2m 之间。

中等 = 球离洞的距离介于 2～5m 之间。

远 = 球离洞的距离大于 5m。

如果球离洞的距离是 4.99m，该如何处理？使用这些间隔代表距离，电脑将会牢牢地把球放在"中等"位置，即便是多加 2cm，就可以把它转换成"远"。不难看出，用这种方法操作数据，任何关于这个领域的人工智能推理都将是站不住脚的。当然，可以创建越来越小的间隔以减少这个问题所带来的后果，但根本问题依然存在，这是因为距离术语仍然是用离散的间隔来表示的。

比较一下人类是如何思考的。当考虑如"远"和"近"或"温柔地"和"坚定地"之类的语言术语时，人能够给这些术语设置一些模糊界线，并容许用一个值跟一个表示大概程度的术语相联系。当球离洞的距离是 4.99m 时，人会认为它部分地与"中等"距离有关联，但大部分与"远"距离有关联。用这种方法，人觉察球的距离逐渐地在语言术语中转变，而不是突然地转变，使得我们可以对如打高尔夫球或制作烤面包的语言规则进行精确地推理。

模糊逻辑，是由一个名叫卢菲特·泽德（Lotfi Zadeh）的人于 20 世纪 60 年代中期发明的，它能使电脑以一种类似人的方法去推理语言术语和规则。如"远"或"轻微的"等概念并不是由离散的间隔来表示的，而是通过模糊集合，使得这些值被分配到近似程度的集合，这个过程称为模糊化。使用这些模糊值，计算机能够解释语言规则，并产生一个结果，这个结果可能是模糊的，但更常见的，尤其在视频游戏中，可以去模糊化以得到一个普通值。这就是众所周知的基于规则的模糊推理，这是当今最流行的模糊逻辑应用，见图 10.1。

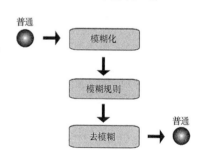

图 10.1 基于规则的模糊推理

我们稍后将查看模糊过程的更多细节，但是在你可以理解模糊集合之前，这将有助于你理解数学上的普通集合，现在让我们开始在模糊王国的旅行吧。

　⊃ 注意：解释语言规则只是模糊逻辑许多用途中的一个。我着眼于这一应用，是因为对人工智能程序员来说，它是一个最有用的特征。模糊逻辑已成功地应用于许多其他领域，包括控制工程、模式识别、关系数据库和数据分析。在你的家里，很可能有几种固态的模糊逻辑控制器。它们可能要去调节你的中央供热系统，或能让你的视频摄像机的图像保持平稳。

10.1 普 通 集 合

普通集合是一些学校里所讲授的数学概念。它们有明确定义的界限：一个对象（有时被称为一个元素）或是完全属于一个集合，或完全不属于一个集合。对于许多问题来说，普通集合都是非常好的，因为许多对象可以被准确地分类。毕竟，一把铁锹就是一把铁锹，不可能一部分是铁锹，而另一部分是花园剪刀。

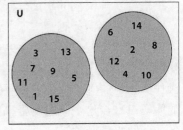

图 10.2

一个集合所有元素所属的域称为一个全集（UOD）。图 10.2 中的白色矩形代表从 1 到 15 范围内的整数全集，UOD 内部的圆圈表示偶数集合和奇数集合。

使用数学符号，这些集合可以写成如下的形式：

奇数 = {1, 3, 5, 7, 9, 11, 13, 15}

偶数 = {2, 4, 6, 8, 10, 12, 14}

很显然，一个数对普通集合的隶属度不是真，就是假，即要么是 1，要么是 0。数字 5 百分之一百是奇数，百分之零是偶数。使用这种方法，在古典集合理论中，所有整数都是黑的和白的，它们是一个集合成员的隶属度为 1，而对其他集合的隶属度为 0。值得强调的是，一个元素可以被包含在多个普通集合中。例如，整数 3 是奇数集合中的一个元素，也是素数集合中的一个元素，并且是所有小于 5 的数的集合中的一个元素。但是，在这些集合中，它的隶属度都是 1。

集合运算符

有一些可以操作集合的运算符。最常见的就是合集、交集与补集。

两个集合的合集是这样的一个集合：它包含这两个集合中的所有元素。合集运算符通常用符号"∪"来书写。假设给定两个集合，A = {1, 2, 3, 4} 和 B = {3, 5, 7}，则 A 和 B 的合集可以写成：

$$A \cup B = \{1, 2, 3, 4, 3, 5, 7\} \tag{10.1}$$

两个集合的合集相当于这两个集合进行"或"运算，给定的一个元素或在这个集合中，或在另外一个集合中。

两个集合的交集，用符号"∩"来书写，它是这样一个集合：它包含同时在这两个集合中的所有元素。使用集合 A 和集合 B，它们的交集可以写成。

$$A \cap B = \{3\} \tag{10.2}$$

两个集合相交相当于这两个集合进行"与"运算。使用上面的两个集合，只有一个元素既在集合 A 中，同时也在集合 B 中，这样集合 A 和集合 B 的交集就是{3}。

一个集合的补集也是一个集合，它包含所有不在这个集合中的全集元素。换句话说，它是这个集合的反集。假设集合 A 和集合 B 的全集是由方程式（10.1）给出的 A∪B，那么 A 的补集是 B，而 B 的补集是 A。补集的符号通常用"′"符号来书写，虽然，有时它由一条横穿集合名字上边的横杠来表示。这两种表示方法被显示在方程 10.3 中。

$$A' = B$$
$$\overline{B} = A$$

（10.3）

补集运算符相当于"非"运算。

10.2 模 糊 集 合

普通集合是有用处的，但是在很多情况下，它会出问题。举例来说，我们探讨所有智商（IQ）的全集，让我们定义一些"*笨拙*"、"*平均*"和"*聪明*"之类的集合：

笨拙 = {70, 71, 72, … 89}
平均 = {90, 91, 92, … 109}
聪明 = {110, 111, 112, … 129}

这些普通集合可以用图形的方式显示在图 10.3 中，此图说明了在任何集合的一个元素隶属度可能是 1 或者是 0。

基于人的智商数，可以把人的智力归类为这些集合中的一个。虽然非常清楚，一个人的智商为 109，这远高于"平均"智商，可能他的大多数同事会把他归类于"聪明"的集合。他肯定比一个智商数为 92 的人更聪明，尽管他们属于同一个归类集合。把一个智商为 89 的人跟一个智商为 90 的人进行比较，而得到这样一个结论：一个是"笨拙"的，而另外一个不是！这也是荒唐的。这些就是普通集合的不足。模糊集合允许给元素分配一个近似的隶属度。

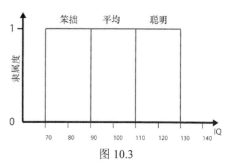

图 10.3

10.2.1 用隶属函数来定义模糊的边界

模糊集合是通过一个隶属函数来定义的。这些函数是可以任意形状，但通常是三角形或梯形。图 10.4 显示了几个隶属函数的例子。注意他们是如何定义一个渐进过渡的，这个过渡是从完全在这个集合之外的区域到完全在这个集合内的区域的。从而使得一个值能部分地隶属于这个集合。这就是模糊逻辑的本质。

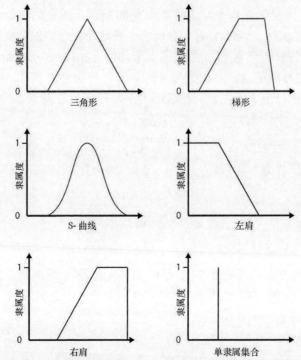

图 10.4　一些隶属函数的例子。单隶属函数不是真正的模糊，它是
一种特殊类型的集合，其行为就像一个离散值。我把它包含在内，
因为在建立模糊规则的时候，有时会用到它

　　图 10.5 显示了语言术语"笨拙"、"平均"和"聪明"所代表的模糊集合，它们由三角形隶属函数组成的。虚线说明布赖恩（智商为 115 的那个人）是两个集合的成员。其隶属于"聪明"的隶属度为 0.75，其隶属于"平均"的隶属度为 0.25。这是符合我们人类推理布赖恩智商的过程。人们会认为他大部分上是"聪明"的，高于"平均"水平，而这可以清楚地从他的模糊集合的隶属度值中看出来。

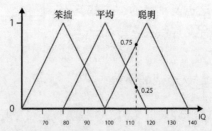

图 10.5　"笨拙"、"平均"、以及"聪明"的模糊集合。
虚线代表的智商为 115，而它同"聪明"集合和
"平均"集合的交汇点代表了他在"聪明"集合和
"平均"集合中的隶属度

⮞ 注意：值得注意的是，在采用不同的参考框架的时候，与模糊集合关联的语言术语可以改变它们的含义。举例来说，对欧洲人来说，模糊集合"高大"、"中等"、"矮小"的含义，可能会跟南美洲的俾格米人有所不同。因此，所有的模糊集合必须要在一定背景中被定义和使用的。

一个隶属函数的数学符号可以写成这样：

$$F_{Name\_of\_set}(x) \tag{10.4}$$

利用这个符号，我们可以写出布赖恩的隶属度，或缩写为 DOM，他在"聪明"的模糊集合的隶属度为：

$$Clever_{(Brian)} = F_{Clever}(115) = 0.75 \tag{10.5}$$

10.2.2 模糊集合运算符

模糊集合的交集、合集和补集可能跟普通集合的交集、合集和补集一样。模糊交集运算符在数学上等价于"与"运算，两个或更多个模糊集合相与的结果是另外的一个模糊集合。那些"平均"人的模糊集合和那些"聪明"人的模糊集合相与的结果显示在图 10.6 中。

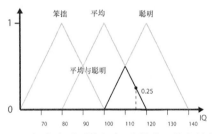

图 10.6 智商为"平均"与"聪明"的人的集合

这个图形的例子很好地解释了"与"运算，它是如何等价于为值所属的每个集合获得最低隶属度的。它的数学形式是这样的：

$$F_{Average \cap Clever}(x) = \min\left\{F_{Average}(x), F_{Clever}(x)\right\} \tag{10.6}$$

在"平均"同"聪明"人相与的集合中，布赖恩的隶属度为 0.25。

模糊集合的合集等价于"或"运算。这个复合的集合是由两个或多个的集合相或而得到的，采用了这些集合的最大隶属度。"平均"与"聪明"人的合集可以写成：

$$F_{Average \cap Clever}(x) = \max\left\{F_{Average}(x), F_{Clever}(x)\right\} \tag{10.7}$$

图 10.7 显示了"平均"集合与"聪明"集合相或的那些人的集合。这样，布赖恩在这个集合的隶属度是 0.75。

一个隶属度为 m 的值的补集是 $1-m$。图 10.8 阐述了一个"不聪明"集合。前面，我看到布赖恩对"聪明"集合的隶属度为 0.75，那么它对"不聪明"集合的隶属度应为 $1-0.75=$ 0.25，这正是我们在图中所看到的数字。

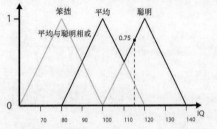

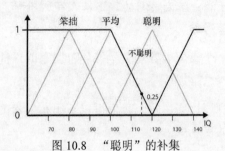

图 10.7 "平均"集合与"聪明"集合相或后的集合　　　图 10.8 "聪明"的补集

"不聪明"集合可以写成如下的数学形式：

$$F_{Clever}(x)' = 1 - F_{Clever}(x) \qquad (10.8)$$

10.2.3 限制词

限制词是一元的运算符，可以用来修饰模糊集合的含义。两个常用的限制词是"非常地"和"相当地"。对一个模糊集合 A 来说，用"非常地"作修饰：

$$F_{VERY(A)} = \left(F_A(x)\right)^2 \qquad (10.9)$$

换句话说，结果是隶属度的平方。"相当地"是利用隶属度的平方根来修饰一个模糊集合的，像这样：

$$F_{FAIRLY(A)} = \sqrt{F_A(x)} \qquad (10.10)$$

这些限制词的效果可以很好地从图中看出来。图 10.9 显示出怎样用"非常地"去缩小隶属度，以及怎样用"相当地"去加宽隶属度。这是非常直观的，因为集合使用"相当地"修饰的隶属度的话，标准应该比集合本身更加宽松。相反，用"非常地"去修饰的话，标准就变得比较严格。

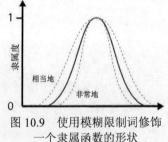

图 10.9 使用模糊限制词修饰一个隶属函数的形状

10.3 模糊语言变量

一个模糊语言变量（或 FLV）是一个或多个模糊集合的合成，它定量地表示一种概念或一个域。假设我们以前的例子，集合"笨拙"、"平均"和"聪明"都是模糊语言变量 IQ 的成员。用集合符号可以写成：**IQ** = {*笨拙，平均，聪明*}

这里有一些其他模糊语言变量的例子，以及它们构成的模糊集合：

速度 = {慢，中等，快}

身高 = {侏儒，矮小，中等，高大，巨人}

忠诚 = {朋友，中立，敌人}

目标朝向 = {远左，左，中间，右，远右}

在图 10.10 用图形的方式显示了模糊语言变量的目标朝向。注意，如果问题需要，成员集合的隶属度函数的形状和不对称性是可以改变的。构成模糊语言变量的形状的集合（隶属函数）被称为模糊形或模糊表面。

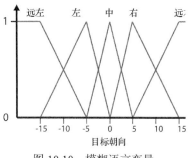

图 10.10　模糊语言变量
FLV 的目标朝向

➲ **注意**：模糊逻辑的实践者似乎不能在描述组成一个模糊系统的语言元素的述语定义上达成一致（哦，这颇具讽刺性）。通常，你会发现"模糊语言变量"（或"语言变量"）的表述适用于模糊集合的总和，也适用于单独的集合本身。当读到现有文献时，这可能会令人感到比较迷惑。

10.4　模 糊 规 则

这是一切开始会集到一起的地方。我知道这时你也许会感到不知所措，在这里踌躇；不久你将会受到启发！

模糊规则主要是由一种前因与后果的形式构成的：

如果 *前提*　那么*后果*

前提代表了一个条件，如果这个条件被满足了，后果则描述了这种后果。所有程序员都熟悉这种规则形式。代码可以写成：

如果 Wizard.Health() <= 0 那么 Wizard.isDead()

模糊规则跟传统的规则不同，在传统规则中，这里的后果要么开枪要么不开枪，在模糊系统中，后果可能在一定程度上是会开枪的。这是一些模糊规则的例子：

如果 *Target_isFarRight* 那么 *Turn_QuicklyToRight*

如果 VERY(*Enemy_BadlyInjured*) 那么 *Behavior_Aggressive*

如果 *Target_isFarAway* 与 *Allegiance_isEnemy* 那么 *Shields_OnLowPower*

如果 *Ball_isCloseToHole* 与 *Green_isLevel* 那么 *HitBall_Gently* 与 *HitBall_DirectlyAtHole*

如果（*Bend_HairpinLeft* 或 *Bend_HairpinRight*）与 *Track_SlightlyWet* 那么 *Speed_VerySlow*

那么前提可能是一个单个的模糊术语，或者是一个由几个模糊术语组成的集合。前提的隶属度定义的是对开枪这种后果的隶属程度。一个模糊推理系统通常是由许多这样的规则所组成的，规则的数目跟问题域所需要的模糊语言变量的数目成比例，也跟这些模糊语言变量中所包含的隶属集合的数目成比例。每次模糊系统遍历其规则集合，它结合已经开枪的这种后果，并对这个结果去模糊化，而得到一个普通的值。很快就会介绍更多的细节，但是在我们更深入地钻研之前，首先，让我们设计一些模糊语言变量，我们可以用它们来解决一些现实世界中的问题。假设一个实际的例子，你可以深入地钻研，我敢肯定，在看到所有这些东西是如何在一起工作之后，你会发现其实是很容易的。

10.4.1　为武器的选择设计模糊语言变量

由于人类玩家所使用的用来决定什么时候改变武器的规则可以利用语言术语很轻易地来描述。因此武器选择就成了模糊逻辑应用的一个很好的例子。让我们看看，这个概念是如何被应用于掠夺者的。

为了让这个例子更加简单，假设从武器库中选取某一特定武器的期望值取决于两个因素：目标的距离以及弹药的数量。每种武器类拥有一个模糊模块的实例。而每个模块是由模糊语言变量所代表的语言术语来初始化的，它们是**到目标的距离**、**弹药的状态**（前提）和**期望值**（后果），以及一些跟这种武器有关的规则。在一个给定的游戏场景中，规则推理对这种武器的期望程度，使得角色可以根据武器的最高期望值分数去选择当前武器。

对于每种武器类型，模糊语言变量**到目标的距离**和**期望值**的定义都是相同的。**弹药状态**和规则集合都是定制建立的。本章中给出的例子，将重点放在为火箭发射器设计模糊语言变量和规则集上。

1. 设计期望值模糊语言变量

我们将开始设计模糊语言变量，这是表示后果集合**期望值**所需要的。当设计模糊语言变量的时候，需要遵守几个重要的准则。它们是：

- 对于通过模糊语言变量的任何垂直线（代表一个输入值），在每个同它相交的模糊集合中的隶属度总和应该接近于 1。这就保证了穿越模糊语言变量的模糊形（所有成员集合的形状组合）的数值之间的平稳过渡。
- 对于通过模糊语言变量的任何垂直线，它应该只与 2 个或更少的模糊集合相交。

在图 10.11A 中显示了破坏第一条准则的一个模糊语言变量，在图 10.11B 中显示了破坏第二条准则的一个模糊语言变量。

模糊语言变量**期望值**需要去表示从 0 到 100 的所有分数的域。因此，其成员集合必须恰当地分布在这个域内（当遵守这条准则时）。我选择使用三个成员集

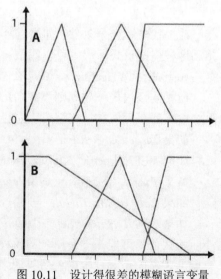

图 10.11　设计得很差的模糊语言变量

合：一个左肩集合、一个三角集合和一个右肩集合，让它们代表语言学术语 "*Undesirable*（不期望）"、"*Desirable*（期望）"、"*VeryDesirable*（非常期望）"，如图 10.12 所示。

2. 设计到目标距离的模糊语言变量

接下来，我们将考虑前提条件：**到目标的距离**。模糊语言变量再次由三个集合组成，叫做 *Target_Close*、*Target_Medium* 和 *Target_Far*。这三个术语足以让专家（也就是我们）确定用于武器选择的规则。当我在玩一个游戏的时候，想到术语 "近" 就意味着基本上靠近我，在一个你可能会考虑进行肉搏战的范围内。因此在给定的典型的掠夺者地图比例下（角色的边界半径大约为 10 个像素），我给模糊集合 *Target_Close* 设置了距离为 25 个像素的峰值，感觉这是合适的。选择 150 像素作为模糊集合 *Target_Medium* 的峰值，因为我感觉这是比较合适的，我选择模糊集合 *Target_Far* 肩形的峰值为 300 像素，然后稳定上升到 400 像素。注意，此处并不太关心具体的值；而只是使用那些 "感觉" 正确的值。**到目标的距离**显示在图 10.13 中。

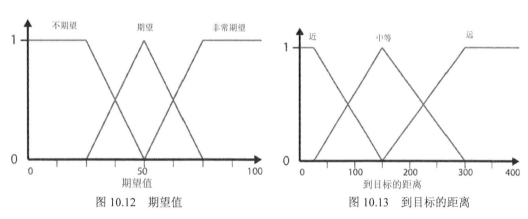

图 10.12 期望值　　　　　　图 10.13 到目标的距离

3. 设计弹药状态的模糊语言变量

最后，我们将处理**弹药的状态**，这将利用模糊集合 *Ammo_Low*、*Ammo_Okay* 和 *Ammo_Loads*。因为语言术语通常是在一定的背景中定义的（因为，你认为对枪榴弹发射器来说刚好合适的弹药的数量，但是对一个机关枪来说，这个弹药数量可能就不太合适），这种模糊语言变量会随着武器的不同而变化。

一个火箭发射器能够每秒发射两枚火箭，所以我觉得比较合适的弹药数量大概是 10 枚火箭。如果载有大约 30 枚火箭，我觉得弹药数目有点超载，但任何少于 10 枚的弹药数量就有点低。为此我设计的**弹药的状态**显示在图 10.14 中。

就像你所看到的那样，设计模糊语言变量主要是应用常识：你只要考察研究并表达说明你自己的，其

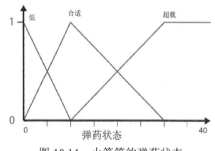

图 10.14 火箭筒的弹药状态

至是专家的有关这个领域的知识。

10.4.2　为武器的选择设计规则集

现在，我们可以使用一些模糊术语，让我们开始设计有关的规则。为了包含所有的可能性，必须为前提条件集合每种可能的组合创建一条规则。模糊语言变量**弹药的状态**的和**到目标的距离**它们每个都包含三个成员集合。为了覆盖每种可能的组合，必须定义 9 条规则。

我再一次扮演专家的角色。以我"专家"的观点，火箭发射器是一种伟大的中等距离的武器，但是近距离使用它比较危险，因为你可能被爆炸的冲击波所伤害。同时，由于火箭移动缓慢，当目标离我们很远的时候，选择火箭炮作为武器也不是一种好的选择。这是因为这时火箭可以很容易地被避开。鉴于这些事实，这里，我创建了九条的规则来确定使用一种火箭筒的期望值：

规则 1．如果 *Target_Far* 与 *Ammo_Loads* 那么 *Desirable*

规则 2．如果 *Target_Far* 与 *Ammo_Okay* 那么 *Undesirable*

规则 3．如果 *Target_Far* 与 *Ammo_Low* 那么 *Undesirable*

规则 4．如果 *Target_Medium* 与 *Ammo_Loads* 那么 *VeryDesirable*

规则 5．如果 *Target_Medium* 与 *Ammo_Okay* 那么 *VeryDesirable*

规则 6．如果 *Target_Medium* 与 *Ammo_Low* 那么 *Desirable*

规则 7．如果 *Target_Close* 与 *Ammo_Loads* 那么 *Undesirable*

规则 8．如果 *Target_Close* 与 *Ammo_Okay* 那么 *Undesirable*

规则 9．如果 *Target_Close* 与 *Ammo_Low* 那么 *Undesirable*

我们注意到，这些规则仅仅是我的个人意见，并将在游戏中反映本人的专业水平。当你为自己的游戏设计规则的时候，你可以请教在你的开发团队中最好的玩家而得到这些规则，因为玩家越专业，你的人工智能执行得就会越好。这是有道理的，就像迈克尔·舒马赫能比你更好地描述一个用于驾驶一个方程式 1 赛车的规则集是同样道理。

10.4.3　模糊推理

现在让我们来研究一下模糊推理程序。这里就是我们用一些值来展示系统的地方，看哪些规则满足发射条件，到了什么程度。按如下步骤进行模糊推理：

1．对于每条规则

1a．对于每一个前提条件，计算输入数据的隶属度。

1b．基于在 1a 中确定的值，计算规则的推理结论。

2．将所有推理结论合成一个单一的结论（一个模糊集合）。

3．对普通值，从 2 得到的结论必须去模糊化。

现在，使用我们已经为武器的选择创建的规则和一些普通输入值来完成这些步骤。假设目标在 200 像素的距离而剩余弹药的数目是 8 枚火箭的时候。

每次一条规则那么...

10.4.3.1 规则 1

如果 *Target_Far* 与 *Ammo_Loads* 那么 *Desirable* 值 200 对集合 Target_Far 的隶属度是 0.33。值 8 对集合 Ammo_Loads 的隶属度为 0。"与"运算产生了这些值的最小值，所以规则 1 推理的结论是 *Desirable*=0。换句话说，该规则代表是不发射。

在图 10.15 中用图的方式显示了这条规则。

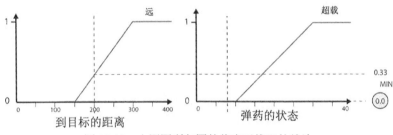

图 10.15　由圆圈所包围的值表示推理的结论

10.4.3.2 规则 2

如果 *Target_Far* 与 *Ammo_Okay* 那么 *Undesirable*

对于第二条规则，值 200 对集合 *Target_Far* 的隶属度是 0.33。值 8 对集合 *Ammo_Okay* 的隶属度是 0.78。因此对规则 2 的推理结论，*Undesirable*=0.33。参见图 10.16。

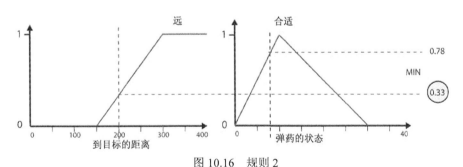

图 10.16　规则 2

10.4.3.3 规则 3

如果 *Target_Far* 与 *Ammo_Low* 那么 *Undesirable*

对第三条规则运用同样的值，值 200 对集合 *Target_Far* 的隶属度是 0.33。值 8 对集合 *Ammo_Low* 的隶属度是 0.2。因此对规则 3 的推理结论，*Undesirable* = 0.2。参见图 10.17。

现在我敢肯定，你已经掌握了这种方法的要点，剩下所有规则的许多重复推理结果都被归纳汇总于图 10.18 所显示的矩阵中，（这种类型的矩阵称为模糊联想矩阵，或简称 FAM）。

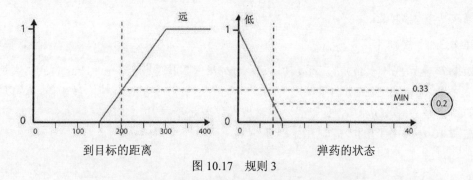

图 10.17　规则 3

	Target_Close	Target_Medium	Target_Far
Ammo_Low	Undesirable(不期望) 0	Desirable（期望） 0.2	Undesirable（不期望） 0.2
Ammo_Okay	Undesirable(不期望) 0	VeryDesirable （非常期望） 0.67	Undesirable（不期望） 0.33
Ammo_Loads	Undesirable(不期望) 0	VeryDesirable （非常期望） 0	Desirable（期望） 0

图 10.18　用于武器选择规则库的模糊联想矩阵，假设给定输入值到
目标的距离是 200，并且弹药状态的输入值是 8。带阴影的单元格
突出显示了那些已经满足发射条件的规则

　　注意 *VeryDesirable* 满足发射条件一次的隶属度是 0.67。*Desirable* 满足一次的隶属度是 0.2，以及 *Undesirable* 满足两次发射的隶属度分别是 0.2 和 0.33。考虑这些值的一种方式是置信度。假设给定输入数据，模糊规则推理结果是 *VeryDesirable* 的置信度为 0.67，而结果是 *Desirable* 的置信度为 0.2。但满足两次发射条件 *Undesirable* 推理的置信度又是多少呢？

　　另外，有一些处理多重置信度的方法。两种最常用的方法是有界限的和（和被限制到 1）和最大值（相当于把置信度一起进行"或"运算）。你所选择的方法不会有太大的不同。我偏爱使用把这些值进行相"或"的方法。在这个例子里，结果对 *Undesirable* 生成的置信度的是 0.33。

　　综上所述，应用到目标的距离为 200 和弹药状态为 8 的值，表 10.1 列出了所有规则的推理结论。

表 10.1

结　　论	置　信　度
不期望	0.33
期望	0.2
非常期望	0.67

　　这些结果以图形的方式显示在图 10.19 中。注意每种后果的隶属度是如何被修剪成置信度水平的。

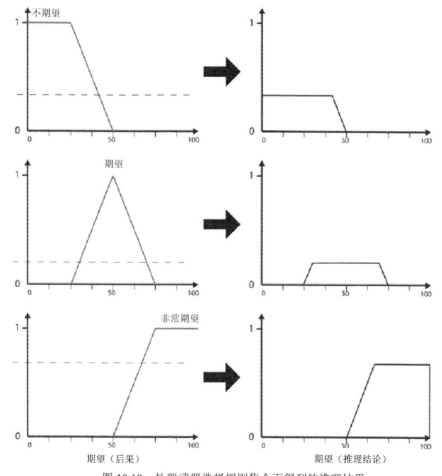

图 10.19　处理武器选择规则集合而得到的推理结果

　　下一步工作就是把推理结果合成为一个单一的模糊形，参见图 10.20。

　　现在，我们有一个复合的模糊集合，它用来表示规则库中的所有规则的推理结论。现在转向处理过程，以及把这种输出集合转换成一个单一的普通值。这是通过一个叫去模糊化的过程来实现的。

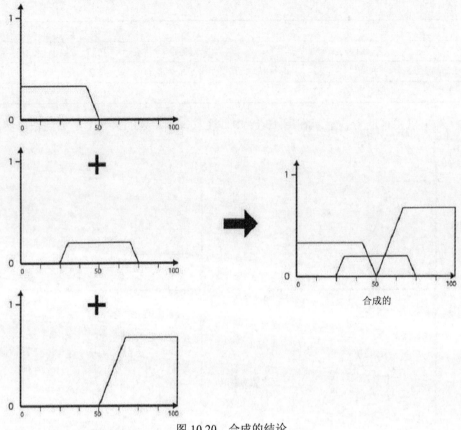

图 10.20　合成的结论

10.4.3.4　去模糊化

去模糊化是模糊化的逆过程，是把一个模糊集合转换成一个普通值的过程。有很多技术可以完成这个过程，下面几页将用来研究几种最常见的方法。

最大值均值（MOM）

最大值均值简称 MOM，它是一种去模糊化的方法，用它去计算那些具有最高置信度的输出值的平均值，图 10.21 显示了这种技术是如何用于确定一个普通值的，这个值是依据前面计算出的**期望值**的输出分布来确定的。

使用这种方法的一个问题就是它不考虑输出时的一些集合，这些集合的置信度并不等于最高置信度。（就像那些在图中用灰色表示的集合），它可能把产生的普通值偏置到域的一端。下面列出一些更准确的模糊化方法，它们可以解决这个问题。

中心法

中心法是一种最准确的方法，但也是最复杂的计算方法。它的工作就是确定输出集合整体的中心。如果你把输出集合的每个成员集合想象成是从卡片中剪下，然后粘在一起形成模糊形的形状。如果把它放在一把尺子上，这个整体的中心位置就是合成形状能保持平衡的位置。参见图 10.22。

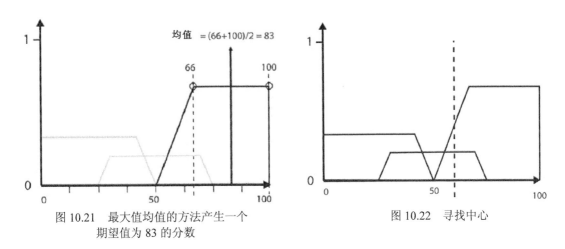

图 10.21　最大值均值的方法产生一个
期望值为 83 的分数

图 10.22　寻找中心

一个模糊形的中心是可以被计算出来的，这是通过把这个模糊形分为 S.P 采样点，计算在每个采样点对总体隶属度的贡献之和，再除以采样的隶属度之和。公式在（10.11）中给出。

$$CrispValue = \frac{\sum_{S=DomainMin}^{s=DomainMax} s \times DOM(s)}{\sum_{S=DomainMin}^{s=DomainMax} DOM(s)} \tag{10.11}$$

其中 s 是在每个采样点的值，以及 $DOM(s)$ 是这个值在模糊语言变量中的隶属度。被选来作计算的采样点越多，结果就会越准确，虽然在实践中只有 10 到 20 个采样点，这通常已经足够了。

现在，我知道这时你们也许感到比较害怕，用一个例子来解释可能是一个最好的方法。我们对采用了 10 个采样点运行武器选择的规则所生成的模糊形去模糊化，结果如图 10.23 所示。

对每个采样点计算每个成员集合的隶属度。表 10.2 对这个结果进行了汇总。（注意为采集所给出的值 30 和 70 是不确切的，因为它们仅仅是从图 10.23 中估计出来的，但是对这个示例来说，它们都足够地准确）。

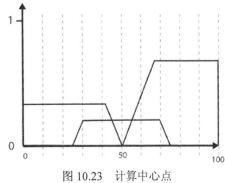

图 10.23　计算中心点

表 10.2

值	不 期 望	期 望	非 常 期 望	和
10	0.33	0	0	0.33
20	0.33	0	0	0.33
30	0.33	0.2	0	0.53
40	0.33	0.2	0	0.53
50	0	0.2	0	0.2
60	0	0.2	0.4	0.6
70	0	0.2	0.67	0.87
80	0	0	0.67	0.67
90	0	0	0.67	0.67
100	0	0	0.67	0.67

现在把这些数代入公式（10.11）。首先，让我们计算分子（线以上的部分）。

$$
\begin{aligned}
&10 \times 0.33 + \\
&20 \times 0.33 + \\
&30 \times 0.53 + \\
&40 \times 0.53 + \\
&50 \times 0.2 + \\
&60 \times 0.6 + \\
&70 \times 0.87 + \\
&80 \times 0.67 + \\
&90 \times 0.67 + \\
&100 \times 0.67 = 334.8
\end{aligned}
\tag{10.12}
$$

而现在计算分母（线以下的部分）：

$$0.33 + 0.33 + 0.53 + 0.53 + 0.2 + 0.6 + 0.87 + 0.67 + 0.67 + 0.67 = 5.4 \tag{10.13}$$

分子除以分母则得出普通值：

$$Desirability = \frac{334.8}{5.4} = 62 \tag{10.14}$$

最大值平均（MaxAv）

一个模糊集合的最大值或代表值是这样的一个值，它对这个集合的隶属度为 1 时的值。对三角集合这很简单，这个值在它的中点；对包含高台的集合，例如右肩形状，左肩形状和梯形集合来说，这个值是在高台的开始和末尾的值的平均。最大值平均（简称 MaxAv）去模糊方法通过其置信度来相应缩减每种后果的代表值并取平均值。像如下这样：

$$Crisp\ Value = \frac{\sum representative\ value \times confidcnce}{\sum confidence} \qquad （10.15）$$

组成输出模糊形的集合代表值汇总于表 10.3 中。

表 10.3

集　　合	代　表　值	置　信　度
不期望	12.5	0.33
期望	50	0.2
非常期望	87.5	0.67

把这些值代入公式得到了期望值，其被看作为一个普通值：

$$Desirability = \frac{1.25 \times 0.33 + 50 \times 0.2 + 87.5 \times 0.67}{0.33 + 0.2 + 0.67} = \frac{72.75}{1.2} \qquad （10.16）$$
$$Desirability = 60.625$$

就像你看到的那样，使用这种方法产生的值非常接近中心法所计算的值，但是计算成本要更低。（并且如果在中心法的计算中我没有估算某些值，它可能会更接近）因此，我建议在你的游戏和应用程序中使用这种方法。

好，就是它了！我们已经离开了普通值（到目标的距离等于 200，弹药的状态等于 8）来到了模糊集合，去推理，然后再回到普通值，让其代表使用火箭发射器的期望值（83，62，或者 60.625 这依赖去模糊化方法）。如果这个过程被反复地用于角色所携带的每种武器类型，那么让角色鉴于当前的形势而选择一个带有最高期望值分数的武器来使用，就是一件简单的事情。

10.5　从理论到应用：给一个模糊逻辑模块编码

现在，让我们仔细看看实现模糊逻辑所需要的这些类是怎样被设计的，以及它们是怎样集成应用于掠夺者游戏的。

10.5.1　模糊模块类（FuzzyModule）

该模糊模块类是模糊系统的核心。它包含一个 std::map 模糊语言变量以及一个包含规则库的 std::vector。此外，它也具有一些方法为模块添加模糊语言变量和规则，以及具有一些运行贯穿处理过程的模块的方法，这个过程就是模糊化、推理和去模糊化。

```
class FuzzyModule
{
private:
```

```
        typedef std::map<std::string, FuzzyVariable*> VarMap;
public:
    //客户必须把这些值中的其中一个传递给去模糊方法。这个模块仅仅支持最大值平均法和中心法
    enum DefuzzifyType{max_av, centroid};
    //当计算模糊形状中心的时候，这个值被用来确定应该采样多少横截面
    enum {NumSamplesToUseForCentroid = 15};
private:
    //在这个模块中用到的所有模糊变量的地图
    VarMap                  m_Variables;
    //一个包含所有模糊规则的向量
    std::vector<FuzzyRule*> m_Rules;
    //将每种规则的后果的隶属度归零，由去模糊方法 Defuzzify()使用
    inline                  void SetConfidencesOfConsequentsToZero();
public:
    ~FuzzyModule();
    //创建一个新的"空"模糊变量，并返回一个对它的引用
    FuzzyVariable&          CreateFLV(const std::string& VarName);
    //给模块添加一个规则
    void                    AddRule(FuzzyTerm& antecedent, FuzzyTerm& consequence);
    //这个方法调用指定的模糊语言变量的模糊化方法
    inline                  void Fuzzify(const std::string& NameOfFLV, double val);
    //给定一个模糊变量和一个去模糊化方法，它返回一个普通值
    inline double           DeFuzzify(const std::string& key, DefuzzifyType method);
};
```

客户通常会为每个 AI 创建一个这个类的实例。这里的 AI 需要一个唯一的模糊规则集合。使用 CreateFLV 方法，可以把模糊语言变量添加到这个模块上。这个方法返回一个对新创建的模糊语言变量的一个引用。这里有一个例子，说明一个模块是如何被用于创建武器选择的例子中所需要的模糊语言变量的：

```
FuzzyModule fm;
FuzzyVariable& DistToTarget = fm.CreateFLV("DistToTarget");
FuzzyVariable& Desirability = fm.CreateFLV("Desirability");
FuzzyVariable& AmmoStatus =   fm.CreateFLV("AmmoStatus");
```

虽然此时，每个模糊语言变量都是"空的"。为了可用，一个模糊语言变量必须用一些成员集合来初始化。让我们看一看，不同的类型的模糊集合是如何被封装的。

10.5.2　模糊集合基类（FuzzySet）

因为使用一个公用的接口操纵模糊集合是必要的，所有的模糊集合类型都是衍生于抽象类 FuzzySet。每个类包含一个数据成员，用来存储要被模糊化的值的隶属度。具体的 FuzzySet 拥有附加的数据，用来描述它们隶属函数的形状。

```
class FuzzySet
{
protected:
    //在这个集合中，将保持这个隶属度为一个给定的值
    double          m_dDOM;
    //这是集合的隶属函数的最大值。例如，如果集合是三角形的，那么这将是三角的顶点。如果这个集合是一个平
    //台，那么这个值将是这个平台的中点。这个值是在构造函数中设置的，这样可以避免在运行时计算这个中点值。
    double          m_dRepresentativeValue;
    public:
    FuzzySet(double RepVal):m_dDOM(0.0), m_dRepresentativeValue(RepVal){}
```

//返回给定值在这个集合中的隶属度。注意:这里并没有把 **m_dDOM** 设置成作为参数传递的值的隶属度。这是因
//为中点法这种去模糊化的方法也是用这种方法确定用作为采样点的值的隶属度的。

```
  virtual double        CalculateDOM(double val)const = 0;
  //如果这个模糊集合是一个结果模糊语言变量的一部分,并且它符合一条规则,那么这种方法设置隶属度成参数
  //值的最大值或者这个集合存在的 m_dDOM 值(在这个背景下,隶属度代表一种置信度水平)
  void                  ORwithDOM(double val);
  //附属的方法
  double                GetRepresentativeVal()const;
  void                  ClearDOM(){m_dDOM = 0.0;}
  double                GetDOM()const{return m_dDOM;}
  void                  SetDOM(double val);
};
```

现在让我们仔细看一下两个具体的模糊集合类。

10.5.3 三角形的模糊集合类

一个三角形模糊集合是由 3 个值来定义的:顶点、左偏移和右偏移,参见图 10.24。

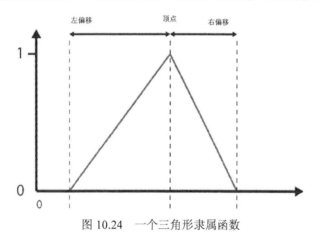

图 10.24 一个三角形隶属函数

封装这个数据的类声明如下:

```
class FuzzySet_Triangle : public FuzzySet
{
private:
  //这个值定义这模糊语言变量的形状
  double m_dPeakPoint;
  double m_dLeftOffset;
  double m_dRightOffset;
public:
  FuzzySet_Triangle(double mid,
                    double lft,
                    double rgt):FuzzySet(mid),
                                m_dPeakPoint(mid),
                                m_dLeftOffset(lft),
                                m_dRightOffset(rgt)
  {}
  //这种方法计算一个特殊值的隶属度
  double CalculateDOM(double val)const;
};
```

像你所看到那样，它很简单直接。注意三角形的中点是怎样传递给基类构造函数的，并作为这种形状的代表值。FuzzySet 中的接口只定义一个必须被执行的方法：CalculateDOM，该方法确定一个值对这个集合的隶属度值，以下是实现代码：

```cpp
double FuzzySet_Triangle::CalculateDOM(double val)const
{
  //检查三角形左边或右边的偏移量是零的情况(以防止下面的除零错误)
  if ( (isEqual(m_dRightOffset, 0.0) && (isEqual(m_dPeakPoint, val))) ||
       (isEqual(m_dLeftOffset, 0.0) && (isEqual(m_dPeakPoint, val))) )
  {
    return 1.0;
  }
  //若在中间的左边，寻找隶属度
  if ( (val <= m_dPeakPoint) && (val >= (m_dPeakPoint - m_dLeftOffset)) )
  {
    double grad = 1.0 / m_dLeftOffset;
    return grad * (val - (m_dPeakPoint - m_dLeftOffset));
  }
  //若在中间的右边，寻找隶属度
  else if ( (val > m_dPeakPoint) && (val < (m_dPeakPoint + m_dRightOffset)) )
  {
    double grad = 1.0 / -m_dRightOffset;
    return grad * (val - m_dPeakPoint) + 1.0;
  }
  //在这个模糊语言变量的范围之外，返回值为0
  else
  {
    return 0.0;
  }
}
```

10.5.4 右肩模糊集合类

一个右肩模糊集合的参数也有 3 个值：顶点、左偏移和右偏移，参见图 10.25。

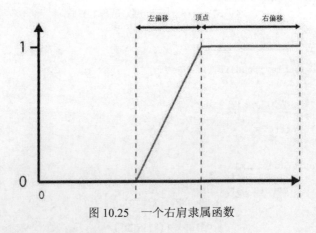

图 10.25 一个右肩隶属函数

这个类的定义同样非常简单直接：

```cpp
class FuzzySet_RightShoulder : public FuzzySet
{
```

```
private:
    //这个值定义模糊语言变量的形状
    double m_dPeakPoint;
    double m_dLeftOffset;
    double m_dRightOffset;
public:
    FuzzySet_RightShoulder(double peak,
                           double LeftOffset,
                           double RightOffset):
                    FuzzySet( ((peak + RightOffset) + peak) / 2),
                    m_dPeakPoint(peak),
                    m_dLeftOffset(LeftOffset),
                    m_dRightOffset(RightOffset)
    {}
    //这个方法为一个特定的值计算隶属度
    double CalculateDOM(double val)const;
};
```

这次的代表值是这个右肩平台的中点。

该 CalculateDOM 方法也略有不同。

```
double FuzzySet_RightShoulder::CalculateDOM(double val)const
{
    //检查偏移量为 0 的情况
    if (isEqual(0, m_dLeftOffset) && isEqual(val,m_dMidPoint))
    {
        return 1.0;
    }
    //若在中间的左边，寻找隶属度
    if ( ( val <= m_dMidPoint) && (val > (m_dMidPoint - m_dLeftOffset)) )
    {
        double grad = 1.0 / m_dLeftOffset;
        return grad * (val - (m_dMidPoint - m_dLeftOffset));
    }
    //若在中间的右边，寻找隶属度
    else if (val > m_dMidPoint)
    {
        return 1.0;
    }
    //在这个模糊语言变量的范围之外，返回值为 0
    else
    {
        return 0.0;
    }
}
```

这次，所有的方法都非常简单。我不想浪费纸张列出其他模糊集合的代码，它们比较清楚并且也容易被人理解。让我们开始去看看模糊语言变量类。

10.5.5　创建一个模糊语言变量类

模糊语言变量类 FuzzyVariable 包含一个指向 FuzzySets 的多个实例的指针的 std::map，这些集合构成它的模糊形。此外，它具有一些添加模糊集合、模糊化和对模糊值去模糊化的方法。

每当一个成员集合被创建，并添加到一个模糊语言变量，则模糊语言变量的最小/最大的范围被重新计算，并被分别分配给值 m_dMinRange 和值 m_dMaxRange。用这种方法记录模糊语言变量的区域的范围，可以用逻辑来确定用于模糊化的一个值是否超出这个界限，并且如果必要的话，允许声明退出。

这里是类的声明：

```
class FuzzyVariable
{
private:
    typedef std::map<std::string, FuzzySet*> MemberSets;
private:
    //不允许拷贝
    FuzzyVariable(const FuzzyVariable&);
    FuzzyVariable& operator=(const FuzzyVariable&);
private:
    //构成这个变量的模糊集合的一个地图
    MemberSets m_MemberSets;
    //这个变量范围的最小值和最大值
    double     m_dMinRange;
    double     m_dMaxRange;
    //用一个集合的最高的和最低的边界值调用这个方法，每次添加一个新集合，去相应地调整最高和最低范围值
    void AdjustRangeToFit(double min, double max);
    //当通过 FuzzyModule::CreateFLV()创建一个实例的时候，客户检索对模糊变量的一个引用。为了防止客
    //户删除实例，FuzzyVariabl 的自毁器被定义成私有的，FuzzyModule 类被定义成友好的。
    ~FuzzyVariable();
    friend class FuzzyModule;
public:
    FuzzyVariable():m_dMinRange(0.0),m_dMaxRange(0.0){}
    //以下方法创建集合的实例，以方法名来命名，并把它们添加到成员集合的地图中。每次任何类型的集合被添加
    //到 m_dMinRange, m_dMaxRange 相应地被调整。所有的方法返回一个代理类，它代表新创建的实例。当创
    //建规则库的时候，这个代理集合可以被用作为操作数。
    FzSet AddLeftShoulderSet(std::string name,
                            double      minBound,
                            double      peak,
                            double      maxBound);
    FzSet AddRightShoulderSet(std::string name,
                             double       minBound,
                             double       peak,
                             double       maxBound);
    FzSet AddTriangularSet(std::string name,
                          double      minBound,
                          double      peak,
                          double      maxBound);
    FzSet AddSingletonSet(std::string name,
                         Double       minBound,
                         double       peak,
                         double       maxBound);
    //模糊化一个值，要通过计算它在这个变量的子集中的隶属度
    void    Fuzzify(double val);
    //使用最大值平均的方法对这个变量去模糊化
    double DeFuzzifyMaxAv()const;
    //用中心法对这个变量去模糊化
    double DeFuzzifyCentroid(int NumSamples)const;
};
```

注意这些用于创建和添加集合的方法并没有使用模糊集合类本身所使用的相同参数。举例来说，除了一个字符串代表名字，AddLeftShoulderSet 方法的参数可以是：最小边界、顶

点和最大边界，而 FuzzySet_Triangle 类用这些值指定一个中点、一个左偏移和一个右偏移。这仅仅是让这些方法更加自然以便于客户使用。当创建模糊语言变量的时候，你通常会把它的成员集合描绘在纸上（或在你的大脑中想象它们），使得你很容易地从左到右地读完这些值，而不是计算出所有的偏移量。

让我们创建一个例子，并且给 DistToTarget 添加一些成员集合。

```
FuzzyModule fm;
FuzzyVariable& DistToTarget = fm.CreateFLV("DistToTarget");
FzSet Target_Close = DistToTarget.AddLeftShoulderSet("Target_Close",
                                                     0,
                                                     25,
                                                     150);
FzSet Target_Medium = DistToTarget.AddTriangularSet("Target_Medium",
                                                     25,
                                                     50,
                                                     300);
FzSet Target_Far = DistToTarget.AddRightShoulderSet("Target_Far",
                                                     150,
                                                     300,
                                                     500);
```

这几行代码创建的模糊语言变量显示在图 10.26 中。

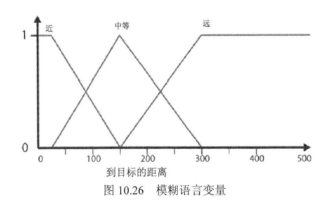

图 10.26　模糊语言变量

注意一个 FzSet 的实例是如何被每个集合的相加方法来返回的。这是一个代理类，用来模仿一个具体的 FuzzySet 的功能。具体实例本身都被包含在 FuzzyVariable::m_MemberSets 中。当建构一个模糊规则库的时候，这些代理被用作为操作数。

10.5.6　为建立模糊规则而设计类

无疑，这是编制一个模糊系统最精彩的部分。如你所知，每一条模糊规则的形式为：
如果*前提* 那么*后果*

这里的前提和后果可以是单独的模糊集合，或是操作结果的复合集合。要想让这个模糊模块比较灵活的话，它必须能够处理规则，不仅可以使用"与"运算，而且也可以用"或"运算和"非"运算，同时也可以使用例如"非常地"和"相当地"之类的模糊限制词。换句话说，模块应能处理像下面的规则：

如果 a1 与 a2 那么 c1

如果非常（a1）与（a2 或 a3）那么 c1

如果[（a1 与 a2）或（非（a3）与非常（a4））] 那么 [c1 与 c2]

在最终的规则中，你可以看到（a1 与 a2）的运算结果和（非（a3）与非常（a4））的运算结果是如何进行相"或"运算的。反过来，第二条件中的"与"运算是在非（a3）与非常（a4）相与运算的结果。如果这不够复杂，还有把两个序列"与"在一起的规则。很明显，这个例子比上面的例子都好，一个游戏的人工智能程序员是绝对不可能需要像这样的一条规则的。（虽然，在许多模糊专家系统中，这种规则也是常见的）但很好地说明了我的观点：任何运算符类都是非常有价值的，它必须能够相同地处理单独的操作数、复合操作数和操作符。显然这是组合设计模式所要解决的另一领域的问题。

再次声明：组合模式的思想是为组合对象和原子对象设计一个要实现的公共接口。当一个请求是复合而成的，那么将把它传递给它的一个或更多的子类（如果你需要组合模式的更详细的解释，参见第 9 章）。在模糊规则中，操作数（模糊集合）是原子对象，运算符（AND、OR、VERY 等）都是组合的。因此，需要一个类为这两种类型的对象定义一个要实现的公共接口。这个类叫 FuzzyTerm，它看起来如下所示：

```
class FuzzyTerm
{
public:
  virtual ~FuzzyTerm(){}
  //所有条件必须实现一个虚构造函数
  virtual FuzzyTerm* Clone()const = 0;
  //找到这个条件的隶属度
  virtual double      GetDOM()const=0;
  //清除这个条件的隶属度
  virtual void        ClearDOM()=0;
  //当满足一条规则时，用于更新后果的隶属度的一个方法
  virtual void        ORwithDOM(double val)=0;
};
```

因为对一个或更多集合的任何类型的模糊运算都会产生一个组合的模糊集合。这个小接口足以定义那些在构造模糊规则中用到的对象。图 10.27 显示了在 FuzzyTerm 类、模糊"AND"运算符类 FzAND（组合的）和 FzSet 模糊集合代理对象（原子的）之间的关系。

观察 FzAND 对象是如何可能包含 2~4 个 FuzzyTerms 的，并且当其中一个方法被调用时，则遍历每个方法，并把调用委托给每个子类相应的方法，或者使用它们的接口去计算一个结果。也要注意 FzSet 是如何作为一个 FuzzySet 对象的代理的。代理类用于对客户隐藏一个真正的类；它作为真正类的一个替代，其目的是去控制对真正类的访问。代理类维护者到它们所代理类的一个引用，当一个客户调用一个代理类的方法的时候，它把这个调用传递给与引用等效的方法。

每当一个 FuzzySet 被添加给一个 FuzzyVariable 时，客户就以 FzSet 的形式将一个代理

传递给它。在创建规则库的时候，这个代理可以被复制并可以多次使用。不管它被复制多少次，它将总是对同一个对象代理，这一点使得设计非常有条理，因为在创建规则时，我们不用担心要记录 FuzzySets 的多份拷贝的问题。

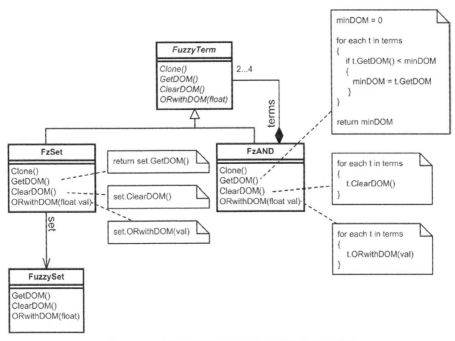

图 10.27　应用于模糊运算符和运算数的组合模式

对所有运算符和运算数采用这种设计方法，就可能编制出非常友好的创建模糊规则的接口。客户可以使用下面的语法去添加规则：

```
fm.AddRule(FzAND(Target_Far, Ammo_Low), Undesirable);
```

甚至前面给出的复杂条件也可以容易地创建：

```
fm.AddRule(FzOR(FzAND(a1,a2), FzAND(FzNOT(a3), FzVery(a4))), FzAND(c1, c2));
```

为了更好地理解，让我们深入 AddRule 方法的内部，这是它的实现代码：

```
void FuzzyModule::AddRule(FuzzyTerm& antecedent, FuzzyTerm& consequence)
{
  m_Rules.push_back(new FuzzyRule(antecedent, consequence)));
}
```

就像你所看到的那样，所有的方法都是要创建 FuzzyRule 类的一个本地备份。一个 FuzzyRule 包含一个表示前提条件的 FuzzyTerm 的实例和另一个表示后果的实例。这些实例都是用于创建 FuzzyRule 的 FuzzyTerm 类的备份。这就是为什么每个 FuzzyTerm 子类必须实现虚构造函数方法克隆的一个原因。

把它列出在这里，你可以仔细地看看它是怎样进行的。

```
class FuzzyRule
{
private:
    //前提条件 (通常是几个模糊集合和操作符的一种组合)
    const FuzzyTerm* m_pAntecedent;
    //后果 (通常是一个单一的模糊集合，但可以是几个模糊集合一起进行与运算)
    FuzzyTerm* m_pConsequence;
    //通常不允许客户去复制规则
    FuzzyRule(const FuzzyRule&);
    FuzzyRule& operator=(const FuzzyRule&);
public:
    FuzzyRule(FuzzyTerm& ant,
                FuzzyTerm& con):m_pAntecedent(ant.Clone()),
                                m_pConsequence(con.Clone())
    {}
    ~FuzzyRule(){delete m_pAntecedent; delete m_pConsequence;}
    void SetConfidenceOfConsequentToZero(){m_pConsequence->ClearDOM();}
    //这种方法更新了后果条件的隶属度（置信度）与前提条件的隶属度。
    void Calculate()
    {
        m_pConsequence->ORwithDOM(m_pAntecedent->GetDOM());
    }
};
```

好了，我想对用于创建和执行模糊规则类的设计的评述已经足够了。如果想要进一步地深入它的内部，建议你查看一下在 common/fuzzy 文件夹中 FzAND、FzOR、FzVery 和 FzFairly 类的实现过程。显示在图 10.28 中的 UML 图也将帮助你了解各种对象是如何被相关的模糊模块所使用的。

继续前面部分所显示的代码，下面是与火箭发射器相关的规则库是怎样被添加到模糊模块中去的：

```
/*首先用模糊语言变量初始化模糊模块 */
/* 现在添加规则集*/
fm.AddRule(FzAND(Target_Close, Ammo_Loads), Undesirable);
fm.AddRule(FzAND(Target_Close, Ammo_Okay), Undesirable);
fm.AddRule(FzAND(Target_Close, Ammo_Low), Undesirable);
fm.AddRule(FzAND(Target_Medium, Ammo_Loads), VeryDesirable);
fm.AddRule(FzAND(Target_Medium, Ammo_Okay), VeryDesirable);
fm.AddRule(FzAND(Target_Medium, Ammo_Low), Desirable);
fm.AddRule(FzAND(Target_Far, Ammo_Loads), Desirable);
fm.AddRule(FzAND(Target_Far, Ammo_Okay), Desirable);
fm.AddRule(FzAND(Target_Far, Ammo_Low), Undesirable);
```

一旦一个 FuzzyModule 已经被初始化了之后，输入数据并计算出一个普通结论就不再是一件痛苦的事了。这里的方法只要这么做：

```
double CalculateDesirability(FuzzyModule& fm, double dist, double ammo)
{
    //对输入进行模糊化
    fm.Fuzzify("DistToTarget", dist);
    fm.Fuzzify("AmmoStatus", ammo);
    //这种方法自动处理规则并对推理结论去模糊化
    return fm.DeFuzzify("Desirability", FuzzyModule::max_av);
}
```

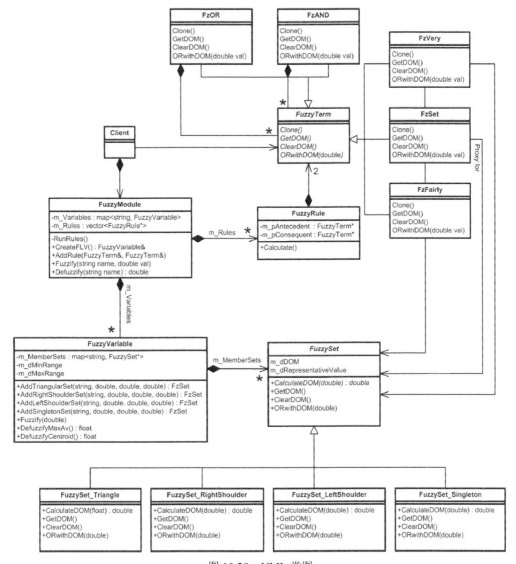

图 10.28　UML 类图

当调用 DeFuzzify 方法的时候，规则就会被处理，并且对推理结论进行去模糊化处理而转化成一个普通值。这里的方法供你参考：

```
inline double
FuzzyModule::DeFuzzify(const std::string& NameOfFLV, DefuzzifyMethod method)
{
  //首先确定命名的模糊语言变量在这个模块中存在
  assert ( (m_Variables.find(NameOfFLV) != m_Variables.end()) &&
           "<FuzzyModule::DeFuzzifyMaxAv>:key not found");
  //清除所有后果的隶属度
  SetConfidencesOfConsequentsToZero();
```

```
//处理规则
std::vector<FuzzyRule*>::iterator curRule = m_Rules.begin();
for (curRule; curRule != m_Rules.end(); ++curRule)
{
    (*curRule)->Calculate();
}
//现在使用特定的方法对产生的结论去模糊化
switch (method)
{
case centroid:
  return m_Variables[NameOfFLV]->DeFuzzifyCentroid(NumSamples);
case max_av:
  return m_Variables[NameOfFLV]->DeFuzzifyMaxAv();
}
  return 0;
}
```

10.6 《掠夺者》中是如何使用模糊逻辑类的

《掠夺者》的每种武器都拥有一个模糊模块的实例，这个实例是用模糊语言变量以及这种武器专用的规则来进行初始化的。所有武器都衍生于 Raven_Weapon 抽象基类，并且实现了方法 GetDesirability，这更新了模糊模块，并返回一个普通期望值分数。

以下是 Raven_Weapon 的有关部分：

```
class Raven_Weapon
{
protected:
  FuzzyModule    m_FuzzyModule;
  /* 无关的细节被删除 */
public:
  virtual double GetDesirability(double DistToTarget)=0;
  /*无关的细节被删除*/
};
```

每隔几个更新周期（默认每秒 2 次），角色都要在武器库中查询每种武器，以确定在给定的角色到目标的距离和现存弹药的情况下哪些武器是最期望的，并挑选一个具有最高的期望值分数的武器。实现这个逻辑的代码被列在下面：

```
void Raven_Bot::SelectWeapon()
{
  //如果目标出现，仅仅需要运行这个代码
  if (m_pTargSys->isTargetPresent())
  {
    //计算到目标的距离
    double DistToTarget = Vec2DDistance(Pos(), m_pTargSys->GetTarget() ->Pos());
    //假设给定当前情况，为武器库中的每种武器计算它的期望值，选择最期望的武器
    double BestSoFar = MinDouble;
    std::vector<Raven_Weapon*>::const_iterator curWeap;
    for (curWeap = m_Weapons.begin(); curWeap != m_Weapons.end(); ++curWeap)
    {
      //得到这种武器的期望值（期望值是基于到目标的距离和现存的弹药量）
      double score = (*curWeap)->GetDesirability(DistToTarget);
```

```
//如果这是目前最期望的武器，则选择它
if (score > BestSoFar)
  {
   BestSoFar = score;
   //把武器放到角色的手中
   m_pCurrentWeapon = *curWeap;
  }
 }
 }
}
```

10.7 库 博 方 法

模糊推理系统的一个主要问题就是随着问题复杂性地增加，所需规则的数目会以一种惊人的速度增加。举例来说，解决武器选择问题而创建的一个简单模块只需要九条规则：这是前提集合的每一种可能的组合，但如果我们多添加一个模糊语言变量，同样包含三个成员集合，那么就需要 27 条规则。如果为了获得更精确的结果，每个模糊语言变量中的成员集合的数目增加的话，那就更糟了。例如一个带有三个模糊语言变量的系统，每个模糊语言变量包含 5 个成员集合的话，那么则需要 125 条规则。如果另添加一个模糊语言变量，其中包含五个成员集合的话，那么规则的数目就会猛涨到 625 条！这种效果被称为组合爆炸，当为那些对时间要求比较苛刻的应用去设计模糊系统时，这将是一个很严重的问题。当然这里指的是电脑游戏了。

我们比较幸运的是，我们有一个身穿闪光甲胄的威廉姆·库博式的骑士，他是一名在波音公司工作的工程师，在 1997 库博提出了一个系统，能够使规则数目的增加与成员集合数目的增加成线性关系，而不是成指数关系。表 10.4 显示了使用传统的方法需要的规则数目与使用库博的方法而需要的规则数目的一个比较（假设每个模糊语言变量包含五个成员集合）。

表 10.4

模糊语言变量数	需要的规则数（传统的）	需要的规则数（库博的）
2	25	10
3	125	15
4	625	20
5	3125	25
6	15625	30
7	78125	35
8	390625	40

巨大的不同，我相信你会同意我的看法！库博方法工作的原理是：
像下面这样的一条规则：

如果 Target_Far 与 Ammo_Loads 那么 *Desirable*

在逻辑上等价于：

如果 Target_Far 那么 *Desirable*

或　如果 Ammo_Loads 那么 *Desirable*

利用这一原理，可以定义规则库，每个后果成员集合仅仅包含一条规则。例如，前面给出的用于火箭发射器期望值的九条规则：

规则 1．如果 *Target_Far* 与 *Ammo_Loads* 那么 *Desirable*

规则 2．如果 *Target_Far* 与 *Ammo_Okay* 那么 *Undesirable*

规则 3．如果 *Target_Far* 与 *Ammo_Low* 那么 *Undesirable*

规则 4．如果 *Target_Medium* 与 *Ammo_Loads* 那么 *VeryDesirable*

规则 5．如果 *Target_Medium* 与 *Ammo_Okay* 那么 *VeryDesirable*

规则 6．如果 *Target_Medium* 与 *Ammo_Low* 那么 *Desirable*

规则 7．*Target_Close* 与 *Ammo_Loads* 那么 *Undesirable*

规则 8．如果 *Target_Close* 与 *Ammo_Okay* 那么 *Undesirable*

规则 9．如果 *Target_Close* 与 *Ammo_Low* 那么 *Undesirable*

可归纳为六条规则：

规则 1．如果 *Target_Close* 那么 *Undesirable*

规则 2．如果 *Target_Medium* 那么 *VeryDesirable*

规则 3．如果 *Target_Far* 那么 *Undesirable*

规则 4．如果 *Ammo_Low* 那么 *Undesirable*

规则 5．如果 *Ammo_Okay* 那么 *Desirable*

规则 6．如果 *Ammo_Loads* 那么 *VeryDesirable*

当然这个简化并不是很大，但正如你在表 10.4 中所看到的那样，随着使用的模糊语言变量中的成员集合数目的增加，库博的方法就会变得越来越有吸引力。

这种方法的一个弊端就是为了适应逻辑所需要的对规则库的修改不太直观。在他的论文"库博法快速推理"中，库博给出了一个很好的例子：

当我得到我的第一个驾照的时候，我的保险代理人提醒我，因为我才 16 岁，并且是男性，并且单身，我的保险费将会很高。后来，大学毕业后，他说因为我是二十多岁，并且是男性，并且已婚，我的保险费将适当地降低。

后面的说法似乎比我们另一种说法更加直观：因为我是二十多岁，我的保险费将会适当的降低，或者因为我是一名男性，我的保险费会适当地升高，或者因为我已经结婚，我的保险费会降低。

由于怕丢掉这一份保险，没有代理人会说出这种看似矛盾的话。这种方法其中的一个问题就是从[（p 与 q）那么 r]到[（p 那么 r）或（q 那么 r）]的转换，这就把我们注意力从一条规则转换成两条（或更多）规则的联合。此外，由于这些两者择一的规则中的每一个都可以包含不同的后果子集合，它们看起来相互矛盾：我的保险费要么升高，要么降低。它怎么

可能存在这两种情况呢?

对于你们大多数,这种方法的违反直觉性可能是一个绊脚石,但如果那样的话,坚持:如果你使用大的规则库进行工作的话,这种努力绝对是值得的。

10.7.1 模糊推理和库博方法

当使用库博方法的时候,规则的处理仍与平常方法一样。为了更清晰,让我们通过一个例子来看,这个例子使用与章前面所示例子相同的数字。到目标的距离等于 200 像素,弹药状态等于 8。计算它的每条规则的结果,我们得到:

Target_Close → *Undesirable* (0.0)

Target_Medium →*VeryDesirable* (0.67)

Target_Far →*Undesirable* (0.33)

Ammo_Low →*Undesirable* (0.22)

Ammo_Okay →*Desirable* (0.78)

Ammo_Loads → *VeryDesirable* (0.0)

现在我们要做的就是,把后果的相关成员集合修剪成那些值的最大值(把它们相或在一起)。这个过程以及结果集合被显示在图 10.29 中。

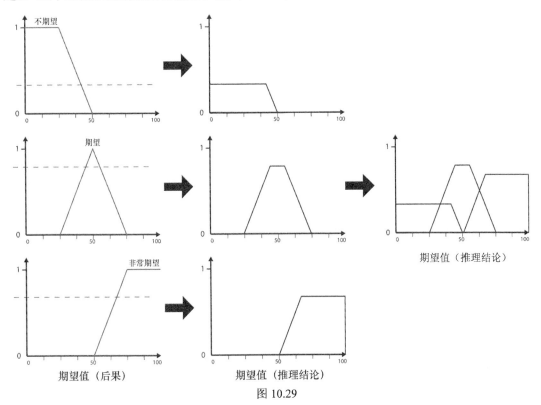

图 10.29

这个集合，使用最大值平均去模糊化方法结果得到一个普通值 57.16，这个结果跟传统的模糊逻辑推理程序的结果非常相似。

10.7.2 实现

这种方法的一个神奇方面就在于实现这个方法时，不需要对模糊逻辑类做任何改变。你只需要重写符合库博逻辑的规则。

➲ **注意**：如果你对库博方法的逻辑感到好奇，建议你去研究他的论文。他对这种方法的逻辑给出了非常详细的证明。如果你有多余时间的话，他的论文非常值得一读。

10.8 总 结

你现在应该对模糊逻辑理论有了准确的认识。但是，在你意识到它是多么强大和多么灵活之前，你需要得到一些亲自获得的实际经验。有鉴于此，我强烈地建议你，去亲身体验如下的一些任务（它们开始比较容易，并且越来越复杂）。

熟能生巧

1. 深入地研究掠夺者代码，在模糊语言变量中使用的集合数目增加到 5 个。这意味着你要完全地重新定义模糊语言变量，以及为每种武器（如果你想偷懒的话，你可以仅仅为一种武器）重新定义所遵守的规则。

2. 如果你成功地完成任务 1，结束时你将有 25 条规则。你的第二个挑战就是把它们转换成库博的方法，从而把规则数减少到 10 条。

3. 而事实上，角色瞄准的逻辑比较弱。给瞄准添加随机噪声是可以的，但这非常不现实。加入随机噪声，角色会不时地出现十分愚蠢而明显的瞄准错误。举例来说，在增加大量噪音的时候，角色可能会错过了一枪，而不管多差劲的人类玩家，他是不会错过这一枪的。另外，如果噪音添加的太少，角色就会经常射击，有道德的人类玩家是不会这么做的。（当这种情况发生的时候，你不会仅仅恨他！）

采用模糊逻辑去计算每次射击与完美射击的偏差，角色的瞄准可以做得更加逼真，这是基于一些变量，如：到目标的距离、相对的横向速度、以及已经看到对手的时间等变量的。（其他需要考虑的因素可能是尺寸、能见度、以及轮廓以及站起、蹲伏、朝向、侧立等，但这些都与掠夺者没有关系）。可以利用在这一章中所学到的技巧去实现模糊规则，去达到这个目的。

附录 A   C++模板

本附录快速而简单地介绍了 C++模板。这仅仅是一个非常表面的关于模板的介绍，但我提供了足够的基础知识可以帮助你理解在这本书中所附的代码。

函 数 模 板

如果之前你从来都没有使用过模板，几乎肯定的是，在某些时候，你会为同一个函数创建几个版本，以满足你需要的每种数据类型来运算函数。举例来说，你可以创建一个 Clamp 函数，这个函数取一个整数，并确保它的值在两个界限之间，类似这样：

```
void Clamp(int& Val, int MinVal, int MaxVal)
{
  if (Val < MinVal) {Val = MinVal; return;}
  if (Val > MaxVal) {Val = MaxVal; return;}
}
```

在你项目的后面，你又想要一个相同的函数，但它是对浮点数操作的。那么你创建 Clamp 的另一个版本：

```
void Clamp(float& Val, float MinVal, float MaxVal)
{
  if (Val < MinVal) {Val = MinVal; return;}
  if (Val > MaxVal) {Val = MaxVal; return;}
}
```

而你会发现，你想为其他类型数添加更多的函数版本。如果你想支持一种新数据的话，每次重复此代码将变得比较痛苦。幸运的是，C++的模板提供一种机制，允许类和函数能够参数化，以便它们可以给不同的数据类型提供相同的行为。一个函数模板的声明跟普通函数的声明非常类似（除非这种类型未被指明）。这里是如何把前面显示的 Clamp 函数作为一个函数模板的：

```
template <typename T>
```

```
void Clamp(T& Val, T MinVal, T MaxVal)
{
  if (Val < MinVal) {Val = MinVal; return;}

  if (Val > MaxVal) {Val = MaxVal; return;}
}
```

template 关键字主要是说明这个定义描述了一个函数族，这个函数族是通过模板参数 T 来参数化的。当这个函数模板被调用，将由编辑程序为模板要使用的每种数据类型产生 Clamp 的一个实例。因此，给出以下的程序：

```
int main()
{
  int intVal = 10;
  int iMin = 20;
  int iMax = 30;
  cout < "\nintVal before Clamp = " < intVal;
  Clamp(intVal, iMin, iMax);
  cout < "\nintVal after Clamp = " < intVal;
  float floatVal = 10.5;
  float fMin     = 25.5;
  float fMax     = 35.5;
  cout < "\n\nfloatVal before Clamp = " < floatVal;
  Clamp(floatVal, fMin, fMax);
  cout < "\nfloatVal after Clamp = " < floatVal;
  return 0;
}
```

编译器将产生 Clamp 的两个实例，其中一个以整数作为参数，另外一个以浮点数作为参数。给出输出：

```
intVal before Clamp = 10
intVal after Clamp = 20
floatVal before Clamp = 10.5
floatVal after Clamp = 25.5
```

添加更多的类型

到目前为止，一切顺利。但是如果你想做以下的事情：

```
Clamp(floatVal, iMin, iMax);
```

现在，参数包括 1 个浮点数和两个整数，前面给出的用于 Clamp 的函数模板不能完成编译，你会得到一个错误信息："模板参数 t 是不明确的"或类似的出错信息。为支持更多的类型，你必须把它们添加到参数列表中去，像这样：

```
template <typename T, typename M>
void Clamp(T& Val, M MinVal, M MaxVal)
{
  if (Val < MinVal) {Val = MinVal; return;}
  if (Val > MaxVal) {Val = MaxVal; return;}
}
```

采用这个 Clamp 函数族的定义，将接受不同类型的值和范围（我知道有点人为的感觉，但这可以讲清楚这个问题）。现在，你可以做像这样的事情：

```
int main()
{
 int intVal     = 10;
 int iMin       = 20;
 int iMax       = 30;
 float floatVal = 10.5;
 float fMin     = 25.5;
 float fMax     = 35.5;
 cout < "\nintVal before Clamp = " < intVal;
 Clamp(intVal, fMin, fMax);
 cout < "\nintVal after Clamp = " < intVal;
 cout < "\n\nfloatVal before Clamp = " < floatVal;
 Clamp(floatVal, iMin, iMax);
 cout < "\nfloatVal after Clamp = " < floatVal;
 return 0;
}
```

给出输出：

```
intVal before Clamp = 10
intVal after Clamp = 25
floatVal before Clamp = 10.5
floatVal after Clamp = 20
```

类　模　板

就像函数，类也可以用一种或多种类型去参数化，例如，你可能比较熟悉 STL 容器类，它是一个类模板，你能用它去操纵对象集合，无论这些对象是什么类型的。

一个常用的展示一个类模板是如何工作的方法，就是实现一种类似堆栈的数据结构。这里是堆栈的声明，一个作为堆栈的类，拥有参数化了的类型 T 的五个元素：

```
template <class T>
class Stack
{
private:
 enum {MaxEntries = 5};
 T m_Slots[MaxEntries];
 int m_NextFreeSlot;
public:
 Stack():m_NextFreeSlot(0){}
 //给堆栈添加一个对象
 void Push(const T& t);
 //从堆栈删除一个对象
 T Pop();
 bool Full()const{return m_NextFreeSlot == MaxEntries;}
 bool Empty()const{return m_NextFreeSlot == 0;}
};
```

如你所看到那样，类模板和函数模板之间有少许的不同。你可能注意到，这次我声明参数类型为<class T>，而不是以前函数模板的参数类型<typename T>。你能互换地使用这些关键字，因为它们的目的在实质上是相同的。

类模板内部的类型标识符 T 的使用方法可以跟其他类型一样。在这个例子中，它用于声明一个大小为 5 的数组 m_Slots，作为参量类型被传递给成员函数 Push，作为成员函数 Pop 的返回类型。

首先指明一个类的成员函数是一个函数模板，然后通过使用这个类模板自己的全类型：Stack<T>，这样才能产生一个类成员函数的定义。这个定义不容易理解，因此或许我应该明确地给你显示出来，这里是 Stack::Push 成员函数的实现：

```
template <class T>
void Stack<T>::Push(const T& t)
{
  if (m_NextFreeSlot < MaxEntries)
  {
    m_Slots[m_NextFreeSlot++] = t;
  }
  else
  {
    throw std::out_of_range("stack empty");
  }
}
```

这里是 Stack::Pop 的实现：

```
template <class T>
T Stack<T>::Pop()
{
  if (m_NextFreeSlot >= 0)
  {
    return m_Slots[--m_NextFreeSlot];
  }
  else
  {
   throw std::range_error("stack empty");
  }
}
```

堆栈的一个实例是通过明确地指定模板自变量而创建的。这里的一个小程序显示了带有整型和浮点型的堆栈是如何被使用的：

```
int main()
{
 Stack<int>    iStack;
 Stack<float> fStack;
 //给堆栈添加一些值
 for (int i=0; i<10; ++i)
 {
 if (!iStack.Full()) iStack.Push(i);
 if (!fStack.Full()) fStack.Push(i*0.5);
 }
 //从整数堆栈中弹出这些值
 cout < "Popping the ints... ";
 for (i=0; i<10; ++i)
```

```
{
  if (!iStack.Empty())
  {
    cout < iStack.Pop() < ", ";
  }
}
//从浮点数堆栈中弹出这些值
cout < "\n\nPopping the floats... ";
for (i=0; i<10; ++i)
{
  if (!fStack.Empty())
  {
    cout < fStack.Pop() < ", ";
  }
}
return 0;
}
```

这个程序的输出是:

```
Popping the ints... 4, 3, 2, 1, 0,
Popping the floats... 2, 1.5, 1, 0.5, 0,
```

当编译器处理下行的时候:

```
Stack<float> fStack
```

编译器创建的代码类似 Stack 类, 这里 T 的所有实例将被浮点类型所替换。需要注意的一个重要点是, 只有*在你的程序中被调用的成员函数才被实例化*。这有格外有用的特性, 当某些成员函数未被使用时, 就无法对有些类型进行操作, 但借助这一点, 你可以实例化那些类型的类模板。为了说明这一点, 想象堆栈类实现了一个 Write 方法, 这个方法把堆栈的内容传递给一个 ostream (通过调用每个元素的 '<' 操作符), 并且想象着你已经拥有另外一个类: MyDodgyClass, 它不能重载 '<' 操作。因为只有在代码被调用的成员函数才能被实例化, 只要你从不调用它的写方法, 你仍然可以使用一个 Stack<MyDodgyClass>。

连接器的困惑

最后, 让我阐明一个带有 C++模板的程序。通常, 我们习惯于分开进行说明, 把类和函数的声明放在一个头文件 (*.h/*.hpp) 中, 而它们的定义放在一个*.c/*.cpp 文件中。不幸的是, 如果试图用同样的方法组织模板的话, 你会得到一个连接错误。这是因为当你的代码被编译时, 编译器需要知道要去实例化哪些模板, 以及对哪种类型进行实例化。唯一能这样做的方法通常是在另一个文件中检查代码, 它已经分别进行了编译。当编译器看见一个函数模板或类被使用的时候, 就假设它们被定义在其他地方, 并且给连接器留下一个注释来解决这个问题。当然连接器不能解决问题, 因为没有产生模板的代码, 因此出现错误的。

不幸的是, 此时解决这个问题的最佳方式是把类和函数模板的声明和定义都放在一个大的头文件中。当然，这是不受欢迎的，因为我们编译时间将剧增，但它是一种最可靠的选择，所以我写了它。还有许多可以替代的方法，例如进行明确的实例化，或使用支持性差的 export 关键字，但这些通常更麻烦，希望在今后的几年中，可以做一些事情去处理这个问题。

附录 B   UML 类图

通用建模语言（UML）是一个有用的工具，用于面向对象的分析和设计。UML 的一部分——类图被频繁地贯穿应用在本书中，因为这种类型的图擅长清楚地而简洁地描述对象之间的静态关系。

图 1 显示在第 7 章中应用到的类图，它描述了本书一个项目中用到的一些对象之间的关系。

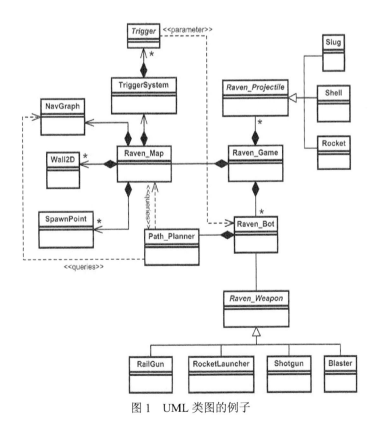

图 1　UML 类图的例子

如果这是你第一次看到一个 UML 类图，你可能会发现图比较混乱而令人迷惑，但当你读完这个附录的时候，就会感到这个图是合情合理的。

类名、属性和操作

首先，我们从一个类的名字、属性和操作开始。它是通过一个被划分成三部分的长方形表示的。用粗体字表示类的名字，它位于在长方形的顶端，属性被写在名字的下面，并且操作被列在底部。参见图 2。

例如，如果游戏中的一个对象是一辆 RacingCar（赛车），它的详细说明被显示在图 3 中。

当然，一个 Racingcar 对象可能比这更加复杂，但我们只需列出我们感兴趣的属性和操作。如果需要的话，在后面的阶段中，这个类能够很容易地被充实。（我往往根本不显示它的任何属性或操作，仅仅使用类图简单地显示对象之间的关系，就像在图 1 所展示的那样。）注意一个类的操作定义了它的接口。

一个属性的类型可能在它的名字后面列出来，并且由冒号分开。一种操作的返回值可以用同样的方式显示，可以作为参数的类型。参见图 4。

图 2　类/对象长方形

图 3　属性和操作的例子

图 4　指定类型

整本书我很少使用"名字：类型"格式的参数，因为它会使得图太大，以至于不能合适地放在一页中。相反，我仅仅列出类型，或有时用一个描述性的名字，如果类型可以从中推断出来。

属性和操作的可见性

每个类的属性和操作有一个可见性与它相联系。例如，属性要么是公众的、私有的，要么是保护的。这些属性用标志"+"表示公共的、"−"表示私有的、"#"表示保护的。图 5 显示了 RacingCar 对象，带有属性和操作的可见性。

对于类型，当画类图的时候没有必要列出它的可见性；只是在它们直接对你正在构建的设计部分非常重要时，才需要把它们显示出来。

RacingCar
−速度：向量
−位置：向量
+Steer(amount : float)：空
+Accelerate(amount : float)：空
+GetPosition()：向量

图 5

当所有的属性、操作、类型、可见性等都被详细地说明时，把类转换成代码是非常容易的。例如，RacingCar 对象的 C++代码看起来如下面所示：

```
class RacingCar
{
private:
  vector m_vPosition;
  vector m_vVelocity;
public:
  void Steer(float amount){...}
  void Accelerate(float amount){...}
  vector GetPosition()const{return m_vPosition;}
};
```

关　　系

类本身没有多大用处。在面向对象的设计中，每个对象通常与一个或更多个其他对象有关系，譬如父子类型的继承关系、或类方法与它们的参数之间关系。下面描述的 UML 符号，用来表示各种特殊类型的关系。

关联

两个类之间的关联代表一个*连接，或那些类的实例之间的连接*，可以用一条实线来表示它。不幸的是，在写本书的时候，UML 实习者看起来不同意前面句子中用斜体字印刷的文字实际表述的意思，因此为这本书的目的，如果在两个类之间，*其中一个包含到另一个的永久引用则说两者之间存在关联*。

图 6 显示了在一个 RacingCar 和 Driver（司机）对象之间的关联。

图 6　一个联系

这幅类图告诉我们，一辆赛车被司机驾驶，并且司机驾驶一辆赛车。它还告诉我们，一个 RacingCar 的实例保有对 Driver 实例的一个永久的引用（通过一个指针、实例、或引用），反之亦然。在这个例子两端都被明确地用被称为角色名字的描述性标签命名。虽然许多时候，这不是必要的。因为通常是隐含地给出类的名字和连接它们的关联类型。我更喜欢只带名字的角色，因为我认为名字是绝对必要的，因为我觉得它能使一个复杂的类图更加简单，更容易被人理解。

多重性

关联的末端也许具有多重性，它指出了参与到关系中的实例数目。例如，一辆赛车可能只有 1 个或 0 个司机，一个司机或开车或不开车。这可被显示在图 7 中，用 0 到 1 的数据指定范围。

图 7　显示多样性的一个联系

图 8 展示了 RacingCar 对象是如何被显示为同任何数目的 Sponsor（主办方）对象相关联（使用星号表明无限，作为范围的最高线），以及在任何时候，Sponsor 怎样才能仅跟一个 Racing Car 相关联。

图 8 显示了用普通书写方式说明一个无限的范围以及一个 0 到 1 的范围。但经常（当然是在这本书中）你将看到这些关系是用速记来表示的。被显示在图 9 中。单个的星号表示一个在 0 和无限之间的无边界的范围，如果在一个关联的末端没有任何数字或一个星号，暗指一种单一的关系。

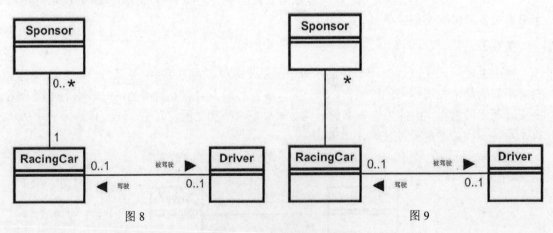

图 8　　　　　　　　　　　　　　　　　　　图 9

多重性可以代表离散值的一个集合。例如，汽车可能有 2 个或 4 个门。在图 9 中仅仅给出关联。我们可以推断 RacingCar 类的一个接口可能看起来如下所示：

```
class RacingCar
{ public:
public:
  Driver* GetDriver()const;
  void    SetDriver(Driver* pNewDriver);
  bool isBeingDriven()const;
  void AddSponsor(Sponsor* pSponsor);
  void RemoveSponsor(Sponsor* pSponsor);
  int  GetNumSponsors()const;
...
};
```

适航性

到目前为止，你看到的关联是双向的：一个 RacingCar 了解 Driver 的一个实例，并且那个 Driver 的实例也了解 RacingCar 的这个实例。一个 RacingCar 了解每个 Sponsor 实例，并且每个 Sponsor 也了解 RacingCar。然而经常地，你需要去表达一个单向的关联，如 RacingCar 是不需要知道观众在看它，但重要的是，观众知道他要看的赛车。这是一个单向的关系，可以通过给关联的相应末端添加一个箭头来表示它。参见图 10。

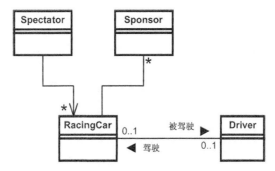

图 10　一个 Spectator 与一个 RacingCar 之间有一个单向的关联

也要注意这个数字清楚地表示了一个 Spectator 可能看到的任何跑车的数目。

共享聚集与组合聚集

聚集是关联的一种特殊情况，它表示关系的一部分。例如，胳膊是身体的一部分。有两种类型的聚集：共享的和组合的。共享聚集是部分可以在整体之间共享，组合聚集是部分由整体拥有。例如，Mesh（3D 多边形模型）描述一辆赛车的形状并添加纹理渲染成一个展示品，可以被许多跑车所共享。因此，这可以表示为一个共享聚集，在图中是用空心菱形来表示。参见图 11。

注意，共享聚集意味着当 RacingCar 被毁坏时，它的 Mesh 不被毁坏。（还要注意怎么用图来表示一个 Mesh 对象对 RacingCar 对象一无所知）。

组合聚集是一种更强的关系，并且意味着部分与整体生死相依。我们仍然用 RacingCar 的例子，我们可以说，Chassis（底盘）同车之间就有这种类型的关系。Chassis 是由 RacingCar 完全拥有的，当车被毁坏的时候，它也被毁坏。这关系用一个实心的菱形来表示，显示在图 12 中。

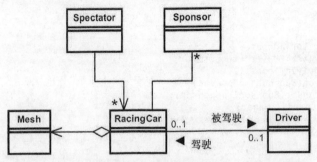

图 11　Mesh 和 RacingCar 之间的关系被显示为共享聚集

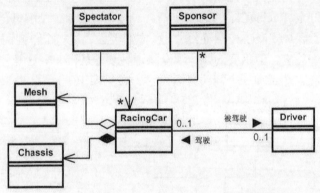

图 12　Chassis 和 RacingCar 之间关系是组合聚集

共享聚集和关联之间有非常微妙的差别。例如，迄今在设计中谈论的一个 Spectator 跟一个 RacingCar 之间的关系，这个关系已经被显示为关联，但是由于许多不同的 Spectators 可以看同一辆车，你可能会认为，用共享聚集来显示这种关系也是可以的。但是，一个 spectator 不是一辆跑车这个整体的一部分，因此，它们之间的关系是一个关联而不是一个聚集。

概括

概括是描述具有公共特征的类之间关系的一种方法。关于 C++，概括描述的是一种继承的关系。例如，设计也许需要不同的类型的 RacingCar，它们是 RacingCar 的子类，能为特定类型的比赛提供车辆，比如公路车赛用车、方程式 1（F1）赛车或巡回比赛用车。这种关系类型用一个空心三角来显示在关联末端的基类上，如图 13 所示：

在面向对象的设计中，我们经常使用一个抽象类的概念去定义一个接口，可以被其所有子类来实现。这可以明确地由 UML 来描述，其中斜体字用于描述类名以及任何它的抽象操作。所以如果 RacingCar 是作为带有一个纯虚函数 Update 的抽象类来实现，它和其他跑车之间的关系显示在图 14 中。

注意，某些人更喜欢在类名下或任何抽象操作名字的后面增加 "{抽象}" 而使关系更加明确，这种做法被显示在图 15 中。

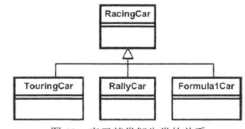

图 13　表示基类衍生类的关系

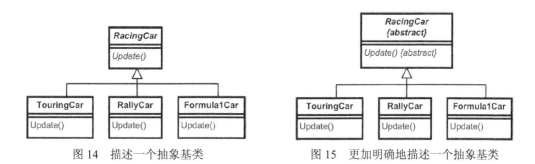

图 14　描述一个抽象基类　　　　　图 15　更加明确地描述一个抽象基类

依赖

通常你会发现由于种种原因一个类依赖另一个类，然而它们之间的关系又不是关联（如 UML 所定义）。发生这种情况有各种各样的原因。例如，如果类 A 的一个方法的参数是对类 B 的一个引用的话，那么 A 对 B 有一个依赖。依赖的另外一个好的例子就是 A 通过第三方给 B 发一则消息。这将成为设计组合事件处理的一个典型代表。

使用一个末端带箭头的点划线去显示一个依赖，并且可以选择合适的标记。图 16 显示了 RacingCar 对 RaceTrack（跑道）具有一个依赖。

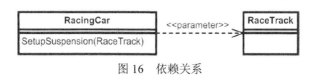

图 16　依赖关系

批　　注

批注是一个附加的特征，在特定的特征上，如果需要以某些方式进一步解释的话，你可以使用它放大。例如我用批注在本书的类图中需要之处添加了伪代码。批注被描述为一个带有折角的长方形并用一条点划线与你感兴趣的地方相连接。图 17 显示批注是如何用于解释一个 RacingCar 的 UpdatePhysics 方法是如何遍历它的四个轮子的，调用每个轮子的 Update 方法。

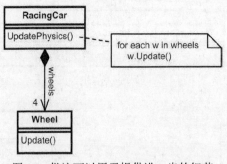

图 17　批注可以用于提供进一步的细节

总　　结

　　所有的这些你能跟得上吗？测试一下自己，翻回到图 1，看看你能理解多少。如果你仍然感到十分困惑，把这个附录再读一遍。如果你能理解图 1，做得很好！现在你可以回到人工智能了！

附录 C　　设置你的开发环境

下载演示的可执行程序

你可以从下列 URL 中下载在这本书中所讨论过的演示的可执行程序。
请从 www.jblearning.com/catalog/9781556220784 下载文件。

下载并安装源代码

为了编译和运行在这本书中讨论过的项目，设置你的开发环境，跟随这些步骤：

1．从 www.jblearning.com/catalog/9781556220784 下载包含源代码的压缩文件。然后单击 Buckland_AISource.zip，解压缩并提取文件存放到你选择的文件夹中（例如，C:\AISource）。

2．从 www.boost.org 下载并安装 Boost 库头文件。（按默认形式，它将是 C:\boost_1_31_0 之类的名字。）

3．假设你已经把解压了的 Boost 和源代码存到第 1 步和第 2 步中所指定的文件夹中，在你的开发环境中，把下列路径添加到编译器的常规设置中去。

Include 文件路径
- C:\ boost_1_31_0
- C:\AI Source\Common
- C:\AI Source\Common\lua-5.0\include
- C:\AI Source\Common\luabind

源文件路径
- C:\AI Source\Common
- C:\AI Source\Common\lua-5.0

- C:\AI Source\Common\luabind

库文件路径

- C:\AI Source\Common\lua-5.0\lib

跋

哇！这就是这本书的结尾，我不用再熬夜了（至少在一段时间内）。我可以外出参加派对，去看我的朋友。我想知道他们看起来老了没有。也许我的女朋友甚至会再次开始跟我说话！

书归正传，我希望你喜欢读这本书，能从中学到东西，并准备开始在自己的游戏中实现这些技术（如果你还没有开始）。如果你想讨论这本书中的任何论题或任何跟人工智能有关的事情，可访问我网站中的论坛 www.ai-junkie.com。

我想用几个指导原则来结束这本书，我建议你常常回想它们…就像说唱艺人们喜欢说的一句话："保持真实（keep it real）"。

- 创建一个好的游戏人工智能的方法非常少，只有一个正确的方法。在致力于设计之前，只要时间允许，应该测试各种各样的方法。

- 经常进行游戏测试，并且倾听游戏测试者的话，如果可能的话，看他们玩。确保你带着笔和记事本，因为你会经常使用它们。

- 在你的学习曲线中，你会发现自己很憔悴，不可避免的，就像飞蛾扑火，一个或两个人工智能技术，真能使你的胡须翘起来。不要落入这种具有迷惑性的技术陷阱，寻找问题来应用它们。这相当于找到一把锤子，然后到处寻找东西，用锤子击打。

- 与你的团队中每一个人至少有一次集思广益性的会议，这个会议将致力于人工智能，不只是游戏的设计者或制作人参与（没错，甚至是艺术家）。这将产生一些新的、可行的、令人激动的想法，这种方法值得大家回味。

- 游戏的设计是一个反复的过程。你不可能第一次就得到正确的结果。也不可能考虑所有复杂的事情，所以如果你第一次的尝试表现不佳，不要灰心。坚持不懈，从你的错误中学习，不断地重复设计周期，直到你获得正确的结果。

- 广泛地阅读跟游戏人工智能相关的课题。你最好的想法很多都是在你阅读这些课题的时候产生的。认知科学、机器人技术、哲学、心理学、社会科学、生物学、乃至军事战术，这些都是值得你去看的。

- 一个极其聪明，几乎无可匹敌的对手，对游戏人工智能程序员来说，这是罕见的目标。一个好的人工智能应具有一个目的：就是让玩游戏变得比较有趣。经常提醒自己这一点是明智的，请相信我，这一点很容易错过并能使你陷入困境。因为你试图制造人类已知的最聪明的游戏智能体，而不是试图制造那种能使玩家大笑，并且开心雀跃的游戏智能体。

■ 最重要的，设计人工智能时要永远铭记，老谋深算的游戏智能体应该跟它的寿命成正比。设计一个智能体，它采用最新的、最花哨的技术，但在一个玩家打掉它的脑袋之前，如果它仅仅期望活 3 秒钟的话，那就没有意义。

参 考 文 献

"A Generic Fuzzy State Machine in C++," *Game Programming Gems 2*,
Eric Dysband

Algorithms in C++: Parts 1-4, Robert Sedgewick

Algorithms in C++: Part 5, Robert Sedgewick

Applying UML and Patterns, Craig Larman

Artificial Intelligence: A Modern Approach, Stuart Russell and Peter
Norvig

Artificial Intelligence: A New Synthesis, Nils J. Nilsson

C++ Templates: The Complete Guide, David Vandevoorde and Nicolai M.
Josuttis

Design Patterns, Erich Gamma, Richard Helm, Ralph Johnson, and John
Vlissides

Effective C++, Scott Meyers

"Enhancing a State Machine Language through Messaging," *AI Game Programming
Wisdom*, Steve Rabin

Fuzzy Logic: Intelligence, Control, and Information, John Yen and Reza
Langari

"How Autonomous is an Autonomous Agent?" Bertil Ekdahl

"Interactions with Groups of Autonomous Characters," Craig Reynolds

"It Knows What You're Going To Do: Adding Anticipation to a
Quakebot," John E. Laird

Layered Learning in Multiagent Systems: A Winning Approach to Robotic
Soccer, Peter Stone

Lua 5.0 Reference Manual

More Effective C++, Scott Meyers

"Navigating Doors, Elevators, Ledges and Other Obstacles," *AI Game Programming
Wisdom*, John Hancock

Newtonian Physics, Benjamin Crowell

477

"Pathfinding Design Architecture," *AI Game Programming Wisdom*, Dan Higgins

Pattern Hatching, John Vlissides

Physics for Game Developers, David M. Bourg

"Polygon Soup for the Programmer's Soul," Patrick Smith

"Smart Moves: Intelligent Pathfinding," Bryan Stout

"Steering Behaviors," Christian Schnellhammer and Thomas Feilkas

"Steering Behaviors for Autonomous Characters," Craig Reynolds

"Steering Behaviours," Robin Green

"Stigmergy, Self-Organisation, and Sorting in Collective Robotics," Owen Holland and Chris Melhuish

The C++ Programming Language, Bjarne Stroustrup

The C++ Standard Library, Nicolai Josuttis

"The Combs Method for Rapid Inference," William E. Combs

"The Integration of AI and Level Design in *Halo*," Jaime Griesemer and Chris Butcher

"The Quake 3 Arena Bot," J.M.P. van Waveren

"Toward More Realistic Pathfinding," Marco Pinter

UML Distilled, Martin Fowler and Kendall Scott

UML Tutorial: Finite State Machines, Robert C. Martin